21世纪高等学校信息安全专业规划教材

U0203815

信息安全原理及应用

（第3版）

熊　平 ◎ 主　编

朱天清 ◎ 副主编

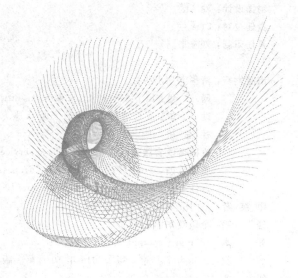

清华大学出版社

北京

内 容 简 介

本书共分为 13 章,分别介绍信息安全的基本概念、目标和研究内容;密码学的基本概念;对称密码体制和公钥密码体制;密码学理论的应用机制;访问控制技术;网络攻击技术和恶意代码分析;网络安全防御系统;网络层、传输层及应用层的安全协议;评估信息系统安全的国内外标准;附录为 8 个信息安全实验。本书可作为信息安全、计算机应用、信息管理等相关专业本科生或研究生的教材和参考书,也可供从事安全技术和管理工作人员参考。

图书在版编目(CIP)数据

信息安全原理及应用/熊平主编.--3 版.--北京:清华大学出版社,2016(2023.1重印)
21 世纪高等学校信息安全专业规划教材
ISBN 978-7-302-43808-3

Ⅰ.①信… Ⅱ.①熊… Ⅲ.①信息安全-安全技术 Ⅳ.①TP309

中国版本图书馆 CIP 数据核字(2016)第 100187 号

责任编辑:魏江江
封面设计:刘 健
责任校对:时翠兰
责任印制:刘海龙

出版发行:清华大学出版社
网 址:http://www.tup.com.cn,http://www.wqbook.com
地 址:北京清华大学学研大厦 A 座 邮 编:100084
社 总 机:010-83470000 邮 购:010-62786544
投稿与读者服务:010-62776969,c-service@tup.tsinghua.edu.cn
质量反馈:010-62772015,zhiliang@tup.tsinghua.edu.cn
课件下载:http://www.tup.com.cn,010-62795954
印 装 者:三河市少明印务有限公司
经 销:全国新华书店
开 本:185mm×260mm 印 张:21 字 数:516 千字
版 次:2009 年 5 月第 1 版 2016 年 10 月第 3 版 印 次:2023 年 1 月第 11 次印刷
印 数:41501~43500
定 价:39.50 元

产品编号:067458-01

前　言

当今时代是信息的时代,信息成为社会发展的重要战略资源。信息的安全交换、存储和保障能力成为综合国力和经济竞争力的重要组成部分。我国政府把信息安全技术与产业列为今后一段时期的优先发展领域。

信息安全教育在我国高等教育中正在逐步展开。教育部继 2001 年批准在武汉大学开设信息安全本科专业之后,又先后批准了几十所高等院校设立信息安全本科专业,而且许多高校和科研院所已设立了信息安全方向的具有硕士和博士学位授予权的学科点。另外,教育部 2005 年 7 号文件出台了"关于进一步加强信息安全学科、专业建设和人才培养工作的意见",并将建立国家网络信息安全保障体系确定为国家发展的基本战略目标之一。

目前有关信息安全的书籍很多,其中不乏精品。然而,由于信息安全所涵盖的内容非常广泛,要想在一部教材中介绍信息安全的方方面面是不切实际的,在内容安排上都会做适当的取舍。笔者在实际教学过程中发现,正是这种取舍造成目前信息安全基础教材普遍存在两个方面的缺憾。其一,对密码学基础理论缺乏比较系统的介绍。密码学是信息安全的基石,信息安全理论与技术大多建立在密码学基础之上,但遗憾的是,目前信息安全基础教材大多突出密码学的应用,而忽视了对基础知识的介绍。其二,没有与信息安全理论相应的实验内容。实验教学是信息安全基础教学中不可缺少的内容,但目前的信息安全基础教材要么没有实验内容,要么有实验内容但对实验环境要求较高,在实际教学中没有可操作性。因此,在本书的内容编排上,力求理论与实践相结合,包含了密码学基础理论、密码学应用机制、实用安全技术及相关实验内容,使读者能够更清晰地从信息安全体系的层面掌握信息安全的基础理论和应用技术。

本书内容共分为 13 章:

第 1 章介绍信息安全的基本概念、发展历史、实现的目标以及主要的研究内容。

第 2～4 章介绍密码学基础理论。第 2 章对密码学进行综述,介绍密码学的基本概念、密码系统及其分类,并对经典密码学的基本方法进行了阐述;第 3 章介绍对称密码体制,包括分组密码和序列密码,并对代表性的对称密码 DES、AES、RC4 等进行了阐述;第 4 章对公钥密码体制进行介绍,包括数论基础、公钥密码体制的基本原理,并对代表性的 RSA 密码及其他公钥密码进行了阐述。

第 5～7 章介绍密码学应用机制。第 5 章介绍用于解决信息安全完整性的消息认证机制,重点包括消息认证码和 Hash 函数;第 6 章介绍身份认证与数字签名技术,其中,身份认证是实现访问控制的基本前提,而数字签名则用于解决信息安全的抗否认性;第7 章介绍了密钥管理机制,包括对称密码体制下的密钥管理和公钥密码体制下的密钥管理,重点是公钥证书的管理及 PKI。

第 8~11 章介绍安全保障技术。第 8 章介绍访问控制技术,包括访问控制策略和常用的网络访问控制方法;第 9 章介绍常用的网络攻击技术和相应的防范方法;第 10 章介绍恶意代码分析技术,根据对恶意代码的分类,逐一介绍了各类恶意代码及其防范方法;第 11章介绍网络安全体系中的几种常用系统,如防火墙系统和入侵检测系统,也介绍了近几年逐步发展起来的入侵防御系统和 UTM。

第 12 章介绍安全协议,对 TCP/IP 体系结构进行了安全分析,并从网络体系结构上分别介绍了网络层、传输层及应用层的安全协议 IPSec、SSL 和 SET。

第 13 章介绍评估信息系统安全的国内外标准,包括 TCSEC、CC 及国内标准。

附录是实验部分,由 8 个实验组成,包括加密程序的设计与开发、PGP 软件的应用、访问控制、协议分析、VRRP 协议的配置、防火墙的配置、入侵检测系统的配置及信息系统安全等级定级等内容。

本书由熊平任主编,朱天清任副主编。

由于作者自身水平有限,本书若有不妥甚至错误之处,恳请读者及专家提出批评和宝贵意见。

编　者

2016 年 1 月

目　　录

第1章 信息安全概述

在全球信息化的推动下,实现政府管理信息化、企业经营信息化以及国防信息化已经成为时代不可抵挡的潮流。信息技术和信息产业以前所未有之势,渗透到各行各业和社会生活当中,正在逐渐改变着人们的生产和生活方式,推动着社会的进步。

但是,在信息网络的作用不断扩大的同时,信息网络的安全也变得日益重要,网络系统一旦遭到破坏,其影响和损失也将十分巨大。信息安全不仅关系到普通民众的利益,也是影响社会经济发展、政治稳定和国家安全的战略性问题。因此,信息安全问题已经成为国内外专家学者广泛关注的课题。

1.1 信息安全的概念

要了解信息安全,首先要了解什么叫信息。

信息(information)是经过加工(获取、推理、分析、计算、存储等)的特定形式数据,是物质运动规律的总和。信息的主要特点具有时效性、新知性和不确定性,信息是有价值的。

给信息安全下一个确切的定义是比较困难的,主要是因为它包含的内容太过广泛,如国家军事政治等机密安全,防范商业企业机密泄露,防范青少年对不良信息的浏览,防范个人信息的泄露等。

信息安全是指信息网络的硬件、软件及其系统中的数据受到保护,不受偶然的或恶意的原因而遭到破坏、更改、泄露,系统连续可靠正常地运行,信息服务不中断。

信息安全是一门涉及计算机科学、网络技术、通信技术、密码技术、信息安全技术、应用数学、数论、信息论等多种学科的综合性学科。从广义来说,凡是涉及信息的保密性、完整性、可用性、真实性和可控性的相关技术和理论都是信息安全的研究领域。

信息安全涉及的知识领域如图1-1所示。

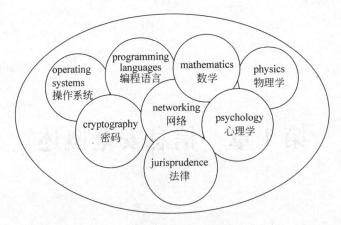

图 1-1　信息安全涉及的知识领域

1.2　信息安全的发展历史

从历史中学习经验,可以减少重复之前错误的几率。

随着社会和技术的不断进步,人们处理信息资源的安全方式也是不断发展的。理解这种发展历史对于理解今天如何实现信息安全非常重要。在信息安全的发展历史中,经历了古典信息安全、辐射安全、计算机安全、网络安全和信息安全等几个阶段。

1. 古典信息安全

很久以前,所有的财产包括信息都是物理的,为了保护这些财产,人们利用物理性安全措施,如城墙、护城河、秘密的藏宝地等。传递信息一般由可靠的使者完成。但这种安全有其缺陷,一旦信息在传输过程中被截获,则信息的内容会被敌人知晓。其解决方法是采用某些安全措施,如早期采用密封的陶罐作为信封传输信息,一旦密封被破坏,则表示信息的安全性受到了破坏。

当然,这种方法无法防范信息的内容被窃取。所以早在 Julius Caesar 时期,人们就采用了某种通信安全措施。Julius Caesar 发明了恺撒密码,信息就算被截获也无法读出具体内容。这种观念一直被持续到第二次世界大战。德国使用了一台名为 Enigma 的机器对发送到军事部门的消息进行加密。

消息并不是唯一的通信数据,为了防范敌人监听语音消息,美国军事部门使用纳瓦霍语(Navaho)的通信员。传送消息采用其母语,即使敌人监听到无线电广播,他们也不可能理解听到的消息。

第二次世界大战以后,前苏联使用一次性便条(one-time-pad)保护间谍发送的消息。一次性便条是一叠在每一页上都标有随机数字的纸,每页纸用于一条消息。如果使用正确,那么这种加密机制是无法破解的,但遗憾的是,苏联人没有正确使用(他们重复使用了一次性便条),因此有一些消息就被破解了。

古典信息安全基本上是建立在古典密码学基础之上的。

2. 辐射安全

只要使用加密系统时不犯错误,好的加密方法就很难被破解。因此人们试图通过其他方式获取信息。在 20 世纪 50 年代,人们认识到可以通过获取电话线上传输的电信号来获取消息。甚至在目前,有专门的仪器可以接收显示器的电磁辐射,来还原显示内容。针对这一问题,美国人建立了一套名为 TEMPEST 的规范,规定了在敏感环境中使用计算机的电子辐射标准,其目的是减少可以被用于收集信息的电磁辐射。在我国的信息系统安全等级保护系列标准中也明确规定了安全计算机系统应该遵守的防辐射要求。

3. 计算机安全

在 20 世纪 70 年代初期,David Bell 和 Leonard La Padula 提出了一种保护计算机操作的模型。该模型是以政府对不同级别的分类信息(不保密、限制、保密、机密和绝密)和不同级别的许可权限的概念为基础的。如果某个人的许可级别高于文件的分类级别,那么这个人就可以访问该文件。反之,则被拒绝。

这种模型的概念最终于 1985 年形成了美国国防部标准(United States Department of Defense Standard)5200.28 可信计算系统评估标准(Trusted Computing System Evaluation Criteria,TCSEC,也称橙皮书或橘皮书),多年以来一直是评估多用户主机和小型操作系统的主要方法。

4. 网络安全

当计算机相互连接形成网络时,就会出现新的安全问题,而原有的问题也会以不同方式表现。通信需要通过局域网或者广域网,那么专业加密器用起来就比较麻烦。还有遍布建筑物内的铜线发出的辐射问题,无线网络的辐射安全问题等。不同的系统相互连接,任何一个薄弱的环节都会造成整个网络的安全问题。网络安全的解决方法显然不是某一种技术或者某一个标准可以实现的。它需要多种安全措施共同起作用,如加密、安全认证、访问控制、安全管理等。目前,网络安全是信息安全的主要组成部分。

5. 信息安全

显然没有一种方案可以解决所有的安全问题。事实上,优秀的安全方案应该是以上解决方案的综合,优秀的物理方案保护物理财产,比如纸上的记录和系统。通信安全保护传输中的信息。当敌人可能从计算机系统读取电子辐射信息时就必须考虑到辐射安全。计算安全是控制对计算机系统的访问所必需的。这些概念综合在一起就构成了信息安全。

1.3　信息安全的目标

信息安全的目标是指保障信息系统在遭受攻击的情况下信息的某些安全性质不变。通俗地讲,信息安全的目标提出了这样一个问题,即信息究竟怎样才算是安全了呢? 在提出信息安全的目标之前,有必要先分析一下各种安全攻击以及这些攻击对信息系统造成的影响。

1.3.1　安全性攻击

为了获取有用的信息或达到某种目的,攻击者会采取各种方法对信息系统进行攻击。这些攻击方法分为两类:被动攻击和主动攻击。其中,被动攻击试图了解或利用通信系统的信息但不影响系统资源,而主动攻击则试图改变系统资源或影响系统运作。

1.被动攻击

被动攻击指攻击者在未被授权的情况下,非法获取信息或数据文件,但不对数据信息做任何修改,通常包括监听未受保护的通信、流量分析、解密弱加密的数据流、获得认证信息等。被动攻击的特性是对传输进行窃听和监测,攻击者的目标是获得传输的信息。常用的被动攻击手段如下所述。

(1)搭线监听:搭线监听是将导线搭到无人值守的网络传输线路上进行监听。只要所搭的监听设备不影响网络负载,通常不易被发觉。然后通过解调和正确的协议分析,就可以掌握通信的全部内容。

(2)无线截获:通过高灵敏接收装置接收网络站点或网络连接设备辐射的电磁波,然后对电磁信号进行分析,可以恢复数据信号进而获得网络传输的信息。对于无线网络通信,无线截获与搭线监听有同样的效果。

(3)其他截获:用程序和病毒截获信息是计算机技术发展的新型手段,在通信设备或主机中种植木马或施放病毒程序后,这些程序会将有用的信息通过某种方式远程发送出来。

(4)流量分析:假设通过某种手段(如加密)使得攻击者从截获的信息中无法得到消息的真实内容。攻击者还可以通过观察这些数据的模式,分析出通信双方的位置、通信的次数及消息的长度等信息,而这些信息可能对通信双方来说也是不希望被攻击者得知的,这种攻击手段称为流量分析。

被动攻击由于不涉及对数据的更改,所以很难察觉。然而通过加密的手段阻止这种攻击却是可行的。因此对付被动攻击的重点是预防,而不是检测。

2.主动攻击

主动攻击包括对数据流进行篡改或伪造,可分为 4 类。

(1)伪装:指某实体假冒别的实体,以获取合法用户的被授予的权利。

(2)重放:指攻击者对截获的合法数据进行复制,然后出于非法目的再次生成,并在非授权的情况下进行传输。

(3)消息篡改:指对一个合法消息的某些部分进行修改、删除,或延迟消息的传输、改变消息的顺序,以产生混淆是非的效果。

(4)拒绝服务:阻止或禁止信息系统正常的使用。它的主要形式是破坏某实体网络或信息系统,使得被攻击目标资源耗尽或降低其性能。

主动攻击的特点与被动攻击恰好相反。被动攻击虽然难以检测,但可采取相应措施有效地防止,而要绝对防止主动攻击是十分困难的,因为需要保护的范围太广。因此,对付主动攻击的重点在于检测并从攻击造成的破坏中及时地恢复。

　　分析这些攻击可以看出,被动攻击使得机密信息被泄露,破坏了信息的机密性;主动攻击的伪装、重放、消息篡改等破坏了信息的完整性;拒绝服务则破坏了信息系统的可用性。

1.3.2　信息安全的目标

　　信息安全的目标是保护信息的机密性、完整性和可用性,即 CIA(confidentiality, integrity,availability)。下面以用户 A 和用户 B 进行一次通信为例介绍这几个性质。

　　机密性指保证信息不被非授权访问,即 A 发出的信息只有 B 能收到,假设有第三方获取了信息也无法知晓内容,从而不能使用。一旦有第三方获取了信息内容,则说明信息的机密性被破坏。

　　完整性也就是保证真实性,即信息在生成、传输、存储和使用过程中不应被第三方篡改。如用户 A 发出的信息被第三方用户 C 获取了,并且对内容进行了篡改,则说明信息的真实性被破坏。

　　可用性指保障信息资源随时可提供服务的特性,即授权用户可以根据需要随时访问所需信息。也就是说要保障 A 能顺利地发送信息、B 能顺利地接收信息。

　　三个目标只要有一个被破坏,就表明信息的安全受到了破坏。

　　信息安全的目标是致力于保障信息的这三个特性不被破坏。构建安全系统的一个挑战就是在这些特性中找到一个平衡点,因为它们常常是相互矛盾的。例如,在安全系统中,只需要简单地阻止所有人读取一个特定的对象,就可以轻易地保护此对象的机密性。但是,这个系统并不是安全的,因为它不能满足正当访问的可用性要求。也就是说,必须在机密性和可用性之间找到平衡。

　　但是平衡不是一切,事实上,三个特征既可以独立,也可以有重叠,如图 1-2 所示,甚至可以彼此不相容,如机密性的保护会严重地限制可用性。

图 1-2　信息安全性质之间的关系

　　除了以上三个基本特性之外,不同的信息系统根据其业务类型的不同,可能还有更加细化的具体要求,由以下 4 个特性来保障:

　　(1) 可靠性(reliability)。可靠性指系统在规定条件下和规定时间内、完成规定功能的概率。可靠性是网络安全最基本的要求之一,网络不可靠,事故不断,也就谈不上网络的安全。目前,对于网络可靠性的研究基本上偏重于硬件可靠性方面。研制高可靠性元器件设备,采取合理的冗余备份措施仍是最基本的可靠性对策,然而,有许多故障和事故,与软件可靠性、人员可靠性和环境可靠性有关。

　　(2) 不可抵赖性(non-repudiation)。也称作抗否认性。抗抵赖性是面向通信双方(人、实体或进程)信息真实统一的安全要求,它包括收、发双方均不可抵赖。一是源发证明,提供给信息接收者以证据,这将使发送者谎称未发送过这些信息或者否认它的内容的企图不能得逞;二是交付证明,提供给信息发送者以证据,这将使接收者谎称未接收过这些信息或者否认它的内容的企图不能得逞。

　　(3) 可控性:可控性是对信息及信息系统实施安全监控。管理机构对危害国家信息的来往、使用加密手段从事非法的通信活动等进行监视审计,对信息的传播及内容具有控制能力。

(4) 可审查性：使用审计、监控、防抵赖等安全机制，使得使用者(包括合法用户、攻击者、破坏者、抵赖者)的行为有证可查，并能够对网络出现的安全问题提供调查依据和手段。审计是通过对网络上发生的各种访问情况记录日志，并对日志进行统计分析，是对资源使用情况进行事后分析的有效手段，也是发现和追踪事件的常用措施。审计的主要对象为用户、主机和结点，主要内容为访问的主体、客体、时间和成败情况等。

1.4　信息安全的研究内容

信息安全的研究范围非常广泛，其领域划分成三个层次：信息安全基础理论研究、信息安全应用技术研究和信息安全管理研究，如图1-3所示。基础理论研究包括密码研究、安全理论研究；应用技术研究包括安全实现技术、安全平台技术研究；安全管理研究包括安全标准、安全策略、安全测评等。

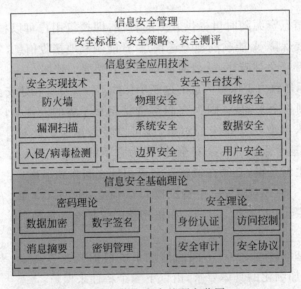

图 1-3　信息安全的研究范围

信息安全基础理论是整个研究内容的基础，为信息安全应用技术和安全管理提供理论指导；信息安全应用技术是实现信息安全的实际手段；信息安全管理则研究实现信息安全的各种标准、策略、规章、制度。

1.4.1　信息安全基础研究

信息安全基础研究的主要内容包括密码学研究和网络信息安全基础理论研究。

1. 密码理论

密码理论是信息安全的基础，信息安全的机密性、完整性和抗否认性都依赖密码算法。通过加密可以保护信息的机密性；通过消息认证可以保证信息的完整性；通过数字签名可以保护信息的抗否认性。另外,加/解密需要密钥参与,因此密钥的管理和传递也是非常重要的内容。密码学的主要研究内容是加密算法、消息认证算法、数字签名算法及密钥管理。

(1) 数据加密算法。加密是一种数学变换,在选定参数(密钥)的参与下,将信息从易于理解的明文加密为不易理解的密文,同时也可以将密文解密为明文。加密和解密用的密钥可以相同,也可以不同。加密和解密的密钥相同的算法称为对称加密算法,如 DES、AES 等;加密和解密的密钥不相同的算法称为非对称算法,通常一个密钥公开(公钥),另一个密钥(私钥)秘密保存,如 RSA、ECC 等。

(2) 消息认证算法。消息认证是通过消息摘要实现的。消息摘要则是通过消息摘要算法产生的。消息摘要算法也是一种数学变换,通常是单向变换,即不可逆变换,它将不定长度的信息变换为固定长度(如 64 位)的摘要,信息的任何改变都会引起摘要的改变,因而可以通过消息摘要检测信息是否被篡改。

(3) 数字签名算法。数字签名主要是消息摘要和非对称加密算法的组合。从原理上讲,通过私钥用非对称算法对信息本身进行加密,即可实现数字签名功能。用私钥加密后只能用对应的公钥解密,从而证明此密文确实是拥有加密私钥的用户签名的,因而是不可否认的。实际上,由于非对称算法的计算速度很慢,所以签名时一般不直接对消息签名,而是对消息的摘要进行签名。

(4) 密钥管理。密钥算法是公开的,但密钥必须严格保护。如果非授权用户获得加密算法和密钥,则很容易破解或伪造密文,加密就失去了意义。因此,密钥的产生、发放、存储、更换、销毁等内容,都是密钥管理要研究的。

以上密码理论是解决信息安全问题的基础之基础。之所以这么说,是因为对付各种网络攻击所用到的安全理论与技术大多都是以这些理论为基础的。归纳一下网络通信环境下的攻击方式,大多都属于以下 8 类。

① 泄密:将消息透露给未被授权的任何人或程序。

② 传输分析:分析通信双方的通信模式。在面向连接的应用中,确定连接的频率和持续时间;在面向连接或无连接的环境中,确定双方的消息数量和长度。

③ 伪装:欺诈源向网络中插入一条消息。例如,攻击者产生一条消息并声称这条消息是来自某合法实体,或非消息接收方发送的关于收到或未收到消息的欺诈应答。

④ 内容修改:对消息内容进行插入、删除、转换或修改。

⑤ 顺序修改:对通信双方的消息顺序进行插入、删除、重新排序。

⑥ 计时修改:对消息的延时和重放。在面向连接的应用中,整个消息序列可能是前面某合法消息序列的重放,也可能是消息序列中的一条消息被延时或重放;在面向无连接的应用中,可能是一条消息(如数据报)被延时或重放。

⑦ 发送方否认:发送方否认发送过某消息。

⑧ 接收方否认:接收方否认接收到某消息。

对付①、②两种攻击可以利用密码编码理论;对付③~⑥的攻击则利用消息认证算法;对付⑦、⑧则应使用数字签名算法。

2. 安全理论

安全理论的内容主要包括身份认证、授权和访问控制、安全审计和安全协议。

身份认证指验证用户身份与所声称内容是否一致的过程。例如,采用密码进行认证,还有基于证书的认证等。

授权和访问控制这两个概念紧密相连,经常替换使用。授权侧重强调用户拥有什么样的访问权限,通常为系统预定;访问控制对用户访问行为进行控制,将用户的访问行为控制在授权允许的范围之内。授权类似于签发通行证,访问控制类似于门卫,前者规定用户是否有权出入某个区域;后者检查用户在出入时是否超越禁区。

审计指对用户的行为进行记录、分析和审查,以确认操作的历史行为。

安全协议指构建安全平台时所使用的与安全防护有关的协议,是各种安全技术和策略具体实现时共同遵循的规定,如网络层安全协议 IPSec、传输层安全协议 SSL、应用层安全电子商务协议 SET 等。

1.4.2　信息安全应用研究

1. 安全技术

安全技术是对信息系统进行安全检查和防护的技术,包括防火墙技术、漏洞扫描和分析、入侵检测、防病毒等。

防火墙技术是一种安全隔离技术,通过在两个安全策略上不同域之间设置防火墙来控制两个域之间的互访行为。

漏洞扫描和分析是针对特定信息网络中存在的漏洞而进行的。信息网络中无论是主机还是网络设备都存在安全隐患,有些是因系统设计考虑不周留下的,有些是系统建设时出现的。这些漏洞很容易被攻击,从而危害网络安全。由于安全漏洞大多是隐蔽的,因此必须定期扫描检查、修复加固。操作系统的补丁就是为弥补已经发现的漏洞而开发的。由于漏洞扫描技术很难自动分析系统的设计和实现,因此很难发现未知的漏洞。对于那些未知的漏洞,往往通过专门的漏洞分析技术进行处理,如逆向工程。

入侵检测是通过从计算机网络系统中的若干关键结点收集信息,并分析这些信息。监控网络中是否有违反安全策略的行为或是否存在入侵行为,是对指向计算和网络资源的恶意行为的识别和响应过程。

病毒是一种具有传染性和破坏性的计算机程序。随着网络的普及,计算机病毒的传播速度大大加快,破坏力也在增强,因此研究和防范计算机病毒也是信息安全的一个重要方面。病毒的防范研究重点包括病毒的作用机理、病毒的特征、传播模式、扫描和清除等。

2. 平台安全

平台安全包括物理安全、网络安全、系统安全、数据安全、用户安全和边界安全。

物理安全指保障信息网络物理设备不受物理损害,或物理设备损坏时能及时修复或替换。通常是针对设备的自然损害、人为破坏或灾害损害而提出的。目前常见的物理安全技术有备份技术、安全加固技术、安全设计技术等。

网络安全的目标是防止针对网络平台的实现和访问模式的安全威胁,主要内容包括安全隧道技术、网络协议脆弱性分析技术、安全路由技术、安全 IP 协议等。

系统安全是各种应用程序的基础。系统安全关心的主要问题是操作系统自身的安全性问题,主要研究内容包括安全操作系统的模型和实现、操作系统的安全加固、脆弱性分析、操作系统和其他开发平台的安全关系等。

数据是信息的直接表现形式,数据安全主要关心数据在存储和应用过程中是否会被非授权用户有意破坏或者被授权用户无意破坏。数据通常以数据库或文件形式存储,因此数据安全主要表现为数据库或数据文件的安全问题。数据库系统或数据文件系统采用什么样的认证、授权、访问控制及审计等安全机制,达到什么安全等级,机密数据能否被加密存储等。数据安全研究的主要内容有安全数据库系统、数据存取安全策略和实现方式等。

用户安全问题有两层含义:一方面,合法用户的权限是否被正确授权,是否有越权访问,是否只有授权用户才能使用系统资源;另一方面,被授权的用户是否获得了必要的访问权限,是否存在多业务系统的授权矛盾等。用户安全研究的主要内容包括账户的管理、用户登录模式、用户权限管理、用户的角色管理等。

边界安全关心的是不同安全策略的区域边界连接的安全问题。不同的安全域具有不同的安全策略,将安全域互连时应该采用什么样的安全策略才不会破坏原来的安全策略,应该采用什么样的隔离和控制措施限制互访,各种安全机制和措施互连后满足什么样的安全关系,这些问题都需要解决。边界安全的主要研究内容是安全边界防护协议和模型、不同安全策略的连接关系问题、信息从高安全域流向低安全域的保密问题、安全边界的审计问题等。

1.4.3　信息安全管理研究

1. 安全策略研究

安全策略是安全系统设计、实施、管理和评估的依据。针对具体的信息和网络的安全,应保护哪些资源,花费多大代价,采取什么措施,达到什么样的安全强度,都是由安全策略决定的,不同国家和单位针对不同的应用都应制定相应的安全策略。例如,什么级别的信息应该采用什么保护强度,针对不同级别的风险能承受什么样的代价,对于这些问题都应该制定策略。

安全策略的研究内容包括安全风险评估、安全代价评估、安全机制的制定以及安全措施的实施和管理等。

2. 安全标准研究

安全标准研究是推进安全技术和产品标准化、规范化的基础。各国都非常重视安全标准的研究和制定。主要的标准化组织都推出了安全标准,著名的安全标准有可信计算机系统评估准则(TCSEC)、通用准则(CC)、安全管理标准 ISO17799 等。

安全标准给出了技术发展、产品研制、安全测评、方案设计等多方面的技术依据。如TCSEC 将安全划分为 7 个等级,并从技术、文档、保障等方面规定了各个安全等级的要求。

安全标准研究的主要内容包括安全等级划分、安全技术操作标准、安全体系结构标准、安全产品测评标准和安全工程实施标准等。

3. 安全测评研究

安全测评是依据安全标准对安全产品或信息系统进行安全性评定。目前开展的测评有技术测评机构开展的技术测评,也有安全主管部门开展的市场准入测评。测评包括功能测评、性能测评、安全性测评、安全等级测评等。

安全测评研究的主要内容有测评模型、测评方法、测评工具、测评规程等。

第2章 密码学基础

密码学是一门关于加密和解密变换的科学,是保护数据和信息的有力武器。

密码学作为信息安全理论与技术的基石,在信息安全领域发挥着中流砥柱的作用。密码学理论的应用,成为现代信息网络得以生存和不断发展的基本前提。

2.1 密码学的发展历史

密码通信的历史极为久远,其起源可以追溯到几千年前的埃及、巴比伦、古罗马和古希腊,古典密码术虽然不是起源于战争,但其发展成果却首先被用于战争。交战双方都为了保护自己的通信安全,以及窃取对方情报而研究各种方法。

密码学的英文单词 cryptography 来源于词根 crypto(隐藏或秘密)以及 graphy(写)。一般来讲,人们通常认为密码学是一种将信息表述为不可读内容的方式(加密),并且可以采用一种秘密方法将信息恢复出来(解密)。密码学提供的最基础的服务就是使通信者能够互相发送信息同时避免其他人员读取信息内容。随着密码学的发展,它还提供了身份认证、完整性校验、数字签名等安全服务。

1834 年,伦敦大学的实验物理学教授惠斯顿发明了电动机,这是通信向机械化、电气化跃进的开始,也为密码通信采用在线加密技术提供了前提条件。

密码技术的成果首先被用于战争。1914 年第一次世界大战爆发,德俄相互宣战。在交战过程中,德军破译了俄军第一军给第二军的电文,从中得知第一军的给养已经中断。根据这一重要情报,德军在这次战役中取得了全胜。这说明当时交战双方已开展了密码战,战争刺激了密码学的发展。

1920 年,美国电报电话公司的弗纳姆发明了弗纳姆密码。其原理是利用电传打字机的五单位码与密钥字母进行模 2 相加,如信息码(明文)为 11010,密钥码为 11101,则模 2 相加得00111 即为密文码。接收时,将密文码再与密钥码模 2 相加得信息码(明文)11010。这种密码结构在今天看起来非常简单,但由于这种密码体制第一次使加密由原来的手工操作变为由电子电路实现,而且加密和解密可以直接由机器来实现,因而在近代密码学发展史上占有重要地位。

1946 年电子计算机一出现便用于密码破译,使密码进入电子时代。

以上这些密码的研究还称不上是一门科学。直到 1949 年香农发表了一篇题为《保密系统的通信理论》的著名论文,该文首先将信息论引入了密码,从而把已有数千年历史的密码学推向了科学的轨道,奠定了密码学的理论基础。该文利用数学方法对信息源、密钥源、接收和截获的密文进行了数学描述和定量分析,提出了通用的秘密钥密码体制模型。将密码置于坚实的数学基础之上,标志着密码学作为一门学科的形成。

由于受历史的局限,20 世纪 70 年代中期以前的密码学研究基本上是秘密地进行,而且主要应用于军事和政府部门。密码学的真正蓬勃发展和广泛的应用是从 20 世纪 70 年代中期开始的。

在密码学发展进程中的另一件值得注意的事件是,在 1976 年,美国密码学家 W. Diffie和 M. Hellman 在《密码学的新方向》一文中提出了一个崭新的思想,不仅加密算法本身可以公开,甚至加密用的密钥也可以公开。但这并不意味着保密程度的降低。因为如果加密密钥和解密密钥不一样,只需将解密密钥保密就可以。这就是著名的公钥密码体制。若存在这样的公钥体制,就可以将加密密钥像电话簿一样公开,任何用户想给其他用户传送加密信息时,就可以从这本密钥簿中查到该用户的公开密钥,用它加密,而接收者用只有他具有的解密密钥得到明文。任何第三者不能获得明文。

1978 年,由美国麻省理工学院三位年轻的数学家 R. L. Rivest、A. Shamir 和 L. Adleman 提出了 RSA 公钥密码体制,并以三人名字的首字母命名。它是第一个成熟的、迄今为止理论上最成功的公钥密码体制。它的安全性是基于数论中的大整数因子分解。该问题是数论中的一个困难问题,至今没有有效的解决算法,这使得该体制具有较高的保密性。

1977 年美国国家标准局颁布了数据加密标准(data encryption standard,DES),用于非国家保密机关。该系统完全公开了加密、解密算法。此举突破了早期密码学的信息保密的单一目的,使得密码学得以在商业等民用领域广泛应用,从而给这门学科以巨大的生命力。DES 是历史上非常著名的一个对称加密算法,它的设计充分体现了香农信息保密理论所阐述的设计密码的思想,标志着密码设计与分析达到了新的水平。在颁布之后使用了近 20 年,是密码史上的一个创举。1998 年底,美国政府宣布不再支持 DES,DES 完成了其历史使命。但是由于DES 已经制成各种计算机软件和硬件的产品并且广泛应用,因此 DES 的使用不可能立刻停止。

早在 1984 年,美国总统就下令美国保密局研制一种新密码,准备取代 DES。经过 10 年的研制和试用,1994 年美国颁布了密码托管加密标准(escrowed encryption standard,EES),这是密码史上又一个创举。EES 的密码算法被设计成允许法律监听的保密方式。如此设计的目的在于既要保护正常的商业通信秘密,又要在法律部门允许的情况下进行监听,以阻止不法分子利用保密通信进行犯罪活动。而且 EES 只提供芯片,不公开算法。1995年美国贝尔实验室的 M. Blaze 博士攻击 EES 的法律监督字段,伪造 ID 获得成功。于是美国政府宣布 EES 只用于语音加密,不用于计算机数据加密,并且后来又公开了算法。

1994 年美国颁布了数字签名标准(digital signature standard,DSS)。数字签名就是数字形式的签名盖章,是确保数据真实性的一种重要措施。没有数字签名,诸如电子政务、电子金融、电子商务等系统是不能实际使用的。由于美国在科学技术方面的领先地位,DSS实际上已经成为一种国际标准。许多国家的标准化组织都将 DSS 颁布为数字签名标准。

1997 年美国宣布公开征集高级加密标准(advanced encryption standard,AES),以取代1998 年底停止使用的 DES。经过三轮筛选,最终在 2001 年 10 月 2 日,正式宣布选中比利时密码学家 Joan Daemen 和 Vincent Rijmen 提出的名为 Rijndael 的算法作为 AES 算法。2001 年 11 月 26 日,正式颁布 AES 为美国国家标准。2002 年许多国际化标准组织都采纳

AES 作为其标准。为了和国际接轨,我国也在某些商业领域采用 AES。

随着密码学在各行各业的应用越来越广泛,也随之产生一些需要解决的问题。例如,在密码传输过程,由于所要处理的数据量特别大,往往会出现一些误差,这当然会给用户带来一定的麻烦和损失。正是社会的这一巨大需求促进了纠错码理论及其工程应用的迅速发展,各种纠错编码以其自动纠正或检测出数据传输中的误差这一特点,深受各界的青睐。各种功能完备的纠错编码已在实际工程中得到广泛的应用。

按照人们对密码的一般理解,密码是用于将信息加密而不易破译,但在现代密码学中,除了信息保密外,还有另一方面的要求,即信息安全体制还要能抵抗对手的主动攻击。所谓主动攻击指的是攻击者可以在信息通道中注入他自己伪造的消息,以骗取合法接收者的相信。主动攻击还可能篡改信息,也可能冒名顶替,这就产生了现代密码学中的认证体制。该体制的目的就是保证用户收到一个信息时,能验证消息是否来自合法的发送者,同时还能验证该信息是否被篡改过。

进入 21 世纪,各种新领域的密码学研究也广泛开展。随着量子计算机研究热潮的兴起,世界各国对量子密码的研究也广泛开展。量子密码具有可证明的安全性,同时还能对窃听行为方便地进行检测。这些特性使得量子密码具有其他密码所没有的优势,因而量子密码引起了国际密码学界的高度重视。另外,混沌是一种复杂的非线性非平衡动力学过程。由于混沌序列是一种具有良好随机性的非线性序列,有可能构成新的序列密码,因此世界各国的密码学者对混沌密码寄予了很大的期望。还有生物信息技术的发展也推动着生物芯片、生物计算机和基于生物信息特征的生物密码的研究。量子密码、混沌密码、生物密码的出现将把我们带入一个新的密码学世界。

自古以来,密码主要用于军事、政治、外交等要害部门,因此密码学的研究工作本身也是秘密进行的。密码学的知识和经验也主要掌握在军事、政治、外交等保密机关,不便公开发表。这是过去密码学的书籍资料很少的原因。

然而由于计算机科学技术、通信技术、微电子技术的发展,使得计算机和通信网络的应用进入了人们的日常生活和活动中,出现了电子商务、电子政务、电子金融等必须确保信息安全的系统,使民间和商业界对信息安全保密的需求大大增加。于是,在民间产生了一批不从属于保密机关的密码学者。他们可以在公开刊物上发表文章,讨论学术,公开地进行密码研究工作。密码学的研究由过去的单纯以秘密方式进行,转向公开和秘密两条战线同时进行。实践证明,正是这种公开研究和秘密研究相结合的局面促成了今天密码学的空前繁荣。

2.2 密码学的基本概念

在密码学发展过程中,许多不同的密码体制和实现算法不断被提出和应用。这些密码体制和实现算法虽然各有特色,但在密码体制的基本组成和算法设计的基本原则上都是一致的。

1. 密码体制基本组成

密码技术的基本思想是伪装信息。伪装就是对数据施加一种可逆的数学变换,伪装前的数据称为明文,伪装后的数据称为密文,伪装的过程称为加密,去掉伪装恢复明文的过程称为解密。加密和解密的过程要在密钥的控制下进行。

　　研究各种加密方案的学科称为密码编码学,加密方案则被称为密码体制或密码。研究破译密码的学科称为密码分析学。密码分析学和密码编码学统称密码学。

　　一个密码系统,通常简称为密码体制,由 5 部分组成。

　　(1) 明文空间(M):全体明文的集合。

　　(2) 密文空间(C):全体密文的集合。

　　(3) 加密算法(E):一组由 M 到 C 的加密变换。

　　(4) 解密算法(D):一组由 C 到 M 的解密变换。

　　(5) 密钥空间(K):全体密钥的集合,其中,加密密钥用 K_e 表示,解密密钥用 K_d 表示。

加密就是明文在密钥和加密算法的共同作用下生成密文的过程:$C=E(M,K_e)$。

信息加密传输的过程如图 2-1 所示。

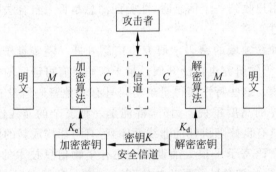

图 2-1　信息加密传输

　　需要特别注意的是,数据安全基于密钥而不是算法的保密。也就是说,对于一个密码体制,其算法是可以公开的,让所有人来使用、研究。但具体对于某次加密过程中所使用的密钥,则是保密的。初学者对于密钥的概念可能比较模糊。如果把加密和解密算法看作一个函数,则密钥就类似于函数中参数的具体取值。函数的类型、计算方式可以公开,但具体加密时所使用的参数则是保密的。

　　例如,加密算法为 $Y=aX+b$,其中,X 为明文,计算后 Y 成为密文。在具体加密过程中,a、b 的取值为密钥,假设为$(2,3)$,明文为 2,则密文计算后为 7。在这个过程中,$Y=aX+b$ 可以公开,但具体 $a=2,b=3$ 的取值不公开。所以即使对方知道了采用的加密算法,由于不知道具体参数取值,也无法根据密文计算出明文。

2. 算法设计的公开原则

　　密码的设计应当遵循公开设计原则,千万不要把密码的安全建立在对手的无知之上。只有在假设对手对密码算法有充分的研究并且拥有足够的计算资源的情况下仍然安全的密码才是真正安全的。

　　算法公开就要求算法设计的完备、没有缺陷,否则分析者可以通过研究算法的弱点来分析出密钥,甚至解出明文。例如,刚才举的例子,$Y=aX+b$,就属于一个设计有缺陷的算法,分析者只要得到两组明文和其所对应的密文,就很容易计算出密钥 a、b 的取值,从而分析出所有的密文。

　　例如,美国在 20 世纪 70 年代制定的 DES 采用公开征集、公开评价的原则,实践证明

DES 是安全的。20 世纪 80 年代制定的 EES,采用内部设计,只提供芯片不公开算法的原则,结果发现有安全缺陷。

20 世纪 90 年代制定的 AES,又采用在全世界范围的公开征集、公开评价的原则,因此可以预计 AES 是安全的。美国在商业密码政策上走过的从公开到封闭再到公开的技术路线,从实践角度证明了密码的公开设计原则的正确性。

密码设计的公开原则并不等于所有的密码在应用时都要公开加密算法。世界各国的军政核心密码都不公开其加密算法。世界各主要国家都有强大的专业密码设计与分析队伍,他们仍然坚持密码的公开设计原则,在内部进行充分的分析,只是对外不公开而已。在公开设计原则下是安全的密码,在实际使用时对算法保密,将会更安全。这是核心密码的设计和使用的正确路线。对于商业密码应当坚持在专业部门指导下的公开征集、公开评价的原则。

著名密码学家 Bruce Schneier 在他的《应用密码学》一书中指出"那些因为自己不能破译某个算法就草率地声称有一个不可破译的密码的人要么是天才,要么是笨蛋,不幸的是后者居多。千万要提防那些一味吹嘘算法的优点,但拒绝公开的人,相信他们的算法就像相信骗人的包治百病的灵丹妙药一样"。

另外,算法公开能够使各种加密部件标准化,使通信过程便利。例如,DES 在 20 世纪作为联邦加密标准,很多软件甚至硬件采用其算法,使之标准化,大大简化了通信过程,降低了成本。

2.3　密码系统的分类

根据不同的分类标准,密码系统有以下 3 种常用的分类。

1. 根据密钥的使用方式分类

密码体制根据密钥的使用方式不同,可分为对称密码体制(也称为传统密码体制)和非对称密码体制(也称为公钥密码体制)。

1) 对称密码体制

所谓对称密码体制就是用于加密数据的密钥和用于解密数据的密钥相同,或两者之间存在着某种明确的数学关系。绝大多数的对称加密算法加密密钥和解密密钥都是相同的。对称加密算法要求通信双方在建立安全信道之前,约定好所使用的密钥。对于好的对称加密算法,其安全性完全决定于密钥的安全,算法本身是可以公开的,因此一旦密钥泄露就等于泄露了被加密的信息。对称算法是传统常用的算法,最广泛使用的是 DES 算法。

对称密码体制的加密和解密表示为

加密:$E_K(M) = C$。

解密:$D_K(C) = M$,其中 K 是密钥。

对称密码体制分为两类。一次只对明文中的单个位或字节加密称为序列密码或流密码。另一类对称密码是对明文的一组位进行加密,这些位组称为分组(block),这种方式叫作分组密码。

2) 非对称加密体制

非对称加密算法是指用于加密的密钥与用于解密的密钥是不同的,而且从加密的密钥无法推导出解密的密钥。这类算法之所以被称为公钥算法是因为用于加密的密钥是可以广泛公开的,任何人都可以得到加密密钥并用来加密信息,但是只有拥有对应解密密钥的人才能将信息解密。

在公钥体制中,加密密钥不同于解密密钥,将加密密钥公之于众,谁都可以使用;而解密密钥只有解密人自己知道。这里,加密密钥称为公开密钥(public key,简称公钥),解密密钥称为私人密钥(private key),简称私钥。

用公钥 KP 对明文加密可表示为 $E_{KP}(M)=C$

用相应的私钥 PK 对密文解密可表示为 $D_{PK}(C)=M$

有时消息用私钥加密而用公钥解密,这用于数字签名。

迄今为止的所有公钥密码体系中,RSA 系统是最著名、使用最广泛的一种。

2. 根据明文和密文的处理方式分类

根据对明文和密文的处理方式和密钥的使用不同,可将密码体制分成分组密码和序列密码体制。

1) 分组密码(block cipher)

设 M 为明文,分组密码将 M 划分为一系列明文块 M_i,通常每块包含若干字符,并且对每一块 M_i 都用同一个密钥 K_e 进行加密。即

$M=(M_1,M_2,\cdots,M_n)$,$C=(C_1,C_2,\cdots,C_n)$,其中 $C_i=E(M_i,K_e)$,$i=1,2,\cdots,n$

现代计算机密码算法的典型分组长度为 64 位,这个长度大到足以防止分析破译,但又小到足以方便使用。

2) 序列密码(stream cipher)

将明文和密钥都划分为位(bit,b)或字符的序列,并且对明文序列中的每一位或字符都用密钥序列中对应的分量来加密,即

$M=(m_1,m_2,\cdots,m_n)$,$K_e=(k_{e1},k_{e2},\cdots,k_{en})$,$C=(C_1,C_2,\cdots,C_n)$,其中 $C_i=E(m_i,k_{ei})$,$i=1,2,\cdots,n$

分组密码每次加密一个明文块,序列密码每次加密一个位或一个字符。在计算机出现之前,算法普遍每次只对明文的一个字符运算,可以认为是序列密码对字符序列的运算。

3. 根据加密算法是否变化分类

根据加密算法在使用过程中是否变化,可将密码体制分成固定算法密码体制和变化算法密码体制。

1) 固定算法密码体制

设 E 为加密算法,$K_0,K_1,\cdots,K_n$ 为密钥,$M_0,M_1,\cdots,M_n$ 为明文,C 为密文,如果把明文加密成密文的过程中加密算法固定不变,则称其为固定算法密码体制。

$$C_0=E(M_0,K_0),C_1=E(M_1,K_1),\cdots,C_n=E(M_n,K_n)$$

2) 变化算法密码体制

设 E 为加密算法,$K_0,K_1,\cdots,K_n$ 为密钥,$M_0,M_1,\cdots,M_n$ 为明文,C 为密文,如果把明文加密成密文的过程中加密算法不断变化,则称其为变化算法密码体制。

$$C_0=E_0(M_0,K_0),C_1=E_1(M_1,K_1),\cdots,C_n=E_n(M_n,K_n)$$

由于加密算法在加密过程中可受密钥控制不断变化,则可以极大提高密码的强度,若能

使加密算法朝着越来越好的方向演化,那密码就成为一种自发展的、渐强的密码,称为演化密码。

2.4　密　码　分　析

如果能够根据对密文的分析确定明文或密钥,或能够根据明文-密文对确定密钥,则说这个密码是可破译的。破译过程称为密码分析。

攻击密码体制一般有两种方法:密码分析和穷举攻击。

1. 密码分析

这种攻击依赖于算法的性质和明文的一般特征或某些明文-密文对。企图利用算法的特征推导明文或使用的密钥。如果这种攻击能成功地推导出密钥,那么影响则是灾难性的,将会危及所有使用该密钥加密消息的安全。对称密码体制的所有分析方法都利用了这样一种情况:明文的结构和模式在加密之后仍然保存,并能在密文中找到线索。

对公开密钥加密体制的分析则是一个完全不同的体系,通常称之为数学分析攻击。密码分析者针对加解密算法的数学基础和某些密码学特性,通过数学求解的方法来破译密码。数学分析攻击是对基于数学难题的各种公开密钥加密体制的主要威胁。为了对抗这种数学分析攻击,应当选用具有坚实数学基础和足够复杂的加解密算法。

2. 穷举攻击

穷举攻击指攻击者对一条密文尝试所有可能的密钥,直到把密文转化成为可读的有意义的明文。平均而言,获得成功至少要尝试所有可能密钥的一半。

2.4.1　密码分析学

密码分析学是在不知道密钥的情况下,恢复出明文的一门科学。成功的密码分析能恢复出消息的明文或密钥。密码分析也可以发现密码体制的弱点,最终得到明文或密钥。对密码进行分析的尝试称为攻击(attack)。

假设攻击者是在已知密码体制(已知加密算法)的前提下来破译使用的密钥,根据攻击者掌握的资源不同,最常见的攻击形式如下。

1. 唯密文攻击(ciphertext only)

密码分析者仅根据截获的密文破译密码。由于密码分析者所能利用的数据资源仅为密文,这是对分析者最不利的情况。

2. 已知明文攻击(known plaintext)

分析者根据已经知道的某些明文-密文对破译密码。例如,密码分析者可能知道从用户终端送到计算机的密文数据以"LOGIN"开头。又如,END、IF、THEN 等词的密文有规律地在密文中出现,密码分析者可以合理地猜测它们。近代密码学认为,一个密码仅当它能经得起已知明文攻击才是可取的。

3. 选择明文攻击(chosen plaintext)

选择明文攻击的破译者除了知道加密算法外,还可以选定明文消息,并可以知道对应的通过加密得到的密文,即知道选择的明文和对应的密文。例如,公钥密码体制中,攻击者可以利用公钥加密他任意选定的明文,这种攻击就是选择明文攻击。这是对分析者十分有利的情况。计算机文件系统和数据库系统特别容易受到这种攻击,因为用户可以随意选择明文,并获得相应的密文文件和密文数据库。

4. 选择密文攻击(chosen ciphertext)

与选择明文攻击相对应,破译者除了知道加密算法外,还知道自己选定的密文和对应的、已解密的明文,即知道选择的密文和对应的明文。

在这些攻击方法中,唯密文攻击难度最大,因为攻击者拥有的信息量最少。不过在很多情况下,攻击者可以得到更多的信息,如电子金融消息往往有标准化的文件头或标志,这样就使其转化成了已知明文攻击。

如果分析者能够通过某种方式,让发送方在发送的信息中插入一段由他选择的信息,那么就成了选择明文攻击,他一般会故意选取那些最有可能恢复出密钥的数据。

只有相对较弱的算法才抵挡不住唯密文攻击。一般来说,加密算法起码要能经受得住已知明文攻击。

另外还有一个概念值得注意。如果无论有多少可以使用的密文,都不足以唯一地确定在该体制下的密文所对应的明文,则此加密体制是无条件安全的。一次一密(one-time pad)可以满足无条件安全。一次一密用一组完全无序的数字对消息进行编码,而且只使用一次。例如,明文为 HELP,每个字母对应一个随机的数字,且相同字母对应的数字不重复,密文假设为 2 5 9 20,这种算法的密钥为字母序列对应随机数字序列,这种序列至少和密文一样长,在不知道序列的情况下,无论取得多少密文,都无法破解出相应的明文,属于无条件安全。但由于这种加密方式的密钥序列至少和密文一样长,安全传递密钥本身的复杂性就相当于甚至高于传递消息本身,所以一次一密并没有多少实用价值。

除了一次一密之外,所有的算法都不是无条件安全的,也就是说,在理论上是可能被攻破的。因此,加密算法应该至少满足下面的两个条件之一:

(1) 破译密码的代价超出密文信息的价值。那么对于破解密码的人来说,这么做是没有意义的。

(2) 破译密码的时间超出密文信息的有效期。当密码被破解时,明文实际上已经丧失了使用价值。

满足上述两个条件之一的密码体制被称为在计算上是安全的。

2.4.2 穷举攻击

试遍所有密钥直到有一个正确的密钥能够把密文还原成明文,这就是穷举攻击。一般来说,要获取成功必须尝试所有可能密钥的一半。

　　无论对于多么优秀的密码算法,都必须要考虑到穷举攻击的威胁。假设,密钥只有 1 个 bit,那么密钥只能是 0 或 1,攻击者只需要尝试 2 次就可以找到正确的密钥(甚至只需要一次)。当密钥为 2 位的时候,攻击者需要尝试 4 次,当密钥增加到 64 位时,攻击者需要尝试 2^{64} 次才能把所有的密钥都尝试一遍。以 DES 加密算法为例,它的密钥为 56 位,则其密钥个数为 2^{56} 个,假设执行一次加解密需要 $1\mu s$ 的话(这是普通计算机的速度),则穷举密钥空间的一半需要 $2^{55}\mu s=1142$ 年。不过用大型机器来穷举的话,例如使用每微秒执行 100 万次加密的计算机,那么只需要 10 小时。对于今天的对称密钥加密算法来说,为了抵御穷举攻击,密钥的位数至少为 128 位,表 2-1 所示为穷举一半密钥空间所需的时间。

表 2-1　穷举一半密钥空间所需的时间

密钥长度/位	密钥个数	每微秒执行一次加密所需时间	每微秒执行 100 万次加密所需时间
32	2^{32}	约 36 分钟	2.147 毫秒
56	2^{56}	1142 年	10 小时
128	2^{128}	5.4×10^{24} 年	5.4×10^{18} 年
168	2^{168}	5.9×10^{36} 年	5.9×10^{30} 年
26 个字符的排列组合	26!	6.4×10^{12} 年	6.4×10^{6} 年

　　另外值得注意的是,计算机网络的广泛应用,特别是 Internet 的广泛应用,可以把全世界的计算机资源连成一体,形成巨大的计算能力,从而拥有巨大的密码破译能力,使原来认为安全的密码被破译。1994 年,40 多个国家的 600 多位科学家通过 Internet,历时 9 个月破译了 RSA-129 密码,1999 年又破译了 RSA-140 密码,2005 年,RSA-200 也被成功破译。

　　1997 年 6 月 18 日美国科罗拉多州以 Rocke Verser 为首的工作小组宣布,通过利用 Internet 上的数万台微机,历时 4 个多月,通过穷举破译了 DES。因此,在 21 世纪,只有经得起通过因特网进行全球攻击的密码,才是安全的密码。

2.5　经典密码学

　　经典密码体制(或称古典密码体制)采用手工或机械操作实现加解密,相对简单。回顾和研究这些密码体制的原理和技术,对于理解、设计和分析现代密码仍然有借鉴意义。

　　在计算机出现前,密码学由基于字符的密码算法构成。不同的密码算法是字符之间互相代换或互相之间换位,好的密码算法是结合这两种方法,每次进行多次运算。

　　大多数经典加密早在计算机普及之前就已经被开发出来了,一些加密方法现在还被密码爱好者所使用。广义地说,经典密码学可定义为不要求用计算机实现的所有加密算法。这并不是说它不能在计算机上实现,而是因为人们可以手工加密和解密文字,在计算机出现后,由于计算机运算的速度远远高于手工计算速度,所有经典密码算法能够被计算机很容易地破解。

　　目前任何重要的应用程序,都不推荐使用这些经典加密算法。不过,通过对这些算法的本质及其特点进行研究,可以更好地理解现代加密算法,因为这些经典加密以一种很简单的方式阐述了那些促进当前密码学发展的概念。

经典密码采用的两种基本的技术,分别为代换技术和置换技术。事实上现代加密算法大多是综合应用这两种技术来实现的,但基于的数学基础更加复杂。

代换是将明文字母替换成其他字母、数字或符号的方法。在经典密码学中,有4种类型的代换密码:

(1) 简单代换密码(或称单字母密码):就是将明文的一个字符用相应的一个密文字符代替。

(2) 多名码代换密码:与简单代换密码系统相似,唯一的不同是单个字符明文可以映射成密文的几个字符之一,如A可能对应于5、13、25或56,B可能对应于7、19、31或42等。

(3) 字母代换密码:字符块被成组加密,如ABA可能对应于RTQ,ABB可能对应于SLL等。

(4) 多表代换密码:由多个简单的代换密码构成,如可能有5个被使用的不同的简单代替密码,单独的一个字符用来改变明文的每个字符的位置。

置换技术中,明文的字母保持相同,但顺序被打乱了。在简单的纵行换位密码中,明文以固定的宽度水平地写在一张图表纸上,密文按垂直方向读出,解密就是将密文按相同的宽度垂直地写在图表纸上,然后水平地读出明文。

2.5.1 代换密码

代换密码是将明文字母替换成其他字母、数字或符号。如果把明文看作是二进制序列,那么代换就是用密文位串来代换明文位串。

1. 恺撒密码

已知的最早的代换密码是由Julius Caesar发明的恺撒(Caesar)密码。他对字母表中的每个字母,用它之后的第三个字母代换,如对"明晨五点发动反攻"进行加密:

明文:MING CHEN WU DIAN FA DONG FAN GONG

密文:PLQJ FKHQ ZX GLDQ ID GRQJ IDQ JRQJ

字母表循环表示:

明文:a b c d e f g h i j k l m n o p q r s t u v w x y z

密文:D E F G H I J K L M N O P Q R S T U V W X Y Z A B C

如果让每个字母等价于一个数值

$$a = 0, b = 1, \cdots, z = 25$$

则加密公式为

$$C = E(p) = (p + 3) \bmod (26)$$

如果移位可以是任意整数k,则更加通用的算法如下:

加密:$C = E(p) = (p + k) \bmod (26)$

解密:$p = D(C) = (C - k) \bmod (26)$

用穷举分析可轻松破解恺撒密码,原因有三:一是加密和解密算法已知;二是密钥k只有25种可能的取值;三是明文所用的语言是已知的,意义容易识别。

在大多数网络情况下,假设密码算法是已知的。一般说来,密钥空间很大的算法使得穷举攻击分析方法不太可行。因此,为了提高穷举分析的难度,密钥空间必须很大。例如目前认为安全的对称加密算法的密钥空间至少有 2^{128}。第三个原因也是需要注意的,如果明文所用的语言不为破解者所知,那么明文输出就不可识别。

2. 单表代换密码

恺撒密码仅有 25 种可能的密钥,是很不安全的,如果允许任意代换,密钥空间将会急剧增大。

如果密文行是 26 个字母的任意置换。例如,明文 a 用 c 代换,b 用剩下的 25 个字母中随机的一个代换,c 用剩下的 24 个字母中随机的一个代换……依此类推。这样,密钥空间为 26!,约 4×10^{26} 种可能的密钥。这么大的密钥空间应该可以抵挡穷举攻击。这种方法称为单表代换密码,这是因为每条消息用一个字母表(给出从明文字母到密文字母的映射)加密。

不过,攻击办法仍然存在。如果密码分析者知道明文(如未经压缩的英文文本)的属性,他就可以利用语言的一些规律进行攻击。

例如,这里有段密文:

UZQSOVUOHXMOPVGPOZPEVSGZWSZOPFPESXUDBMETSXAIZ

VUEPHZHMDZSHZQWSFPAPPDTSVPQUZWYMXUZUHSX

EPYEPOPPZSZUFPOMBZWPFUPZHMDJUDTMOHMQ

把密文中字母使用的相对频率统计出来,与英文字母的使用频率分布(如表 2-2 所示)进行比较。

表 2-2　英文字母的使用频率分布

a	0.0856	g	0.0199	m	0.0249	s	0.0607	y	0.0199
b	0.0139	h	0.0528	n	0.0707	t	0.1045	z	0.0008
c	0.0279	i	0.0627	o	0.0797	u	0.0249		
d	0.0378	j	0.0013	p	0.0199	v	0.0092		
e	0.1304	k	0.0042	q	0.0012	w	0.0149		
f	0.0289	l	0.0339	r	0.0677	x	0.0017		

如果消息足够长,只用这种方法就足够了,如果消息相对较短,还可以用到一些统计规律:

(1) 英文单词以 E、S、D、T 为结尾的超过一半。

(2) 英文单词以 T、A、S、W 为起始字母的约为一半。

(3) 一般来说 3 个字母出现的可能是 THE 或 AND。

(4) 单个字母出现的可能是 A 或 I。

(5) 最常见的两字母组合,依照出现次数递减的顺序排列:TH、HE、IN、ER、AN、RE、DE、ON、ES、ST、EN、AT、TO、NT、HA、ND、OU、EA、NG、AS、OR、TI、IS、ET、IT、AR、TE、SE、HI、OF。

(6) 最常见的三字母组合,依照出现次数递减的顺序排列:THE、ING、AND、HER、

ERE、ENT、THA、NTH、WAS、ETH、FOR、DTH。

应用这些统计规律经过分析,得到的明文是

It was disclosed yesterday that several informal but direct contacts have been made with political representatives of the viet cong in Moscow

单表代换技术之所以容易采用统计学的方法攻破,关键就在于在单表代换中,明文中的任何一个字母都只有一个密文字母来代换。如果要实现抗统计分析,可以对每个字母提供多种代换,就像一个读音可以代表多个同音字一样,一个明文单元也可以变换成不同的密文单元。例如,字母e,时而用字母A来代换,时而用字母X来代换等。循环或随机地选取密文字母来代换明文字母。如果对每个明文元素分配的密文元素的个数与此明文元素的使用频率成一定比例关系,那么使用的频率信息就完全被隐藏了。但这种方法只能隐藏明文中一个元素的频率,多字母语法模式仍然残留在密文中,这样就降低了密码分析者破译的难度。

代换密码必须考虑的一个问题是,明文的语法模式和结构有多少仍然保存在密文中。有两种基本方法可以减少残留:一种是对明文中的多个字母一起加密;另一种是采用多表代换密码。

3. 多表代换密码

改进简单的单表代换的方法是在明文消息中采用不同的单表代换。这样,密文中的每个字母都有多个可能的密文字母来代换它,这种方法一般称为多表代换密码,它通常采用相关的单表代换规则集,并由密钥决定给定变换的具体规则。著名的多表代换密码有Playfair密码、Hill密码、Vigenère密码等。

1) Playfair密码

Playfair密码由英国科学家Charles Wheatstone于1854年发明,以其好友Baron Playfair的名字命名。在第一次世界大战中,英军曾使用Playfair密码作为陆军的标准加密体制。在第二次世界大战中,盟军使用它作为通信加密工具。

Playfair把明文中的双字母音节作为一个单元并将其转换成为密文的"双字母音节"。它基于一个由密钥词构成的5×5字母矩阵。

例如,使用密钥词是monarchy。填充矩阵的方法是,首先将密钥词从左至右、从上至下填在矩形格子里。字母I和J暂时当作一个字母,如表2-3所示。

表 2-3　基于密钥 monarchy 的 5×5 字母矩阵

M	O	N	A	R
C	H	Y	B	D
E	F	G	I/J	K
L	P	Q	S	T
U	V	W	X	Z

对明文按如下规则一次加密两个字母:

(1) 如果该字母对的两个字母是相同的,那么在它们之间加一个填充字母,如x。例如balloon,先把它变成 ba lx lo on 这样4个字母对。

（2）落在矩阵同一行的明文字母对中的字母由其右边的字母代换，每行中最右边的一个字母用该行中最左边的第一个字母来代换，如 ar 变成 RM。

（3）落在矩阵同一列的明文字母对中的字母由其下面的字母代换，每列中最下面的一个字母用该列中最上面的一个字母来代换，如 mu 变成 CM。

（4）其他的每组明文字母对中的字母按如下方式代换：它所在的行是该字母所在行，列则为另一字母所在列。例如，hs 变成 BP，ea 变成 IM（或 JM）。

Playfair 密码相对于简单的单表密码是一个巨大的进步。首先，因为有 26 个字母，故有 $26\times26=676$ 个字母对，因此对单个的字母对进行判断要困难得多。

此外，单个字母在使用频率的统计规律上比字母对要强得多。这样利用使用频率分析字母对就困难些。一个明文字母有多种可能的代换密文字母，使得频率分析困难得多（例如 hs 被代换为 BP，hq 被代换为 YP，字母 h 被不同的字母代替）。

因为这些原因，Playfair 密码在很长一段时间内被认为是牢不可破的。

尽管 Playfair 密码被认为比较安全，但其实它仍然是相对容易攻破的，因为它的密文仍然完整地保留了明文语言的结构。几百个字母的密文就足够我们分析规律了。

2）Vigenère 密码

最简单的多表代换密码是 Vigenère 密码。

它的代换规则集由 26 个类似 Caesar 密码的代换表组成，其中每一个代换表示对明文字母表移位 0 到 25 次后的代换单表。每个密码代换表由一个密钥字母来表示。

例如，密钥字母为 a（a 代表 0），明文字母为 c，则密文字母为 $0+2(\bmod 26)=2$，也就是 c。

每一个密钥字母加密一个明文字母，直到所有的密钥字母用完，然后再从头开始，使用第一个密钥字母加密。也就是说，密钥循环使用。

例如密钥词是 deceptive，那么明文 we are discovered save yourself 将这样被加密

Key：　　　　deceptivedeceptivedeceptive

Plaintext：　wearediscoveredsaveyourself

Cihpertext：　ZICVTWQNGRZGVTWAVZHCQYGLMGJ

这种密码的强度在于每个明文字母对应着多个密文字母，且每次使用唯一的字母作为密钥词，因此字母出现的频率信息被隐蔽了，不过并非所有的明文结构信息都被隐蔽。尽管它对于 Playfair 密码是一个较大的改进，却依然保留了许多频率信息。可以采用密码分析学中的一些数学原理来对其进行攻击。

首先，假设敌手认为密文是用单表代换或 Vigenère 密码加密的。可以用一个简单的测试区分。如果用单表代换，那么密文的统计特性应该与明文语言的统计特性相同，因此参照英文字母的相对使用频率，应该有一个密文字母出现的频率大约是 12.7%，一个大约是 9.06% 等。如果只有一条消息可用于密码分析，那么并不期望它体现出来的统计规律和明文完全一样。然而当它们的统计规律非常接近时，就可以认为它采用了单表加密。

另一方面，如果认为采用了 Vigenère 密码加密，那么它会依赖于所用密钥词的长度。发现这个事实是很重要的：如果两个相同的明文序列之间的距离是密钥词长度的整数倍，那么产生的密文序列也是相同的。在前面的例子里，red 的两次出现间隔 9 个字母。在两种情况下，r 都是用 e 加密，e 都是用 p 加密，d 都是用 t 加密，因此得到了两个相同的密文序

列 VTW。

分析者只要发现重复序列 VTW,而重复序列之间相隔 9 个字母,那么他就可以认为密钥词的长度是 3 或者 9。VTW 的两次出现可能是偶然,而不一定是用相同密钥加密相同明文序列所导致的。然而,如果信息足够长,就会有大量重复的密文序列出现。通过计算重复密文序列间距的公因子,分析者很快就能猜出密钥的长度。

破解密码也依赖于另一个重要的观察。如果密钥词的长度为 N,那么密码实际上包含了 N 个单表代换。例如,以 deceptive 作为密钥词,那么处在位置 $1,10,19,\cdots$ 的字母的加密实际上是单表代换。因此,我们可以用明文语言的频率特性对这样的单表代换分别进行分析。

虽然破译 Vigenère 密码的技术并不复杂,但是 1917 年的一期《科学美国人》杂志上却称之为不可破译的。当对现代密码算法做出类似论断时,这是值得吸取的教训。

4. 一次一密

有一种理想的加密方案,叫作一次一密乱码本(one-time pad),由 Major Joseph Mauborgne 和 AT&T 公司的 Gilbert Vernam 于 1917 年发明,被认为是一种不可攻破的密码体制。

一次一密乱码本不外乎是一个大的不重复的真随机密钥字母集,这个密钥字母集被写在几张纸上,并被粘成一个乱码本。发送者用每一个明文字符和一次一密乱码本密钥字符进行模 26 加法运算得到密文。

每个密钥仅对一个消息使用一次。发送者对所发送的消息加密,然后销毁乱码本中用过的一页。接收者有一个同样的乱码本,并依次使用乱码本上的每个密钥去解密密文的每个字符。接收者在解密消息后销毁乱码本中用过的一页。新的消息则用乱码本中新的密钥加密。

因此,这种方法其实就是采用与消息一样长且无重复的随机密钥加密消息,它产生的随机输出与明文没有任何统计关系。因为密文不包含明文的任何信息,所以无法攻破。

在攻击者进行破译时,面对一条待破译的密文,攻击者能够找到很多个与密文等长的密钥,使得破译出的明文符合语法结构的要求,因为密钥本身是随机的,是没有规律的。

例如,有密文

ANKYODKYUREPFJBYOJDSPLREYIUNOFDOIUERFPLUYTS

攻击者可以找到很多不同的密钥,使得采用这些密钥解密后得到一条可读的明文,例如下面两个密钥:

密文：ANKYODKYUREPFJBYOJDSPLREYIUNOFDOIUERFPLUYTS

密钥 1：pxlmvmsydoftyrvzwc tnlebnecvgdupahfzzlmnyih

明文：mr mustard with the candlestick in the hall

密文：ANKYODKYUREPFJBYOJDSPLREYIUNOFDOIUERFPLUYTS

密钥 2：mfugpmiydgaxgoufhklllmhsqdqogtewbqfgyovuhwt

明文：miss scarlet with the knife in the library

假设密码分析者找到这两个密钥,于是产生两个似是而非的明文。分析者如何确定正确的解密呢? 如果密钥在真正随机的方式下产生,那么分析者就不能说密钥更有可能是哪一种。就算在这些可能的密钥中存在真正的密钥,攻击者也无法在这些可能的密钥中确定真正的密钥,因为密钥只是用一次,攻击者无法用其他密文验证这个密钥,因此没有办法确定真正的密钥,也就是说没有办法确定真正的明文。

事实上,给出任何长度与密文一样的明文,都存在着一个密钥产生这个明文。因此,如果用穷举法搜索所有可能的密钥,就会得到大量可读、清楚的明文,但是没有办法确定哪一个才是真正所需的,因此这种密码是不可破的。

一次一密的安全性完全取决于密钥的随机性。如果构成密钥的字符流是真正随机的,那么构成密文的字符流也是真正随机的。因此分析者没有任何攻击密文的模式和规则可用。

但实际上,要一次一密提供完全的安全性,存在两个基本难点:一个是产生大规模随机密钥的实际困难;另外一个是密钥分配和保护的问题,对每一条发送的消息,需要提供给发送方和接收方和明文等长度的密钥。因此存在庞大的密钥分配问题。所以一次一密在实际中很少使用,而主要用于安全性要求很高的低带宽通信。

前苏联曾经在第二次世界大战后使用过一次一密的方法加密间谍发送的消息。用一叠在每一页上都标有随机数字的纸,每页纸用于一条消息,而且只用一次。如果使用正确,这种加密机制无法破解,但是苏联人的错误是没有正确使用它们,重复使用了一次性便条,所以一些消息就被破解了。

2.5.2　置换技术

到现在为止讨论的都是将明文字母代换成为密文字母。与之不同的另一种加密方式是通过置换而形成新的排列,这种技术称为置换密码。

最简单的例子是栅栏技术,按照对角线的顺序写入明文,而按行的顺序读出作为密文。例如,用深度为 2 的栅栏技术加密信息 meet me after the toga party,可写为

```
m e m a t r h t g p r y
 e t e f e t e o a a t
```

则密文为

MEMATRHTGPRYETEFETEOAAT

一种更加复杂的方案是把消息一行一行地写成矩形块,然后按列读出,但是把列的次序打乱。列的次序就是密钥。例如:

密钥	4	3	1	2	5	6	7
明文	a	t	t	a	c	k	p
	o	s	t	p	o	n	e
	d	u	n	t	i	l	t
	w	o	a	m	x	y	z

则生成的密文为

TTNAAPTMTSUOAODWCOIXKNLYPETZ

　　单纯的置换密码因为有着与原始明文相同的字母频率特征而容易被破译。密码分析可直接从密文排列成矩阵入手,再来处理列的位置。双字母音节和三字母音节分析方法可以派上用场。

　　多步置换密码相对来说要安全得多。这种复杂的置换是不容易构造出来的。因此,如果前面那条消息用相同算法再加密一次,则有

密钥	4	3	1	2	5	6	7
明文	t	t	n	a	a	p	t
	m	t	s	u	o	a	o
	d	w	c	o	i	x	k
	n	l	y	p	e	t	z

则生成的密文为

NSCYAUOPTTWLTMDNAOIEPAXTTOKZ

　　为了更清晰地看出经过双重置换后的结果,用字母所在位置序号代换原始明文信息。于是,共 28 个字母的原始消息序列是

01 02 03 04 05 06 07 08 09 10 11 12 13 14
15 16 17 18 19 20 21 22 23 24 25 26 27 28

经过第一次置换后变成了

03 10 17 24 04 11 18 25 02 09 16 23 01 08
15 22 05 12 19 26 06 13 20 27 07 14 21 28

这多少还有些规律,但是经过二次置换变成

17 09 05 27 24 16 12 07 10 02 22 20 03 25
15 13 04 23 19 14 11 01 26 21 18 08 06 28

然后,排列结构已经没有什么规律了,分析者攻击它要困难得多。

　　当然,单纯的置换技术对于现代密码分析来说是微不足道的。因此,置换技术通常是与代换技术相结合使用的,一般地,可先利用代换技术加密,再用置换技术将密文再次加密。

2.5.3　转轮机

　　转轮机是实现高效加密和解密的自动化设备,在两次世界大战中曾经扮演了重要的角色。

1. 转轮机的原理

　　2.5.2节中的多步置换的例子表明,用多步置换得到的算法对密码分析有很大的难度。这对代换密码也适用。

　　20 世纪 20 年代,随着机械和机电技术的成熟,以及电报和无线电需求的出现,引起了密码设备方面的一场革命——发明了转轮密码机(rotor,简称转轮机),转轮机的出现是密码学发展的重要标志之一。

　　美国人 Edward Hebern 认识到:通过硬件卷绕实现从转轮机的一边到另一边的单字母代替,然后将多个这样的转轮机连接起来,就可以实现几乎任何复杂度的多个字母代替。

　　转轮机由一个键盘和一系列转轮组成,每个转轮是 26 个字母的任意组合。转轮被齿轮

连接起来,当一个转轮转动时,可以将一个字母转换成另一个字母。照此传递下去,当最后一个转轮处理完毕时,就可以得到加密后的字母。

为了使转轮密码更安全,人们还把几种转轮和移动齿轮结合起来,所有转轮以不同的速度转动,并且通过调整转轮上字母的位置和速度为破译设置更大的障碍。

转轮机的基本原理如图 2-2 所示。每个圆筒有 26 个输入引脚和 26 个输出引脚。内部连线使每一个输入仅同唯一一个输出连接,为简明起见,图中只画出了 3 条内部连接。

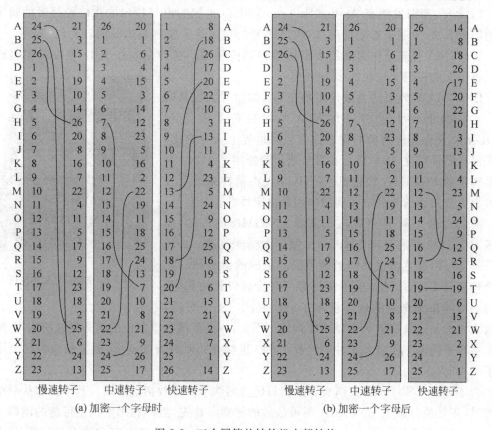

(a) 加密一个字母时   (b) 加密一个字母后

图 2-2 三个圆筒的转轮机内部结构

如果把每个输入输出引脚当作字母表中的一个字母,那么一个圆筒就定义了一个单表替换。如果操作员按下代表字母 A 的键,那么电信号就加在了第一个圆筒的第一个输入引脚上,经过内部连线被传送到第 25 个输出引脚。

考虑只有一个圆筒的转轮机。每次按下一个输入键,圆筒就旋转一个位置,所以内部连线也就相应改变了。因此就定义了不同的单表代换密码。经过 26 个明文字母后,圆筒回到最初位置。于是我们可以得到一个周期为 26 的多表代换算法。

单筒系统比较简单,容易对付。转轮机的威力在于它使用了多个圆筒,每个筒的输出引脚连接到下一个筒的输入引脚。图 2-2 所示的是一个三筒系统。在图 2-2(a)中,操作员从第一个引脚输入(明文字母 a),经过 3 个圆筒后,电信号出现在第 3 个圆筒的第 2 个引脚(密文字母 B)。在图 2-2(b)中,如果此时再次输入明文字母 a,则输出的密文字母为 E。

多筒系统中,操作员每按一次输入键,最后一个转轮就旋转一个引脚的位置。在图 2-2(b)

中，经过一次按键后的情况。最后一个转轮旋转一圈后，它前面的一个圆筒就旋转一个引脚的位置，依次类推。它的原理看起来有点像钟表的时针、分针和秒针的齿轮。所以整个系统重复使用 $26 \times 26 \times 26 = 17\,567$ 个不同的替换字母表，如果用 4 个或 5 个转轮，周期数将分别为 $456\,976$ 和 $11\,881\,376$。

2. ENIGMA

1918 年，德国发明家 Arthur Scherbius 用 20 世纪的电气技术取代已经过时的铅笔加纸的加密方法，发明了恩尼格玛（ENIGMA）加密机，其实质就是多筒的转轮机，如图 2-3 所示。ENIGMA 首先是作为商用加密机器得到应用的。它的专利在 1918 年在美国得到确认。售价大约相当于现在的 30 000 美元。

ENIGMA 转轮机的大量使用是在第二次世界大战开始后。第二次世界大战中德国军队大约装备了 3 万台 ENIGMA，使得德军通信的保密性在当时世界上无与伦比。为了提高破译难度，德军甚至在潜艇通信时使用了 4 个甚至更多转子的 ENIGMA 转轮机。ENIGMA 在纳粹德国第二次世界大战初期的胜利中起到的作用是决定性的。

图 2-3　ENIGMA 转轮机

波兰人在 1934 年研究出了破译 ENIGMA 的方法，而德国人在 1938 年底又对 ENIGMA 做了大幅度改进。1939 年 7 月 25 日，波兰情报部门邀请英国和法国的情报部门共商合作破译 ENIGMA。英国情报部门在伦敦以北约 80 公里的一个叫布莱奇利的地方征用了一所庄园。一个月后，鲜为人知的英国政府密码学校迁移到此。不久，一批英国数学家也悄悄来到这所庄园，破译恩尼格玛密码的工作进入了冲刺阶段。在这里刚开始时只有 500 人，战争结束时已经增加到了 7000 人。

为了破译 ENIGMA，英国人将国内最优秀的数学家悉数招进庄园。其中就有从剑桥来的图灵，正是他打破了 ENIGMA 不可战胜的神话。首先，盟军利用电报中可能的闲聊内容（这些内容与每天发生的事情有关），通过猜测德国人可能讨论的某些地点或问题，发现了一些加密文本的片段，这些片段能够联系到原始的报文。其次，他们密切关注德国空军的报文。因为德国空军的信号员不如德国陆军和海军的那么训练有素。盟军注意到的那些小错误增加了他们对加密报文的理解。例如，德国空军的信号员经常使用女朋友的名字作为密钥，或用前一段结尾处相同的设置开始下一段报文。这些信息使得盟军在英国战争期间能确定德国空军的一些计划。因此，当控制协议不够完善时，复杂的技术也可以被攻破。

今天，转轮机的意义在于它曾经给最为广泛使用的密码——数据加密标准 DES 指明了方向。

2.5.4　隐蔽通道和隐写术

严格来说，隐蔽通道和隐写术这两种技术并不是加密，而是隐藏。它们隐藏明文信息的存在，而密码学通过对文本信息的不同转换而实现信息对外的不可读。

例如，假设一群孩子正在准备一次考试，形式为选择题，答案为 A～D。其中一个孩子 Bob 准备得非常充分，他决定帮助其他人。在考试前，他们商量好用以下方式来传送答案：如果 Bob 咳嗽，表示该题答案为 A，如果叹气，表示该题答案为 B 等。外界可能会注意到 Bob 的行为，这个行为作为通道，他的信息却隐藏在这个公开的通道里。这就是隐蔽通道在人们现实生活中的例子。

目前，这种方法被使用在应用程序中，如一个为银行写代码的程序员在程序交付使用后，就不能再访问其中的敏感数据了。但是程序员可能在程序中使用了隐蔽通道，使程序在运行期间秘密地与自己通信，传输数据。运行中的程序如果产生特殊的输出会引起安全管理员的注意。所以程序员往往采用一些方式隐藏信息，如将输出标题文字由 TOTAL 变成 TOTALS，这样不会引起人们的注意，但却创建了一个一位的隐蔽通道。通过检查标题中是否有 S 出现，可以传递一位信息。同理，在其他地方采用这样的方法，则可以传递大量信息。

关于隐写术还有这样的一些例子：

字符标记：选择一些印刷字母，用铅笔在其上面书写一遍。这些标记需要做得在一般场合下辨认不出，除非将纸张从某个角度对着亮光看。

不可见墨水：有些物质用来书写后不留下痕迹，除非加热或加入某种化学物质。

在目前的计算机时代，也可以用类似的方法。例如，利用图像文件的冗余存储秘密信息。让信息看起来是一张图片，而采用某种变换方式后成为明文。这形成了目前比较热门的一个研究领域——信息隐藏。

同加密相比，隐蔽通道和隐写术有一些缺点，需要许多额外的付出来隐蔽相对较少的信息。尽管采用上述的一些方案也许有效，但是一旦被破解，整个方案就毫无价值了。

隐蔽通道和隐写术的优点是可以应用于通信双方宁愿他们的秘密通信被发现而不愿其中的重要内容丢失的情况。

第3章 对称密码体制

作为现代密码学,虽然算法更加复杂,但原理还是没变。只不过现代密码学的算法是针对二进制位而不是针对字母进行变换,实际上这只是字母表长度上的改变:从 26 个元素变为 2 个元素。大多数优秀算法的主要组成部分仍然是代换和置换的组合,如 DES 算法。

前面已经提到,对称密码体制就是在加密和解密时用到的密钥相同,或加密密钥和解密密钥之间存在着确定的转换关系。其实质是设计一种算法,能在密钥控制下,把 n 位明文简单而又迅速地置换成唯一的 n 位密文,并且这种变换是可逆的(解密)。

根据不同的加密方式,对称密码体制又有两种不同的实现方式,即分组密码和序列密码(或称流密码)。其中,分组密码是先把明文划分为许多分组,每个明文分组被当作一个整体来产生一个等长(通常情况下)的密文分组,通常使用的是 64 位或 128 位分组大小。而序列密码则每次加密数据流中的一位或一个字节。

3.1 分 组 密 码

分组密码体制是目前商业领域中比较重要而流行的一种加密体制,广泛地应用于数据的保密传输、加密存储等应用场合。分组密码对明文进行加密时,首先需要对明文进行分组,每组的长度都相同,然后对每组明文分别加密得到等长的密文。分组密码的安全性主要依赖于密钥,而不依赖于对加密算法和解密算法的保密,因此,分组密码的加密和解密算法可以公开。

1. 要求

分组密码算法实际上就是在密钥的控制下,简单而迅速地找到一个置换,用来对明文分组进行加密变换,一般情况下对密码算法的要求如下:

(1) 分组长度 m 足够大。当分组长度 m 较小时,分组密码很类似于某些古典密码,如维吉尼亚密码、希尔密码和置换密码。它仍然有效地保留了明文中的统计信息,这种统计信息将给攻击者留下可乘之机,攻击者可以有效地穷举明文空间,得到密码变换本身。

(2) 密钥空间足够大。分组密码的密钥所确定的密码变换只是所有置换中极小的一部分。如果这一部分足够小,攻击者可以有效地通过穷举密钥,确定所有的置换。到时,攻击者就可以对密文进行解密,以得到有意义的明文。

（3）密码变换必须足够复杂，使攻击者除了穷举法攻击以外，找不到其他简洁的数学破译方法。

2. 基本思想

为了便于实现和分析，在设计分组密码时通常遵循以下两个基本思想：

（1）扩散（diffusion）。将明文及密钥的影响尽可能迅速地散布到较多个输出的密文中。产生扩散的最简单方法是通过置换（如重新排列字符）。

（2）混淆（confusion）。其目的在于使作用于明文的密钥和密文之间的关系复杂化，使明文和密文之间、密文和密钥之间的统计相关特性极小化，从而使统计分析攻击不能奏效。通常的方法是代换。

3. 技术

具体来说，可以综合采用以下两种技术：

（1）将大的明文分组再分成几个小段，分别完成各个小段的加密置换，最后进行并行操作。这样使得总的分组长度足够大，有利于对密码的实际分析和评测，以保证密码算法的强度。

（2）采用乘积密码技术。乘积密码就是以某种方式连续执行两个或多个密码变换。例如，设有两个子密码变换 $E1$ 和 $E2$，则先以 $E1$ 对明文进行加密，然后再以 $E2$ 对所得结果进行加密。其中，$E1$ 的密文空间与 $E2$ 的明文空间相同。如果使用得当的话，乘积密码可以有效地掩盖密码变换的弱点，构成比其中任意一个密码变换强度更高的密码系统。

典型的分组密码有 DES、AES。

3.2　数据加密标准

3.2.1　数据加密标准简介

数据加密标准（data encryption standard，DES）是一种对计算机数据进行密码保护的数学算法，它的产生被认为是 20 世纪 70 年代信息加密技术发展史上的里程碑之一。由于 20 世纪 60 年代计算机得到了迅猛的发展，大量的数据资料被集中储存在大型计算机数据库中并在计算机通信网中进行传输，其中有些通信具有高度的机密性，有些数据具有极为重要的价值，因此对计算机通信及计算机数据进行保护的需求日益增长。当时的美国虽然已经制定了数据保密措施，但是人们普遍认为这些保密措施只对业余人员有效，对于职业人员来说，要截获通信信号、绕过报警系统并接通通信设备，取出、复制、删除、插入或更改信息是不成问题的。针对这种情况，有人提出了两种对数据进行保护的方法，一种方法是对数据进行物理保护，即把重要的数据存放到安全的地方，如银行的地下室中；另一种方法是对数据进行密码保护。

由于普遍认为加密算法如果足够复杂的话，密码是一种有效的措施。所以美国国家标准局（NBS）于 1973 年 5 月发出通告，公开征求一种标准算法用于对计算机数据在传输和存储期间实现加密保护的密码算法。1975 年美国国家标准局接受了美国国际商业机器公司

(IBM)推荐的一种密码算法并向全国公布,征求对采用该算法作为美国信息加密标准的意见。

经过两年的激烈争论,美国国家标准局于 1977 年 7 月正式采用该算法作为美国数据加密标准。1980 年 12 月美国国家标准协会 ANSI 正式采用这个算法作为美国的商用加密算法。

DES 是一种对称密码体制,所使用的加密和解密密钥是相同的,是一种典型的按分组方式工作的密码。其基本思想是将二进制序列的明文分成每 64 位一组,用长为 64 位的密钥对其进行 16 轮代换和置换加密,最后形成密文。

DES 的巧妙之处在于除了密钥输入顺序,其加密和解密的步骤完全相同,这就使得在制作 DES 芯片时易于做到标准化和通用化。这一点尤其适合现代通信的需要,在 DES 出现以后,经过许多专家学者的分析论证证明它是一种性能良好的数据加密算法,不仅随机特性好,线性复杂度高,而且易于实现,加上能够标准化和通用化,因此 DES 在国际得到了广泛的应用。

3.2.2　DES 加密解密原理

DES 是典型的传统密码体制,它利用传统的代换和置换等加密方法,现介绍算法如下:

加密前,先将明文分成 64 位的分组,然后将 64 位二进制码输入到密码器中,密码器对输入的 64 位码首先进行初始置换,然后在 64 位主密钥产生的 16 个子密钥控制下进行 16 轮乘积变换,接着再进行逆初始置换就得到 64 位已加密的密文。

算法的主要步骤如图 3-1 所示。

假定信息空间都是由{0,1}组成的字符串,信息被分成 64 位的块,密钥是 56 位。经过 DES 加密的密文也是 64 位的块。设 m 是一个 64 位的信息块,k 为 56 位的密钥,即

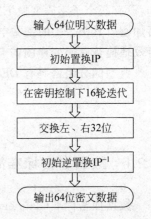

$$m = m_1 m_2 \cdots m_{64}$$
$$m_i = 1, 2, \cdots, 64$$
$$k = k_1 k_2 \cdots k_{64}$$
$$k_i = 1, 2, \cdots, 64$$

图 3-1　DES算法的主要步骤

其中,$k_8, k_{16}, k_{24}, k_{32}, k_{40}, k_{48}, k_{56}, k_{64}$ 是奇偶校验位,真正起作用的密钥仅 56 位。

下面介绍一个分组的加密过程。

1. 初始置换 IP

将 64 个明文位的位置进行置换,得到一个乱序的 64 位明文组,然后分成左右两段,每段为 32 位,以 L 和 R 表示,如图 3-2 所示。

2. 迭代变换

迭代变换是 DES 算法的核心部分。如图 3-3 所示,将经过 IP 置换后的数据分成 32 位左右两组,在迭代过程中彼此左右交换位置,每次迭代只对右边的 32 位进行一系列的加密

变换。在此轮迭代即将结束时,把左边的 32 位与右边的 32 位诸位模 2 相加,作为下一轮迭代时右边的段,并将原来右边的未经变换的段直接送到左边的寄存器中作为下一轮迭代时左边的段。在每一轮迭代时,右边段要经过选择扩展运算 E、密钥加密运算、选择压缩运算 S、置换运算 P 和左右混合运算。

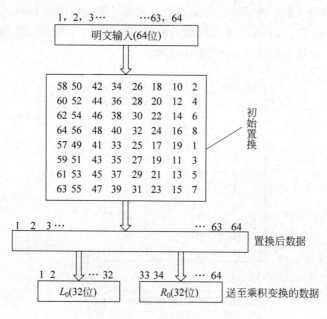

图 3-2 初始置换

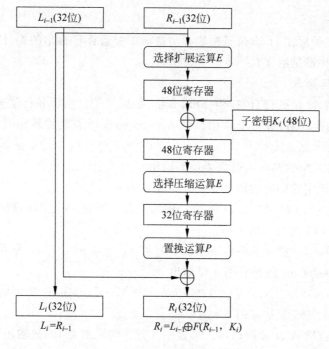

图 3-3 乘积变换

这样的迭代共进行 16 轮,结束后,再将所得的左、右长度相等的 L_{16} 和 R_{16} 进行交换得到 64 位数据。

1) 选择扩展运算 E

将输入的 32 位 R 扩展成 48 位输出,其变换表如图 3-4 所示。

令 s 表示 E 的输入的下标,则 E 的输出将是对原下标 $s=0$ 或 $1(\bmod 4)$ 的各位重复一次得到的,即对原第 32、1、4、5、8、9、12、13、16、17、20、21、24、25、28、29 各位重复一次得到数据扩展。将表中数据按行读出即得到 48 位输出。

图 3-4　选择扩展运算 E

2) 密钥加密运算

将子密钥产生器输出的 48 位子密钥 k 与选择扩展运算 E 输出的 48 位数据按位模 2 相加(子密钥如何产生请见后文)。

3) 选择压缩运算 S

将前面送来的 48 位数据自左至右分成 8 组,每组 6 位。然后并行送入 8 个 S 盒,每个 S 盒为一非线性代换网络,有 4 个输出。盒 $S_1 \sim S_8$ 的选择函数关系如表 3-1 所示,运算 S 的框图如图 3-5 所示。

8 个 S 盒是将 6 位的输入映射为 4 位的输出。

以 S_1 盒为例说明它们的功能如下:

若输入为 $b_1 b_2 b_3 b_4 b_5 b_6$ 其中 $b_1 b_6$ 两位二进制数表达了 $0 \sim 3$ 之间的数。$b_2 b_3 b_4 b_5$ 为 4 位二进制数,表达 $0 \sim 15$ 之间的某个数。

在 S_1 表中的 $b_1 b_6$ 行 $b_2 b_3 b_4 b_5$ 列找到一数 $m(0 \leqslant m \leqslant 15)$,若用二进制表示为 $m_1 m_2 m_3 m_4$,则 $m_1 m_2 m_3 m_4$ 便是它的 4 位输出。

例如,输入为 $001111,b_1 b_6=01=1,b_2 b_3 b_4 b_5=0111=7$,即在 S_1 盒中的第 1 行第 7 列求得数 1,所以它的 4 位输出为 0001。

又如对于 S_2 盒输入为 101011,则 S_2 盒中 3 行 5 列元素为 15,故输出为 1111。

表 3-1　DES 的 S 盒定义

列 行	0	1	2	3	4	5	6	7	8	9	10	11	12	13	14	15	
0	14	4	13	1	2	15	11	8	3	10	6	12	5	9	0	7	
1	0	15	7	4	14	2	13	1	10	6	12	11	9	5	3	8	
2	4	1	14	8	13	6	2	11	15	12	9	7	3	10	5	0	S_1
3	15	12	8	2	4	9	1	7	5	11	3	14	10	0	6	13	
0	15	1	8	14	6	11	3	4	9	7	2	13	12	0	5	10	
1	3	13	4	7	15	2	8	14	12	0	1	10	6	9	11	5	
2	0	14	7	11	10	4	13	1	5	8	12	6	9	3	2	15	S_2
3	13	8	10	1	3	15	4	2	11	6	7	12	0	5	14	9	
0	10	0	9	14	6	3	15	5	1	13	12	7	11	4	2	8	
1	13	7	0	9	3	4	6	10	2	8	5	14	12	11	15	1	
2	13	6	4	9	8	15	3	0	11	1	2	12	5	10	14	7	S_3
3	1	10	13	0	6	9	8	7	4	15	14	3	11	5	2	12	
0	7	13	14	3	0	6	9	10	1	2	8	5	11	12	4	15	
1	13	8	11	5	6	15	0	3	4	7	2	12	1	10	14	9	
2	10	6	9	0	12	11	7	13	15	1	3	14	5	2	8	4	S_4
3	3	15	0	6	10	1	13	8	9	4	5	11	12	7	2	14	
0	2	12	4	1	7	10	11	6	8	5	3	15	13	0	14	9	
1	14	11	2	12	4	7	13	1	5	0	15	10	3	9	8	6	
2	4	2	1	11	10	13	7	8	15	9	12	5	6	3	0	14	S_5
3	11	8	12	7	1	14	2	13	6	15	0	9	10	4	5	3	
0	12	1	10	15	9	2	6	8	0	13	3	4	14	7	5	11	
1	10	15	4	2	7	12	9	5	6	1	13	14	0	11	3	8	
2	9	14	15	5	2	8	12	3	7	0	4	10	1	13	11	6	S_6
3	4	3	2	12	9	5	15	10	11	14	1	7	6	0	8	13	
0	4	11	2	14	15	0	8	13	3	12	9	7	5	10	6	1	
1	13	0	11	7	4	9	1	10	14	3	5	12	2	15	8	6	
2	1	4	11	13	12	3	7	14	10	15	6	8	0	5	9	2	S_7
3	6	11	13	8	1	4	10	7	9	5	0	15	14	2	3	12	
0	13	2	8	4	6	15	11	1	10	9	3	14	5	0	12	7	
1	1	15	13	8	10	3	7	4	12	5	6	11	0	14	9	2	
2	1	11	4	1	9	12	14	2	0	6	10	13	15	3	5	8	S_8
3	2	1	14	7	4	10	8	13	15	12	9	0	3	5	6	11	

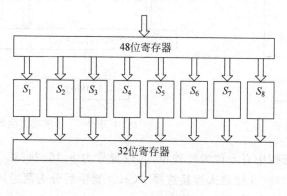

图 3-5　S 盒的结构

　　S 盒是 DES 的核心，也是 DES 算法最敏感的部分，其设计原理至今仍讳莫如深，显得非常神秘。所有的替换都是固定的，但是又没有明显的理由说明为什么要这样，有许多密码学家担心美国国家安全局设计 S 盒时隐藏了某些陷门，使得只有他们才可以破译算法，但研究中并没有找到弱点。

　　美国国家安全局曾透露了 S 盒的几条设计准则：

　　（1）所有的 S 盒都不是它输入的线性仿射函数，换句话说，就是没有一个线性方程能将 4 个输出比特表示成 6 个位输入的函数。

　　（2）改变 S 盒的 1 位输入，输出至少改变 2 位，这意味着 S 盒是经过精心设计的，它最大程度上增大了扩散量。

　　（3）S 盒的任意一位输出保持不变时 0 和 1 个数之差极小，即如果保持一位不变而改变其他五位，那么其输出 0 和 1 的个数不应相差太多。

　　4）置换运算

　　置换运算 P 对 S_1 至 S_8 盒输出的 32 位数据进行坐标变换，如图 3-6 所示，置换 P 输出的 32 位数据与左边 32 位即 R_{i-1} 诸位模 2 相加所得到的 32 位作为下一轮迭代用的右边的数字段，并将 R_{i-1} 并行送到左边的寄存器作为下一轮迭代用的左边的数字段。

3．子密钥产生器

　　将 64 位初始密钥经过置换选择 PC-1，循环移位置换、置换选择 PC-2，给出每次迭代加密用的子密钥 k_i，如图 3-7 所示。

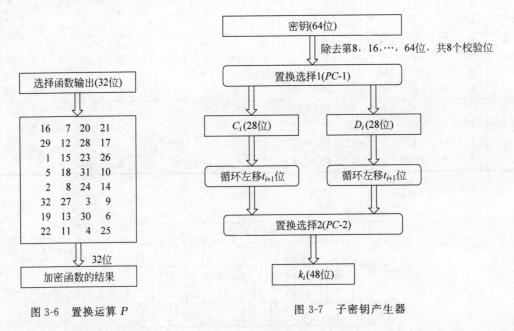

　　　　图 3-6　置换运算 P　　　　　　　　　图 3-7　子密钥产生器

　　在 64 比特初始密钥中有 8 位为校验位，其位置号为 8、16、24、32、48、56 和 64，其余 56 位用于子密钥计算，将这 56 位送入置换选择 PC-1。置换后分为两组，每组为 28 位，分别送入 C 寄存器和 D 寄存器中，如图 3-8 所示。

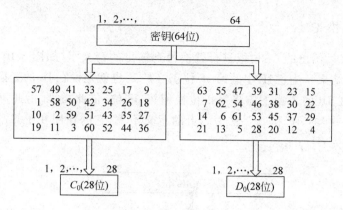

图 3-8 置换选择 PC-1

在各次迭代中 C 和 D 寄存器分别将存数进行左循环移位置换,移位次数如表 3-2 所示。每次移位后将 C 和 D 寄存器的存数送给置换选择 PC-2。

表 3-2 移位次数表

第 i 次迭代	1	2	3	4	5	6	7	8	9	10	11	12	13	14	15	16
循环左移次数	1	1	2	2	2	2	2	2	1	2	2	2	2	2	2	1

置换选择 PC-2 将 C 中第 9、18、22、25 位和 D 中第 7、9、15、26 位删去,并将其余数字置换位置后送出 48 位数字作为第 i 次迭代时所用的子密钥 k_i,如图 3-9 所示。

$$\boxed{C_i(28位) \quad D_i(28位)}$$

14	17	11	24	1	5
3	28	15	6	21	10
23	19	12	4	26	8
16	7	27	20	13	2
41	52	31	47	55	
30	40	51	45	33	48
44	49	39	56	34	53
46	42	50	36	29	32

$$k_i(48位)$$

图 3-9 置换选择 PC-2

例如,$k = k_1 k_2 \cdots k_{64}$,则 $C_0 = k_{57} k_{49} \cdots k_{44} k_{36}$,$D_0 = k_{63} k_{55} \cdots k_{12} k_4$。

下面介绍如何从 C_i、D_i 求 C_{i+1}、D_{i+1},$i = 0,1,2,\cdots,15$。

设 $C_1 = c_1 c_2 \cdots c_{28}$,$D_1 = d_1 d_2 \cdots d_{28}$。首先要做左移运算,左移的位数见表 3-2。例如,设 $C_i = c_1 c_2 \cdots c_{28}$,$D_i = d_1 d_2 \cdots d_{28}$,则 $C_2 = c_2 c_3 \cdots c_{28} c_1$,$D_2 = d_2 d_3 \cdots d_{28} d_1$。

C_3 和 D_3 是由 C_2、D_2 左移 1 位而得到的,C_4 和 D_4 是由 C_3、D_3 左移 2 位而得到的,所以 $C_4 = c_5 c_6 \cdots c_{28} c_1 c_2 c_3 c_4$,$D_4 = d_5 d_6 \cdots d_{28} d_1 d_2 d_3 d_4$。

因此,$C_i D_i = b_1 b_2 \cdots b_{56}$,则 $k_i = b_{14} b_{17} b_{11} b_{24} \cdots b_{36} b_{29} b_{32}$。

4. 逆初始置换 IP⁻¹

将 16 轮迭代后给出的 64 位组进行置换得到输出的密文组,如图 3-10 所示,输出为阵中元素按行读的结果。注意 IP 中的第 58 位正好是 1,也就是说在 IP 的置换下第 58 位换为第 1 位。同样,在 IP 的置换下应将第 1 位换回第 58 位,依此类推,由此可见输入组 m 和 $\mathrm{IP}^{-1}(\mathrm{IP}(m))$ 是一样的,IP 和 IP⁻¹ 在密码上的意义不大,它的作用在于打乱原来输入 m 的 ASCII 码字划分关系。

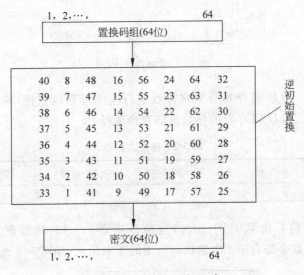

图 3-10 逆初始置换 IP⁻¹

逆初始置换后得到的 64 位数据分组,即为加密后得到的密文。

5. DES 的解密

解密算法与加密算法相同,只是子密钥的使用次序相反。把 64 位密文当作输入,第一次解密迭代使用子密钥 k_{16},第二次解密迭代使用子密钥 k_{15},第 16 次解密迭代使用子密钥 k_1,最后的输出便是 64 位的明文。

3.2.3 DES 的安全性

DES 的出现是密码学史上的一个创举,以前任何设计者对于密码体制及其设计细节都是严加保密的。而 DES 公开发表,任人研究和分析。无须经过许可就可以制作 DES 的芯片和以 DES 为基础的保密设备。DES 的安全性完全依赖于所用的密钥。DES 在 20 多年的应用实践中,没有发现严重的安全缺陷,在世界范围内得到了广泛的应用,为确保信息安全做出了不可磨灭的贡献。

然而,出于安全方面的考虑,在 DES 被采纳为标准之前,曾受到过激烈的批评,其实直到今天都未平息。批评主要集中在两个方面,其一,DES 的前身是 IBM 公司的 LUCIFER 算法,该算法采用的密钥长度是 128 位,而 DES 却只使用了 56 位的密钥,减少了 72 位。批评者担心密钥太短而无法抗击穷举攻击；其二，DES 的内部结构，即 S 盒的设计标准被列入官方机密。所以，用户不能确信 DES 的内部结构是没有弱点的，美国国家安全局(NSA)有可能利用这些弱点在没有密钥的情况下解密。不过近年来的差分分析方面的研究表明，DES 的内部结构是强健的。而且按照 IBM 的参与者所说，原始算法中唯一做过改动的就是 S 盒，这是由 NSA 建议的，它去掉了测试过程中发现的一些算法脆弱性。

自从 DES 问世至今已经有 30 多年了，尽管一开始人们就对它有颇多的担心和争议，这些年来许许多多的人对它进行各种各样的研究攻击。从目前的成果来看，除了穷举攻击之外，就没有更好的方法破译 DES 了。

从应用实践来看，DES 具有良好的"雪崩效应"。所谓雪崩效应，就是明文或密钥的微小改变将对密文产生很大的影响。特别地，明文或密钥的某一位发生变化，会导致密文的很多位发生变化。

DES 显示了很强的雪崩效应，如通过实验可以发现，两条仅有一位不同的明文，使用相同的密钥，仅经过 3 轮迭代，所得两段准密文就有 21 位不同；一条明文，使用两个仅一位不同的密钥加密，经过数轮变换之后，有半数的位都不相同。

当然，DES 也存在着一些有可能被利用的弱点，如：

(1) 密钥较短：56 位密钥空间约为 7.2×10^{16}。1997 年 6 月 Rocke Verser 小组通过因特网利用数万台微机历时 4 个月破译了 DES；1998 年 7 月，EFF 用一台 25 万美元的机器，历时 56 小时破译了 DES。

(2) 存在弱密钥：有的密钥产生的 16 个子密钥中有重复者。

(3) 互补对称性：$C = \mathrm{DES}(M, K)$，则 $C' = \mathrm{DES}(M', K')$。其中，$M', C', K'$ 是 M, C, K 的非。

多年来对 DES 进行的大量研究，主要成果集中在以下几个方面。

1. 弱密钥

DES 算法在每次迭代时都有一个子密钥供加密用，如果一个外部密钥所产生的所有子密钥都是一样的，则这个密钥就称为弱密钥(weak key)。

若 k 为弱密钥，则有

$$\mathrm{DES}_k(\mathrm{DES}_k(x)) = x$$

$$\mathrm{DES}_k^{-1}(\mathrm{DES}_k^{-1}(x)) = x$$

即以 k 对 x 加密或解密两次都可以恢复出明文，其加密运算和解密运算没有区别。

如果随机选取密钥，在总数 2^{56} 个密钥中，弱密钥所占比例很小，加以注意就可以避开，对 DES 的安全性影响不大。

2. 密文与明文、密文与密钥的相关性

有人详细研究了 DES 的输入，表明每个密文位都是所有明文位和所有密钥位的复合函数，并且指出达到这一要求所需的迭代次数最少为 5，迭代 8 次以后输出和输入就可认为是不相关的了。

3. 密钥搜索机

对 DES 的安全性的意见中，较为一致的看法是 DES 的密钥短了些，密钥长度是 56 位，

密钥量为 $2^{56} \approx 7.2 \times 10^{16}$ 个,选择长密钥时会使成本提高,运行速度降低,若要对 DES 进行密钥搜索破译,分析者在得到一组明文-密文对的情况下,可对明文进行不同的密钥加密,直到得到的密文与已知的密文-明文对中的相符就可确定所用的密钥了。

1977 年 Differ 和 Hellman 认为利用 100 万个超大规模集成电路块所组成的一台专门用于破译 DES 的并行计算机能在一天中穷举搜索所有 2^{56} 个密钥,每个集成块每微秒检查一个密钥,则每天可以检查 8.64×10^{10} 个密钥。如果用一个集成块检查全部密钥,则几乎要花费 8.33×10^5 天,约 2283 年。

但是如果用 100 万个集成块,则在一天时间内可以检查整个密钥空间。这样一台机器在 1977 年需耗资约 2000 万美元。Differ 和 Hellman 据此指出,除了像美国国家安全局那样的机构外,任何人不可能破译 DES。但他们预测到 1990 年制造和破译 DES 专用机的成本将要大幅度下降,那时 DES 将完全是不安全的。

事实证明,他们的预测是有道理的,在过去相当长的一段时间里,人们找不到比穷举搜索更有效的方法攻击 DES。也没有能力对 56 位的密钥进行穷举搜索,因而在过去,DES 是安全的,但目前的事实证明这个历史已成为过去,DES 不能经受住穷举攻击。

3.2.4　多重 DES

DES 在穷举攻击下相对比较脆弱,因此需要用某种算法替代它,有两种解决方法。其一,设计全新的算法;其二,用 DES 进行多次加密,且使用多个密钥,即多重 DES,这种方法能够保证用于 DES 加密的已有软件和硬件继续使用。

1. 二重 DES

二重 DES 的加密与解密过程如图 3-11 所示。给定明文 P 和两个加密密钥 k_1 和 k_2,采用 DES 对 P 进行加密 E,有

$$密文\ C = E_{k2}(E_{k1}(P))$$

对 C 进行解密 D,有

$$明文\ P = D_{k1}(D_{k2}(C))$$

显然,二重 DES 比单一的 DES 要安全,因为这里使用了两个密钥(均为 56 位),设 $k = k_1 \parallel k_2$,则 k 的密钥空间数量为 2^{112}。

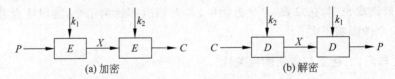

图 3-11　二重 DES

这里要注意,如果采用普通穷举法来攻击二重 DES,其攻击代价并不是 2^{112}。这是因为一个分组是 64 位,明文空间为 2^{64},而密钥空间为 2^{112}。因此对于某个明文 P,可产生密文 C 的密钥平均个数为 $2^{112}/2^{64} = 2^{48}$ 个。换句话说,大约有 2^{48} 个不同的密钥,对明文 P 加密后得到的密文相同且都等于 C。这就需要另一个 (P, C) 对,以从这 2^{48} 个不同的密钥中确定真

正的密钥。因此总的计算代价为 $2^{112}+2^{48}$。

但是，如果采用"中间相遇攻击"（meet-in-the-middle attack）攻击二重 DES，则可以大大减少攻击代价。

从图 3-11 可以看出：$X=E_{k1}(P)=D_{k2}(C)$。

若给出一个已知的明-密文对 (P,C)，分别用 2^{56} 个所有密钥 k_1 对明文 P 进行加密，得到一张密钥对应于密文 X 的表；类似地，对 2^{56} 个所有可能的密钥 k_2 对密文 C 进行解密，得到相应的"明文" X，做成一张 X 与 k_2 的对应表。比较两个表中 X 相同的项，就会得到真正使用的密钥对 k_1,k_2。可以看出，计算代价为 $2^{56}+2^{56}=2^{57}$。

2. 三重 DES

对付中间相遇攻击的一个有效的方法是使用三重 DES。

1）使用两个密钥的三重 DES

Tuchman 建议仅使用两个密钥进行三次加密，并给出了双密钥的 EDE 模式（加密-解密-加密），如图 3-12 所示。

$$对\ P\ 加密：C = E_{k1}(D_{k2}(E_{k1}(P)))$$
$$对\ C\ 解密：P = D_{k1}(E_{k2}(D_{k1}(C)))$$

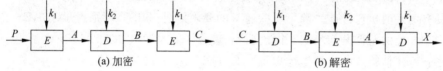

图 3-12　使用两个密钥的三重 DES

其中，E 为加密运算，D 为解密运算。

这种替代 DES 的加密较为流行并且已被采纳用于密钥管理标准（The Key Manager Standards ANSX9.17 和 ISO8732）。到目前为止，还没有人给出对上述三重 DES 的有效攻击方法。对其密钥空间中密钥进行穷举搜索，由于空间太大（为 $2^{112}=5\times10^{33}$），这实际上是不可行的。

Merkle 和 Hellman 设法创造一个条件，想把中间相遇攻击的方法用于三重 DES，但目前也不太成功。

2）使用三个密钥的三重 DES

虽然对上述带双密钥的三重 DES 到目前为止还没有好的实际攻击办法，但人们还是放心不下，又建议使用三密钥的三重 DES，此时密钥总长为 168 位。加解密过程如图 3-13 所示。

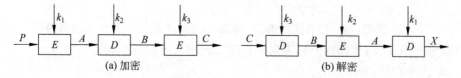

图 3-13　使用三个密钥的三重 DES

$$加密: C = E_{k3}(D_{k2}(E_{k1}(P)))$$
$$解密: P = D_{k1}(E_{k2}(D_{k3}(P)))$$

在实际应用中,应根据具体安全需求确定到底是使用两个密钥还是三个密钥的三重 DES,因为安全性能越高,则付出的计算代价和密钥管理成本也越高。

3.3　高级加密标准 AES

3.3.1　AES 概述

3DES 的根本缺点在于用软件实现该算法的速度比较慢。起初,DES 是为 20 世纪 70 年代中期的硬件实现设计的,难以用软件有效地实现该算法。在 3DES 中轮的数量是 DES 的三倍,所以其速度比 DES 要慢得多。另一个缺点是 DES 和 3DES 的分组长度均为 64 位,从运算效率和安全性考虑,分组长度应该更大。由于这些原因,DES 和 3DES 不可能长期成为加密算法标准。

1. AES 应满足的需求

1997 年 1 月,美国国家标准局向全世界密码学界发出征集 21 世纪高级加密标准 (advanced encryption standard,AES)算法的公告,要求 AES 的安全性能不能低于 3DES,同时应具有更好的执行性能。除了这些通常的要求之外,NIST 特别提出了 AES 必须是分组长度为 128 位的对称分组密码,并能支持长度为 128 位、192 位和 256 位的密钥。对 AES 候选算法进行评估筛选时主要考虑以下 3 个方面:

(1) 安全性:指用密码分析方法分析一个算法的代价。评估的重点在于能否防止实际的攻击。AES 要求最短密钥长度为 128 位,故使用目前技术的穷举攻击方式是不可行的。

(2) 成本:NIST 希望 AES 能够广泛地应用于各种实际应用,所以 AES 必须具有很高的计算效率,以便其能用于各种高速应用。

(3) 算法和执行特征:它包含了各方面需要关注的事项,如算法灵活性、算法适合于多种硬件和软件方式实现、算法的简洁性,以便于分析算法的安全性。

2. AES 算法的产生

1998 年 4 月 15 日全面征集 AES 算法的工作结束。1998 年 8 月 20 日举行了首届 AES 讨论会,对涉及 14 个国家的密码学家所提出的候选 AES 算法进行了评估和测试,初选并公布了 15 个被选方案,供大家公开讨论。这些算法是

CAST-256	RC6	CRYPTON	DEAL	FROG
DFC	LOKI97	MAGENTA	MARS	HPC
Rijndael	Safer+	Serpent	E2	Twofish

这些算法设计思想新颖,技术水平先进,算法的强度都超过 3DES,实现速度快于 3DES。

1999 年 8 月 9 日,美国国家标准局宣布第二轮筛选出的 5 个候选算法为:

- MARS(IBM,美国)
- RC6 (RSA Lab,美国)
- Rijndael(Joan Daemen 和 Vincent Rijmen,比利时)

- Serpent(Ross Anderson,Eli Biham 和 Lars Knudsen,英国、以色列、挪威)
- Twofish(Bruce Schneier,美国)

2000 年 10 月 2 日,NIST 正式宣布将 Rijndael 作为 AES 标准的加密算法,以下是 NIST 对 Rijndael 算法的最终评估结果。

(1) 一般安全性:没有已知的攻击方法能攻击 Rijndael。它以 S 盒作为非线性组件,表现出了足够的安全性能。

(2) 软件执行:Rijndael 非常利于在包括 8 位和 64 位以及 DSP 在内的各种平台上执行的加密和解密算法。Rijndael 固有的分布执行机制能够充分有效地利用处理器资源,甚至在不能分布执行的模型下仍能达到非常好的软件执行性能。同时,Rijndael 的密钥安装速度非常快。

(3) 受限空间环境:Rijndael 非常适合在受限空间环境中执行加密或解密操作,对 RAM 和 ROM 的要求很低。在这样的环境中,如果既要执行加密操作又要执行解密操作,则其缺陷是它需要更大的 ROM 空间,因为加密和解密的主要步骤是不同的。

(4) 硬件执行:在最后的 5 个候选算法中,Rijndael 在反馈模型下执行的速度最快,在非反馈模型下的执行速度位居第二。但当该算法的密钥长度为 192 位和 256 位时,因执行的轮数增加,其执行速度变慢。当用完全的流水线实现时,该算法需要更多的存储空间,但不影响其执行速度。

(5) 对执行的攻击:Rijndael 所采用的实现方式非常利于防止能量攻击和计时攻击。与其他候选算法相比,Rijndael 算法利用掩码技术使其具有防止这些攻击的能力,并未显著降低该算法的执行性能。同时,它对 RAM 的需求仍在合理的范围内。当使用这些攻击措施时,Rijndael 比其他的候选算法在执行速度上更有优势。

(6) 加密与解密:Rijndael 的加密函数和解密函数不同。尽管在解密算法中密钥安装速度比在加密算法中速度要慢,但 Rijndael 执行加密和解密算法的速度差不多。

(7) 密钥灵活性:Rijndael 支持加密中的快速子密钥计算。Rijndael 要求在加密前用特定密钥产生子密钥,这给 Rijndael 的密钥灵活性稍微增加了一点资源负担。

(8) 其他的多功能性和灵活性:Rijndael 支持分组和密钥长度分别为 128 位、192 位和 256 位的各种组合。原则上,Rijndael 算法结构能通过改变轮数来支持任意长度为 32 的倍数的分组和密钥长度。

(9) 指令级并行执行潜力:Rijndael 对于单个分组加密有很好的并行执行能力。

3.3.2　AES 加密数学基础

AES 是以严谨的数学理论为基础的,下面介绍其数学基础。

1. 群

群是一个代数系统,它由一个非空集合 G 组成,在集合 G 上定义了一个二元运算,其满足:
(1) 封闭性,即对任意的 $a,b \in G, a \cdot b \in G$。
(2) 结合律,即对任何的 $a,b,c \in G$,有 $a \cdot b \cdot c = (a \cdot b) \cdot c = a \cdot (b \cdot c)$。
(3) 单位元,即存在一个元素 $1 \in G$(称为单位元),对任意元素 $a \in G$ 有 $a \cdot 1 = 1 \cdot a = a$。
(4) 逆元,即对任意 $a \in G$,存在一个元素 $a^{-1} \in G$(称为逆元),使得 $a \cdot a^{-1} = a^{-1} \cdot a = 1$。
我们把满足上面性质的代数系统称为群,记做 $<G, \cdot >$。

若群$<G,\cdot>$还满足交换律,即对任何 $a,b\in G$ 有:$a\cdot b=b\cdot a$,则称 G 为交换群(或加法群、阿贝尔群等)。

若集合 G 中只含有有限多个元素,则我们称$<G,\cdot>$为有限群,此时,把集合 G 中元素的个数称为有限群 G 的阶。

群的性质如下:

(1) 群中的单位元是唯一的。

(2) 消去律成立,即对任意的 $a,b,c\in G$,如果 $ab=ac$,则 $b=c$;如果 $ba=ca$,则 $b=c$。

(3) 群中的每一元素的逆元是唯一的。

2. 有限域

域是一个代数系统,由一个(至少包含两个元素的)非空集合 F 组成,在集合 F 上定义有两个二元运算:加法(用符号"$+$"表示)和乘法(用符号"$\cdot$"表示,有时可以将 $a\cdot b$ 简写成 ab),并满足下面条件:

(1) F 的元素关于加法"$+$"成交换群,记其单位元为 0(称为域的零元)。

(2) F 关于乘法"$\cdot$"成交换群,记其单位元为 1(称其为域的单位元)。

(3) 乘法在加法上满足分配律,即对任意的 $a,b,c\in F$,有

$$a\cdot(b+c)=ab+ac$$
$$(a+b)\cdot c=ac+bc$$

把满足上面性质的代数系统称为域 F,并记为$<F,+,\cdot>$。

若集合 F 只包含有限个元素,则称这个域 F 为有限域,也称为伽罗华域或 Galois 域。有限域中元素的个数称为该有限域的阶。

若有一任意的素数 P 和正整数 $n\in Z^{+}$,存在 P^{n} 阶有限域,这个有限域记为 $GF(P^{n})$。当 $n=1$ 时,有限域 $GF(P)$ 称为素域。

有限域元素表示方法有很多种,而不同的表示方法可能带来计算上效率的一些差别。

域$<F,+,\cdot>$上 x 的多项式 $a(x)$,定义为 $a(x)=a_{n}x^{n}+a_{n-1}x^{n-1}+\cdots+a_{1}x^{1}+a_{0}$(简记为 $\sum_{i=0}^{n}a_{i}x^{i}$)的表达式,其中 $n\in\mathbb{N}$,$a_{0},a_{1},\cdots,a_{n}\in F$。若 $a_{n}\neq 0$,称为该多项式的次数,并称 a_{n} 为首项系数。首项系数为一的多项式称为首 1 多项式,称 0 为 $-\infty$ 次多项式。其中 0 和 1 分别为 F 的零元和单位元。F 上的 x 的多项式的全体组成的集合记为 $F(x)$。多项式 $a(x)$ 的次数记为 $\deg(a(x))$。

域$<F,+,\cdot>$上关于 x 的多项式的加法"$\oplus$"和乘法"$\otimes$"运算定义如下,设有多项式 $a(x)=\sum_{i=0}^{n}a_{i}x^{i}$ 和 $b(x)=\sum_{i=0}^{m}b_{i}x^{i}$,则有

加法 $\oplus$:$a(x)\oplus b(x)=\sum_{i=0}^{M}(a_{i}+b_{i})x^{i}$

乘法 $\otimes$:$a(x)\otimes b(x)=\sum_{i=0}^{n+m}\left(\sum_{j=0}^{i}a_{j}\cdot b_{i-j}\right)x^{i}$

其中,$M=\max(m,n)$ 为 n 和 m 中较大者,当 $i>n$ 时,取 $a_{i}=0$;当 $i>m$ 时,取 $b_{i}=0$。

任何有限域都可以用与它同阶的多项式域表示。由于在密码学中,最常用的域一般为素

域(限制 $n=1$)或者阶为 2^n 的有限域。

3. $GF(2^8)$ 域上的多项式表示及运算

根据有限域的知识，一个不可约多项式可以构成一个有限域。在 AES 加密系统中，$GF(2^8)$ 是在不可约多项式 $m(x)=x^8+x^4+x^3+x+1$ 上构造的有限域 $<F(x)_{m(x)},+,\cdot>$。

一个字节的 $GF(2^8)$ 元素的二进制展开成的多项式系数为 $b_7b_6b_5b_4b_3b_2b_1b_0$，即

$$b_7x^7+b_6x^6+b_5x^5+b_4x^4+b_3x^3+b_2x^2+b_1x^1+b_0x^0$$

例如，$GF(2^8)$ 上的 37(为十六进制)，其二进制为 00110111，对应多项式为

$$x^5+x^4+x^2+x^1+1$$

下面介绍多项式的运算。

1) 加法

加法运算就是以字节为单位进行比特异或运算。如十六进制 37+83=B4，采用二进制表示为 00110111+10000011=10110100；采用多项式表示为

$$(x^5+x^4+x^2+x+1)+(x^7+x+1)=x^7+x^5+x^4+x^2$$

2) 模运算

多项式模运算与实数域上的多项式除法基本相同，但采用以字节为单位的比特异或运算来进行。例如，37 mod (07)=01；采用多项式运算有 $(x^5+x^4+x^2+x+1)$ mod $(x^2+x+1)=1$，这里采用长除法进行运算，如图 3-14 所示。

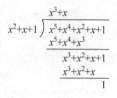

图 3-14　多项式长除法

3) 乘法运算

例如，57×83=C1，多项式表示为

$$(x^6+x^4+x^2+x+1)(x^7+x+1) \bmod (m(x))$$
$$=(x^{13}+x^{11}+x^9+x^8+x^6+x^5+x^4+x^3+1) \bmod$$
$$(x^8+x^4+x^3+x+1)=x^7+x^6+1(表示为十六进制为 C1)$$

4) x 乘法运算

x 乘以 $b(x)$，则有 $b_7x^8+b_6x^7+b_5x^6+b_4x^5+b_3x^4+b_2x^3+b_1x^2+b_0x$，再将此式模 $m(x)$ 即为所求。这个 x 乘法(x 的十六进制为 02)运算相当于将 $b(x)$ 表示的字节循环左移一位(如 $b_7=0$)，或将其与 11B 比特异或来实现。例如，57×02=AE。

4. $GF(2^8)^4$ 域上的多项式表示及运算

在 AES 加密系统中，$GF(2^8)^4$ 是在不可约多项式 $M(x)=x^4+1$ 上构造的有限域：$<F(x)_{M(x)},\oplus,\otimes>$。在这个有限域上，一个 4 个字节的字(有 32 位)可以看作是 $GF(2^8)^4$ 域上的多项式，每个字对应于一个次数小于 4 的多项式。

两个 $GF(2^8)^4$ 域上的元素相加时，将这两个元素对应多项式系数相加即得到结果，相加时采用比特异或来实现。

两个 $GF(2^8)^4$ 域上的元素相乘时，要将结果对一个特定的多项式取模，以使相乘后的结果还是一个 4 字节的向量。这个特定的多项式为 $M(x)=x^4+1$。例如，若在 $GF(2^8)^4$ 域上有两个多项式为：$a(x)=a_3x^3+a_2x^2+a_1x+a_0$，$b(x)=b_3x^3+b_2x^2+b_1x+b_0$，则有

$$c(x)=a(x) \otimes b(x)=(c_6x^6+c_5x^5+c_4x^4+c_3x^3+c_2x^2+c_1x+c_0) \bmod (M(x))$$

这里，有 $c_6 = a_3 \cdot b_3$；$c_0 = a_0 \cdot b_0$；$c_1 = a_1 \cdot b_0 \oplus a_0 \cdot b_1$；$c_2 = a_2 \cdot b_0 \oplus a_1 \cdot b_1 \oplus a_0 \cdot b_2$；$c_3 = a_3 \cdot b_0 \oplus a_2 \cdot b_1 \oplus a_1 \cdot b_2 \oplus a_0 \cdot b_3$；$c_4 = a_3 \cdot b_1 \oplus a_2 \cdot b_2 \oplus a_1 \cdot b_3$；$c_5 = a_3 \cdot b_2 \oplus a_2 \cdot b_3$。
由于 $x^j \bmod (x^4+1) = x^{j \bmod 4}$，上式化简为 $d(x) = a(x) \otimes b(x) = d_3 x^3 + d_2 x^2 + d_1 x + d_0$，其中

$$d_0 = a_0 \cdot b_0 \oplus a_3 \cdot b_1 \oplus a_2 \cdot b_2 \oplus a_1 \cdot b_3 \text{；} \quad d_1 = a_1 \cdot b_0 \oplus a_0 \cdot b_1 \oplus a_3 \cdot b_2 \oplus a_2 \cdot b_3$$

$$d_2 = a_2 \cdot b_0 \oplus a_1 \cdot b_1 \oplus a_0 \cdot b_2 \oplus a_3 \cdot b_3 \text{；} \quad d_3 = a_3 \cdot b_0 \oplus a_2 \cdot b_1 \oplus a_1 \cdot b_2 \oplus a_0 \cdot b_3$$

这个变换用矩阵表示为

$$a(x) \otimes b(x) = \begin{bmatrix} d_0 \\ d_1 \\ d_2 \\ d_3 \end{bmatrix} = \begin{bmatrix} a_0 & a_3 & a_2 & a_1 \\ a_1 & a_0 & a_3 & a_2 \\ a_2 & a_1 & a_0 & a_3 \\ a_3 & a_2 & a_1 & a_0 \end{bmatrix} \begin{bmatrix} b_0 \\ b_1 \\ b_2 \\ b_3 \end{bmatrix}$$

在 AES 加密系统中，采用一个具有逆元的固定多项式

$$a(x) = \{03\} x^3 + \{01\} x^2 + \{01\} x + \{02\}$$

进行这样的乘法，从而保证了乘法的可逆性。其逆元为

$$a^{-1}(x) = \{0b\} x^3 + \{0d\} x^2 + \{09\} x + \{0e\}$$

使得 $a(x) \otimes a^{-1}(x) = \{01\}$。

x 乘法运算为

$$x^i \otimes b(x) = b_2 x^3 + b_1 x^2 + b_0 x + b_3$$

该式相当于将 $b(x)$ 所表示的字左循环移 i 位。

3.3.3　AES 加密原理

AES 采用分组密码体制，分组长度可以有 3 种选择，即 128、192 和 256 位。如果用 N_b 表示分组长度，单位为 32 位字，那么 3 种分组长度可表示为 $N_b = 4、6、8$。

同样，加密密钥也可以有 3 种选择，即 128、192 和 256 位。如果用 N_k 来表示密钥长度，单位为 32 位字，那么 3 种密钥长度可表示为 $N_k = 4、6、8$。

与其他分组密码一样，AES 也是通过若干轮连续的迭代来对明文进行加密的。根据分组长度和密钥长度的不同，具体迭代的轮数也不一样，对应上面的 3 种分组长度和密钥长度，迭代次数 N_r 见表 3-3。

表 3-3　加密轮数 N_r 的取值

N_r 的取值	$N_b = 4$	$N_b = 6$	$N_b = 8$
$N_k = 4$	10	12	14
$N_k = 6$	12	12	14
$N_k = 8$	14	14	14

在每一轮迭代中，包括 4 步变换，分别是字节代换运算(ByteSub())、行移位(ShiftRows())、列混合(MixColumns())以及轮密钥加变换(AddRoundKey())，其作用就是通过重复简单的非线性变换、混合函数变换，将字节代换运算产生的非线性扩散，达到充分的混合，使加密后的分组信息统计特性分布更均匀，在每轮迭代中引入不同的密钥，这样便以最简单的运算代价得到最好的加密效果，实现加密的有效性。

以一个 128 位的分组采用 128 位的密钥为例，其整个加密过程如图 3-15 所示。

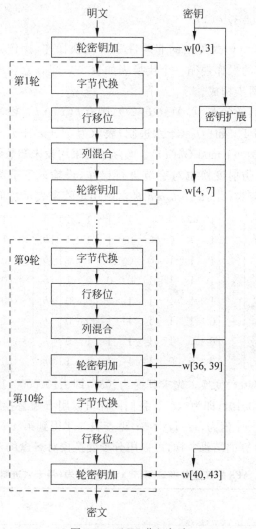

图 3-15　AES 分组加密

其中,最后一轮与其他轮有所不同,没有"列混合"步骤。

下面以一个 128 位的分组采用 128 位的密钥加密为例,分别介绍轮变换中的 4 个步骤。

在进行变换之前,首先将 128 位的明文分组以字节为单位写入一个矩阵中,这个矩阵称为"状态":

S_0	S_4	S_8	S_{12}
S_1	S_5	S_9	S_{13}
S_2	S_6	S_{10}	S_{14}
S_3	S_7	S_{11}	S_{15}

状态矩阵有 4 行,列数不定(128 位为 4 列,192 位为 6 列,256 位为 8 列),每个单元格存放一个字节,每一列就是一个 32 位字。以后所有的变换都是基于这个矩阵进行的,到此,准备工作已经完成。

1. 字节代换运算(SubByte())

字节代换运算 SubByte()为可逆的非线性字节代换操作,操作元素为状态中的单个字节(即每个格子),对字节的操作遵循一个代换表如表 3-4,即 S 盒。S 盒由有限域 $GF(2^8)$ 上的乘法取逆和仿射变换两步构成。

若 $b(x) \in GF(2^8)$,其逆为 $b^{-1}(x) \in GF(2^8)$,则有 $b(x) \cdot b^{-1}(x) = 1 \bmod (m(x))$,这里 $m(x) = x^8 + x^4 + x^3 + x + 1$。如 $\{f6\}$(十六进制)表示为 $x^7 + x^6 + x^5 + x^4 + x^2 + x$,$\{03\}$ 表示为 $x+1$,显然有 $\{f6\} \cdot \{03\} = 1 \bmod (m(x))$。实际求逆采用设未知数解方程组的方法来实现。

有限域 $GF(2^8)$ 上的仿射变换也对字节进行操作,设输入字节为 $\{b_7 b_6 b_5 b_4 b_3 b_2 b_1 b_0\}$,经过仿射变换后的输出字节为 $\{b'_7 b'_6 b'_5 b'_4 b'_3 b'_2 b'_1 b'_0\}$,则用矩阵来表示仿射变换表达式为:

$$\begin{bmatrix} b'_0 \\ b'_1 \\ b'_2 \\ b'_3 \\ b'_4 \\ b'_5 \\ b'_6 \\ b'_7 \end{bmatrix} = \begin{bmatrix} 1 & 0 & 0 & 0 & 1 & 1 & 1 & 1 \\ 1 & 1 & 0 & 0 & 0 & 1 & 1 & 1 \\ 1 & 1 & 1 & 0 & 0 & 0 & 1 & 1 \\ 1 & 1 & 1 & 1 & 0 & 0 & 0 & 1 \\ 1 & 1 & 1 & 1 & 1 & 0 & 0 & 0 \\ 0 & 1 & 1 & 1 & 1 & 1 & 0 & 0 \\ 0 & 0 & 1 & 1 & 1 & 1 & 1 & 0 \\ 0 & 0 & 0 & 1 & 1 & 1 & 1 & 1 \end{bmatrix} \begin{bmatrix} b_0 \\ b_1 \\ b_2 \\ b_3 \\ b_4 \\ b_5 \\ b_6 \\ b_7 \end{bmatrix} + \begin{bmatrix} 1 \\ 1 \\ 0 \\ 0 \\ 0 \\ 1 \\ 1 \\ 0 \end{bmatrix}$$

例如,求 $\{f6\}$ 的 SubByte()变换。先求其逆为 $\{03\}$,即为 $\{00000011\}$,将其带入上式可计算 $\{b'_7 b'_6 b'_5 b'_4 b'_3 b'_2 b'_1 b'_0\} = \{01000010\}$,即为 $\{42\}$。我们同样可以用 S 盒替换表实现 SubByte()变换,先取数 $\{f6\}$ 的高低位对应 xy 值为,$x=f$,$y=6$;再查表 3-4 得到第 x 行第 y 列(即 f 行 6 列)的数值为 $\{42\}$。这和分步计算的结果一样,可以用分步变换校对 S 盒的正确性。

表 3-4　AES 的 S 盒替换表-字节 xy 的代替表(用十六进制表示)

x \ y	0	1	2	3	4	5	6	7	8	9	a	b	c	d	e	f
0	63	7c	77	7b	f2	6b	6f	c5	30	01	67	2b	fe	d7	ab	76
1	ca	82	c9	7d	fa	59	47	f0	ad	d4	a2	af	9c	a4	72	c0
2	b7	fd	93	26	36	3f	f7	cc	34	a5	e5	f1	71	d8	31	15
3	04	c7	23	c3	18	96	05	9a	07	12	80	e2	eb	27	b2	75
4	09	83	2c	1a	1b	6e	5a	a0	52	3b	d6	b3	29	e3	2f	84
5	53	d1	00	ed	20	fc	b1	5b	6a	cb	be	39	4a	4c	58	cf
6	d0	ed	aa	fb	43	4d	33	85	45	f9	02	7f	50	3c	9f	a8
7	51	a3	40	8f	92	9d	38	f5	bc	b6	da	21	10	ff	f3	d2
8	cd	0c	13	ec	5f	97	44	17	c4	a7	7e	3d	64	5d	19	73
9	60	81	4f	dc	22	2a	90	88	46	ee	b8	14	de	5e	0b	db
a	e0	32	3a	0a	49	06	24	5c	c2	d3	ac	62	91	95	e4	79
b	e7	c8	37	6d	8d	d5	4e	a9	6c	56	f4	ea	65	7a	ae	08
c	ba	78	25	2e	1c	a6	b4	c6	e8	dd	74	1f	4b	bd	8b	8a
d	70	3e	b5	66	48	03	f6	0e	61	35	57	b9	86	c1	1d	9e
e	e1	f8	98	11	69	d9	8e	94	9b	1e	87	e9	ce	55	28	df
f	8c	a1	89	0d	bf	e6	42	68	41	99	2d	0f	b0	54	bb	16

2. 行移位变换(ShiftRows())

行移位变换 ShiftRows()是线性变换，其目的就是使密码信息达到充分的混乱，提高非线性度。行移位变换在状态矩阵 State 的每行间进行，对每行实施左循环移动，移动字节数根据行数和密钥长度来确定，第零行不发生偏移，第一行循环左移 C_1 字节，第二行移 C_2 字节，第三行移 C_3 字节。表 3-5 为移动字节数。

表 3-5　行移位变换字节数

N_k	C_1	C_2	C_3
4	1	2	3
6	1	2	3
8	1	3	4

当 $N_b=4$ 时 $C_1=1, C_2=2, C_3=3$，行位移变换示意如图 3-16。

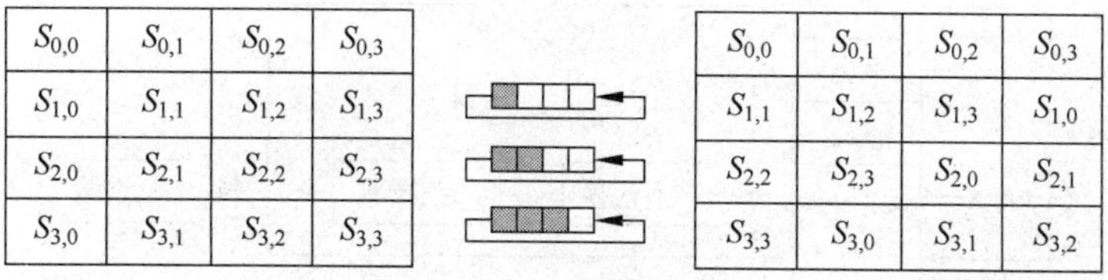

图 3-16　$N_k=4$ 时行位移变换示意

3. 列混合变换(MixColumns())

列混合是对状态(State)列的一种线性变换，状态每列有 4 字节，即一个字($S_{0,i}, S_{1,i}, S_{2,i}, S_{3,i}$)，其中 $0 \leqslant i \leqslant 3$，$S_{0,i}, S_{1,i}, S_{2,i}, S_{3,i}$都是字节。一个字在有限域 $GF(2^8)^4$ 上可表示成下面的四项多项式。列变换就是从状态中取出一列，表示成多项式的形式 $S_i(x)=S_{3,i}x^3+S_{2,i}x^2+S_{1,i}x+S_{0,i}$，再用它乘以一个固定的多项式 $a(x)=\{03\}x^3+\{01\}x^2+\{01\}x+\{02\}$，然后将所得结果进行取模 $M(x)=x^4+1$ 运算。在 AES 加密算法中，由于 x^4+1 不是有限域 $GF(2^8)^4$ 上的不可约多项式，因此，用 $S(x)$ 乘以任意一个四项式的运算不一定是可逆的，于是，将 $a(x)$设置成一个固定的值，以确保可进行求逆运算，$a(x)$的乘法逆多项式为：$a^{-1}(x)=\{0b\}x^3+\{0d\}x^2+\{09\}x+\{0e\}$。

列混合的算术表达式为 $s'(x)=a(x) \otimes s(x)$。这个表达式用矩阵可表示为：

$$\begin{bmatrix} s'_{0i} \\ s'_{1i} \\ s'_{2i} \\ s'_{3i} \end{bmatrix} = \begin{bmatrix} 02 & 03 & 01 & 01 \\ 01 & 02 & 03 & 01 \\ 01 & 01 & 02 & 03 \\ 03 & 01 & 01 & 02 \end{bmatrix} \begin{bmatrix} s_{0i} \\ s_{1i} \\ s_{2i} \\ s_{3i} \end{bmatrix}$$

当 $N_b=4$ 时，有

$$\begin{bmatrix} s_{00} & s_{01} & s_{02} & s_{03} \\ s_{10} & s_{11} & s_{12} & s_{13} \\ s_{20} & s_{21} & s_{22} & s_{23} \\ s_{30} & s_{31} & s_{32} & s_{33} \end{bmatrix} \xrightarrow{\text{MixColumns()}} \begin{bmatrix} s'_{00} & s'_{01} & s'_{02} & s'_{03} \\ s'_{10} & s'_{11} & s'_{12} & s'_{13} \\ s'_{20} & s'_{21} & s'_{22} & s'_{23} \\ s'_{30} & s'_{31} & s'_{32} & s'_{33} \end{bmatrix}$$

4. 轮密钥加变换(AddRoundKey())

从图 3-15 中可以看到,AES 的每一轮转换中都需要用到一个轮密钥。每个轮密钥都是 128 位。当分组长度和密钥长度都为 128 位时,AES 的加密算法共迭代 10 轮,需 11 个轮密钥,即 44 个 32 位字($w_0,w_1,\cdots,w_{43}$)。这些轮密钥是通过对初始密钥的扩展运算得来的。

首先,将 128 位的初始密钥写入密钥矩阵中:

k_0	k_4	k_8	k_{12}
k_1	k_5	k_9	k_{13}
k_2	k_6	k_{10}	k_{14}
k_3	k_7	k_{11}	k_{15}

那么,$w_0=k_0k_1k_2k_3$,$w_1=k_4k_5k_6k_7$,$w_2=k_8k_9k_{10}k_{11}$,$w_3=k_{12}k_{13}k_{14}k_{15}$。之后的每个轮密钥 w_i 要根据 w_{i-1} 和 w_{i-4} 来计算,如图 3-17 所示。

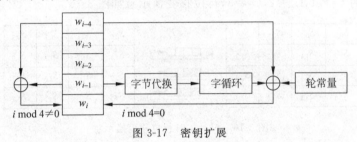

图 3-17　密钥扩展

当 i 不是 4 的倍数时,w_i 为 w_{i-4} 和 w_{i-1} 的异或。

当 i 是 4 的倍数时,则采用更复杂的计算方法:首先对 w_{i-1} 进行字循环,即将其 4 个字节循环左移一个字节。然后对结果进行字节代换,即根据 S 盒对 w_{i-1} 的每个字节进行字节转换。最后再与轮常量 RC 进行异或运算。轮常量也是一个 32 位字,但其右边 3 个字节总为 0。计算每个轮密钥用到的轮常量也不相同,当分组长度和密钥长度都为 128 位时,所用到的 10 个轮常量(最左边的一个字节)如表 3-6 所示:

表 3-6　轮常量

j	1	2	3	4	5	6	7	8	9	10
RC_j	01	02	04	08	10	20	40	80	1B	36

在轮密钥加变换中,轮密钥的各字节与状态中的各对应字节分别异或,实现状态和密钥的混合。

密钥扩展过程的伪 C 代码如下:

```
KeyExpansion ( byte key[4 * Nk]), word w[Nb * (Nr + 1)], Nk)// 用来产生轮密钥 w 数组,w 以字为单位
{                             // 原始密码 key 数组以字节为单位输入到函数中
    word temp;                // 定义一个用来存放临时字变量的字
    i = 0;
    for ( i = 0; i < Nk; i++ )     // 原始密码 Key 数组放到前 w[0] - w[Nk -1],用来密钥扩展
        w[i] = Word (key[4 * i], key[4 * i + 1], key[4 * i + 2], key[4 * i + 3]);
    for ( i = Nk; i < Nb * (Nr + 1); i++ )
```

```
{                                      //扩展密钥,分 Nk = 4 和 6 或 8 两种情况
    temp = w[i-1];
    if ( i % Nk == 0 )          // % 表示整数的取模运算
      temp = SubWord ( RotWord ( temp ) ) ^ Rcon[ i / Nk];  // ^ 表示两个数的按位异或
    else if ( Nk == 8 && ( i % Nk == 4 ) )            // && 表示两个数的逻辑与运算
        temp = SubWord ( temp );
    w[i] = w[i-Nk] ^ temp;          // 每次都要进行异或运算
    }
}
```

上面的函数 Word 用来将一个字的 4 字节,按由高到低表示成一个字(高位在前)。RotWord 函数将输入的一个字 $a_0a_1a_2a_3$(4 字节),循环左移一个字节后,重新组成一个字 $a_1a_2a_3a_0$ 输出;SubWord 函数对输入的字进行 SubBytes()变换(S 盒替换)后返回变换后的字。字数组 Rcon[i]由下面的方法得到:Rcon[i]＝word (RC[i], {00}, {00}, {00}),其中 RC[i]为 x^{i-1} 在 $GF(2^8)$ 域上所代表的字节数值。如 RC[1]＝01(为 x^0 代表的字节数),RC[i]＝{02}・RC[$i-1$],这里“・”为在 $GF(2^8)$ 域上的乘法。若 $i=36$,$N_k=4$,则 $i/N_k=$ 9,计算 RC[9]为 $x^8 \bmod(m(x))=x^8 \bmod(x^8+x^4+x^3+x+1)=x^4+x^3+x+1$ 所代表的字节{1b},即有 RC[8]＝{1b}。

存在两个特殊情况:

(1) 对于在 N_k 整数倍处的密钥,在异或之前还将对这些字进行相应的变换,具体见上面的实现过程。

(2) 密钥长度为 256 位($N_k=8$)时的密钥扩展方案与密钥长度分别为 128 位($N_k=4$)及 192 比特($N_k=6$)时的密钥扩展方案稍有不同。当 $N_k=8$ 时,如果 $i-4$ 是 N_k 的整数倍,则在进行异或之前,需要先对进行 Subword()变换。

加密原理的伪 C 语言代码实现为:

```
Cipher (byte in[4 * Nb], byte out[4 * Nb], word w[Nb * (Nr + 1)] )
{                              // in、out 为明文分组输入和密文分组输出数组,w 为轮密钥数组
    byte State[4, Nb];              // 定义一个状态矩阵 4 × Nb
    State = in;                     // 装入明文输入矩阵到状态矩阵
    AddRoundKey (State, w[0] );      // 明文信息和密钥混合,使用 w[0]开始的 Nb 个密钥
    for( int r = 1; r < Nr; r++ )    // 实现 1 到 Nr-1 轮加密变换
    {
        SubBytes (State);
        ShiftRows (State);
        MixColumns (State);
        AddRoundKey (State, w[r * Nb]); // 使用从 w[r * Nb]开始的 Nb 个密钥
    }
    SubBytes (State);               // 从这里开始最后一轮加密变换
    ShiftRows (State);
    AddRoundKey (State, w[Nr * Nb]);   // 结束轮加密变换,使用 w[Nr * Nb]开始的 Nb 个密钥
    Out = State;                    // 将最终的变化结果 State 矩阵,放到密文 out 矩阵中
}                                   // 结束加密变换,得到密文 out 矩阵
```

3.3.4　AES 的解密变换

解密为加密的逆变换,其伪 C 代码如下:

```
InvCipher (byte in[4 * Nb],  byte out[4 * Nb],  word w[Nb * (Nr + 1)] )
{                              // in、out 为密文和明文分组数组，w 为轮密钥数组
byte State[4,Nb];             // 定义一个状态矩阵 4×Nb
State = in;                   // 装入密文输入矩阵到状态矩阵
AddRoundKey (State,w[0] );    // 使用 w[Nr * Nb]开始的 Nb 个密钥来解密 Nr 轮加密变换
InvShiftRows (State);         // 实现 ShiftRows 的逆变换
InvSubBytes (State);          // 实现 SubBytes 的逆变换
for( int r = Nr − 1; r > 0; r −− )   // 实现 Nr−1 到 1 轮的解密变换
{
    AddRoundKey (State,w[r * Nb]);   // 使用从 w[r * Nb]开始的 Nb 个密钥
    InvMixColumns (State);
    InvShiftRows (State);
    InvSubBytes (State);
}
AddRoundKey (State,w[Nr * Nb]);    // 轮密钥混合变换得到明文，使用 w[0]开始的 Nb 个密钥
Out = State;                       // 将最终的变化结果 State 矩阵，放到密文 out 矩阵中
}                                  // 结束加密变换，得到明文 out 矩阵
```

显然，解密变换为加密变换的逆变换。加密和解密密钥扩展方法一样，相应的逆变换如下。

1. 逆字节代换运算（InvSubByte()）

逆字节代换运算 InvSubByte()也遵循一个代换表如表 3-7 所示，即逆 S 盒代换表。

表 3-7   AES 的逆 S 盒替换表-字节 xy 的代替表（用十六进制表示）

x \ y	0	1	2	3	4	5	6	7	8	9	a	b	c	d	e	f
0	52	09	6a	d5	30	36	a5	38	bf	40	a3	9e	81	f3	d7	fb
1	7c	e3	39	82	9b	2f	ff	87	34	8e	43	44	c4	de	e9	cb
2	54	7b	94	32	a6	c2	23	3d	ee	4c	95	0b	42	fa	c3	4e
3	08	2e	a1	66	28	d9	24	b2	76	5b	a2	49	6d	8b	d1	25
4	72	f8	f6	64	86	68	98	16	d4	a4	5c	cc	5d	65	b6	92
5	6c	70	48	50	fd	ed	b9	da	5e	15	46	57	a7	8d	9d	84
6	90	d8	ab	00	8c	bc	d3	0a	f7	e4	58	05	b8	b3	45	06
7	d0	2c	1e	8f	ca	3f	0f	02	c1	af	bd	03	01	13	8a	6b
8	3a	91	11	41	4f	67	dc	ea	97	f2	cf	ce	f0	b4	e6	73
9	96	ac	74	22	e7	ad	35	85	e2	f9	37	e8	1c	75	df	6e
a	47	f1	1a	71	1d	29	c5	89	6f	b7	62	0e	aa	18	be	1b
b	fc	56	3e	4b	c6	d2	79	20	9a	db	c0	fe	78	cd	5a	f4
c	1f	dd	a8	33	88	07	c7	31	b1	12	10	59	27	80	ec	5f
d	60	51	7f	a9	19	b5	4a	0d	2d	e5	7a	9f	93	c9	9c	ef
e	a0	e0	3b	4d	ae	2a	f5	b0	c8	eb	bb	3c	83	53	99	61
f	17	2b	04	7e	ba	77	d6	26	e1	69	14	63	55	21	0c	7d

这个逆 S 盒也由有限域 $GF(2^8)$ 上的仿射变换和乘法取逆两步构成。$GF(2^8)$ 上的基本运算见上节。有限域 $GF(2^8)$ 上的仿射变换也对字节进行操作，设输入字节为 $\{b_7 b_6 b_5 b_4 b_3 b_2 b_1 b_0\}$，经过仿射变换后的输出字节为 $\{b'_7\ b'_6\ b'_5\ b'_4\ b'_3\ b'_2\ b'_1\ b'_0\}$，再对输出字节求其在 $GF(2^8)$ 域上的逆元素。这里仿射变换用矩阵来表示其表达式为

$$
\begin{bmatrix} b'_0 \\ b'_1 \\ b'_2 \\ b'_3 \\ b'_4 \\ b'_5 \\ b'_6 \\ b'_7 \end{bmatrix}
=
\begin{bmatrix}
1 & 0 & 0 & 0 & 0 & 1 & 1 & 1 \\
1 & 1 & 0 & 0 & 0 & 0 & 1 & 1 \\
1 & 1 & 1 & 0 & 0 & 0 & 0 & 1 \\
1 & 1 & 1 & 1 & 0 & 0 & 0 & 0 \\
1 & 1 & 1 & 1 & 1 & 0 & 0 & 0 \\
0 & 1 & 1 & 1 & 1 & 1 & 0 & 0 \\
0 & 0 & 1 & 1 & 1 & 1 & 1 & 0 \\
0 & 0 & 0 & 1 & 1 & 1 & 1 & 1
\end{bmatrix}^{-1}
\begin{bmatrix} b_0 \\ b_1 \\ b_2 \\ b_3 \\ b_4 \\ b_5 \\ b_6 \\ b_7 \end{bmatrix}
+
\begin{bmatrix} 1 \\ 1 \\ 0 \\ 0 \\ 0 \\ 1 \\ 1 \\ 0 \end{bmatrix}
$$

2．逆行移位变换（InvShiftRows()）

逆行移位变换 InvShiftRows() 是行移位变换 ShiftRows() 的逆变换。若加密时行移位变换中 State 矩阵的行位移如下：第零行不发生偏移，第一行循环左移 C_1 字节，第二行移 C_2 字节，第二行移 C_3 字节；则对应逆行位移变换为第零行不发生偏移，第一行循环左移 $N_b - C_1$ 字节，第二行移 $N_b - C_2$ 字节，第二行移 $N_b - C_3$ 字节。

3．逆列混合变换（InvMixColumns()）

逆列混合变换 InvMixColumns() 是列混合变换 MixColumns() 的逆变换。变换为：$s'(x) = a^{-1}(x) \otimes s(x)$，这里 $a^{-1}(x) = \{0b\} x^3 + \{0d\} x^2 + \{09\} x + \{0e\}$，$\otimes$ 运算方法见上节，这个表达式用矩阵可表示为

$$
\begin{bmatrix} s'_{0i} \\ s'_{1i} \\ s'_{2i} \\ s'_{3i} \end{bmatrix}
=
\begin{bmatrix}
0e & 0b & 0d & 09 \\
09 & 0e & 0b & 0d \\
0d & 09 & 0e & 0b \\
0b & 0d & 09 & 0e
\end{bmatrix}
\begin{bmatrix} s_{0i} \\ s_{1i} \\ s_{2i} \\ s_{3i} \end{bmatrix}
$$

当 $N_b = 4$ 时，有

$$
\begin{bmatrix}
s_{00} & s_{01} & s_{02} & s_{03} \\
s_{10} & s_{11} & s_{12} & s_{13} \\
s_{20} & s_{21} & s_{22} & s_{23} \\
s_{30} & s_{31} & s_{32} & s_{33}
\end{bmatrix}
\xrightarrow{\text{InvMixColumns()}}
\begin{bmatrix}
s'_{00} & s'_{01} & s'_{02} & s'_{03} \\
s'_{10} & s'_{11} & s'_{12} & s'_{13} \\
s'_{20} & s'_{21} & s'_{22} & s'_{23} \\
s'_{30} & s'_{31} & s'_{32} & s'_{33}
\end{bmatrix}
$$

3.3.5　AES 加密算法性能分析

AES 加密算法和 DES 加密算法有很多的共同点，都要经过一个 S 盒、替换和移位等操作，但是，AES 加密算法最终取代 DES，主要有以下几点原因。

（1）在 DES 中，密钥长度为 64 位，有效密钥空间仅为 2^{56}，这样小的密钥空间对像穷举

密钥这样的攻击来说显得太小了。相比之下 AES 有更长的密钥,密钥长度有 128 位、192 位和 256 位三种情况,明显提高了加密的安全性,同时,对不同机密级别的信息,可采用不同长度的密钥,执行灵活性较高。

(2) 在 DES 中,还存在一些弱密钥和半弱密钥。DES 的 16 次加密迭代中使用不同的子密钥是确保 DES 强度的一种重要措施,但实际上存在一些密钥,由它产生的 16 个子密钥会部分地重合甚至完全一致。这样的密钥为弱密钥或半弱密钥,它们的存在无疑会降低 DES 的强度。所以,在 DES 中,对初始密钥的选取存在一定的限制。在 AES 中,由于密钥扩展函数的特点,所产生的轮密钥随机性很强,对初始密钥的选取也没有特别的限制。

(3) DES 加密算法存在互补对称性。若 $C = \mathrm{DES}(M, K)$,则有 $\bar{C} = \mathrm{DES}(\bar{M}, \bar{K})$,其中 $\bar{C}$、$\bar{M}$、$\bar{K}$ 表示 C、M、K 的非。互补对称性会使 DES 在选择明文攻击下所需的工作量减半。产生互补对称性的原因在于 DES 中两次 $\oplus$ 运算。而 AES 的均衡对称结构既可以提高执行的灵活度,又可防止差分分析方法的攻击。

(4) AES 算法的实现更简单。AES 算法的迭代次数最多为 14 次,S 盒只有一个,较之 DES 的 16 次迭代和 8 个 S 盒要简单得多。此外,AES 算法有很强的扩散性能,能把非线性部件产生的非线性很快地扩散开,形成的密码有很高的随机性。可有效地防止差分分析和线性分析的攻击。

(5) AES 算法在所有的平台上都表现良好,其操作比较容易抵御对物理层实现的某些攻击,能很好地适应现代及将来处理器的发展,有支持并行处理的能力。因此,无论是从安全还是实现的难易度上考虑,AES 采用 Rijndael 作为其加密算法应该是明智的选择。

3.4 序列密码

序列密码也称为流密码,采用对称密码体制,它是密码学的一个重要组成部分。

3.4.1 序列密码的原理

“一次一密”密码在理论上是不可攻破的。序列密码则由“一次一密”密码启发而来。

“一次一密”密码使用的密钥是和明文一样长的随机序列,密钥越长越安全,但长密钥的存储、分配都很困难。序列密码采用密钥生成器,从原始密钥生成一系列密钥流用来加密信息,每个明文可以选用不同的密钥加密。如果序列密码所使用的是真正随机产生的、与消息流长度相同的二进制序列,此时的序列密码就是“一次一密”的密码体制,这种密码的破解难度很大。

序列密码的关键就是产生密钥流的算法,该算法必须能够产生可变长的、随机的、不可预测的密钥流。另外,保持通信双方的精确同步是序列密码实际应用中的关键技术。由于通信双方必须能够产生相同的密钥流,所以这种密钥流不可能是真随机序列,只能是伪随机流。

序列密码的设计核心在于密钥发生器的设计,序列密码的安全强度取决于密钥发生器产生的密钥流的周期、复杂度、随机(伪随机)特性等,安全的密钥流生成器必然会使用非线性变换,本节介绍的例子使用的是线性变换。二进制序列密码体制的诱人之处在于它可以用硬件实现,线性变换一般采用线性反馈移位寄存器(LFSR)实现,而非线性变换目的是增强密钥的复杂度和随机特性,这些变换一般以线性移位寄存器序列为基序列,经过不规则采样、函数变换等,得到实用安全的密钥流。

一个典型的序列密码每次加密一个字节的明文。当然,序列密码也可以被设计为每次操作一位或一个字节的单元。典型的序列密码的结构如图 3-18 所示。

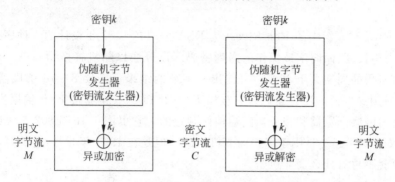

图 3-18　流密码的结构

在该结构中,密钥输入到一个伪随机数发生器,该伪随机数发生器产生一串随机的 8 比特数。这些按先后次序产生的随机数排成序列,即为一个伪随机流(在不知道输入密钥的情况下不可预知的流),也就是用于对每个明文字节进行加密的密钥流。用于产生密钥流的初始密钥也称为"种子"。

每产生一个字节的密钥,这个密钥就与同一时刻的当前明文字节进行异或运算产生密文字节,并依此类推产生密文流。

例如,如果发生器产生的密钥为 01101100,而当前的明文字节为 11001100,则得出的密文字节为

$$
\begin{array}{ll}
11001100 & \text{明文}\\
\oplus\ 01101100 & \text{密钥流}\\
\hline
10100000 & \text{密文}
\end{array}
$$

解密时则需要使用相同的伪随机序列

$$
\begin{array}{ll}
10100000 & \text{密文}\\
\oplus\ 01101100 & \text{密钥流}\\
\hline
11001100 & \text{明文}
\end{array}
$$

可以看出,序列密码与"一次一密"的区别就在于,"一次一密"使用的密钥是真正的随机数流,而序列密码使用的密钥是伪随机数流。

设计序列密码需要考虑以下几个主要因素:

(1) 密钥流的周期要长。伪随机数发生器产生的并非完全随机的序列,它是一个产生确定的比特流的函数,该比特流最终将产生重复。重复的周期越长,相当于密钥越长,密码分析也就越困难。

(2) 密钥流应尽可能地接近于一个真正的随机数流的特征。例如,1 和 0 的个数应大致相同。密钥流越随机,加密所得的密文也越随机,分析就越困难。

(3) 伪随机数发生器的输出取决于输入的密钥的值。

通过设计合适的伪随机发生器,序列密码可以提供和相应密钥长度分组密码相当的安全性。而且相对于分组密码来说,往往速度更快且需要编写的代码更少。序列密码目前的理论已经比较成熟,工程实现也比较容易,加密效率高,在许多重要领域得到应用。

3.4.2　RC4

RC4 是 RSA 三人组中的 Ron Rivest 为 RSA 公司在 1987 年设计的一种序列密码。它是一种可变密钥长度、面向字节操作的序列密码。该算法以随机置换为基础。对该算法的分析显示,该密码的周期大于 10^{100}。每输出一字节的结果仅需要 8～16 条机器操作指令。RC4 可能是应用最广泛的序列密码。它被用于 SSL/TLS(安全套接字/传输层安全协议)标准,该标准是为网络浏览器和服务器间通信而制定的。它也用于 IEEE802.1 无线局域网中的 WEP 协议。RC4 起初是用于保护商业机密的。但是在 1994 年 9 月,它的算法被发布在互联网上,也就不再有什么商业机密了。

1. RC4 算法实现

RC4 算法非常简单:用从 1～256 个字节的可变长度密钥初始化一个 256 字节的状态矢量 S,S 的元素记为 $S[0]$,$S[1]$,…,$S[255]$,从始至终置换后的 S 包含从 0～255 的所有 8 比特数。对于加密和解密中应用的密钥流的产生,密钥流中的每个密钥 k 是由 S 中 255 个元素按一定的方式选出一个元素而生成。每生成一个密钥 k,S 中的元素就被重新置换一次。

1) 初始化

开始时,S 中元素的值被置为按升序从 0～255,即 $S[0]=0$,$S[1]=1$,…,$S[255]=255$,同时建立一个临时矢量 T。如果种子密钥 K 的长度为 256 字节,则将 K 赋给 T。否则,若 K 的长度为 keylen 字节,则将 K 的值赋给 T 的前 keylen 个元素,并循环重复用 K 的值赋给 T 剩下的元素,直到 T 的所有元素都被赋值。其过程如下:

```
/ * 初始化 * /
For i = 0 to 255 do
    S[i] = i;
    T[i] = K[i mod keylen];           //临时矢量 T(256 字节)
```

然后用 T 产生的 S 的初始置换。从 $S[0]$ 到 $S[255]$,对每个 $S[i]$,根据 $T[i]$ 确定的方案,将 $S[i]$ 置换为 S 中的另一字节:

```
/ * 置换 * /
j = 0;
For i = 0 to 255 do
    j = (j + S[i] + T[i]) mod 256;
Swap(S[i],S[j]);                      //S 仍然包含所有值为 0～255 的元素
```

2) 密钥流的生成

矢量 S 一旦完成初始化,种子密钥就不再被使用。密钥流的生成是从 $S[0]$～$S[255]$,对每个 $S[i]$,根据当前 S 的值,将 $S[i]$ 与 S 中的另一个字节置换。当 $S[255]$ 完成置换后,操

作继续重复,从 $S[0]$ 开始:

```
/ * 密钥流的生成 * /
i = 0,j = 0;
While(true)
    i = (i + 1) mod 256;
    j = (j + S[i]) mod 256;
    swap(S[i],S[j]);
    t = (S[i] + S[j]) mod 256;
    k = S[t];
```

加密中,将 k 的值与下一明文字节异或;解密中,将 k 的值与下一密文字节异或。

2. RC4 的安全性

RC4 算法的优点是简单高效,特别适合软件实现。

其安全性当然也是随着密钥长度的增加而增强。美国政府对 RC4 算法软件的出口做出了明确限制,其密钥长度不能超过 40 位。1995 年有人在 Internet 网上公布了一条用 40 位密钥的 RC4 加密的密文,并提出了破译挑战。法国的一个研究小组通过 Internet 网,用了 120 台计算机和工作站,结果只用了 8 天时间便求出了密钥。在此之后的第二次破译挑战中只用了 31.8 小时便破译成功。

当然,对于密钥足够长(如 128 位)的 RC4,则安全性就非常高了。关于分析 RC4 的攻击方法有许多公开发表的文献,但没有哪种方法对密钥足够长的 RC4 有效。

3.5　其他对称加密算法

在不同的安全系统中,还存在着其他对称加密算法,其中包括:

(1) IDEA。国际数据加密算法(international data encryption algorithm,IDEA)是在由旅居瑞士的华人来学嘉和他的导师 J. L. Massey 共同开发的。IDEA 使用 128 位密钥,明文和密文分组长度为 64 位。已被用在多种商业产品中。

(2) CLIPPER 密码。采用 SKIPJACK 算法,明文和密文分组长度为 64 位,密钥长度为 80 位。

(3) Blowfish。Blowfish 允许使用最长为 448 位的不同长度的密钥,并针对在 32 位处理器上的执行进行了优化。

(4) Twofish。Twofish 使用 128 位分组,可以使用 128、192 或 256 位密钥。

(5) CAST-128。CAST-128 使用 128 位密钥。它在更新版本的 PGP 中使用。

(6) GOST。GOST 是为了回应 DES 而开发的俄罗斯标准,它使用 256 位密钥。

所有这些算法都可能出现在安全性产品中,对于一般性的应用,所有这些算法都将是足够复杂的。

3.6　对称密码的工作模式

　　加密算法是一种确定性函数,即在使用特定的输入值调用确定性函数的任何时候,它们总是返回相同的结果。

　　也就是说,当调用加密算法 E 对两个明文 P_1 和 P_2 进行加密时,如果 $P_1 = P_2$ 且 $k_1 = k_2$,那么加密后得到的密文也相等,即

$$E(k_1, P_1) = C_1 = C_2 = E(k_2, P_2)$$

　　因此,当用同一密钥 k 来加密多个消息时,如果加密后有两个密文完全相同,则可以推断出它们所对应的明文也完全相同。即使密钥 k 只使用一次,即只加密一个消息,任意两个相同的密文分组,都意味着它们所对应的明文分组也相同。

　　然而,根据香农对安全加密的定义,必须保证攻击者不能根据密文推断出关于明文的任何信息。因此,确定性的加密算法并不能直接用于加密信息,必须在加密算法的基础上设计具有随机性的工作模式,才能满足对信息加密的现实要求。

　　本节介绍两种最常用的对称密码工作模式。

3.6.1　密文分组链接模式

　　密文分组链接模式(Cipher Block Chaining Mode)简称为 CBC 模式。在该模式下,当前的明文分组在被代入加密算法之前,先要和上一分组的密文进行异或运算,如图 3-19 所示。

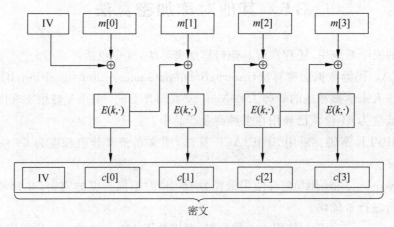

图 3-19　密文分组链接模式的加密过程

　　每加密一个明文消息 M,首先随机生成一个初始向量 IV。第一个明文分组 $m[0]$ 与 IV 异或后再代入加密算法,之后的每个明文分组都要先和前一个分组的密文进行异或,然后再进行加密,即

$$c[0] = E(k, m[0] \oplus \text{IV}), \qquad c[i] = E(k, m[i] \oplus c[i-1])$$

　　需要注意的是,IV 和所有密文分组一起构成最后的密文段,发送到接收端。接收端在

没有 IV 的情况下将无法对密文进行解密。密文分组链接模式的解密过程如图 3-20 所示。

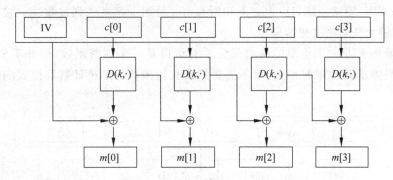

图 3-20　密文分组链接模式的解密过程

在解密时,首先从密文段中提取出 IV,第一个密文分组在解密后与 IV 异或,得到第一个明文分组;其他密文分组则在解密后与前一个分组的解密输出进行异或,得到相应的明文分组,即:

$$m[0] = D(k, c[0]) \oplus \text{IV}, \qquad m[i] = D(k, c[i]) \oplus D(k, c[i-1])$$

可以看出,密文分组链接模式可以实现以下两个随机性:

(1) 由于每次加密一个消息时所用的 IV 在很高的概率上不同,因此用同一密钥加密两个相同的消息,产生的密文不同。

(2) 由于每个密文分组在输入到加密算法之前要与前一个分组的密文进行异或,因此两个相同的明文分组所产生的密文分组不同。

3.6.2　随机计数器模式

随机计数器模式(Randomize Counter Mode)简称为随机 CTR 模式。该模式采用了流密码的设计思想,利用伪随机函数 F 来产生伪随机密钥流,并与明文进行异或计算来生成密文。

随机计数器模式的加密过程如图 3-21 所示。

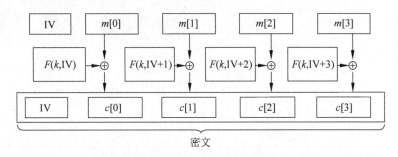

图 3-21　随机计数器模式的加密过程

在随机计数器模式中,每加密一个明文消息 M,首先随机生成一个初始向量 IV。作为一个计数器,每加密一个分组,IV 都要加 1。每个明文分组与 F 函数的相应输出进行异或,从而得到相应的密文分组。计数器可以使得每个明文分组所异或的对象在很高的概率上都不同。这样,即使两个明文分组完全相同,所得到的密文分组也不相同。

　　显然,与 CBC 模式一样,IV 也必须和所有密文分组一起发送到接收端。接收端在没有 IV 的情况下将无法对密文进行解密。

　　伪随机函数 F 是一个重要的构成部分。它可以是一个加密函数,但并不要求可逆,因为在解密时只需重新计算 F 函数,而不需要用到其逆函数。随机计数器模式的解密过程如图 3-22 所示。

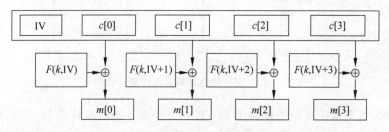

图 3-22　随机计数器模式的解密过程

　　在解密时,首先从密文段中提取出 IV,然后作为计数器,代入伪随机函数,输出密钥流并与相应的密文分组异或,从而得到所有明文分组。

　　显然,随机计数器模式也可以实现前文描述的两个随机性。

　　相对于 CBC 模式,随机 CTR 模式具有一个明显的优点。CBC 模式只能进行串行计算,即必须在处理完当前分组后才能处理后续分组。而随机 CTR 模式则可以并行计算,多个分组的加密或解密可以同时进行,当采用双核或多核计算机时,加解密速度可成倍提高。

第4章 公钥密码体制

4.1 公钥密码体制的产生

根据加密密钥能否公开,人们将密码体制划分为两大类,一类叫传统密码体制,另一类叫公钥密码体制。所谓传统密码体制,指的是几千年来密码通信一直沿用的一类密码体制,这类密码体制在加密和解密时,使用的是同一个密钥,或虽然使用不同的密钥,但是能通过加密密钥方便地导出解密密钥,这类密码体制也叫作对称密码体制或单密钥密码体制,这在上一章已经阐述。显然,加密密钥是整个密码通信系统的核心机密,一旦加密密钥被暴露,整个密码体制也就失去了保密作用。

随着信息加密技术应用领域的扩大,尤其是从单纯的军事、外交、情报领域的使用,扩大到民用领域,如商业、金融、计算机通信网络中的信息保密等,传统密码体制在应用中暴露出越来越多的缺陷。

1. 密钥管理的麻烦

密钥管理包括密钥保存和分配。密钥分配是传统密码体制遇到的最大困难之一。因为在以传统密码体制为基础的保密通信中,通信双方所使用的都是同一个密钥,而密钥又是传统密码体制的核心,它是绝对不能透露给第三者的。于是,在一次密码通信开始之前,信息的发送方必须提前把所用的保密密钥经过特殊的秘密渠道,如信使、挂号信等,或者经一条特殊的保密通信线路,即密钥信道,送到信息的接收方。在计算机通信网中,则要由主机把该次所用的密钥发送给交换信息的两个用户。

经特殊的密钥信道分配保密密钥是相当困难的,随着系统用户的增加,这种困难程度变得越来越严重。而近代商用和民用密码通信的特征之一就是用户很多,如在一个民用密码通信网中,用户数为 n 则每个用户都要保存 n 个密钥。包括他自己的密钥。系统可能的用户对数,亦即系统拥有的密钥总数将增加到 $n(n-1)/2$ 个。一个拥有 10 万用户的民用密码通信网就要拥有近 50 亿个密钥。显然,要十分妥善地保存这些密钥,本身就是一个难题。而要经特殊的保密信道分配这么多密钥,更是难以想象。

试想要做到真正保密,那么每两个用户之间都需要一条秘密信道,这在经济上也是绝对不允许的。不仅如此,按传统方法分配密钥,必然带来实际通信时间的推迟,然而在商业上,时间的贻误往往意味着经济的损失,这是任何一个商业用户所不希望的。

2．密钥难以传输

对称密码体制的解密密钥和加密密钥相同或容易从加密密钥导出，因而加密密钥的暴露会使系统变得不安全。对称密码体制的一个严重缺陷是在任何密文传输之前，发送者和接收者必须使用一个安全信道预先传送密钥，在实际应用中这一点是很难做到的。例如，假定发送者和接收者之间的距离很远，他们要使用电子邮件通信，在这种情况下，通信双方可能没有合理的安全信道。

3．不能提供法律证据

在现今国际和国内的商业往来中，合同和协议的真实性是由书面签字来保证的，一张签字的合同可以作为法律上的证据。

但是现代电子通信最易于剪接、篡改和伪造。要用电子信件代替书面信件，不仅要解决保密问题，而且要解决证实问题。

信息的证实是指两个方面：一方面指对发送方的证实；另一方面指对接收方的证实，也就是能够确认接收方所收到和保存的信息确实是由发送方发出的，既不是伪造的，也没有经过包括接收方在内的其他人所篡改。

在传统密码体制中，接收方利用保密密钥，对密文信息进行解密变换，能成功地解决信息的保密问题。因为只有掌握解密密钥的合法接收者，才能从密文恢复出明文，这能够解决接收方对发送方的证实问题，使接收方能够确认该信息确实是由发送方送出的。但是却无法解决对接收方的证实问题，因为接收方所掌握的解密密钥和发送方的加密密钥相同，完全有能力篡改他接收到的文件或伪造文件。

基于同样的理由发送方完全有借口抵赖他曾发出的文件，例如，用户甲利用商用密码通信向用户乙订购了一批货物，用户乙如数寄出。后来由于该商品价格猛跌，用户甲拒绝付款，这样甲乙双方就发生争端，由于上述原因，用户乙不能提供有说服力的法律证据，此案则法院无法受理。

基于这种原因，传统密码体制难以在商业上获得更广泛的应用。

4．缺乏自动检测密钥泄密的能力

由于传统密码体制在分配密钥上的实际困难，因此通信密钥一旦指定，总要使用一定时间，难以随时更换，更难一次一换。所以，窃听者一旦破译出通信密钥，则在该密钥有效使用期内就能顺利地破译出该密钥加密的所有信息。而合法的密码通信双方却无法察觉，显然这将会使通信双方蒙受巨大的损失。

为了对付密钥失窃所带来的损失和危害，最好采用一次一密的密码体制，即每次通信都采用不同的密钥，这要求密钥的分配迅速、保密和经济。而传统密码体制是做不到这一点的。为此，人们希望能设计出一种新的密码，从根本上克服传统密码在密钥管理上的困难，而且容易实现数字签名，从而适合计算机网络环境的各种应用。

1976 年由当时在美国斯坦福大学的迪菲（Diffie）和赫尔曼（Hellman）发表了《New Direction in Cryptography》一文，第一次提出了公钥密码体制的概念，从此开创了密码学的新时代。

公钥密码体制的思想不同于传统的对称密码体制。它要求密钥成对出现,一个为加密密钥(K_e),另一个为解密密钥(K_d),且不可能从其中一个推导出另一个。加密密钥可以发布出去作为公共密钥,而解密密钥秘密保存。用公共密钥加密的信息只能用专用密钥解密,反之亦然。

由于公钥算法不需要联机密钥服务器,密钥分配协议简单,所以极大简化了密钥管理。除加密功能外,公钥系统还可以提供数字签名。

自 1976 年以来,已经提出了多种公钥密码算法,其安全基础是基于一些数学问题,专家们认为这些问题在短期内不可能得到解决,因为一些问题(如因子分解问题)至今已有数千年的历史。

4.2　数 论 基 础

数论中的许多概念在设计公钥密码算法时是必不可少的。掌握这些基础知识对于理解公钥密码体制的原理和应用十分重要。

4.2.1　基本概念

1. 整除

定理：设整数 a 和 b,如果存在整数 k,使 $b=ak$,则说 b 能被 a 整除,记做：$a|b$。例如：15 能被 3 整除：$3|15$,60 能被 -15 整除：$-15|60$。

整除有两个性质：

(1) 对所有整数 $a \neq 0$,$a|0$、$a|a$ 成立；

(2) 对任意整数 b,$1|b$ 成立。

2. 素数

定义：如果整数 $p(p>1)$ 只能被 1 或者它本身整除,而不能被其他整数整除,则其为素数,否则为合数。

例如,2,3,5,7,11,13,17 等都是素数。

素数的数量是很多的,其数量满足素数定理：设 $\pi(x)$ 是小于 x 的素数的个数,则

$$\pi(x) \approx x/\ln(x),且当 x \rightarrow \infty 时,\pi(x)/(\ln x) \rightarrow 1$$

也就是说,小于 x 的素数的个数大约有 $\ln(x)$ 个。

在各种应用中,我们通常需要大的素数,如 100 位的素数,其个数大约有：

$$\pi(10^{100}) - \pi(10^{99}) \approx 3.9 \times 10^{97} 个$$

素数是构成整数的因子,每一个整数都是由一个或几个素数的不同次幂相乘得来的。例如,$91 = 7 \times 13$,$11011 = 7 \times 11^2 \times 13$,$3600 = 2^4 \times 3^2 \times 5^2$。也就是说,任何一个整数,都可以分解为素数的乘积。

3. 最大公约数

定义：a 和 b 的最大公约数是能够同时整除 a 和 b 的最大正整数,记为 $\gcd(a,b)$。

　　例如，4 是 16 和 20 的最大公约数，即 $4 = \gcd(16,20)$。

　　如果 $\gcd(a,b)=1$，则说 a 和 b 是互素的。注意，a 和 b 是互素的，并不一定 a 或 b 是素数。例如，$\gcd(14,15)=1$，即 14 和 15 互素，但它们都不是素数。

　　定理：设 a 和 b 是两个整数（至少一个非 0），$d = \gcd(a,b)$，则存在整数 x 和 y，使得 $ax+by=d$，特殊地，如果 a 和 b 互素，则有整数 x 和 y，使得 $ax+by=1$。

4．同余

　　设整数 $a,b,n(n \neq 0)$，如果 $a-b$ 是 n 的整数倍，即 $a = b+kn$，k 为整数，则 $a \equiv b(\bmod\ n)$，称为 a 同余于 b 模 n。也可理解为 a/n 的余数等于 b/n 的余数。

　　模运算，也就是求余运算。$(\bmod\ n)$ 运算将所有的整数（无论小于 n 还是大于 n），都映射到 $\{0,1,\cdots,n-1\}$ 组成的集合。

　　模运算显然具有下列几个性质。

　　(1) $(a \bmod n) + (b \bmod n) \equiv (a+b)\ \bmod\ n$。

　　(2) $(a \bmod n) - (b \bmod n) \equiv (a-b)\ \bmod\ n$。

　　(3) $(a \bmod n) \times (b \bmod n) \equiv (a \times b)\ \bmod\ n$。

　　这里仅对第三个性质进行证明：

　　设 $x = a \bmod n$，$y = b \bmod n$，即 $x = a+k_1 n$，$y = b+k_2 n$，k_1 和 k_2 为整数。那么

$$(a \bmod n) \times (b \bmod n) = xy = (a+k_1 n)(b+k_2 n) = ab + (ak_2 + bk_1 + k_1 k_2 n)n$$

　　因为 a,b,k_1,k_2,n 皆为整数，所以 $(ak_2 + bk_1 + k_1 k_2) = K$ 也是整数，即

$$(a \bmod n) \times (b \bmod n) = ab + Kn$$

即

$$(a \bmod n) \times (b \bmod n) \equiv (a \times b)\ \bmod\ n$$

得证。

　　性质：有整数 $a,b,c,n(n \neq 0)$。

　　(1) 如果 $a \equiv b(\bmod\ n)$，$b \equiv c(\bmod\ n)$，那么 $a \equiv c(\bmod\ n)$。

　　(2) 如果 $a \equiv b(\bmod\ n)$，$c \equiv d(\bmod\ n)$，那么 $a+c \equiv b+d$，$a-c \equiv b-d$，$ac \equiv bd\ (\bmod\ n)$。

　　证明(1)：因为 $a \equiv b(\bmod\ n)$，$b \equiv c(\bmod\ n)$，即

$$a = b+k_1 n,\ b = c+k_2 n$$

所以

$$a = c+k_2 n+k_1 n = c+(k_1+k_2)n$$

即 a 等于 c 加上 n 的整数倍，即 $a \equiv c(\bmod\ n)$。

　　证明(2)：这里仅证明 $ac \equiv bd\ (\bmod\ n)$。

　　因为

$$a \equiv b(\bmod\ n),\ c \equiv d(\bmod\ n)$$

即

$$a = b+k_1 n,\ c = d+k_2 n$$

所以

$$ac = (b+k_1 n)(d+k_2 n) = bd + (bk_2 + dk_1 + nk_1 k_2)n$$

其中 $K = (bk_2 + dk_1 + nk_1 k_2)$ 为整数，即

$$ac = bd + Kn$$

所以

$$ac \equiv bd \pmod{n}$$

得证。

【例 4-1】 利用模运算的性质,计算 $11^7 \pmod{13}$。

解:这里我们并没有必要先计算 11^7,然后除以 13 求余数。

因为 $11 \equiv 11 \pmod{13}$

所以 $11^2 \equiv (11 \times 11) \pmod{13} \equiv 121 \pmod{13} \equiv 4 \pmod{13}$

所以 $11^4 \equiv 4^2 \pmod{13} \equiv 3 \pmod{13}$

所以 $11^7 \equiv (11 \times 4 \times 3) \pmod{13} \equiv 132 \pmod{13} \equiv 2 \pmod{13}$

所以 $11^7 \pmod{13} = 2$

请读者自行计算 $2^{1234} \bmod 789$(答案:$2^{1234} \bmod 789 = 481$)。

5. 除法

定理:设整数 $a, b, c, n (n \neq 0)$,且 $\gcd(a, n) = 1$,如果 $ab \equiv ac \pmod{n}$,那么 $b \equiv c \pmod{n}$。

证明:因为 $\gcd(a, n) = 1$

所以存在整数 x 和 y,使得 $ax + by = 1$(见最大公约数性质)

两边同乘 $(b-c)$ 得到:$(b-c)(ax+by) = b-c$,即

$$(ab - ac)x + n(b - c)y = b - c \tag{4-1}$$

因为 $ab \equiv ac \pmod{n}$,即 $ab = ac + k_1 n$(k_1 为整数)

所以 $(ab - ac)$ 是 n 的倍数,同时,$n(b-c)y$ 当然也是 n 的倍数,所以两者相加 $(ab-ac)x + n(b-c)y$ 所得也是 n 的倍数。

所以由式(4-1)得:$b - c = k_2 n$,k_2 为整数,即 $b \equiv c \pmod{n}$。

4.2.2 欧几里得算法

当要求两个整数 a 和 b 的最大公约数 $\gcd(a, b)$ 时,如果 a 和 b 的值比较小,可以很容易地求出它们的最大公约数,但是如果 a 和 b 的值很大,则不那么容易了。这里可以采用欧几里得(Euclid)算法。

欧几里得算法基于以下的定理:对于任意非负整数 a 和任意正整数 b,有

$$\gcd(a, b) = \gcd(b, a \bmod b)$$

例如,$\gcd(55, 22) = \gcd(22, 55 \bmod 22) = \gcd(22, 11) = 11$。

其算法描述如下:

(1) $A \leftarrow a, B \leftarrow b$;

(2) 若 $B = 0$,则返回 $A = \gcd(a, b)$;

(3) $R = A \bmod B$;

(4) $A \leftarrow B$;

(5) $B \leftarrow R$;

(6) 转到(2)。

【例 4-2】 求 gcd(1180,482)。

解：因为 $1180 = 2 \times 482 + 216$，即 $216 = 1180 \bmod 482$，所以

$$\gcd(1180, 482) = \gcd(482, 216)$$

同理，$482 = 2 \times 216 + 50$，即 $50 = 482 \bmod 216$，所以

$$\gcd(1180, 482) = \gcd(482, 216) = \gcd(216, 50)$$

依此类推

$$\gcd(1180, 482) = \gcd(2, 0) = 2$$

或可以直接通过如下推导：

$$1180 = 2 \times 482 + 216$$
$$482 = 2 \times 216 + 50$$
$$216 = 4 \times 50 + 16$$
$$50 = 3 \times 16 + 2$$
$$16 = 8 \times 2 + 0$$

所以

$$\gcd(482, 1180) = 2$$

4.2.3　乘法逆元

定义：如果 $\gcd(a, b) = 1$，那么：

(1) 存在 a^{-1}，使 $a \times a^{-1} \equiv 1 \bmod b$，即 $(a \times a^{-1}) \bmod b = 1$；

(2) 存在 b^{-1}，使 $b \times b^{-1} \equiv 1 \bmod a$，即 $(b \times b^{-1}) \bmod a = 1$。

这里，把 a^{-1} 称为 a 模 b 的乘法逆元，b^{-1} 称为 b 模 a 的乘法逆元。

例如，5 模 14 的乘法逆元是 3，因为 $5 \times 3 = 15 (\bmod 14) = 1$。2 模 14 却没有乘法逆元。

一般而论，如果 a 和 n 是互素的，即 $\gcd(a, n) = 1$，那么 a 模 n 的乘法逆元 $a^{-1} \equiv x \pmod{n}$ 有唯一解；否则，$a^{-1} \equiv x \pmod{n}$ 无解。

那么，如果 a 和 n 互素，如何才能计算出 a 模 n 的乘法逆元呢？将欧几里得算法做扩展（称为扩展的欧几里得算法）即可用于求解乘法逆元。详细的算法这里不做赘述，仅通过一个例题使读者了解其中的技巧。

【例 4-3】 求解 11111 模 12345 的乘法逆元，即求解 x，使得 $11111x \pmod{12345} = 1$。

解：首先根据欧几里得算法计算这两个数的最大公约数 gcd(11111,12345)，如果结果为 1，本题才有解。

因为

$$12345 = 1 \times 11111 + 1234 \tag{4-2}$$
$$11111 = 9 \times 1234 + 5 \tag{4-3}$$
$$1234 = 246 \times 5 + 4 \tag{4-4}$$
$$5 = 1 \times 4 + 1 \tag{4-5}$$
$$4 = 4 \times 1 + 0$$

所以

$$\gcd(11111,12345) = \gcd(4,1) = 1$$

然后，由上面的推导再一步一步反推回去：

由式(4-5)可得：$1 = 5 - 1 \times 4$　　　　　　　　　　　　　　　　(4-6)

由式(4-4)可得：$4 = 1234 - 246 \times 5$　　　　　　　　　　　　　(4-7)

由式(4-3)可得：$5 = 11111 - 9 \times 1234$　　　　　　　　　　　　(4-8)

由式(4-2)可得：$1234 = 12345 - 1 \times 11111$　　　　　　　　　　(4-9)

将式(4-7)代入式(4-6)、式(4-8)代入式(4-7)、式(4-9)代入式(4-8)可得

$$1 = 5 - 1 \times (1234 - 246 \times 5) = 247 \times 5 - 1 \times 1234$$
$$= 247 \times (11111 - 9 \times 1234) - 1 \times 1234$$
$$= 247 \times 11111 - 2224 \times 1234$$
$$= 247 \times 11111 - 2224 \times (12345 - 1 \times 11111)$$
$$= 2471 \times 11111 - 2224 \times 12345$$

由此可得 11111 模 12345 的乘法逆元为 2471，因为 $2471 \times 11111 \pmod{12345} = 1$。
与此同时，也得到了 12345 模 11111 的乘法逆元为 -2224。

4.2.4　费尔马小定理

费尔马(Fermat)小定理：如果 p 是一个素数，且 a 不是 p 的倍数，则 $a^{p-1} \equiv 1 \pmod{p}$。

证明：设有一整数空间 $S = \{1, 2, \cdots, p-1\}$；再设有一函数 $\Psi(x) = ax \pmod{p}$，$x \in S$，显然，$\Psi(x) < p$。

(1) 首先证明对于任何 $x \in S$，有 $\Psi(x) \in S$，即 $\Psi(x) \neq 0$。采用的方法是反证法。

$$假设 \ \Psi(x) = 0，那么 \ ax \equiv 0 \pmod{p} \qquad \qquad ①$$

因为 p 是一个素数，且 a 不是 p 的倍数，所以 $\gcd(a,p) = 1$，那么根据除法定理，式①两边可同除以 a，即 $x \equiv 0 \pmod{p}$，也就是说 x 能被 p 整除，这与 $x \in S$ 相矛盾。所以 $\Psi(x) \in S$ 得证。

(2) 然后证明对于 $x \in S$ 和 $y \in S$，$x \neq y$，有 $\Psi(x) \neq \Psi(y)$。采用的方法是反证法。

假设有 x 和 y，$x \neq y$，有 $\Psi(x) = \Psi(y)$，即 $ax \pmod{p} = ay \pmod{p}$，那么

$$ax \equiv ay \pmod{p} \qquad \qquad ②$$

因为 p 是一个素数，且 a 不是 p 的倍数，所以 $\gcd(a,p) = 1$，那么根据除法定理，式②两边可同除以 a，得到 $x \equiv y \pmod{p}$，即 $x - y = kp$，k 为整数。

而 $1 \leqslant x \leqslant p-1$，$1 \leqslant y \leqslant p-1$，所以 k 只能为 0。亦即 $x = y$，与 $x \neq y$ 矛盾。

所以，$\Psi(x) \neq \Psi(y)$ 得证。

通过以上两步证明可知，对于集合 $S = \{1, 2, \cdots, p-1\}$，把 S 中的 $p-1$ 个元素代入函数 $\Psi(x) = ax \pmod{p}$，得到 $p-1$ 个函数值组成的集合 K，其实就是 S 自身，即 $K = S$。

那么把这两个集合中的元素分别进行乘积，所得的结果也应该相等：

$$1 \times 2 \times \cdots \times (p-1) = \Psi(1) \times \Psi(2) \times \cdots \times \Psi(p-1)$$
$$= (a \times 1) \pmod{p} \times (a \times 2) \pmod{p} \times \cdots$$
$$\times [a \times (p-1)] \pmod{p}$$

根据模运算的乘法定理可得：

$$1 \times 2 \times \cdots \times (p-1) \equiv a^{p-1}[1 \times 2 \times \cdots \times (p-1)](\bmod p) \qquad ③$$

因为 p 是一个素数,所以,$\gcd(j,p)=1,j=1,2,\cdots,p-1$。根据除法定理,式③的左右两边可依次同除以 $1,2,\cdots,p-1$,得到 $1 \equiv a^{p-1}(\bmod p)$,即 $a^{p-1} \equiv 1 \ (\bmod p)$ 得证。

4.2.5　欧拉函数和欧拉定理

1. 欧拉函数

定义：小于 n 且与 n 互素的正整数的个数,记为 $\Phi(n)$,把 $\Phi(n)$ 称为欧拉函数。

显然,对于素数 p,每一个小于 p 的正整数皆与 p 互素,所以有 $\Phi(p)=p-1$。

定理：设有两个素数 p 和 q,$p \neq q$,那么对于 $n=pq$,有

$$\Phi(n) = \Phi(pq) = \Phi(p) \times \Phi(q) = (p-1) \times (q-1)$$

证明：小于 n 的正整数为 $\{1,2,\cdots,(pq-1)\}$,一共 $(pq-1)$ 个。其中与 n 不互素的有 $\{p,2p,\cdots,(q-1)p\}$ 和 $\{q,2q,\cdots,(p-1)q\}$,分别为 $(q-1)$ 个和 $(p-1)$ 个。所以,$\Phi(n) = (pq-1)-(q-1)-(p-1) = (p-1)(q-1) = \Phi(p) \times \Phi(q)$,得证。

2. 欧拉定理

欧拉定理：对于任意互素的整数 a 和 n,有 $a^{\Phi(n)} \equiv 1 \bmod n$,这里 $\Phi(n)$ 是欧拉函数。

例如：

$$a = 3, n = 10, \Phi(10) = 4, 3^4 = 81 \equiv 1 \bmod 10$$
$$a = 2, n = 11, \Phi(11) = 10, 2^{10} = 1024 \equiv 1 \bmod 11$$

下面证明欧拉定理。

对于整数 n,与 n 互素的数有 $\Phi(n)$ 个,令这些数为 $R=\{x_1,x_2,\cdots,x_{\Phi(n)}\}$,用 a 与 R 中的每一个元素相乘并模 n,得到集合 $S=\{ax_1(\bmod n), ax_2(\bmod n), \cdots, ax_{\Phi(n)}(\bmod n)\}$。

下面要证明的是,S 其实就是 R,即 $S=R$。证明过程分两步：

(1) 首先证明 $(ax_i \bmod n) \in R, i=1,2,\cdots,\Phi(n)$。即证明 S 中的每一个元素都属于 R。因为 a 与 n 互素,x_i 与 n 也互素,所以,ax_i 与 n 也互素；又因为 $(ax_i \bmod n)<n$,所以,$(ax_i \bmod n) \in R$。

(2) 然后证明 S 中的元素是唯一的,即对于不相等的 x_1 和 x_2,有 $ax_1(\bmod n) \neq ax_2(\bmod n)$。采用反证法。假设在 R 中存在 $x_1 \neq x_2$,使得 $ax_1(\bmod n)=ax_2(\bmod n)$。

如果 $ax_1(\bmod n)=ax_2(\bmod n)$,根据模运算的乘法定理可知：$(a \bmod n)(x_1 \bmod n)=(a \bmod n)(x_2 \bmod n)$,即 $x_1 \bmod n = x_2 \bmod n$,因为 x_1 和 x_2 均小于 n,所以,$x_1=x_2$,这与假设相矛盾,得证。

通过以上两步可知,$S=R$。

既然 $S=R$,那么 S 中各元素相乘等于 R 中各元素相乘,即

$$\prod_{i=1}^{\Phi(n)} x_i = \prod_{i=1}^{\Phi(n)} a \, x_i \bmod n$$

亦即 $x_1 \times x_2 \times \cdots \times x_{\Phi(n)} = (ax_1 \bmod n)(ax_2 \bmod n) \cdots (ax_{\Phi(n)} \bmod n)$

$$= (a^{\Phi(n)} \bmod n)(x_1 \bmod n)(x_2 \bmod n)\cdots(x_{\Phi(n)} \bmod n)$$

$$= (a^{\Phi(n)} \bmod n)(x_1 \times x_2 \times \cdots \times x_{\Phi(n)})$$

两边同时约去 $x_1 \times x_2 \times \cdots \times x_{\Phi(n)}$，得到 $1 = a^{\Phi(n)} \bmod n$，即 $a^{\Phi(n)} \equiv 1 \bmod n$。

4.2.6　离散对数

1. 本原根

由 Euler 定理可知，互素的 a 和 n，有 $a^{\Phi(n)} \equiv 1 \bmod n$，其中 $\Phi(n)$ 是欧拉函数，指小于 n 且与 n 互素的正整数的个数。也就是说，至少存在一个整数 m，使 $a^m \equiv 1 \bmod n$ 成立。

那么，把使得 $a^m \equiv 1 \bmod n$ 成立的最小正幂 m，称为 a 的阶，或称为 a 所属的模 n 的指数，亦或称为 a 所产生的周期长。

例如，$7^1 \bmod 19 = 7$，$7^2 \bmod 19 = 11$，$7^3 \bmod 19 = 1$。那么

$$7^4 \bmod 19 = (7^1 \times 7^3) \bmod 19 = (7^1 \bmod 19) \times (7^3 \bmod 19) = 7 \times 1 = 7$$

所以，$7^{3k} \bmod 19 = 7^3 \bmod 19 = 1$，$7^{3k+i} \bmod 19 = (7^{3k} \times 7^i) \bmod 19 = 7^i \bmod 19$。因此，$m=3$，即 7 所属的模 19 的指数等于 3。

如果使得 $a^m \equiv 1 \bmod n$ 成立的最小正幂 m 满足 $m = \Phi(n)$，则称 a 是 n 的本原根。

本原根的性质：如果 a 是 n 的本原根，且 $x_1 = a^1 \bmod n$，$x_2 = a^2 \bmod n$，$\cdots$，$x_{\Phi(n)} = a^{\Phi(n)} \bmod n$，那么 $x_1 \neq x_2 \neq \cdots \neq x_{\Phi(n)}$，且 $x_{\Phi(n)} = 1$。

特别地，对于素数 p，若 a 是 p 的本原根，则 $(a^1 \bmod p) \neq (a^2 \bmod p) \cdots \neq (a^{p-1} \bmod p)$。

2. 离散对数

某素数 p，有本原根 a，且 $X_1 = a^1 \bmod p$，$X_2 = a^2 \bmod p$，$\cdots$，$X_{p-1} = a^{p-1} \bmod p$，那么有

$$x_1 \neq x_2 \neq \cdots \neq x_{p-1}$$

令 $S = \{x_1, x_2, \cdots, x_{p-1}\}$，$T = \{1, 2, \cdots, p-1\}$，那么显然有 $S = T$。

对于任意整数 b，可以表示为 $b \equiv r \bmod p$（$0 \leqslant r \leqslant p-1$），当 $r \neq 0$ 时，也就是说 $r \in T$，即 r 的值等于集合 S 中的某个元素 $x_i = a^i \bmod p$，即对于 b 和素数 p 的本原根 a，有唯一的幂 i，使得 $b \equiv a^i \bmod p$，$0 \leqslant i \leqslant p-1$。这里的指数 i 称为 a 模 p 的 b 的指标，或称离散对数，记为 $\mathrm{ind}_{a,p}(b)$。当 $r = 0$ 时，离散对数无解。

离散对数的性质。

(1) $\mathrm{ind}_{a,p}(1) = 0$（因为 $a^0 \bmod p = 1 \bmod p = 1$）。

(2) $\mathrm{ind}_{a,p}(a) = 1$（因为 $a^1 \bmod p = a$）。

(3) $\mathrm{ind}_{a,p}(xy) \equiv [\mathrm{ind}_{a,p}(x) + \mathrm{ind}_{a,p}(y)] \bmod \Phi(p)$。

证明：因为

$$x = a^{\mathrm{ind}_{a,p}(x)} \bmod p, \quad y = a^{\mathrm{ind}_{a,p}(y)} \bmod p, \quad xy = a^{\mathrm{ind}_{a,p}(xy)} \bmod p$$

所以

$$a^{\mathrm{ind}_{a,p}(xy)} \bmod p = a^{\mathrm{ind}_{a,p}(x) + \mathrm{ind}_{a,p}(y)} \bmod p \tag{4-10}$$

根据欧拉定理，对于互素的整数 a 和 p，有 $a^{\Phi(p)} \equiv 1 \bmod p$，即 $a^{p-1} \equiv 1 \bmod p$。

所以对于任意整数 i，有 $a^{i+k(p-1)} \bmod p = (a^i \bmod p)(a^{k(p-1)} \bmod p) = a^i \bmod p$。

所以由式(4-10)可知，$\mathrm{ind}_{a,p}(xy) = [\mathrm{ind}_{a,p}(x) + \mathrm{ind}_{a,p}(y)] + k(p-1) = [\mathrm{ind}_{a,p}(x) +$

$\mathrm{ind}_{a,p}(y)]+k\Phi(p)$。

即 $\mathrm{ind}_{a,p}(xy)\equiv[\mathrm{ind}_{a,p}(x)+\mathrm{ind}_{a,p}(y)]\ \mathrm{mod}\ \Phi(p)$,得证。

由性质(3)可得到如下性质。

(4) $\mathrm{ind}_{a,p}(y^r)\equiv[r\times\mathrm{ind}_{a,p}(y)]\ \mathrm{mod}\ \Phi(p)$。

离散对数的这 4 个性质与普通对数的性质($\log_x(1)=0$; $\log_x(x)=1$; $\log_x(yz)=\log_x(y)+\log_x(z)$; $\log_x(y^r)=r\log_x(y)$)非常相似,正是这个原因,才把“指标”又称为“离散对数”。

通常,求离散对数是非常困难的。

对于方程 $y=g^x\ \mathrm{mod}\ p$,如果给定 g,x,p,要计算 y 是比较容易的。

但如果给定 y,g,p,求 $x=\mathrm{ind}_{g,p}(y)$(求离散对数)是非常困难的,其难度与 RSA 中因子分解素数之积的难度有相同的数量级。这也正是离散对数被用于密码学的原因。

4.3　公钥密码体制的基本原理

公钥密码学与其他密码学完全不同。公钥算法使用两个独立的密钥,每个用户都有一对选定的密钥(公钥 k_1、私钥 k_2),公开的密钥 k_1 可以像电话号码一样进行注册公布。

公钥密码算法基于数学函数而不像传统加密体制那样基于代换和置换。

4.3.1　公钥密码体制的基本构成

公钥密码体制依赖于一个加密密钥和一个与之相关的不同的解密密钥。公钥密码体制由 4 个部分组成。

(1) 明文:算法的输入,它们是可读信息或数据,用 M 表示。

(2) 密文:算法的输出。依赖于明文和密钥,对给定的消息,不同的密钥产生密文不同,用 C 表示。

(3) 公钥和私钥:算法的输入。这对密钥中一个用于加密,为 K_e,此密钥公开;一个用于解密,为 K_d,此密钥保密。加密算法执行的变换依赖于密钥。

(4) 加密、解密算法。应用两个不同的密钥:一个是公开的;另一个是秘密的。从公开密钥(简称为公钥)很难推断出私人密钥(简称私钥)。持有公钥的任何人都可以加密消息,但却无法解密。只有持有私钥的人才能够解密。

一般的情况下,网络中的用户约定一个共同的公钥密码系统,每个用户都有自己的公钥和私钥,并且所有的公钥都保存在某个公开的数据库中,任何用户都可以访问此数据库,一来可以把自己的公钥上传到此数据库,二来可以从该数据库下载别人的公钥。这样一次基于公钥加密体制的秘密通信(例如,发送方为 Alice,接收方为 Bob)的过程如图 4-1 所示,具体可以描述如下:

(1) Alice 从公开数据库中取出 Bob 的公钥 K_e。

(2) Alice 用 Bob 的公钥加密她要传给 Bob 的消息,然后传送给 Bob:$C=E(M,K_e)$。

(3) Bob 用他的私钥解密 Alice 的消息。$M=D(C,K_d)$。

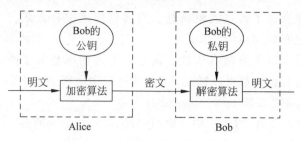

图 4-1　公钥密码体制下的秘密通信

这种公钥加密体制有许多传统加密体制所没有的特点：

(1) 加密和解密能力分开。

(2) 多个用户加密的消息只能由一个用户解读，可用于公共网络中实现保密通信。

(3) 用私钥加密的消息可以用对应的公钥解密，所以由一个用户加密消息而使多个用户可以解读，可用于认证系统中对消息进行数字签字。

(4) 无须事先分配密钥。

(5) 密钥持有量大大减少。在 n 个用户的团体中进行通信，每一用户只需要持有自己的私钥，而公钥可放置在公共数据库上，供其他用户取用。这样，整个团体仅需拥有 n 对密钥，就可以满足相互之间进行安全通信的需求(实际中，因安全方面的考虑，每一用户可能持有多个密钥，分别用于数字签名、加密等用途。此种情况下，整个团体拥有的密钥对数为 n 的倍数。但即使如此，与使用对称密码技术时需要 $\dfrac{n(n-1)}{2}$ 个不同的密钥相比，需要管理的密钥数量仍显著减少)。

(6) 提供了对称密码技术无法或很难提供的服务：如与哈希函数联合运用可生成数字签名、可证明的安全伪随机数发生器的构造，以及零知识证明等。

4.3.2　加密解密协议

当通信双方进行保密通信时，根据其需要不同，选择的加解密密钥也不同。以 Alice 和 Bob 作为通信双方。Alice 的密钥为 K_{ae} 和 K_{ad}，Bob 的密钥为 K_{be} 和 K_{bd}，其中 K_{ae} 和 K_{be} 为公钥，保存在某个公开数据库中。

1. 保证机密性

保证消息机密性的传输方式在 4.3.1 节中已阐述过。即 Alice 从公开数据库中取出 Bob 的公钥 K_{be}，然后用 Bob 的公钥加密她的消息并传送给 Bob：$C=E(M,K_{be})$，最后 Bob 用自己的私钥解密 Alice 的消息 $M=D(M,K_{bd})$。

具体过程如图 4-2 所示。

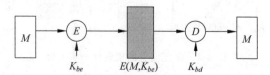

图 4-2　仅保证消息的机密性

这个协议很好地保证了数据的机密性。当通信信道中有人截获了密文,由于不知道 Bob 的私钥 K_{bd},无法解出对应的明文。

但这个方法无法保证信息的真实性。这是因为密钥库是共享的,任何人都能够查到 Bob 的公钥 K_{be},因此任何人都可以冒充 Alice 通过发送假密文 $C=E(M,K_{be})$ 来发送假数据 M 给 Bob,而 Bob 不能发现。

为了确保数据的真实性,可以采用下面的协议。

2. 保证真实性

(1) Alice 首先用自己的私钥 K_{ad} 加密 M,得到密文 C: $C=E(M,K_{ad})$。

(2) 将 C 发送给 Bob。

(3) Bob 接收到 C 后,在数据库里查到 Alice 的公钥 K_{ae}。

(4) 用 K_{ae} 解密 C 得到 M: $M=D(C,K_{ae})$。

具体过程如图 4-3 所示。

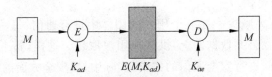

图 4-3　保证消息的真实性

由于只有 Alice 才拥有 K_{ad},所以只有用户 A 能够发送数据 $E(M,K_{ad})$。假设有人冒充 A,用自己的私钥 K_{cd} 加密明文 M,得到 $E(M,K_{cd})$,Bob 收到 $E(M,K_{cd})$ 后,是无法用 Alice 的公钥 K_{ae} 解密得到明文 M 的。

然而这一协议不能确保数据的机密性。因为公钥数据库共享,任何人都能够得到 A 的公钥 K_{ae},因此任何人都可以对 $E(M,K_{ad})$ 解密获得数据 M。

3. 既保证机密性又保证真实性

(1) Alice 用自己的私钥 K_{ad} 加密 M,得到密文 $C_1=E(M,K_{ad})$。

(2) Alice 从公开数据库中取出 Bob 的公钥 K_{be}。

(3) Alice 用 Bob 的公钥 K_{be} 加密 C_1,得到 $C_2=E(C_1,K_{be})$。

(4) 将 C_2 发送给 Bob。

(5) Bob 接收到 C_2 后,用他的私钥 K_{bd} 解密 C_2 得到密文 C_1。

(6) Bob 用 K_{ae} 解密 C_1 得到 M。

具体过程如图 4-4 所示。

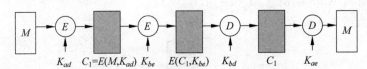

图 4-4　保证消息的机密性和真实性

由于这一通信协议综合利用了上述两个通信协议,所以能够同时确保数据的机密性和真实性。具体的,由于只有 Alice 才拥有保密的密钥 K_{ad},而且由公钥 K_{ae} 在计算上不能推导出私钥 K_{ad},所以只有 Alice 才能进行发方的第一步操作,才能够发送数据 M。其他任何人无法冒充 Alice。从而确保了信息的真实性。

又由于只有 Bob 才拥有保密的解密钥 K_{bd},所以只有 Bob 才能够进行接收方的第二步操作,才能获取明文 M。从而确保了数据的秘密性。

需要进一步说明的是,在这个协议中,双方使用密钥的顺序不能更改。也就是,发送方必须先使用自己的私钥来加密明文,再使用对方的公钥来加密中间密文;接收方先使用自己的私钥解密 C,得到中间密文,然后再使用对方的公钥来解出明文 M。如果更改了顺序,发送方首先使用了对方的公钥来加密明文,产生中间密文,然后用自己私钥加密中间密文。那么密文在发送过程中如果被人截获,截获者可以先利用发送方的公钥解密密文,得到中间密文,然后用自己的私钥对中间密文进行加密,冒充发送方将密文发送出去,而接收方无法发现。这样就无法保证信息的真实性。

4.3.3 公钥密码应满足的要求

上述的密码体制建立在基于两个相关密钥的密码算法之上。Diffie 和 Hellman 假定这个体制存在,虽然没有证明这种算法的存在性,但他们给出了这些算法应该满足的条件:

(1) 用户产生一对密钥 (K_e, K_d) 在计算上是容易的。

(2) 已知公钥和要加密的消息 M,发送方产生相应的密文 $C = E(M, K_e)$ 在计算上是容易的。

(3) 接收方使用其私钥对接收的密文解密 $M = D(M, K_d)$ 在计算上是容易的。

上面的三个条件是公钥密码的工程实用条件。因为只有算法高效,密码才能实际应用。否则,可能只有理论意义,而无实用价值。

(4) 已知公钥 K_e 时,攻击者要确定其对应的私钥 K_d 在计算上不可行。

这个条件是公钥密码的安全条件,是公钥密码的安全基础,而且这一条件是最难满足的。由于数学水平的限制,目前尚不能从数学上证明一个公钥的算法完全满足这一条件,而只能证明它不满足这一条件。这就是满足这个条件困难的根本原因。

(5) 加密和解密的顺序可以互换,即对于所有的明文都有 $D(E(M, K_e), K_d) = E(D(M, K_d), K_e) = M$。

在公钥密码学概念提出后的几十年中,事实证明,要满足以上条件是很不容易的。因为这些要求最终可以归结到设计一个单向陷门函数。单向函数是满足下列性质的函数:每个函数值都存在唯一的逆,计算函数值是容易的,但求逆却是不可行的:

$Y = f(X)$ 已知 X 值,计算 Y 值容易;

$X = f^{-1}(Y)$ 已知 Y 值,求 X 值不可行。

一个实用的公钥密码系统的建立和发展依赖于找到一个单向陷门函数。这个函数的安全性决定了公钥加密算法的安全性。

和对称密码体制一样,如果密钥太短,公钥密码体制也易受到穷举攻击。因此密钥必须足够长才能抗击穷举攻击。然而又由于公钥密码体制所使用的可逆函数的计算复杂性与密钥长度常常不是呈线性关系,而是增大得更快。所以密钥长度太大又会使得加解密运算太慢而不实用。因此公钥密码体制目前主要用于密钥管理和数字签字。

对公钥密码算法的第二种攻击法是寻找从公钥计算私钥的方法。目前为止,对常用公钥算法还都未能够证明这种攻击是可行的。

自 1976 年 W. Diffie 和 M. E. Hellman 提出了公钥密码的概念后,由于其优良密码学特性和广阔应用前景,很快吸引了全世界的密码爱好者,他们提出了各种各样的公钥密码算法和应用方案,密码学进入了一个空前繁荣的时代。然而公钥密码的研究并非易事,尽管提出的方案很多,但能经得起时间考验的却寥寥无几。经过三十多年的研究和发展,目前世界公认的比较安全的公钥密码有基于大数分解困难性之上的 RSA 密码类和基于有限域上离散对数困难性的 ELGamal 密码类。

4.4　RSA 公钥密码体制

RSA 是 1977 年由美国麻省理工学院的 Ron Rivest、Adi Shamir 和 Leonard Adleman 一起提出的。RSA 就是他们三人姓氏开头字母拼在一起组成的。

RSA 算法的可靠性基于大数的因子分解问题。假如有人找到一种很快的分解因子的算法的话,那么用 RSA 加密的信息可靠性就肯定会极度下降。但找到这样的算法的可能性是非常小的。今天只有短的 RSA 密钥才可能被穷举方式解破。到目前为止,世界上还没有任何可靠的攻击 RSA 算法的方式。只要其密钥的长度足够长,用 RSA 加密的信息实际上是不能被解破的。

RSA 公钥密码算法是目前网络上进行保密通信和数字签名的最有效的安全算法之一。RSA 算法的安全性基于数论中大素数分解的困难性,所以,RSA 需采用足够大的整数。因子分解越困难,密码就越难以破译,加密强度就越高。

由于 RSA 密码既可以用于加密,又可以用于数字签名,安全、易懂,因此 RSA 密码已经成为目前应用最广泛的公钥密码。许多国际化标准组织,如 ISO、ITU 和 SWIFT 等都已经接受 RSA 作为标准。Internet 的 E-mail 保密系统以及国际 VISA 和 MASTER 组织的电子商务协议 SET 协议中都将 RSA 作为传送会话密钥和数字签名的标准。

4.4.1　RSA 算法

RSA 算法使用了乘方运算。

在加密时,明文 M 经过加密运算得到密文 C:$C=M^e \bmod n$。

密文在经过解密得到明文 M:$C^d \bmod n=(M^e \bmod n)^d \bmod n= M^{ed} \bmod n=M$。

即必须存在 e,d,n,使 $M^{ed} \bmod n=M$ 成立。这里以 n,e 为公钥,私钥为 d。那么,现在的问题是,如何才能找到能够使 $M^{ed} \bmod n=M$ 成立的参数 e,d,n 呢?

RSA 算法给出了下列确定 e,d,n 的方法:

(1) 确定 n:独立地选取两大素数 p 和 q(各 100~200 位十进制数字),计算 $n=p\times q$。

(2) 确定 e:计算 n 的欧拉函数值 $\varphi(n)=(p-1)(q-1)$,随机选择一整数 e,使得 $1\leqslant e<\varphi(n)$ 和 $\gcd(\varphi(n),e)=1$ 成立。

(3) 确定 d:计算 e 模 $\varphi(n)$ 的乘法逆元,即为 d:$ed\equiv 1 \bmod \varphi(n)$。

下面证明一下通过上面三个步骤确定的 e,d,n 的确能够使 $M^{ed} \bmod n = M$ 成立。

证明：因为 $ed = 1 \bmod \varphi(n)$ 即 $ed = k\varphi(n) + 1, k$ 为整数。所以：$M^{ed} = M^{k\varphi(n)+1}$。

(1) 如果 M 和 n 互素，即 $\gcd(M,n) = 1$。

那么，根据欧拉定理（如果 $\gcd(a,n) = 1$，则 $a^{\Phi(n)} \equiv 1 \bmod n$），有

$$M^{\varphi(n)} \equiv 1 \bmod n$$

所以

$$M^{ed} \equiv M^{k\varphi(n)+1} \equiv M[M^{\varphi(n)}]^k \bmod n \equiv M[1]^k \bmod n \equiv M \bmod n$$

(2) 如果 M 和 n 不互素，即 $\gcd(M,n) \neq 1$，即 M 和 n 有大于 1 的公约数。

因为 $n = pq$，而 p、q 都是素数，不可再分解，所以 M 一定包含了 p 或 q 为因子。

又因为 $M < n$，所以 M 不可能既是 p 的倍数又是 q 的倍数。不妨设 M 是 p 的倍数，$M = cp, c$ 为整数。

由于 M 不是 q 的倍数，所以 $\gcd(M,q) = 1$，则 $M^{\varphi(q)} \equiv 1 \bmod q$。

所以：$[M^{\varphi(q)}]^{\varphi(p)} \equiv 1 \bmod q$，即 $M^{\varphi(n)} \equiv 1 \bmod q$，那么 $M^{k\varphi(n)} \equiv 1 \bmod q$。即 $M^{k\varphi(n)} = 1 + bq, b$ 为整数。

两边同乘以 $M = cp$，则

$$M^{k\varphi(n)+1} = M + Mbp$$

因为 $M = cp$，所以

$$M^{k\varphi(n)+1} = M + cpbq = M + cbn$$

因为 cb 为整数，令 $cb = K$，即

$$M^{k\varphi(n)+1} = M + Kn$$

因为 $ed = k\varphi(n) + 1$，所以 $M^{ed} = M + Kn$，即

$$M^{ed} \equiv M \bmod n$$

综上，这样的 e,d,n 可以实现加密 $C = M^e \bmod n$ 和解密 $M = C^d \bmod n$。

根据上述原理，RSA 算法流程可描述如下：

(1) 选两个保密的大素数 p 和 q。

(2) 计算 $n = p \times q, \varphi(n) = (p-1)(q-1)$，其中 $\varphi(n)$ 是 n 的欧拉函数值。

(3) 选一整数 e，满足 $1 < e < \varphi(n)$，且 $\gcd(\varphi(n),e) = 1$。

(4) 计算 d，满足 $d \cdot e \equiv 1 \bmod \varphi(n)$，即 d 是 e 在模 $\varphi(n)$ 下的乘法逆元，因 e 与 $\varphi(n)$ 互素，由模运算可知，它的乘法逆元一定存在。

(5) 以 $\{e,n\}$ 为公钥，$\{d,n\}$ 为私钥。

【例 4-4】 选 $p = 7, q = 17$。

求 $n = p \times q = 119, \varphi(n) = (p-1)(q-1) = 96$。

解：取 $e = 5$，满足 $1 < e < \varphi(n)$，且 $\gcd(\varphi(n),e) = 1$。确定满足 $d \cdot e = 1 \bmod 96$ 且小于 96 的 d，因为 $77 \times 5 = 385 = 4 \times 96 + 1$，所以 d 为 77。

因此公钥为 $\{5,119\}$，私钥为 $\{77,119\}$。设明文 $m = 19$，则由加密过程得密文为

$$C = 19^5 \bmod 119 \equiv 2\,476\,099 \bmod 119 = 66$$

解密为 $66^{77} \bmod 119 = 19$。

4.4.2 RSA 算法在计算上的可行性分析

在 4.3.3 节中阐述了公钥加密算法必须满足的要求，下面分析一下 RSA 算法是否能够

达到这些要求,从而投入实际应用。

1. 产生密钥

RSA 算法中的密钥包括公钥 n,e 和私钥 d。

1) 确定 n

在 RSA 算法中,n 是由两个素数的乘积来确定的。由于 n 是公开的,为了避免攻击者用穷举法求出 p 和 q(根据 $n=pq$),应该从足够大的集合中选取 p 和 q,即 p 和 q 必须是大素数。但目前还没有有效的方法可以产生任意大素数,通常使用的方法是:随机挑选一个期望大小的奇数,然后测试它是否是素数,若不是,则挑选下一个随机数直至检测到素数为止。

用 Miller-Rabin 素性概率检测法能够有效地实现素数的生成。Miller 和 Rabin 提出的素数检测算法利用了费尔马小定理,即如果 n 是素数,那么 $a^{n-1} \equiv 1 (\bmod\ n)$。

Miller-Rabin 算法可以确定一个整数是合数,但不能确定其一定是素数。不过尽管如此,该算法所产生的数几乎可以肯定是素数。

素数检测的基本思路是,首先分析一下素数所具有的特征或性质,然后对一个数进行测试,看看它是否满足素数的基本性质,如果不具备,那么它一定是合数,如果具备,那么它有可能是素数。如果通过不同的条件反复测试,都证明该数满足素数的基本性质,那么它"的确就是素数"的概率就非常高了(Agrawal 等提出的 ASK 算法能够有效地判定一个大数是否为素数,但由于计算速度不快,而没有取代 Miller-Rabin 算法)。

那么首先来看看素数具有哪些性质。

定理:如果 p 为大于 2 的素数,则方程 $x^2 \equiv 1 \bmod p$ 的解只有 $x \equiv 1 \bmod p$ 和 $x \equiv -1 \bmod p$。

证明:因为 $x^2 \equiv 1 \bmod p$,所以 $x^2 - 1 \equiv 0 \bmod p$,即 $(x+1)(x-1) \equiv 0 \bmod p$,所以,

(1) $x+1$ 能够被 p 整除,即因为 $p|(x+1)$。

或(2) $x-1$ 能够被 p 整除,即 $p|(x-1)$。

或(3) $x+1$ 能够被 p 整除且 $x-1$ 能够被 p 整除,即 $p|(x+1)$ 且 $p|(x-1)$。

对于第 1 种情况:$p|(x+1)$,即 $x+1 \equiv 0 \bmod p$,即 $x \equiv -1 \bmod p$。

对于第 2 种情况:$p|(x-1)$,即 $x-1 \equiv 0 \bmod p$,即 $x \equiv 1 \bmod p$。

对于第 3 种情况:$p|(x+1)$ 且 $p|(x-1)$,意味着存在整数 k 和 j,使得 $x+1=kp$,$x-1=jp$,两式相减,即 $2=(k-j)p$。但由于 p 为大于 2 的素数,所以这种情况实际上是不可能成立的。

得证。

上面的这个定理表述为性质 1 如下:

性质 1:p 为大于 2 的素数,如果有 x 使得 $x^2 \equiv 1 \bmod p$ 成立,那么

$x \bmod p=1$,或 $x \bmod p=p-1$。

性质 2:p 为大于 2 的素数,可以表示为 $p=2^k q+1, k>0, q$ 为一奇数。设 a 是一个整数($1<a<p-1$),那么下面两个结论必有其一成立:

(1) $a^q \bmod p=1$,即 $a^q \equiv 1 \bmod p$。

(2) 在 $a^q, a^{2q}, a^{4q}, \cdots, a^{2k-1}q$ 这些整数中,必有一个数模 p 所得的余数为 $p-1$。

证明:根据费尔马小定理,如果 p 是一个素数,且 a 不是 p 的倍数,则 $a^{p-1} \equiv 1 (\bmod\ p)$。

又因为 $p-1=2^k q$，所以：$a^{p-1} \bmod p = a^{2^k q} \bmod p = 1$。考察下列数列：

$$a^q \bmod p, a^{2q} \bmod p, a^{4q} \bmod p, \cdots, a^{2^{k-1}q} \bmod p, a^{2^k q} \bmod p$$

由于数列中的最后一个数 $a^{2^k q} \bmod p$ 等于 1，那么根据素数的性质 1，其之前的那个数 $a^{2^{k-1}q} \bmod p$ 要么为 1，要么为 $p-1$。

如果为 $p-1$，则性质 2 中的结论（2）成立；

如果为 1，则可以继续根据性质 1 向前推算，如果全部都为 1，则性质 2 的结论 1）成立。得证。

给定一个大整数 n，对其进行一次素数测试的具体算法如下：

根据 n 求出 k 和 q，$k>0$，q 为奇数，使得 $n-1=2^k q$；

选择一个随机的整数 a，$1<a<n-1$；

```
if aq mod n = 1 then
      return("inconclusive");
else
      for j = 0 to k - 1
          if a2^{j-1}q mod n = n - 1 then
              return("inconclusive");
          else
              return("composite");
```

返回值 composite 表示 n 为合数，inconclusive 表示不确定合数（可能为素数）。

对 s 个不同的 a，重复调用该算法，如果每次都返回 inconclusive，则 n 是素数的概率大于等于 $1-2^{-s}$。

通常，要找到一个 2^{200} 大小的素数，在找到素数之前大约要进行 $\ln(2^{200})/2=70$ 次尝试。在 N 附近平均每隔 $\ln N$ 个整数就会有一个素数。因此，找到一个大素数，在计算上是可行的。

2）确定 d 和 e

有了 p 和 q，可计算出 $\varphi(n)=(p-1)(q-1)$，根据 $\gcd(\varphi(n), e)=1$ 来选择 e，这一步计算量也不大，因为两个随机数互素的概率约为 0.6。

有了 e，再计算 $d=e^{-1} \bmod \varphi(n)$，这里用的是扩展的 Euclid 算法。

总之，产生密钥是容易的。另外，攻击者也无法从公钥 d 和 n 推导私钥 e。其原因就在于大数分解的困难性，在下一小节会有所阐述。

2. 加密/解密

无论是加密还是解密都需要计算某个整数的模 n 整数次幂，$C=M^e \bmod n$，$M=C^d \bmod n$。如果直接计算 M^e 再进行模 n 运算，计算量就很大。但实际上不需要先求出整数的幂再对 n 取模，而可利用模运算的性质：$(a \bmod n) \times (b \bmod n) = (a \times b) \bmod n$。对于 $M^e \bmod n$，可先求出 $M^1 \bmod n, M^2 \bmod n, M^4 \bmod n, \cdots$，再求 $M^e \bmod n$。因此，算法的加密和解密运算在计算上都是可行的。

另外，根据公钥加密体制的要求，RSA 算法的加密/解密运算是可逆的，即

$[(M^e) \bmod n]^d \bmod n = M$，同时，$[(M^d) \bmod n]^e \bmod n = M$。

4.4.3　RSA 的安全性

攻击公钥密码系统的方法有如下几种:

(1) 穷举法:对此防范措施应为使用长的密钥。例如,RSA 目前建议的密钥长度为 2048 位。但是由于公钥算法依赖于单向陷门函数,计算函数的复杂性与密钥的长度的关系可能会增长得更快。因而密钥大小必须足够大,以保证安全性,但是又要足够小以增强实用性。

(2) 利用数学分析破解。RSA 的安全性基于大数分解质因子的困难性。小合数的因子分解是容易的,然而大合数的因子分解却是十分困难的。只要合数足够大,分解因子是足够困难的。

密码分析者攻击 RSA 密码的一种可能途径是截获密文 C,从中求出明文 M。他们知道 $M = C^d \bmod n$,因为 e 是公开的,要从 C 中求出明文 M,必须先求出 d,而 d 是保密的。但他们知道,$d = e^{-1} \bmod \varphi(n)$,$e$ 是公开的,要从中求出 d,必须先求出 $\varphi(n)$,而 $\varphi(n)$ 是保密的。但他们又知道 $\varphi(n) = (p-1)(q-1)$,要从中求出 $\varphi(n)$,则必须先求出 p 和 q,而 p 和 q 是保密的。要求出 p 和 q,只能对 n 进行因子分解。当 n 足够大时,这是非常困难的。

因此,只要能对 n 进行因子分解,便可攻破 RSA 密码。由此可以得出,破译 RSA 密码的困难性大于等于对 n 进行因子分解的困难性。目前尚不能证明两者是否确切相等,因为不能确定除了对 n 进行因子分解的方法外,是否还有别的更加简捷的破解方法。

1977 年,Mirtin Gardner 在 Scientific American 的专栏文章中介绍了 RSA 算法。为了显示这一技术的威力,RSA 公司的研究人员用一个 129 位的数 N 和一个 4 位数 e 对一个关于秃鹰的消息做了编码。Gardner 刊登了这个密文:

96869 61375 46220 61477 14092 22543 55882 90575 99911 24574 31987 46951 20930 81629 82251 45708 35693 14766 22883 98962 80133 91990 55182 99451 57815 154

同时给出了 N 和 e。RSA 公司还悬赏 100 美元,奖给第一个破译这密码的人。他们甚至预言破解这个难题至少需要 4×10^{16} 年。

17 年后,一批松散组成的"因子分解"迷,大约有 600 多人,分布在 20 多个国家。他们经过 8 个月的努力最后于 1994 年 4 月为 RSA-129 找到了 64 位数和 65 位数两个素数因子

11438 16257 57888 86766 92357 79976 14661 20102 18296 72124 23625 62561 84293 57069 35245 73389 78305 97123 56395 87050 58989 07514 75992 90026 87954 3541

$=$ 34905 29510 84765 09491 47849 61990 38981 33417 76463 84933 87843 99082 0577
　　$\times$ 32769 13299 32667 09549 96198 81908 34461 41317 76429 67992 94253 97982 88533

破译的明文是 The magic words are squeamish ossifrage。

因此,应用 RSA 密码应密切关注世界因子分解的进展。虽然大合数的因子分解十分困难,但随着科学技术的发展,人们对大合数因子分解的能力在不断提高,而且分解所需的成本在不断下降。继 1994 年 4 月 RSA-129 被破译,1996 年 4 月 RSA-130 也被破译。1999 年 2 月由美国、荷兰、英国、法国和澳大利亚的数学家和计算机专家,通过 Internet,历时 1 个月,成功的分解了 140 位的大合数,破译了 RSA-140。同年 RSA-155 被破解。2002 年,

RSA-158 也被成功因数分解。2005 年,RSA-200 被破解。

大合数因子分解算法的研究是当前数论和密码学一个十分活跃的领域。目前大合数因子分解的主要算法有 Pomerance 的二次筛法、Lenstra 的椭圆曲线分解算法和 Pollard 的数域筛法及广义数域筛法进行因子分解所需的计算机资源。

因此今天要使用 RSA 密码,首先应当采用足够大的整数 n。普遍认为,n 至少应该 1024 位,最好是 2048 位。估计在未来一段比较长的时期,密钥长度介于 1024 位至 2048 位之间的 RSA 是安全的。

另外,为了防止可以很容易地分解 n,RSA 算法的发明者建议 p 和 q 还应满足下列限制条件:

(1) p 和 q 的长度应仅相差几位。对于 1024 位的密钥而言,p 和 q 都应在 $10^{75} \sim 10^{100}$ 之间。

(2) $(p-1)$ 和 $(q-1)$ 都应有一个大的素因子。

(3) $\gcd(p-1, q-1)$ 应该较小。

4.5　其他公钥密码算法

4.5.1　ElGamal 密码

ElGamal 密码是除了 RSA 密码之外最具有代表性的公钥密码,RSA 密码建立在大整数因子分解的困难性之上,而 ElGamal 密码建立在离散对数的困难性之上。大整数因子分解和离散对数问题是目前公认的较好的单向函数,因而 RSA 密码和 ElGamal 密码是目前公认的安全的公钥密码。

ElGamal 密码是由 ElGamal 于 1985 年提出。该密码系统可应用于加/解密、数字签名等,其安全性是建立于离散对数(discrete logarithm)问题之上的,即给定 g,p 与 $y = g^x \bmod p$,求 x 在计算上不可行。下面简单介绍 ElGamal 密码的密钥产生、加/解密程序、数字签名与验证等算法。关于数字签名将在后续章节中详细介绍。

1. 密钥产生

(1) 任选一个大素数 p,使得 $p-1$ 有大素因子。

(2) 任选一个 $\bmod p$ 的本原根 g。

(3) 公布 p 与 g。

使用者任选一私钥 $x \in Z_p$,并计算公钥 $y = g^x \bmod p$。

2. 加密程序(m 为明文)

(1) 任选一个随机数 $r \in Z_p$ 满足 $\gcd(r, p-1) = 1$,并计算

$$c_1 = g^r \bmod p$$
$$c_2 = m \times y^r \bmod p$$

(2) 密文为 $\{c_1, c_2\}$。

3. 解密程序

(1) 计算 $w=(c_1^x)^{-1} \bmod p$。

(2) 计算明文 $m=c_2 \times w \bmod p$。

4. 签名程序(欲签名的信息为 m)

(1) 任选一个随机数 $k \in Z_p$，满足 $\gcd(k, p-1)=1$，并计算

$$r = g^k \bmod p$$
$$s = k^{-1}(m - x \times r) \bmod (p-1)$$

(2) 签名为 $\{r, s\}$。

5. 验证签名程序

验证签名：$y^r \times r^s = g^m (\bmod p)$。

为了避免选择密文攻击，ElGamal 方法于签名信息时用消息的哈希值 $h(m)$(在后续章节中介绍)取代 m。与 RSA 方法比较，ElGamal 方法具有以下优点：

(1) 系统不需要保存秘密参数，所有的系统参数均可公开。

(2) 同一个明文在不同的时间由相同加密者加密会产生不同的密文，但 ElGamal 方法的计算复杂度比 RSA 方法要大。

4.5.2　椭圆曲线密码体制

绝大部分使用公钥系统都使用 RSA 算法，但是，随着安全使用 RSA 算法所要求的比特长度的增加，使用 RSA 算法的信息处理负担越来越大，这个负荷对于那些进行大量的安全交易的电子商务站点尤其明显。自 20 世纪 80 年代中期，椭圆曲线理论被引入数据加密领域，逐步形成一个挑战 RSA 系统的公钥系统-椭圆曲线密码编码学(elliptic curve cryptography，ECC)。

椭圆曲线密码是基于椭圆曲线数学的一种公钥密码的方法。椭圆曲线在密码学中的使用是在 1985 年由 Neal Koblitz 和 Victor Miller 分别独立提出的。其依据就是定义在椭圆曲线点群上的离散对数问题的难解性。椭圆曲线在代数学和几何学上已经广泛研究了 150 多年之久，有丰富而深厚的理论积累。

ElGamal 密码是建立在有限域 $GF(p)$ 之上的，其中 p 是一个大素数，这是因为有限域 $GF(p)$ 的乘法群中的离散对数问题是难解的。受此启发，在其他任何离散对数问题难解的群中，同样可以构成 ElGamal 密码。于是人们开始寻找其他离散对数问题难解的群。研究发现，有限域 $GF(p)$ 上的椭圆曲线上的一些点构成交换群，而且离散对数问题难解。于是可以在此群上定义 ElGamal 密码，并称之为椭圆曲线密码。

ECC 的主要优点是它可以用少得多的密钥大小取得和 RSA 相等的安全性，因此减小了处理开销。另外，经 RSA 实验室验证，从目前已知的最好求解算法来看，160 位的椭圆曲线密码算法的安全性相当于 1024 位的 RSA 算法，并且 ECC-160 加/解密的速度比 RSA-

1024 快约 5～8 倍。

椭圆曲线密码的另一个优势是可以定义群之间的双线性映射,基于 Weil 对或是 Tate 对;双线性映射已经在密码学中发现了大量的应用,如基于身份的加密。

正因如此,一些国际化标准组织已把椭圆曲线密码作为新的信息安全标准,如 IEEE P1364/D4、ANSI F9.62、ANSI F9.63 等标准,分别规范了椭圆曲线密码在 Internet 协议安全、电子商务、Web 服务器、空间通信、移动通信、智能卡等方面的应用。

4.6　公钥密码算法的工作机制

在 3.6 节提到,根据香农对安全加密的定义,必须保证攻击者不能根据密文推断出关于明文的任何信息。因此,确定性的加密算法并不能直接用于加密信息,公钥密码算法也是如此,直接用公钥密码算法来进行加密和解密是不安全的。另外,与对称密码算法相比,公钥密码算法往往具有更高的计算代价。因此,在实际应用中,公钥密码算法通常并不直接用于加密数据,而是和对称密码算法结合起来:用对称密码算法来加密数据,用公钥密码算法来加密对称密码算法使用的密钥。

本节介绍公钥密码算法在实际应用中的工作机制。

4.6.1　ISO 推荐标准

RSA 是目前最有影响力的公钥加密算法,它能够抵抗到目前为止已知的绝大多数密码攻击,已被 ISO 推荐为公钥数据加密标准。

设 (E_s, D_s) 为一对称密码算法,K 是其密钥空间,函数 $G()$ 用于产生 RSA 算法的密钥对,即公钥 $pk = (n,e)$ 和 $sk = (n,d)$。$Z_n = \{0,1,\cdots,n-1\}$ 为一整数集合,Z_n^* 为 Z_n 中所有与 n 互素的数,即 $Z_n^* = \{x \in Z_n : \gcd(x,n)=1\}$。$H$ 为哈希函数(详见 5.4),是一个单向函数 $H: Z_n \rightarrow K$。

给定消息 m,对其进行加密和解密的过程分别如下:

加密过程:

(1) 从 Z_n^* 中随机选取一个数 x;

(2) 用 RSA 加密算法对 x 加密:$y = \text{RSA}(x) = x^e \bmod n$;

(3) 把 x 代入哈希算法计算出 k,$k = \text{H}(x)$,作为对称密码算法的密钥;

(4) 用 k 和 E_s 对消息 m 进行加密:$c = E_s(k,m)$;

(5) 输出密文 $(y \| c)$。

以上加密过程有两个优点。其一,由于每次加密一个消息,x 都是随机选取的,这使得加密后所得的 y 和 c 也是具有随机性的,因此同一个消息加密两侧,所得的密文在很高的概率上是不同的。其二,仅用公钥算法来加密 k,而用对称密码算法来加密数据,保证了加密过程的高效性。

解密过程:

(1) 从密文中提取 y,代入公钥解密算法,得到 $x = \text{RSA}^{-1}(y) = y^d \bmod n$;

（2）把 x 代入哈希算法计算出 k，$k=H(x)$；

（3）从密文中提取 c，并用 k 和 D_s 解密，得到消息 m：$m=D_s(k，c)$。

由解密过程可以看出，攻击者要想破解密文，必须找到密钥 k，而要想获得 k，则必须解密 y 以得到 x，即必须解决 RSA 算法的大数分解问题。因此这一工作机制是足够安全的。

4.6.2　PKCS#1

公钥密码标准(Public-Key Cryptography Standards，PKCS)是由美国 RSA 数据安全公司及其合作伙伴制定的一组公钥密码学标准，其中包括证书申请、证书更新、证书作废表发布、扩展证书内容以及数字签名、数字信封的格式等方面的一系列相关协议。

在 PKCS 系列标准中，PKCS#1 对 RSA 公钥加密标准进行了定义。

首先，加密系统随机产生一个用于对称加密算法的密钥 k，例如 AES 的密钥，长度为 128bit。然后将其扩展为 RSA 的模长，例如 2048bit，再用 RSA 算法对 k 进行加密，产生密钥的密文，如图 4-5 所示。

图 4-5　用 RSA 加密对称密钥

在 PKCS#1 的 1.5 版本模式 2(模式 2 表示加密，模式 1 表示签名)中，对扩展的过程进行了详细的定义，如图 4-6 所示。例如拟加密一个 AES 的密钥 k，把 k 放在即将产生的消息的最低位，之后在其前面加上 16bit 的"1"，即 FF，然后在前面加一个随机数(不可包含"FF")。最后在前面加上"02"，表示模式 2。消息的总长度为 RSA 的模长。

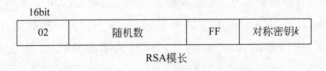

图 4-6　对称密钥的扩展

在加密信息时，用密钥 k 和对称加密对要传输的数据进行加密，产生数据的密文，最后将密钥的密文和数据的密文一同发往接收端。

在解密后，首先检查原文的最前面是否为"02"，如果是，则去掉随机项和"FF"，得到对称密钥 k。

显然，由于每次加密时用到的密钥 k 都是随机产生的，因此这一公钥密码工作机制具有良好的随机性，得以广泛应用，例如 HTTPS。

PKCS#1 的 1.5 版本是在二十世纪 80 年代设计的，其安全性并没有得到严谨的证明。因此 PKCS#1 的 2.0 版本对基于 RSA 的公钥加密方式进行了重新的定义，基于 Mihir Bellare 和 Phillip Rogaway 提出的"优化的非对称加密填充机制"(Optimal Asymmetric Encryption Padding scheme，OAEP)，制定了增强型的加密/解密机制，详见 RFC3447 文档。

第5章 消息认证

回顾第 1 章所提到的信息安全的目标,包括机密性、完整性、可用性和抗否认性。其中,机密性可以通过加密保证,可用性通过提高系统性能和各种安全技术及应用保证。而完整性和不可否认性则要靠消息认证和数字签名完成。

5.1 消息认证基本概念

认证(authentication),即鉴别、确认,是证实某事是否名副其实或是否有效的一个过程。

认证与加密的区别在于两者有不同的目标。加密用以确保数据的机密性,阻止对手的被动攻击,如截取、窃听,这种被动攻击只是获取和破译数据,并不对传输中的数据进行篡改。而认证用以确保报文发送者和接收者的真实性以及完整性,阻止对手的主动攻击,如冒充、篡改、重播等。认证往往是应用系统中安全保护的第一道防线,极为重要。

认证的基本思想是通过验证称谓者(人或事)的一个或多个参数的真实性和有效性,来达到验证称谓者是否名副其实的目的。常用的参数有密码、标识符、密钥、信物、智能卡、指纹、视网纹等。其中,利用人的生理特征参数进行认证的安全性高,但技术要求也高,至今尚未普及,所以目前广泛应用的还是基于密码的认证技术。

消息认证(message authentication)是一个证实收到的消息来自可信的源点且未被篡改的过程。有时也被称为“消息鉴别”。

一个没有消息认证的通信系统是极为危险的,如图 5-1 所示。

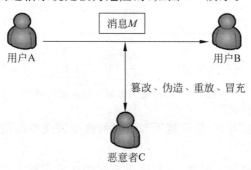

图 5-1 通信系统受到主动攻击

当合法用户 A 和 B 在传递消息 M 时,通信链路的另外一端的恶意者 C,可以对消息 M 进行篡改后再发送给 B,也可能伪造一条消息发送给 B,或者是把消息 M 保存下来,在某个特定的时间再发送给用户 B,这种攻击形式称为消息的延迟;在以后的时段中多次将消息 M 发送给 B,这种攻击形式称为消息的重放。

所以认证的目的是验证信息的完整性,在传送或存储过程中未被篡改、冒充、重放或延迟等。

认证符是一个用来认证消息的值。由消息的发送方产生认证符,并传递给接收方。接收方则根据这个认证符来对收到的消息以及来源方的身份进行鉴别。

通常,认证系统由两部分组成,分别是认证编码器和认证译码器,可抽象为认证函数。认证函数也就是产生认证符的函数。认证函数实际上代表了一种产生认证符的方法。作为一个安全的认证系统,需满足接收者能够检验和证实消息的合法性、真实性和完整性,另外除了合法的消息发送者,其他人不能伪造合法的消息。

对于一个消息认证系统而言,其关键在于如何根据需要传输的消息来产生能够对该消息进行鉴别的认证符,即认证函数如何选择。通常,认证函数可分为如下三类:

(1) 消息加密函数(message encryption):用完整信息的密文作为对信息鉴别的认证符。

(2) 消息认证码(message authentication code,MAC):消息认证码是消息和密钥的公开函数,它产生定长的值,以该值作为认证符。

(3) 散列函数(hash function):是一个公开的函数,将任意长的信息映射成一个固定长度的信息。

本章对这三类认证方法进行详细阐述。

5.2　消息加密认证

对消息的自身加密所得到的密文,可以作为一个认证的度量。其中,对称加密模式和公钥加密模式有所不同。

1. 对称密码体制下的加密认证

在对称密码体制下,发送者 A 和接收者 B 双方共同拥有密钥,A 把加密过的信息传送给 B,如图 5-2 所示。

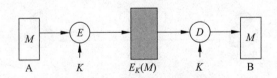

图 5-2　对称密码体制下的加密认证

由于攻击者不知道密钥 K,他也就不知道如何改变密文中的信息位才能在明文中产生预期的改变。

接收方 B 只要能顺利解出明文,就知道信息在中途没有被人更改过。他根据解密后的明文是否具有合理的语法结构来进行消息认证。

但在这个方法中存在的问题是,如果发送的消息 M 本身并没有明显的语法结构或特征,如二进制文件,那么接收方很难确定解密后的消息就是明文本身。

为了解决这个问题,要求明文具有某种易于识别的结构,并且不通过加密函数是无法重复这个结构的。

例如,在加密前对消息附加一个错误检测码,根据明文消息 M 和公开的函数 F 产生 FCS,即错误检测码,或称帧校验序列、校验和。然后,把 M 和 FCS 合在一起加密,并传输。接收端收到密文后把密文解密,得到 M。最后进行认证,接收者根据得到的 M,按照 F 计算 FCS,并与接收到的 FCS 比较是否相等,如图 5-3 所示。

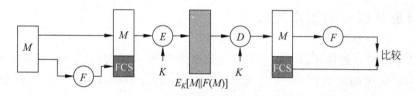

$$E_K[M\|F(M)]$$

图 5-3　内部错误控制

如果攻击者修改了密文,则接收者计算的 FCS 与其收到的 FCS 将无法匹配。

这里,加密函数和 F 函数的执行顺序是非常重要的。与图 5-3 相对应的还有外部错误控制,即先加密,再计算 FCS,如图 5-4 所示。

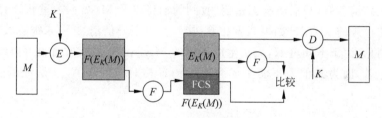

图 5-4　外部错误控制

在外部错误控制中,由于函数 F 是公开的,攻击者可以构造具有正确错误控制码的消息,虽然攻击者不知道解密后的明文,但可以造成混淆并破坏通信。

2. 公钥密码体制下的加密认证

4.3.2 节介绍了公钥密码体制下的三种应用,即保证机密性、保证真实性和既保证机密性又保证真实性。

(1) 在保证机密性(见图 4-2)的应用方式中,发送端 A 用 B 的公钥对消息加密,然后传输给接收端 B。B 用自己的私钥解密。显然这种方式只能对数据加密,而不能用于认证,因为 B 的公钥是公开的,任何人都可以向 B 发送消息,所以 B 无从确认消息的来源和内容的真实性。

(2) 保证真实性(见图 4-3)的应用方式则可以用于消息认证。因为在发送消息时用发送者的私钥进行了加密。这就使得如果接收方能够用发送方的公钥解密,则说明该消息的确是由发送方发送的,且消息内容没有被篡改。当然,这种方式不保证机密性。因为任何人都可以拥有发送方的公钥。

(3) 既保证机密性又保证真实性(见图4-4),则既保证了消息的机密性,也可以进行消息的认证。但一次通信中要执行4次复杂的公钥算法,其计算代价是非常高的。

所以,第(2)和(3)两种方法一般在认证时极少应用,因为前面讲过,公钥密码体制加密的速度非常慢,当信息内容很多的时候,这样的加密更加困难,要耗费大量的时间和资源,所以一般人们是利用公钥对信息的 Hash 码进行加密,具体内容在介绍数字签名时会提到。

5.3　消息认证码

5.3.1　消息认证码的基本用法

消息认证码是一种认证技术。它把一个密钥和需要认证的消息一起代入一个函数,计算出一个固定长度的短数据块,称为 MAC (message authentication code),或密码校验和(cryptographic checksum),并把 MAC 附加在消息后,一起发送给接收方,如图 5-5 所示。

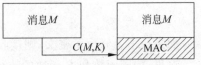

MAC$=C(M,K)$,这里 M 是需认证的消息;C 是 MAC 函数;K 是通信双方共享的密钥;MAC 是消息认证码。

图 5-5　MAC 的生成

接收方收到消息后,只需要根据密钥、收到的消息以及 MAC 函数重新计算 MAC,并检查是否等于传过来的 MAC。如果两者相等,接收者可以确信消息 M 未被篡改,因为如果攻击者改变了消息,由于不知道 K,无法生成正确的 MAC;另外,接收者也可以确信消息来自所声称的发送者,因为其他人不能生成和原始消息相对应的 MAC。认证的过程如图 5-6 所示。

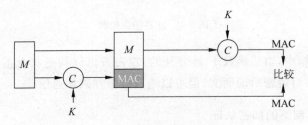

图 5-6　消息认证码的基本用法

MAC 函数与加密函数类似,都需要明文、密钥和算法的参与。但 MAC 算法不要求可逆性,而加密算法必须是可逆的。

例如,使用 100 位的消息和 10 位的 MAC,那么总共有 2^{100} 个不同的消息,但仅有 2^{10} 个不同的 MAC。也就是说,平均每 2^{90} 个消息使用的 MAC 是相同的。

因此,认证函数比加密函数更不易被攻破,因为即便攻破也无法验证其正确性。关键就在于加密函数的明文和密文是一对一的,而认证函数的消息和 MAC 则是多对一的。

另外,消息本身并没有经过加密只提供认证,不提供机密性。如果需要机密性,可以利用对称加密体制或者公钥密码加密体制对消息进行加密。

如图 5-7 所示,先根据明文消息、密钥 K_1 和 MAC 函数 C 计算消息的 MAC,然后把 MAC 和消息 M 连接在一起,再用密钥 K_2 和加密算法 E 进行加密,然后发送到接收方。接收方先用密钥 K_2 和解密算法 D 对密文进行解密,得到消息 M 和 MAC,最后根据收到的 M、密钥 K_1 和 MAC 函数 C 计算 MAC,和收到的 MAC 进行比较,从而对消息进行认证。

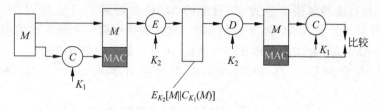

$$E_{K_2}[M\|C_{K_1}(M)]$$

图 5-7   与明文有关的认证

图 5-7 中的消息认证方式称为与明文有关的认证,即先计算 MAC,再对 M 和 MAC 一起加密,加密的对象是明文。其中,通信双方共享 K_1 和 K_2,K_1 用于生成 MAC,K_2 用于加密。

如果先对明文 M 加密,然后对得到的密文计算 MAC,即对密文计算 MAC,则称为与密文有关的认证,如图 5-8 所示。

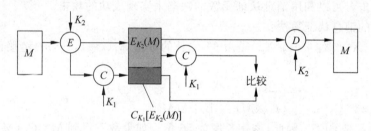

$$C_{K_1}[E_{K_2}(M)]$$

图 5-8   与密文有关的认证

那么为什么要专门找 MAC 函数提供认证,而不直接使用前面所说的加密方法来提供认证呢,主要有以下几个原因:

(1) 信息加密提供的是机密性而非真实性。

(2) 加密计算的代价大,特别是当信息内容比较长的时间,加密所占用的资源太多,如果是公钥密码体制,则代价更大。

(3) 认证函数与加密函数的分离能提供功能上的灵活性,因为有些情况下,只需要提供机密性,而不需要提供真实性;而另一些情况下,某些信息只需要真实性,不需要机密性。例如,广播,由于其信息量大,难以使用加密的手段;又如政府或权威部门的公告,只需要保证真实性,而不需要机密性。

5.3.2   消息认证码的安全性

对消息认证码进行攻击主要有两种方法。其一是攻击密钥,试图找到计算 MAC 的密钥;其二是攻击 MAC 函数的算法,找到其弱点。

1. 攻击密钥

已知消息 M_1 和 MAC 算法 C,以及 $MAC_1 = C_{k_1}(M_1)$,现要用穷举法破解 k_1。密钥长度为 k 位,MAC 的长度为 n 位。

当 $k > n$ 时,可能的密钥个数为 2^k,可能的 MAC 个数为 2^n 个。所以许多不同的密钥(约 2^{k-n} 个),计算出来的 MAC 都等于 MAC_1。这些密钥中哪一个是正确的密钥不得而知。这时需要新的 $M\text{-}MAC$ 对来测试这 2^{k-n} 个密钥,于是有如下的重复攻击:

(1) 给定 M_1 和 $MAC_1 = C_{k_1}(M_1)$,对所有 2^k 个密钥,判断 $MAC_i = C_{k_i}(M_1)$,匹配数约为 2^{k-n}。

(2) 给定 M_2 和 $MAC_2 = C_{k_1}(M_2)$,对所有 2^{k-n} 个密钥,判断 $MAC_i = C_{k_i}(M_2)$,匹配数约为 2^{k-2n}。

平均来讲,若 $k = x \times n$,则需 x 次循环才能找到正确的密钥。所以,用穷举法攻破 MAC 比攻破加密算法要困难得多。

如果密钥长度小于或等于 MAC 的长度,则很可能在(1)中就得到一个密钥。

2. 攻击算法

有时候攻击者可以利用消息认证函数的缺陷来实现成功的攻击。

分析下面的消息认证算法:

消息 $M = (X_1 \parallel X_2 \parallel \cdots \parallel X_m)$ 是由 64 位长的分组 $X_i(i = 1, \cdots, m)$ 链接而成,MAC 算法是

$$\Delta(M) = X_1 \oplus X_2 \oplus \cdots \oplus X_m$$
$$C_K(M) = E_K[\Delta(M)]$$

加密算法 E 是 DES。因此,密钥长度为 56 位。如果敌手得到 $M \parallel C_K(M)$,那么敌手使用穷举搜索攻击寻找 K 将需做至少 2^{56} 次运算,这是非常困难的。但攻击者可以改变 M 的内容,却得到正确的 MAC 值,方法如下:

用 Y_1 替换 X_1,Y_2 替换 X_2,$\cdots$,Y_m 替换 X_m,其中 $Y_1, Y_2, \cdots, Y_m$ 是攻击者编造的假消息。且 $Y_m = Y_1 \oplus Y_2 \oplus \cdots \oplus Y_{m-1} \oplus \Delta(M)$。

攻击者按上述方法将消息篡改之后发送给接收者。

当接收者收到这个消息 $M' = (Y_1 \parallel Y_2 \parallel \cdots \parallel Y_m)$,他采用相同的方法计算 MAC 值,并与收到的 MAC 值相对照

$$\Delta(M') = Y_1 \oplus Y_2 \oplus \cdots \oplus Y_m = \Delta(M)$$

所以,$C_K(M) = C_K(M')$,通过了验证,攻击得逞。

因此,为了避免消息认证码受到上面的攻击方式,消息认证码必须满足下列基本要求:

(1) 若攻击者已知 M 和 $C_K(M)$,则他构造 M' 并使其满足 $C_K(M) = C_K(M')$ 在计算上不可行。

(2) $C_K(M)$ 应是均匀分布的,即对于随机消息 M 和 M',$C_K(M) = C_K(M')$ 的概率是 2^{-n},其中 n 是 MAC 的位数。

(3) 若 M' 是 M 的某个变换,即 $M' = f(M)$,如 f 为插入一个或多个比特,那么 $Pr[C_K(M) = C_K(M')] = 2^{-n}$。

第一个要求是针对上例中的攻击类型的,此要求是说敌手不需要找出密钥 K 而伪造一

个与截获的 MAC 相匹配的新消息在计算上是不可行的。第二个要求是说敌手如果截获一个 MAC,则伪造一个相匹配的消息的概率为最小。最后一个要求是说函数 C 不应在消息的某个部分或某些比特弱于其他部分或其他比特,否则敌手获得 M 和 MAC 后就有可能修改 M 中弱的部分,从而伪造出一个与原 MAC 相匹配的新消息。

5.3.3　基于 DES 的消息认证码

数据认证算法是一个最为广泛使用的消息认证码,已作为 FIPS Publication(FIPS PUB 113),并被 ANSI 作为 X9.17 标准。

算法基于密文块链接(CBC)模式的 DES 算法,其初始向量取为零向量。计算数据认证码 DAC 的过程如下:

将需被认证的数据(消息、记录、文件或程序)分为 64 位长的分组 $D_1, D_2, \cdots, D_N$,其中最后一个分组不够 64 位的话,可在其右边填充一些 0,然后按以下过程,利用 DES 加密算法 E 和密钥 K 计算数据认证码 DAC(如图 5-9 所示)。

其中:

$$O_1 = E_K(D_1)$$
$$O_2 = E_K(D_2 \oplus O_1)$$
$$O_3 = E_K(D_3 \oplus O_2)$$
$$\vdots$$
$$O_N = E_K(D_N \oplus O_{N-1})$$

数据认证码可以取整个 O_N 块,或取为 O_N 的最左 M 个位,其中 $16 \leqslant M \leqslant 64$。

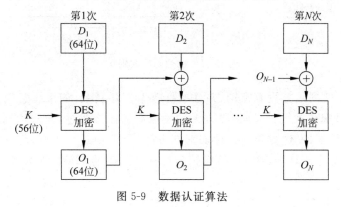

图 5-9　数据认证算法

5.4　Hash 函数

5.4.1　基本概念

散列(Hash)函数,又称为哈希函数或杂凑函数,是对不定长的输入产生定长输出的一种特殊函数,可以表达为 $h = H(M)$,这里的 M 为消息,其长度不定,h 被称为散列值、Hash 值、散列码或哈希值,长度一定,一般为 128 位或 160 位,如图 5-10 所示。

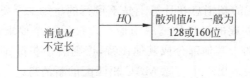

图 5-10　哈希函数

　　假定两次输入同样的数据,那么散列函数应该能够生成相同的散列值。输入数据中的一位发生了变化,会导致生成的散列值完全不一样。

　　散列函数有个非常重要的特性为单向性,也就是从 M 计算 h 容易,而从 h 计算 M 不可能。似乎有点类似于非对称加密算法,但其根本区别就在于散列函数是没有密钥的。因为它根本不需要从 h 推导出 M。

　　用户 A 和 B 通信,为了保证信息在传送过程中没有被修改,则 A 把自己的消息通过散列函数生成 Hash 值,附着在消息后,接收方收到消息后,重新计算 Hash 值,如果相同,则表示在传送过程中消息未被篡改,反之则表明消息被篡改,如图 5-11 所示。

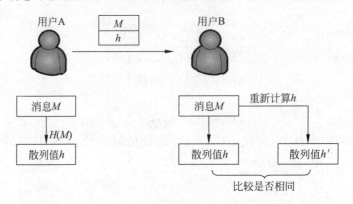

图 5-11　散列函数的用法

　　实际上,由于散列函数没有密钥,并且本身属于公开函数,如果恶意第三方在修改明文 M 的同时,重新计算了散列值,则接收方无法发现消息被修改过,无法达到认证的效果。所以在实际使用过程中,发送方会用某种加密方法对 Hash 值进行加密,然后附着在消息后进行传递。接收方首先计算 Hash 值,然后把附加在消息后的 Hash 值解密,两者相同则表示认证成功。

　　由于 Hash 值位数很少,一般只有 128 或 160 位,所以加密和解密不会为通信系统带来太大负担。

　　散列函数的目的是为文件、消息或者其他的分组数据产生"指纹",为了防止第三方伪造 Hash 值或者通过 Hash 值计算出明文,散列函数 H 必须满足以下几个性质:

　　(1) H 对于任何大小的数据分组,都能产生定长的输出。要求散列函数能够适合于各种消息和文件,用途广泛。

　　(2) 对于任何给定的 M,$H(M)$ 要相对易于计算。保证了散列函数不会给系统增加太多负担。

　　(3) 对于任何给定的 Hash 值 h,计算出 M 在计算上不可行。防止第三方通过散列值

计算出明文 M,也就是单向性,即构造相应的 $M=H^{-1}(h)$ 不可行。这样,散列值就能在统计上唯一地表征输入值。

(4) 对任何给定的 M_1,寻找 M_2,使 $H(M_1)=H(M_2)$ 在计算上不可行。防止第三方伪造 Hash 值,无法在不修改 Hash 值的情况下修改消息而不被察觉。这个称为抗碰撞性。

所谓抗碰撞性(collision resistant),即在统计上无法产生两个 Hash 值相同的预映射。给定 M,计算上无法找到 M',满足 $H(M)=H(M')$,此谓弱无碰撞性。

(5) 寻找任何的 (M_1,M_2),使 $H(M_1)=H(M_2)$ 在计算上不可行。此谓强无碰撞性。要求"强无碰撞性"主要是为了防范所谓"生日攻击"(birthday attack),有关生日攻击,将在后文详细介绍。

注意:(4)和(5)的区别在于在(4)中给定了 M,而在(5)中没有这个限制。

另外和密码算法的要求一样,映射分布均匀性和差分分布均匀性,Hash 值中为 0 的位和为 1 的位,其总数应该大致相等;输入中一位的变化,Hash 值中将有一半以上的位改变,即"雪崩效应";要实现使 Hash 值中出现一位的变化,则输入中至少有一半以上的位必须发生变化。其实质是必须使输入中每一位的信息,尽量均匀的反映到输出的每一位上去;输出中的每一位,都是输入中尽可能多比特的信息一起作用的结果。

5.4.2　认证方法

Hash 值不同的使用方式可以提供不同要求的消息认证。下面列举了几种不同应用的认证方法。

(1) 使用对称密码体制仅对附加的散列值进行加密,仅提供认证功能,如图 5-12 所示。

(2) 使用对称密码体制对附加了散列值的消息进行加密。能够提供认证和机密性,如图 5-13 所示。

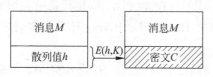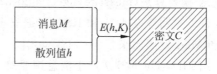

图 5-12　对称密码体制下的认证　　　　图 5-13　对称密码体制下的认证和加密

(3) 使用公钥密码体制,但发送方的私有密钥仅对散列值进行加密。能够提供认证和数字签名,如图 5-14 所示。

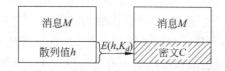

图 5-14　公钥密码体制下的认证和签名

还有其他的应用方法,如对签名后的消息再加密等,以保证消息的机密性。

散列函数设计成可以生成足够小的散列值以便管理。例如，MD5（RFC 1321）和 SHA-1（FIPS PUB 180-1）这样的散列算法是当前最常用的算法。

5.4.3　常用 Hash 算法

目前常用的 Hash 算法一般都采用迭代型结构，这种结构的 Hash 函数已被证明是合理的，如果采用其他结构，不一定安全。在设计新的 Hash 函数时，也往往只是改进这种结构，或者增加 Hash 码长。迭代型 Hash 函数的一般结构如图 5-15 所示。

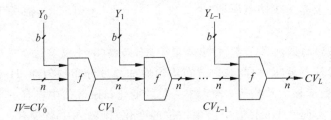

图 5-15　Hash 算法的迭代型结构

其中，明文 M 被分为 L 个分组 $Y_0,Y_1,\cdots,Y_{L-1}$，b 为明文分组长度，n 为输出 Hash 值的长度，CV_i 是各级输出，最后一个输出值即是 Hash 值。

算法的核心技术是设计无碰撞的压缩函数 f，而敌手对算法的攻击重点是 f 的内部结构，由于 f 和分组密码一样是由若干轮处理过程组成，所以对 f 的攻击需通过对各轮之间的位模式的分析进行，分析过程常常需要先找出 f 的碰撞。由于 f 是压缩函数，其碰撞是不可避免的，因此在设计 f 时就应保证找出其碰撞在计算上是不可行的。

下面介绍的几种 Hash 算法都采用了这种迭代型结构。

1. MD5 算法

消息-摘要算法（message-digest algorithm 5，MD5），在 20 世纪 90 年代初由美国麻省理工学院计算机科学实验室和 RSA 数据安全公司的 Ronald L. Rivest 开发出来，经 MD2、MD3 和 MD4 发展而来。

利用 MD5 Hash 算法产生消息摘要时，输入的消息可任意长，对输入按 512 位的分组为单位进行处理，处理后输出为 128 位的 Hash 值，其处理过程如图 5-16 所示。

该处理过程包含了如下几个步骤：

1）消息填充

首先填充消息，使其长度比 512 的整数倍少 64 位。注意，即使消息本身已经满足上述长度要求，仍然需要进行填充。例如，若消息长度为 448 位，则仍需填充 512 位使其长度为 960 位。填充的内容由一个 1 和后续的 0 组成。然后，在填充内容的后面再附上 64 位，这 64 位存放的内容是填充前消息的长度。如果消息长度大于 2^{64}，则取其对 2^{64} 的模。

执行这一步骤后，消息的长度为 512 的倍数（设为 L 倍），则可将消息表示为分组长为 512 的一系列分组 $Y_0,Y_1,\cdots,Y_{L-1}$，而每一分组又可表示为 16 个 32 位长的字，这样消息中的总字数为 $N=L\times16$，因此消息又可按字表示为 $M[0,\cdots,N-1]$，如图 5-17 所示。

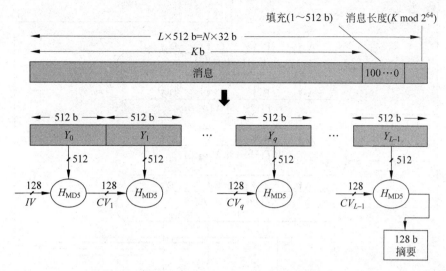

图 5-16 利用 MD5 Hash 产生消息摘要

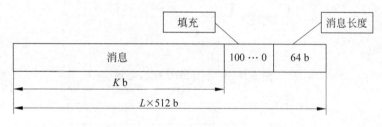

图 5-17 消息填充

2) 缓冲区初始化

Hash 函数的中间结果和最终结果保存于 128 位的缓冲区中,缓冲区用 32 位的寄存器表示。可用 4 个 32 位长的字表示:A、B、C、D。初始存数以十六进制表示为

$$A=01234567$$
$$B=89ABCDEF$$
$$C=FEDCBA98$$
$$D=76543210$$

3) H_{MD5} 运算

以分组为单位对消息进行处理,每一分组 $Y_q(q=0,\cdots,L-1)$ 都经过压缩函数 H_{MD5} 处理。H_{MD5} 是算法的核心,其中又有 4 轮处理过程。H_{MD5} 的 4 轮处理过程结构一样,但所用的逻辑函数不同,分别表示为 F、G、H、I。每轮的输入为当前处理的消息分组 Y_q 和缓冲区的当前值 A、B、C、D,输出仍放在缓冲区中以产生新的 A、B、C、D。每轮又要进行 16 步迭代运算,4 轮共需 64 步完成。第 4 轮的输出与第一轮的输入相加得到最后的输出,如图 5-18 所示。

这里 64 步处理基本结构相同,只不过每一轮用到逻辑函数各不相同,同时每一步的输入参数也有所不同。一步迭代的过程如图 5-19 所示。

其中函数 $g(b,c,d)$ 为逻辑函数。4 轮运算中使用的逻辑函数如表 5-1 所示。

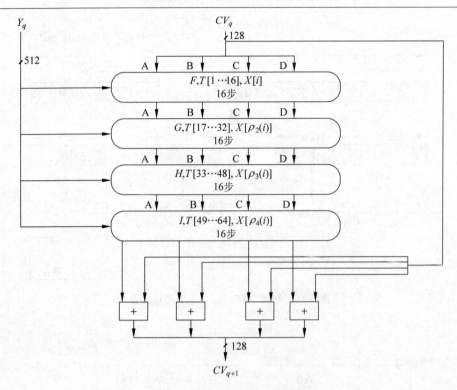

图 5-18　一个分组的 H_{MD5} 处理

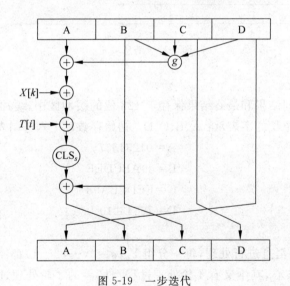

图 5-19　一步迭代

表 5-1　逻辑函数

轮	基本函数 g	$g(b,c,d)$
1	$F(b,c,d)$	$(b \wedge c) \vee (b^- \wedge d)$
2	$G(b,c,d)$	$(b \wedge d) \vee (c \wedge d^-)$
3	$H(b,c,d)$	$b \oplus c \oplus d$
4	$I(b,c,d)$	$c \oplus b \vee d^-$

其中,b、c、d 分别表示寄存器 B、C、D 中的内容。运算 $\wedge$、$\vee$、$^{-}$、$\oplus$ 分别表示逻辑操作 AND、OR、NOT、XOR。

$X[k]$ 为当前分组的第 k 个 32 位字。每一步使用的 $X[k]$ 如表 5-2 所示。

表 5-2　512 位分组中 $X[k]$ 的使用顺序

第 1 轮	$X[0]$	$X[1]$	$X[2]$	$X[3]$	$X[4]$	$X[5]$	$X[6]$	$X[7]$	$X[8]$	$X[9]$	$X[10]$	$X[11]$	$X[12]$	$X[13]$	$X[14]$	$X[15]$
第 2 轮	$X[1]$	$X[6]$	$X[11]$	$X[0]$	$X[5]$	$X[10]$	$X[15]$	$X[4]$	$X[9]$	$X[14]$	$X[3]$	$X[8]$	$X[13]$	$X[2]$	$X[7]$	$X[12]$
第 3 轮	$X[5]$	$X[8]$	$X[11]$	$X[14]$	$X[1]$	$X[4]$	$X[7]$	$X[10]$	$X[13]$	$X[0]$	$X[3]$	$X[6]$	$X[9]$	$X[12]$	$X[15]$	$X[2]$
第 4 轮	$X[0]$	$X[7]$	$X[14]$	$X[5]$	$X[12]$	$X[3]$	$X[10]$	$X[1]$	$X[8]$	$X[15]$	$X[6]$	$X[13]$	$X[4]$	$X[11]$	$X[2]$	$X[9]$

图 5-19 中的 $T[i]$ 为 $2^{32} \times \mathrm{abs}(\mathrm{Sin}(i))$ 的整数部分,i 是弧度。$T[1,\cdots,64]$ 为 64 个元素表,分 4 组参与不同轮的计算,$T[i]$ 参与运算的作用是消除输入数据的规律性。表 5-3 所示为 T 的所有值。

表 5-3　从正弦函数构造的表 T

$T[1]=$ d76aa478	$T[17]=$ f61e2562	$T[33]=$ fffa3942	$T[49]=$ f4292244
$T[2]=$ e8c7b756	$T[18]=$ c040b340	$T[34]=$ 8771f681	$T[50]=$ 432aff97
$T[3]=$ 242070db	$T[19]=$ 265e5a51	$T[35]=$ 6d9d6122	$T[51]=$ ab9423a7
$T[4]=$ c1bdceee	$T[20]=$ e9b6c7aa	$T[36]=$ fde5380c	$T[52]=$ fc93a039
$T[5]=$ f57c0faf	$T[21]=$ d62f105d	$T[37]=$ a4beea44	$T[53]=$ 655b59c3
$T[6]=$ 4787c62a	$T[22]=$ 02441453	$T[38]=$ 4bdecfa9	$T[54]=$ 8f0ccc92
$T[7]=$ a8304613	$T[23]=$ d8a1e681	$T[39]=$ f6bb4b60	$T[55]=$ ffeff47d
$T[8]=$ fd469501	$T[24]=$ e7d3fbc8	$T[40]=$ bebfbc70	$T[56]=$ 85845dd1
$T[9]=$ 698098d8	$T[25]=$ 21e1cde6	$T[41]=$ 289b7ec6	$T[57]=$ 6fa87e4f
$T[10]=$ 8b44f7af	$T[26]=$ c33707d6	$T[42]=$ eaa127fa	$T[58]=$ fe2ce6e0
$T[11]=$ ffff5bb1	$T[27]=$ f4d50d87	$T[43]=$ d4ef3085	$T[59]=$ a3014314
$T[12]=$ 895cd7be	$T[28]=$ 455a14ed	$T[44]=$ 04881d05	$T[60]=$ 4e0811a1
$T[13]=$ 6b901122	$T[29]=$ a9e3e905	$T[45]=$ d9d4d039	$T[61]=$ f7537e82
$T[14]=$ fd987193	$T[30]=$ fcefa3f8	$T[46]=$ e6db99e5	$T[62]=$ bd3af235
$T[15]=$ a679438e	$T[31]=$ 676f02d9	$T[47]=$ 1fa27cf8	$T[63]=$ 2ad7d2bb
$T[16]=$ 49b40821	$T[32]=$ 8d2a4c8a	$T[48]=$ c4ac5665	$T[64]=$ eb86d391

图 5-19 中的 CLSs 为循环左移 s 位。其中第 1 轮的 1～4 步分别循环左移 7、12、17、22 位,剩余 12 步则分别重复左移 7、12、17、22 位,即第 5～8 步也分别循环左移 7、12、17、22 位,以此类推。

第 2 轮则分别循环左移 5、9、14、20 位,第 3 轮分别循环左移 4、11、16、23 位,第 4 轮分别循环左移 6、10、15、21 位。

通过这 64 步运算之后,所得的结果与最初输入的分组进行模 2^{32} 加法。所得结果成为下一个分组进行运算的缓冲区初始值,以此类推。

4) 输出

所有的 L 个 512 位分组都处理完后,最后一个分组的输出即为 128 位的消息摘要。

2. SHA 算法

安全散列算法(secure Hash algorithm,SHA)是美国国家安全局设计,美国国家标准与技术研究院发布的一系列密码散列函数。正式名称为 SHA 的家族第一个成员发布于 1993年。然而现在的人们给它取了一个非正式的名称 SHA-0 以避免与它的后继者混淆。两年之后,SHA-1,第一个 SHA 的后继者发布了。另外还有 4 种变体,曾经发布以提升输出的范围和变更一些细微设计:SHA-224,SHA-256,SHA-384 和 SHA-512(这些有时候也被称作 SHA-2)。

SHA-1 基于 MD4 算法,并与之非常类似。算法输入为小于 2^{64} 位长的任意消息,经过填充后分组为 512 位长,计算出的 Hash 值为 160 位。

与 MD5 处理消息的过程一样,SHA-1 算法也将消息按 512 位分组处理,基本步骤如下:

1) 消息填充

填充消息使其长度与 448 模 512 同余,即长度等于 512 位的整数倍加上 448 位。填充方法是在消息后附加一个 1 和若干个 0。然后附上表示填充前报文长度的 64 位数据(最高有效位在前)。

2) 缓冲区初始化

Hash 函数的中间结果和最终结果保存于 160 位的缓冲区中,缓冲区用 5 个 32 位的寄存器(A、B、C、D、E)表示,并将这些寄存器初始化为下列 32 位的整数:

A=67452301;B=EFCDAB89;C=98BADCFB;D=10325476;E=C3D2E1F0。

3) H_{SHA-1} 运算

执行算法主循环。每次循环处理一个 512 位的分组,故循环次数为填充后消息的分组数,执行过程如图 5-20 所示。

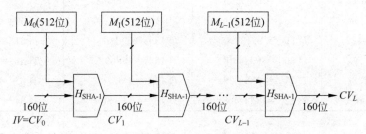

图 5-20 利用 SHA-1 算法产生消息摘要

算法的核心是具有 4 轮运算的模块,每轮执行 20 步迭代。每轮的输入为当前处理的消息分组 Y_q 和缓冲区的 160bit 当前值 A、B、C、D、E,输出仍放在缓冲区中以产生新的 A、B、C、D。每轮又要进行 20 步迭代运算,4 轮共需 80 步完成。第 4 轮的输出与第一轮的输入相加得到最后的输出。4 轮运算的结构相同,但每轮使用一个不同的加法常量 K_t,其中 t 表示步数,$0 \leqslant t \leqslant 79$,且各轮使用不同的基本逻辑函数,分别是 f_1、f_2、f_3、f_4。各轮中使用的加法常量如表 5-4 所示。

表 5-4　SHA-1 算法中使用的加法常量

步　　骤	十 六 进 制
$0 \leqslant t \leqslant 19$	$K_t = 5A827999$
$20 \leqslant t \leqslant 39$	$K_t = 6ED9EBA1$
$40 \leqslant t \leqslant 59$	$K_t = 8F1BBCDC$
$60 \leqslant t \leqslant 79$	$K_t = CA62C1D6$

4 轮运算中使用的逻辑函数如表 5-5 所示。

表 5-5　SHA-1 算法中使用的逻辑函数

轮	基 本 函 数	函 数 值
1	$f_1(B,C,D)$	$(B \wedge C) \vee (\bar{B} \wedge D)$
2	$f_2(B,C,D)$	$B \oplus C \oplus D$
3	$f_3(B,C,D)$	$(B \wedge C) \vee (B \wedge D) \vee (C \wedge D)$
4	$f_4(B,C,D)$	$B \oplus C \oplus D$

一个分组的 $H_{\text{SHA-1}}$ 处理过程如图 5-21 所示。

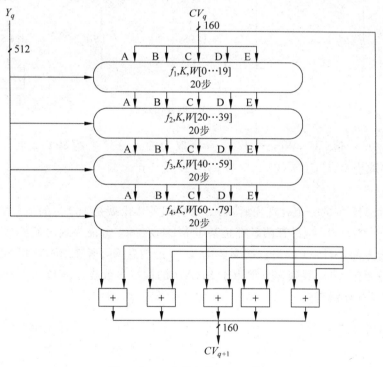

图 5-21　一个分组的 $H_{\text{SHA-1}}$ 处理

处理一个 512 位的分组要执行 80 步,其中每一步的执行过程如图 5-22 所示。

在图 5-22 中,A、B、C、D、E 是缓冲区的 5 个字;"+"表示模 2^{32} 相加;f_t 是第 t 步使用的逻辑函数;K_t 是第 t 步使用的加法常量;CLS$_5$ 表示 32 位的变量循环左移 5 位;CLS$_{30}$ 表示 32 位的变量循环左移 30 位;W_t 是从当前的 512 位输入分组中导出的 32 位字。W_t 的导出过程如图 5-23 所示。

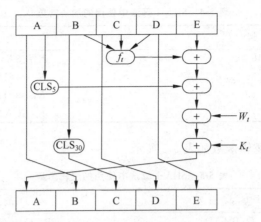

图 5-22　SHA 的单步操作

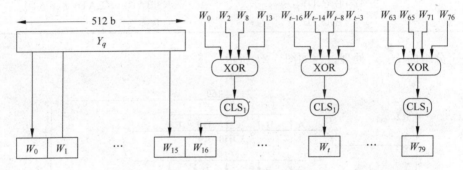

图 5-23　W_t 的导出过程

W_t 的前 16 个值($W_0, W_1, \cdots, W_{15}$)直接取为输入分组中的第 t 个字,其余值(W_{16}, $W_{17}, \cdots, W_{79}$)取为 $W_t = CLS_1(W_{t-16} \quad W_{t-14} \quad W_{t-8} \quad W_{t-3})$。

4) 输出

所有 L 个 512 位的分组处理完后,第 L 个分组的输出就是 160 位的消息摘要。

SHA-1 和 MD5 相比,尽管两者都是基于 MD4,在很多方面表现出的性质则各有不同。在抗穷举攻击方面,SHA-1 的消息摘要要比 MD5 的消息摘要长 32 位,所以 SHA-1 的抗穷举攻击的能力要比 MD5 强很多。但由于 SHA-1 的执行步数要比 MD5 多,所以 SHA-1 的执行速度比 MD5 要慢得多。

3. 其他 Hash 算法

1) MD4

Rivest 在 1990 年开发出 MD4 算法。与前面介绍的 MD5 一样,MD4 算法需要填补信息以确保信息的字节长度加上 448 后能被 512 整除(信息字节长度 mod 512 = 448)。然后,一个以 64 位二进制表示的信息的最初长度被添加进来。信息被处理成 512 位迭代结构的区块,而且每个区块要通过三个不同步骤的处理。Den boer 和 Bosselaers 以及其他人很快地发现了攻击 MD4 版本中第 1 步和第 3 步的漏洞。Dobbertin 向大家演示了如何利用一部普通的个人计算机在几分钟内找到 MD4 完整版本中的冲突(这个冲突实际上是一种漏洞,它将导致对不同的内容进行加密却可能得到相同的加密后结果)。毫无疑问,MD4 就此被淘汰掉了。尽管 MD4 算法在安全上有个这么大的漏洞,但它对在其后才被开发出来的好几种信息安全加密算法的出现却有着不可忽视的引导作用。

和 MD5 相比,MD4 算法使用 3 轮运算,每轮 16 步,MD5 则使用四轮运算,每轮 16 步; MD4 的第 1 轮没有使用加法常量,第 2 轮运算中每步迭代使用的加法常量相同,第 3 轮运算中每步迭代使用的加法常量相同,但不同于第 2 轮使用的加法常量;MD5 的 64 步使用的加法常量 $T[i]$ 均不同;MD4 使用三个基本逻辑函数,MD5 则使用 4 个;MD5 中每步迭代的结果都与前一步的结果相加,MD4 则没有。

总的来看,MD5 比 MD4 更复杂,所以其执行速度也更慢,Rivest 认为增加复杂性可以增加安全性。

2) RIPEMD 算法

顾名思义,RIPEMD 就是成熟 MD 算法,是 Hans Dobbertin 等三人在 MD4、MD5 的基础上于 1996 年提出来的。算法共有 4 个标准:128、160、256 和 320,其对应输出长度分别为 16 字节、20 字节、32 字节和 40 字节。不过,RIPEMD 的设计者们根本就没有真正设计 256 和 320 位这两种标准,他们只是在 128 位和 160 位的基础上,修改了初始参数和 S-box 来达到输出为 256 和 320 位的目的。所以,256 位的强度和 128 相当,而 320 位的强度和 160 位相当。RIPEMD 建立在 MD 的基础之上,所以,其添加数据的方式和 MD5 完全一样。

RIPEMD-160 的输入可以是任意长的报文,输出 160 位摘要,对输入按 512 位分组,以分组为单位处理。算法的核心是具有十轮运算的模块,十轮运算分成两组,每组五轮,每轮 16 步迭代。

5.4.4　对 Hash 函数的攻击

一般来说,对一个 Hash 算法的攻击可分三个级别:

(1) 预映射攻击(preimage attack):给定 Hash 值 h,找到其所对应的明文 M,使得 Hash$(M)=h$,这种攻击是最彻底的,如果一个 Hash 算法被人找出预映射,那这种算法是不能使用的。

(2) 次预映射攻击(second preimage attack):给定明文 M_1,找到另一明文 M_2($M_1 \neq M_2$),使得 Hash$(M_1)=$Hash(M_2),这种攻击其实就是要寻找一个弱碰撞。

(3) 碰撞攻击(collision attack):找到 M_1 和 M_2,使得 Hash$(M_1)=$Hash(M_2),这种攻击其实就是要寻找一个强碰撞。

要完成以上的攻击行为,目前一般都是靠穷举的方法,因为那些没有通过分析和差分攻击考验的算法,大多都已经夭折在实验室里了。因此,如果目前流行的 Hash 算法能完全符合密码学意义上的单向性和无碰撞性,就保证了只有穷举,才是破坏 Hash 运算安全特性的唯一方法。

为了攻击弱无碰撞性,可能要穷举个数和散列值空间长度一样大的输入,即尝试 2^{128} 或 2^{160} 个不同的输入。

一种被称为"生日攻击"的方法用于寻找一个强碰撞,有效地降低了需要穷举的空间,将

其降低为大约 2^{64} 或 2^{80}。所以,强无碰撞性是决定 Hash 算法安全性的关键。下面着重介绍"生日攻击"。

1. 弱碰撞

"生日攻击"旨在寻找一个强碰撞,能够大大减少攻击的计算代价。为了突出显示这一点,首先分析一下寻找一个弱碰撞所需的计算代价。

考虑这个问题:给定一个散列函数 H 和某 Hash 值 $H(x)$,假定 H 有 n 个可能的输出。如果 H 有 k 个随机输入,k 必须为多大才能使至少存在一个输入 y,使得 $H(y)=H(x)$ 的概率大于 0.5?

因为 H 有 n 种可能的输出,所以对于某个 y 值,$H(y)=H(x)$ 的概率为 $1/n$。那么 $H(y)\neq H(x)$ 的概率为 $1-1/n$。

那么随机地产生 k 个随机的 y 值,均使 $H(y)\neq H(x)$ 的概率为 $(1-1/n)^k$。

所以在 k 个随机的 y 值当中至少有一个使 $H(y)=H(x)$ 的概率为 $1-(1-1/n)^k$。

根据二项式定理

$$(1-a)^k = 1 - ka + \frac{k(k-1)}{2!}a^2 - \frac{k(k-1)(k-2)}{3!}a^3 + \cdots$$

当 a 很小时,$(1-a)^k \approx 1-ka$,所以对于 $(1-1/n)^k$,当 n 很大时,$1-(1-1/n)^k \approx 1-(1-k/n)=k/n$。

现在要使这个概率等于 0.5,即 $k/n=0.5$,所以,$k=n/2$。因此可以得到如下结论:

如果 Hash 码为 m 位,则有 2^m 个可能的 Hash 码。

如果给定 $h=H(x)$,要想找到一个 y,使 $H(y)=h$ 的概率为 0.5,则要进行多次的尝试,尝试的次数大约为 $k=2^m/2=2^{m-1}$。

所以,对于一个使用 64 位的 Hash 码,攻击者要想找到满足 $H(M')=H(M)$ 的 M' 来替代 M,即寻找一个弱碰撞,平均来讲,他找到这样的消息大约要进行 2^{63} 次尝试。

2. 生日悖论

在讨论生日攻击的理论基础之前,先来分析另一个问题:在一个教室中,最少应有多少学生,才能使至少有两人具有相同生日的概率不小于 0.5?

第一个人的生日占了一天,因此第二个人有不同生日的概率为 364/365,第三个人则少了两个选择,因此他与前两个人生日都不同的概率是 363/365,依此类推,第 k 个人与前面 $k-1$ 个人生日都不同的概率是 $[365-(k-1)]/365$。

所以,这 k 个人生日均不相同的概率是 $\frac{364}{365} \times \frac{363}{365} \times \cdots \times \frac{365-(k-1)}{365}$,那么这 k 个人中至少有两个相同的概率则为

$$p = 1 - \frac{364}{365} \times \frac{363}{365} \times \cdots \times \frac{365-(k-1)}{365} = 1 - \frac{365!}{(365-k)!(365)^k}$$

可以计算出,当 $k=23$ 时,$p=0.5073$。

当 $k=100$ 时,$p=0.9999997$。

结果说明只需 23 人,即任找 23 人,从中总能选出两人具有相同生日的概率至少为 0.5。概率结果与人的直觉是相违背的。这说明某些事情的发生概率是比我们的感觉要大得

多的。

3. 生日攻击

1）生日攻击的理论基础

给定两个集合 X 和 Y，每个集合有 k 个元素：X：$\{x_1,x_2,\cdots,x_k\}$，Y：$\{y_1,y_2,\cdots,y_k\}$，其中，各元素的取值是 $1\sim n$ 之间的均匀分布的随机值（$k<n$），那么，这两个集合中至少有一对元素（X 中的一个元素和 Y 中的一个元素）相同的概率 $R(n,k)$ 是多少呢？

给定 x_1，那么 $y_1=x_1$ 的概率为 $1/n$，所以 $y_1\neq x_1$ 的概率为 $1-1/n$。那么 Y 中的 k 个值都不等于 x_1 的概率为 $(1-1/n)^k$。

同理，给定 x_2，那么 Y 中的 k 个值都不等于 x_2 的概率为 $(1-1/n)^k$。

同理，给定 x_k，那么 Y 中的 k 个值都不等于 x_k 的概率为 $(1-1/n)^k$。

所以，Y 中没有任何元素与 X 中任何元素相同的概率为

$$P_r = \left(\left(1-\frac{1}{n}\right)^k\right)^k = \left(1-\frac{1}{n}\right)^{k^2}$$

那么，Y 中至少有一个元素与 X 中元素相同的概率为

$$R(n,k) = 1 - \left(1-\frac{1}{n}\right)^{k^2}$$

可以证明，当 $x\geqslant 0$ 时，不等式 $(1-x)\leqslant e^{-x}$ 是成立的，且当 $x\to 0$ 时，$1-x\approx e^{-x}$。

根据此不等式有 $\left(1-\dfrac{1}{n}\right)<e^{-\frac{1}{n}},n>0$，所以，$\left(1-\dfrac{1}{n}\right)^{k^2}<(e^{-\frac{1}{n}})^{k^2}$，那么

$$R(n,k) = 1 - \left(1-\frac{1}{n}\right)^{k^2} > 1 - (e^{-\frac{1}{n}})^{k^2} = 1 - e^{-\frac{k^2}{n}}$$

显然，当 $1-e^{-\frac{k^2}{n}}=0.5$ 时，$R(n,k)>0.5$。由此可得，$k=\sqrt{n\ln 2}=0.83\sqrt{n}$，当 n 很大时，$k\approx n^{1/2}$。所以，当 $n=2^m$ 时，$k\approx 2^{m/2}$。也就是说，对于一个使用 64 位的 Hash 码，攻击者要想找到 M_1 和 M_2，使得 $\text{hash}(M_1)=\text{hash}(M_2)$，平均来讲，他找到这样的消息大约要进行 2^{32} 次尝试。这一计算代价要比寻找一个弱碰撞小得多。

2）实施生日攻击

设通信双方 A 和 B 是采用如图 5-24 所示的公钥加密 Hash 值的认证方式来进行通信的。

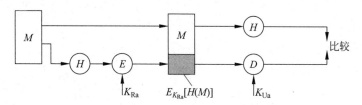

图 5-24　公钥加密 Hash 值的认证方式

这里，H 是 Hash 算法，E 是公钥加密算法，K_{Ra} 是 A 的私钥，K_{Ua} 是 A 的公钥，D 是解密算法。

那么攻击者可以采用下述方法来实施生日攻击。假设 M 和 Hash 算法生成 64 位的 Hash 值。攻击者可以根据 M，产生 2^{32} 个表达相同含义的变式（如在词与词之间多加一个

空格)。同时准备好伪造的消息 M',产生 2^{32} 个表达相同含义的变式。在这两个集合中,找出产生相同 Hash 码的一对消息 M_1 和 M_1'。根据前面分析的生日攻击的原理,找到这样一对消息的概率大于 0.5。最后,攻击者将拿 M_1 给发送者签名,但发送时,把 M_1' 和经加密的 Hash 码一起发送。

目前对 Hash 攻击的研究,大多集中在如何降低穷举的空间大小上。

2004 年 8 月 17 日的美国加州圣巴巴拉的国际密码学会议(Crypto'2004)上,来自中国山东大学的王小云教授做了破译 MD5、HAVAL-128、MD4 和 RIPEMD 算法的报告,公布了 MD 系列算法的破解结果。宣告了固若金汤的世界通行密码标准 MD5 的堡垒轰然倒塌,引发了密码学界的轩然大波。

2005 年 2 月 15 日,在美国召开的国际信息安全 RSA 研讨会上,国际著名密码学专家 Adi Shamir 宣布,他收到了来自中国山东大学王小云、尹依群、于红波等三人的论文,论文证明 SHA-1 在理论上也被破解。她证明了对于 160 位 SHA-1,只需要大约 2^{69} 次计算就能找到一个碰撞,而理论值是 2^{80} 次。

第6章 身份认证与数字签名

6.1 身 份 认 证

在现实的世界里,要验证一个人的身份有许多种方法,如根据长相特征、看证件、比对指纹或是特殊持有物如古代将军的虎符等。但是这些方法在网络中通常是行不通的,因为现在的计算机还无法做到如同人类一般的判断,因此在网络里必须借由沟通双方所共同信赖的验证程序验证对方身份,这种方式称为身份认证。

身份认证是验证主体的真实身份与其所声称的身份是否符合的过程。认证的结果只有两个:符合和不符合。适用于用户、进程、系统、信息等。

例如,平时通过身份证来证明自己的身份,使用银行卡从 ATM 机上取款,使用密码登录计算机等,这些都属于身份认证。

身份认证和消息认证相比较,身份认证一般都是实时的,消息认证一般不提供时间性。另外身份认证只证实实体的身份,消息认证除了消息的合法和完整外,还需要知道消息的含义。

身份认证系统的组成如下:

(1) 一方是出示证件的人,称作示证者 P(prover),又称声称者(claimant)。

(2) 另一方为验证者 V(verifier),检验声称者提出的证件的正确性和合法性,决定是否满足要求。

(3) 第三方是可信赖者 TP(trusted third party),参与调解纠纷。在许多应用场合没有第三方。

6.1.1 身份认证的物理基础

用户或系统主要能通过三种方法进行身份认证。

1. 用户所知道的

在互联网和计算机领域中最常用的认证方法是密码认证,也就是"用户所知道的"。密码实际上是通信双方预先约定的秘密数据。这种方法简单易行,不需要太多投入就可以实现,所以应用广泛,在操作系统、网络、数据库和应用程序中都采用了密码验证方法。但这种方法安全性不够高,因为密码有可能被窃取、丢失、复制。如果用户把密码告诉了其他人,则计算机也将给予那个人访问权限,这并不是计算机的失误,而是用户本身造成的。而且绝大多数用户都没有足够的安全意识,所选用的密码都是所谓的"弱密码"。例如英国的在线银行 Egg 发现 50% 的用户选用家庭成员的名字作为获取在线银行服务的密码,其中 23% 是孩子的名字、19% 是配偶或伙伴的名字、9% 是用户本人的名字。这些密码都极易破解。所以在实际应用中,密码一般并不是以明文的形式存在和使用,而是采用一些加强的处理之后才使用的。

一种解决的办法是对密码加密。密码以密文的形式存储和传输,并且对用户密码的加密使得从密码的密文恢复密码的明文在计算上不可行。这就要求对密码的加密算法必须是单向的,即只能加密,不能解密。在验证用户的密码时,验证方用单向函数加密,并与存储的密文相比较,若相等,则确认用户的身份有效,否则确认用户身份无效。

为了安全,密码应当经常更换。在安全需求非常高的应用中,最好一个密码只用一次,这就是"一次性密码"。实现一次性密码的方式很多,如每次进行验证时,先由验证者产生一个随机数 x,然后采用对称密码体制将 x 加密,并传送给用户,用户用与验证者共享的密钥解密得到 x,然后将 $(x+1)$ 加密,传输给验证者。验证者接收后解密得到 $(x+1)$,同时验证者根据自己的 x 计算 $(x+1)$,将结果和收到的 $(x+1)$ 进行比较,如果相等则通过验证。由于每次验证产生的随机数都互不相等,所以一个密码就只使用了一次。一次性密码作为身份认证方法非常重要,因为使用这种密码,使得中途截获密码变得毫无意义。由于要产生大量的一次性密码,所以必须采用专用的设备来产生密码。目前有很多种密码生成设备,有的类似于便携式计算器,有的则就是个 USB 接口的闪存。目前国内有些银行的网上银行业务中对用户身份进行识别时都采用了一次性密码技术。

对于安全性较高的系统,往往还需要和其他的认证方法共同使用。例如,去银行取款,除了需要账号的取款密码以外,还需要有银行发的存折或银行卡共同认证。采用银行卡的方法则是下面所说的利用"用户所拥有的"来进行认证。

2. 用户所拥有的

这种认证方式相对复杂、成本也较高,但这种方法的安全性也较高,它需要一些物理原件,如大楼的通行卡,只有在扫描器上划卡通过验证的人才能够进入大楼。但是像这样的磁卡最大的缺点是它只有数据存储能力,没有数据处理能力,没有对记录的数据进行保护的机制,因而伪造和复制磁卡比较容易。

随着微处理器的发展,出现了智能卡。在计算机领域的典型例子就是智能卡的使用,所有的智能卡都包含一块芯片,存储了持卡人的个人信息。当需要某种服务的时候,持卡人在读卡设备上进行认证。智能卡可以说是最小的个人计算机,在它的芯片上包含有 CPU、存储器和 I/O 接口,而且有操作系统的软件支持,有数据存储和计算能力,因而安全保密性更好。

不过用磁卡或智能卡作为用户的身份凭证进行身份认证仍然有不足之处。如果磁卡或智能卡丢失,那么捡到卡的人就可以假冒真正的用户。因此需要一种磁卡和智能卡上不具有的身份信息,这种身份信息通常采用个人识别号(personal identification number,PIN)。一般每张卡的持有者都拥有一个个人识别号 PIN。这个 PIN 不能写到卡上,持卡人必须自已妥善保存并严格保密。PIN 可以由金融机构产生并分配给持卡人,也可由持卡人选择并报金融机构核准。在验证过程中,验证者不但要验证持卡人的卡是真实的卡,同时还要通过 PIN 来验证持卡人的确是他本人。

3. 用户的特征

依据人类自身所固有的生理或行为特征进行识别。生理特征与生俱来,多为先天性的,如指纹、眼睛虹膜、人脸、DNA 等;行为特征则是习惯使然,多为后天性的,如笔迹、步态等。生物识别因此包括指纹识别、虹膜识别、人脸识别、掌纹识别、声音识别、签名识别、笔迹识别、手形识别、步态识别及多种生物特征融合识别等诸多种类,其中,虹膜和指纹识别被公认为最可靠的生物识别方式。

这种认证利用了一些不能复制的个人特征,如指纹、视网膜、面部特征等。这种方法也被认为是生物测定学。这样的认证系统安全性高,但成本也较高。另外,技术上的发展也证明,这些生物特征在安全上也并不是无懈可击的。例如,有研究者在 2002 年发现可以用凝胶铸成的指纹模子瞒骗指纹识别器。在有些场合,指纹识别也并不适用,如在医院的计算机系统应用中,由于医生、护士在工作中要经常洗手,他们都不太愿意使用指纹识别系统。

视网膜的图案的确是独一无二的,用视网膜做认证也的确十分可靠,但是由于需要使用聚光灯来获取独特的眼球后面的血管图,并不是每个登录系统的人都愿意用一个仪器扫描自己的眼睛,因为人的肉眼暴露在这种视网膜扫描装置下会觉得很不舒服。所以这样的系统只在一个高安全环境中实施。

6.1.2　身份认证方式

身份认证根据其实现方式的不同可以分为三类,即单向认证(one-way authentication)、双向认证(two-way authentication)和信任的第三方认证(trusted third-party authentication)。每一种实现方式又可以根据不同的需求采用对称密码或非对称密码来实现。

1. 单向认证

单向认证是通信的一方认证另一方的身份,如服务器在提供用户申请的服务以前,先要认证用户是否是这项服务的合法用户,但是不需要向用户证明自己的身份,如图 6-1 所示。

客户端只需提供客户标识和密码给服务器端确认,服务器端确认后就允许客户端的登录。

单向认证可以用对称密码或非对称密码体制来实现。

(1) 用对称密码体制实现单向认证的方法如图 6-2 所示。

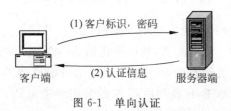

图 6-1　单向认证

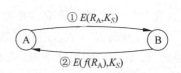

图 6-2　基于对称密码的单向认证

　　这里,A 需要单向认证 B 的身份。A 首先产生一个随机数 R_A,用双方共享的密钥 K_S 对其加密后发送给 B,同时 A 对 R_A 施加某函数变换 f,得到 $f(R_A)$,其中 f 是某公开的简单函数。B 收到报文后,用密钥 K_S 对其收到的报文解密得到 R_A,对其施加函数变换 f,再用 K_S 对 $f(R_A)$ 加密后发送给 A。A 收到报文后用 K_S 解密,并与其原先计算的 $f(R_A)$ 比较,若两者相等,则 B 的身份通过了 A 的认证。

　　(2) 用非对称密码体制实现单向认证的方法如图 6-3 所示。

　　A 首先产生一个随机数 R_A,并发给 B。B 收到后用其私钥 K_{SB} 对 R_A 的加密,然后发送给 A。A 用 B 的公钥解密,如果得到的结果等于 R_A,则 B 的身份通过了 A 的认证。

2. 双向认证

　　双向认证需要通信双方互相认证对方的身份。双方都要提供用户名和密码给对方,才能通过认证。这种认证方式不同于单向认证,客户端还需要认证服务器端的身份,这样用户还需要服务器端的 ID 和密码,如图 6-4 所示。

　　双向认证也可以用对称密码或非对称密码体制实现。

　　(1) 用对称密码体制实现双向认证的方法如图 6-5 所示。

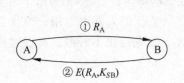

图 6-3　基于非对称密码的单向认证

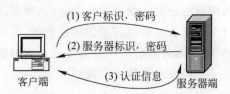

图 6-4　双向认证

　　A 首先产生一个随机数 R_A,用双方共享的密钥 K_S 对其加密后发送给 B。B 收到报文之后,用密钥 K_S 对其收到的报文解密得到 R_A。然后 B 也产生一个随机数 R_B,并将其连接在收到的 R_A 后,得到 $R_A \| R_B$,B 用 K_S 对 $R_A \| R_B$ 加密后发送给 A。A 收到后用 K_S 解密得到 R_A 和 R_B,如果收到的 R_A 和最初 A 发送给 B 的 R_A 相同,则 B 的身份通过了 A 的认证。最后,A 用 K_S 对 R_B 加密后发送给 B,B 收到后用 K_S 解密得到 R_B,如果这个 R_B 和最初 B 发送给 A 的 R_B 相同,则 A 的身份通过了 B 的认证。

　　(2) 用非对称密码体制实现双向认证的方法如图 6-6 所示。

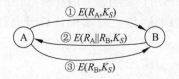

图 6-5　基于对称密码的双向认证

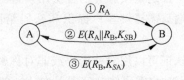

图 6-6　基于非对称密码的双向认证

　　A 首先产生一个随机数 R_A,并发给 B。B 收到后也产生一个随机数 R_B,并将其连接在收到的 R_A 后,得到 $R_A \| R_B$,用其私钥 K_{SB} 对 $R_A \| R_B$ 加密,然后发送给 A。A 用 B 的公钥解密,得到 R_A 和 R_B,如果这个 R_A 和最初 A 发送给 B 的 R_A 相同,则 B 的身份通过了 A 的认证。最后,A 用其私钥 K_{SA} 对 R_B 加密后发送给 B,B 收到后用 A 的公钥解密得到 R_B,如果这个 R_B 和最初 B 发送给 A 的 R_B 相同,则 A 的身份通过了 B 的认证。

3. 信任的第三方认证

信任的第三方(trusted third party)认证也是一种通信双方相互认证的方式,但是认证过程必须借助于一个双方都能信任的第三方,一般而言可以是政府机构或其他可信赖的机构。当两端欲进行连线时,彼此必须先通过信任第三方的认证,然后才能互相交换密钥,而后进行通信,如图 6-7 所示。

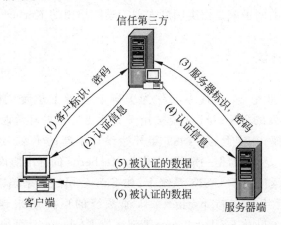

图 6-7　信任的第三方认证

下面介绍一种第三方认证机制,如图 6-8 所示。

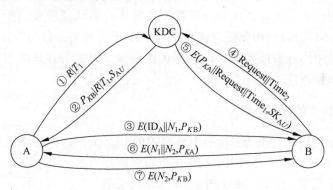

图 6-8　第三方认证机制

其中,KDC 是公钥分配中心。

首先,A 发送一条带有时间戳的消息给公钥管理员,以请求 B 的当前公钥。管理员给 A 发送一条用其私钥 SK_{AU} 加密的消息。这样如果 A 可以用管理员的公钥对接收到的消息解密,则可确信该消息来自管理员。消息中的内容包括:

(1) B 的公钥 P_{KB}。A 可用它对要发送给 B 的消息加密。

(2) 原始请求 Request。A 可用它与其最初发出的请求相比较,以验证其原始请求未被修改。

(3) 原始时间戳 $Time_1$。A 可以确定它收到的不是来自管理员的旧消息。

然后,A 保存 B 的公钥,并用它对包含 A 的标识 IDA 和临时交互号的消息加密,然后发给 B,这个临时交互号用来唯一标识本次通信。

接着,B 采用同样的方法,通过图中的第④、⑤两步,从管理员处得到 A 的公钥。然后在第⑥步中,B 用 P_{KA} 对 A 的临时交互号 N_1 和 B 产生的新临时交互号 N_2 加密,并发送给 A。因为只有 B 可以解密消息③,所以消息⑥中的 N_1 可以使 A 确信其通信伙伴就是 B。

最后,A 用 B 的公钥对 N_2 加密并发送给 B,以使 B 相信其通信伙伴就是 A。

由这种借助于信任第三方的认证方式变化而来的认证协议相当多,各有各的特色与优缺点,其中一个最著名的例子就是由美国麻省理工学院提出的 Kerberos 协议。

6.1.3 Kerberos 协议

Kerberos 是在 20 世纪 80 年代中期作为美国麻省理工学院"雅典娜计划"(Project Athena)的一部分被开发的。Kerberos 要被用于其他更广泛的环境时,需要做一些修改以适应新的应用策略和模式,因此,从 1989 年开始设计了新的 Kerberos 第 5 版(Kerberos v5)。尽管 v4 还在被广泛使用,但一般将 v5 作为 Kerberos 的标准协议。

原本 Kerberos 广泛使用于 UNIX 系统上,如 Sun 公司的网络档案系统(Network File System,NFS),然而近年来支持 Kerberos 认证系统的厂商越来越多,如 Microsoft 的 Windows 2000/XP 系统以及 Redhat Linux 等都支持 Kerberos 认证协议。

Kerberos 协议使用了强密码,以使 Client 能够通过不安全的 Internet 连接向 Server 证明他的身份。在 Client 和 Server 用 Kerberos 证明了各自的身份后,还可以对数据加密从而保证数据的机密性和完整性。Kerberos 是一个分布式的认证服务,它允许一个进程(或客户)代表一个主体(或用户)向验证者证明他的身份,而不需要通过网络发送那些有可能会被攻击者用来假冒主体身份的数据。Kerberos 还提供了可选的客户端和服务器端之间数据通信的完整性和保密性。

1. Kerberos 协议的应用环境

Kerberos 协议的应用环境为: 在一个分布式的 Client/Server 体系机构中采用一个或多个 Kerberos 服务器提供认证服务。Client 想请求应用服务器 Server 上的资源,首先 Client 向 Kerberos 认证服务器请求一张身份证明,然后将身份证明交给 Server 进行验证,Server 在验证通过后,即为 Client 分配请求的资源,同时也向 Client 证明自己的身份,如图 6-9 所示。

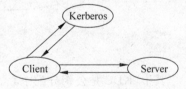

图 6-9　Kerberos 的基本应用

2. Kerberos 协议的基本架构

在 Kerberos 认证系统中总共有四个角色:客户端、服务器、认证服务器(authentication server,AS)及票据授权服务器(ticket-granting server,TGS)。Kerberos 认证系统中是采用 DES 作为它的加密算法,每一个使用者都会有一个自己的认证密钥(authentication key),这个认证密钥会存放在认证服务器中。而认证服务器 AS 负责使用者的身份确认及维护使用者和服务器的资料,票据授权服务器 TGS 专门负责产生客户端与服务器每次通信时所要使用的会话密钥(session key)。每次的认证与会话密钥都会有一个有效期限。整个 Kerberos

系统架构如图 6-10 所示。

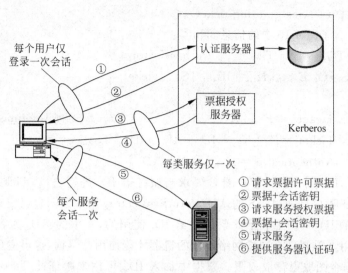

图 6-10　Kerberos 系统架构

①请求票据许可票据
②票据+会话密钥
③请求服务授权票据
④票据+会话密钥
⑤请求服务
⑥提供服务器认证码

　　在 Kerberos 系统中,当客户端要和服务器通信时,客户端会先向认证服务器 AS 请求一张与票据授权服务器 TGS 沟通所需要的票据(可以把票据理解为通行证),该票据中有一个客户端与票据授权服务器进行通信的会话密钥 $K_{c,tgs}$,还包含了客户端和服务器的标识、时间戳及有效期限。当客户端拿到了与 TGS 通信的票据后,客户端使用此票据再向 TGS 要一张与服务器连线所需要的票据(此时不用再输入密码),此票据中即包含客户端和服务器会话所需要用的会话密钥。最后,客户端利用该会话密钥将它和服务器之间的通信内容加密以在网络上传送。值得一提的是,在与 TGS 通信所使用的票据过期之前,客户端若要再和别的服务器连线的话,就只要通过 TGS 获取服务器的票据即可,不必再通过 AS。

　　下面介绍 Kerberos V4 认证协议的详细流程,总共分为三大步骤:

　　(1) 客户端认证:客户端先向认证服务器证明自己的身份以便取得与 TGS 通信所要使用的票据,称为票据授权票据(ticket-granting ticket)。

　　这个步骤包含了图 6-10 中的信息①和②:

　　信息① C→AS: $ID_c \parallel ID_{tgs} \parallel TS_1$;

　　信息② AS→C: $E_{Kc}[K_{c,tgs} \parallel ID_{tgs} \parallel TS_2 \parallel Lifetime_2 \parallel Ticket_{tgs}]$。

其中

$$Ticket_{tgs} = E_{Ktgs}[K_{c,tgs} \parallel ID_c \parallel AD_c \parallel ID_{tgs} \parallel TS_2 \parallel Lifetime_2]$$

　　在上述的信息①中,ID_c、ID_{tgs} 及 TS_1 是用来让 AS 验证客户端的身份,并且要求与 TGS 沟通,此信息是在时间戳 TS_1 时产生。在信息②中,所有信息都使用 K_c(客户端与认证服务器所共享的密钥)加密传送给客户端以避免资料被别人截取。$K_{c,tgs}$ 是由 AS 所产生的会话密钥,用来让客户端和 TGS 沟通时使用,如此一来,客户端与 TGS 便不需要共享一个密钥了。ID_{tgs} 是用来表示此票据是用来与 TGS 沟通用的。$Lifetime_2$ 用来告诉客户端 $Ticket_{tgs}$ 的有效期限。TS_2 为另一个时间戳,用来通知客户端关于 $Ticket_{tgs}$ 的产生时间。$Ticket_{tgs}$ 是给客户端用来与 TGS 通信用的票据,该票据是用 AS 和 TGS 所共享的密钥加密,以避免被客户端篡改资料。

（2）取得与服务器通信的票据：客户端从 TGS 取得一张与所要使用的服务所需要连线的服务授权票据（service-granting ticket）。

这个步骤包含了图 6-10 中的信息③和④：

信息③ C→TGS：$ID_s \parallel Ticket_{tgs} \parallel Authenticator_c$；

信息④ TGS→C：$E_{Kc,tgs}[K_{c,s} \parallel ID_s \parallel TS_4 \parallel Ticket_s]$。

其中

$$Ticket_{tgs} = E_{Ktgs}[K_{c,tgs} \parallel ID_c \parallel AD_c \parallel ID_{tgs} \parallel TS_2 \parallel Lifetime_2]$$
$$Ticket_s = E_{Ks}[K_{c,s} \parallel ID_c \parallel AD_c \parallel ID_s \parallel TS_4 \parallel Lifetime_4]$$
$$Authenticator_c = E_{Kc,tgs}[ID_c \parallel AD_c \parallel TS_3]$$

在信息③中，ID_s 用来表示客户端 C 要求与服务器 ID_s 进行通信，$Ticket_{tgs}$ 为信息②中所取得的，用来证明 C 已通过 AS 的认证。$Authenticator_c$ 用来证明自己是 $Ticket_{tgs}$ 的拥有者。$Ticket_{tgs}$ 中的 ID_c 可用来表示此票据是给 ID_c 使用的，其中的 AD_c 为客户端所在计算机的网络地址，用来限制只有同样网络地址的机器才能使用此票据，这可避免别人用同样的 ID 并冒用此票据企图取得存取权限。票据中加入 ID_{tgs} 可用来验证此 $Ticket_{tgs}$ 解密是否成功。而 TS_2 表示此 $Ticket_{tgs}$ 产生的时间，$Lifetime_2$ 用来表示此 $Ticket_{tgs}$ 的有效期限。

$Authenticator_c$ 是由客户端所产生的，其使用期限非常短以减少遭受他人重放攻击（replay attack）的机会。其中包括一个 TS_3 时间戳表示此 $Authenticator_c$ 产生的时间。ID_c 和 AD_c 都是用来与 $Ticket_{tgs}$ 中的 ID_c 和 AD_c 做比对之用，以证明客户端的身份。

在信息④中，所有信息都使用 $K_{c,tgs}$ 加密传送给客户端以避免资料在网络上被别人截取。此信息包含了 K_c，以让客户端能够与服务器端做加解密。ID_s 用来表示 $Ticket_s$ 是用来与服务器 S 沟通之用。TS_4 时间戳用来表示此 $Ticket_s$ 的产生时间，而 $Ticket_s$ 是由票据授权服务器所签发给客户端用来与服务器通信用的票据。

（3）客户端与服务器通信：使用所需服务。

这个步骤包含了图 6-10 中的信息⑤和⑥：

信息⑤ C→S：$Ticket_s \parallel Authenticator_c$；

信息⑥ S→C：$E_{Kc,s}[TS_5 + 1]$。

其中

$$Ticket_s = E_{Ks}[K_{c,s} \parallel ID_c \parallel AD_c \parallel ID_s \parallel TS_4 \parallel Lifetime_4]$$
$$Authenticator_c = E_{Kc,s}[ID_c \parallel AD_c \parallel TS_5]$$

信息⑤与信息④作用类似，在此不再赘述，而信息⑥是客户端认证服务器的过程，以证明该服务器有能力解密信息⑤的 $Authenticator_c$ 并回传另一个时间戳 $TS_5 + 1$。在网络遭受攻击时，有可能会有入侵者企图假冒服务器以取得客户端的一些机密资料，因此在客户端与服务器端连线时，客户端也有必要确认服务器端的身份（尤其是在从事电子商务活动时），而不是单向地由服务器端认证客户端而已。

通信过程中所使用的各个参数定义整理列表如表 6-1 所示。

在 Kerberos v4 版本中整个 Kerberos 系统属于单一网域，而更新版本（v5）则提供了比第四版更完善的认证机制，以达到跨网域的认证需求。

表 6-1　**Kerberos 认证系统参数说明**

参　　数	说　　明
C	Client,代表用户端
S	Server,代表服务器
TGS	Ticket-Granting Server,票据授权服务器
TS	Timestamp,时间戳。代表的是一个时间序列的顺序,如 $TS_2 > TS_1$ 时表示 TS_2 的发生时间在 TS_1 之后
Ticket	票据,网络双方通信时所需要的有效凭证
Lifetime	用来表示票据的有效期限
ID_c	客户端的 ID
ID_{tgs}	票据授权服务器的 ID
K_c	认证服务器 AS 和客户端共享的密钥
K_s	TGS 和服务器共享的密钥
K_{tgs}	认证服务器 AS 和票据授权服务器共享的密钥
$K_{c,tgs}$	由认证服务器 AS 所产生的一个会话密钥,用来让客户端和票据授权服务器 TGS 通信
$K_{c,s}$	由 TGS 传给客户端,让客户端能够与服务器端加解密资料的密钥
E_{Kc}	表示信息使用密钥 K_c 加密
E_{Ktgs}	表示信息使用密钥 K_{tgs} 加密
$E_{Kc,tgs}$	表示信息使用密钥 $K_{c,tgs}$ 加密
$Ticket_{tgs}$	客户端用来与 TGS 通信用的票据
$Ticket_s$	客户端与服务器通信用的票据
AD_c	一个客户端所在位置的 IP 地址,用来代表谁能使用此票据

6.1.4　零知识证明

　　通常的身份认证都要求传输密码或身份信息(尽管是加密传输)。如果不传输这些信息,身份也能得到证明就好了,这就需要零知识证明技术(the proof of zero knowledge)。

　　用 P 表示示证者,用 V 表示验证者,P 试图向 V 证明自己知道某信息。一种方法是 P 说出这一信息使 V 相信,这样 V 也知道了这一信息,这是基于知识的证明;另一种方法是使用某种有效的数学方法,使得 V 相信他掌握这一信息,却不泄露任何有用的信息,这种方法称为零知识证明。

　　下面是用一个故事来说明零知识证明:

　　P:"我知道主系统计算机的密码"。

　　V:"不,你不知道"。

　　P:"我知道"。

　　V:"你不知道!"

　　P:"我确实知道!"

　　V:"请你证实这一点!"

　　P:"好吧,我告诉你!"(她悄悄地说出了密码)。

　　V:"太有趣了! 现在我也知道了。我要进入主计算机。"

　　P 要证明一些事情给 V 看的通常方法是 P 告诉 V。但这样一来 V 也知道了这些事情。现在,V 就可以告诉他想要告诉的其他人,而且 P 对此毫无办法。

P 可使用单向函数进行零知识证明。这个协议向 V 证明 P 确实拥有某个信息,但却没有给予 V 这个信息的内容。

这个证明过程采取了交互式协议的形式。V 问 P 一系列问题,如果 P 知道那个信息,她就能正确地回答所有问题,如果她不知道,她仍有正确回答的机会——在如下例子中有 50% 的机会。大约在十个问题之后,将使 V 确信 P 知道那个信息。然而,所有的问题或回答都没有给 V 提供关于 P 所知信息的任何信息。

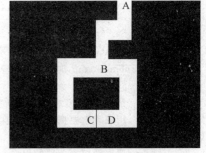

可以用一个关于洞穴的故事解释零知识,如图 6-11 所示,洞穴里面有一个秘密咒语,只有知道咒语的那些人能打开 C 和 D 之间的密门。

图 6-11　零知识洞穴

P 知道这个洞穴的秘密。她想对 V 证明这一点,但她不想泄露咒语。下面是她如何使 V 相信的过程:

(1) V 站在 A 点。

(2) P 一直走进洞穴,到达 C 点或 D 点。

(3) 在 P 消失在洞穴中之后,V 走到 B 点。

(4) V 向 P 喊叫,要她从左通道出来,或者从右通道出来。

(5) P 答应了,如果有必要她就用咒语打开密门。

(6) P 和 V 重复步骤(1)~(5) n 次。

若 P 不知咒语,只有 50% 的机会猜中 V 的要求,协议执行 n 次,则只有 2^{-n} 的机会完全猜中,若 $n=16$,则若每次均通过 V 的检验,V 受骗机会仅为 1/65 536。

这种思想转化为数学问题,很容易用大数分解问题或离散对数问题来实现。下面介绍一种最简单的零知识证明数学实现。

假如 P 想说服 V,使 V 相信她确实知道 n 的因子 p 和 q,但不能告诉 V,最简单的步骤是:

(1) V 随机选择一整数 x,计算 $x^4 \bmod n$ 的值,并告诉 P。

(2) P 求 $x^2 \bmod n$ 并将它告诉 V。

(3) V 验证 $x^4 \bmod n$。

V 知道求 $x^2 \bmod n$ 等价于 n 的因数分解,若不掌握 n 的因数 p 和 q,求解是很困难的。

6.2　数字签名

消息认证用以保护双方之间的数据交换不被第三方侵犯,但它并不保证双方自身的相互欺骗。假定 A 发送一条包含认证码的消息给 B,他们之间仍然可能存在争议,例如 A 可以否认发过该消息,B 无法证明 A 确实发了该消息。另外 B 也可以伪造一个不同的消息,但声称是从 A 收到的。也就是说,虽然保证了信息的完整性,但无法保证信息的抗否认性。

在现实生活中,这种情况同样存在,所以在人们的工作和生活中,许多事物的处理需要当事者签名。例如,商业合同、政府部门的文件、财务的凭证等都需要当事人的签名。签名起到确认、核准、生效和负责等多种作用。

实际上,签名是证明当事者身份和数据真实性的一种信息,具有保证信息的真实性和完整性的功能。在传统的以书面文件为基础的事务处理中,采用书面签名的方式,如手印、签字、印章等。书面签名得到司法部门的支持和承认,具有一定的法律效力。在以计算机文件为基础的现代事务处理中,应采用电子形式的签名,即数字签名(digital signature),它是一种防止源点或终点抵赖的鉴别技术,用于防范通信双方的欺骗。

数字签名利用公钥密码体制进行,其安全性取决于密码体制的安全程度。

在中国,数字签名是具法律效力的,正在被普遍使用。2000 年,中华人民共和国的新《合同法》首次确认了电子合同、电子签名的法律效力。2005 年 4 月 1 日起,中国首部《电子签名法》正式实施。

6.2.1　数字签名原理

1. 数字签名须满足的要求

在传统文件中,手写签名长期以来被用做用户身份的证明,或表明签名者同意文件的内容。实际上,签名体现了以下几个方面的保证:

(1) 签名是可信的。签名使文件的接收者相信签名者是慎重地在文件上签名的。

(2) 签名是不可伪造的。签名证明是签字者而不是其他的人在文件上签字。

(3) 签名不可重用。签名是文件的一部分,不可能将签名移动到不同的文件上。

(4) 签名后的文件是不可变的。在文件签名以后,文件就不能改变。

(5) 签名是不可抵赖的。签名和文件是不可分离的,签名者事后不能声称他没有签过这个文件。

手印、签名、印章等传统的书面签名基本上满足以上条件,所以得到司法部门的支持。因为一个人不能彻底伪装自己的笔迹,同时也不能逼真地模仿其他人的笔迹,而且公安部门有专业的机构进行笔迹鉴别。公章的刻制和使用都受到法律的保护和限制,刻制完全相同的两枚印章是做不到的,因为雕刻属于金石艺术,每个雕刻师都有自己的艺术风格,和笔迹一样,要彻底伪装自己的风格和逼真模仿别人的风格是不可能的。人的指纹具有非常稳定的特性,终身不变,据专家计算,大约 50 亿人才会有一例相同的。

而在计算机上进行数字签名并使这些保证能够继续有效则还存在一些问题。有人可能会考虑到将自己手写的签名扫描到计算机中,在需要签名的地方将其粘贴上去。这种方法实际是存在问题的。

首先,计算机文件易于复制,即使某人的签名难以伪造,但是将有效的签名从一个文件剪辑和粘贴到另一个文件是很容易的。这就使这种签名失去了意义。

其次,文件在签名后也易于修改,并且不会留下任何修改的痕迹。

所以,简单扫描手写签名是不能满足要求的。目前,人们对数字签名的要求是:要保证能够验证作者及其签名的日期时间;必须能够认证签名时刻的内容;签名必须能够由第三方验证,以解决争议。

根据这些特征,为了方便使用,更进一步的要求如下:

(1) 依赖性:签名的产生必须依赖于被签名的信息。

(2) 唯一性：签名必须使用某些对发送者来说是唯一的信息,以防止双方的伪造与否认。

(3) 可验性：必须相对容易识别和验证该数字签名。

(4) 抗伪造：伪造该数字签名在计算上是不可行的,根据一个已有的数字签名构造消息是不可行的；对一个给定消息伪造数字签名是不可行的。

(5) 可用性：在存储器中保存一个数字签名副本是现实可行的。

人们利用公钥密码体制产生数字签名。用户用自己的私钥对原始数据的散列值进行加密,所得的数据即为数字签名。信息接收者使用信息发送者的公钥对附在原始信息后的数字签名进行解密后获得散列值,并通过与自己收到的原始数据产生的散列值对照,便可确认原始信息是否被篡改。这样就保证了消息来源的真实性和数据传输的完整性。

实际上在前一章讲述散列函数时,读者已经了解了这种方法,它在本章被称作数字签名。

有几种公钥算法都能用做数字签名,这些公钥算法的特点是不仅用公钥加密的消息可以用私钥解密,而且反过来用私钥加密的消息也可以用公钥解密。

2. 签名方法

从协议上区分,数字签名可以分为直接数字签名方法和仲裁数字签名方法。

1) 直接数字签名

先来看直接数字签名方法,其基本协议非常简单：

(1) A 用她的私钥对文件加密,从而对文件签名。

(2) A 将签名后的文件传给 B。

(3) B 用 A 的公钥解密文件,如果能够顺利地解出明文,则表示签名验证成功。

一方面,保证了文件在签名后不会被修改；另一方面,A 不可否认自己对这份文件的义务和责任。

在实际过程中,这种做法的效率太低了。假设 A 传送的文件非常庞大,那么对整份文件进行加密就太浪费时间和资源了。并且有时候文件内容并不需要保密,例如政府的公告等。所以,数字签名协议常常与散列函数一起使用。A 并不对整个文件签名,而是只对文件的散列值签名。数字签名协议原理如图 6-12 所示。

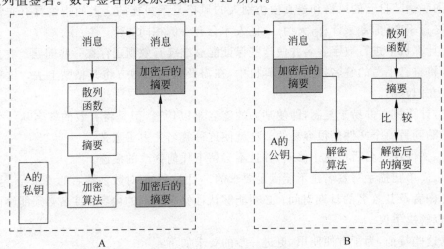

图 6-12　数字签名协议原理

在下面的协议中,散列函数和数字签名算法是事先协商好的:

(1) A 产生文件的散列值。

(2) A 用她的私钥对散列值加密,以此表示对文件的签名。

(3) A 将文件和签名送给 B。

(4) B 用 A 发送的文件产生文件的散列值,同时用 A 的公钥对签名的散列值解密。如果签名的散列值与自己产生的散列值匹配,则签名是有效的。

采用这种方式,既保证了信息的完整性,又保证了信息的抗否认性,如果还需要保证信息的保密性,则可以加入对称或者非对称的加密方式。

由于两个不同的文件具有相同的 160 位散列值的概率为 $1/2^{160}$,所以在这个协议中使用散列函数的签名与使用文件的签名是一样安全的。

以上的协议属于直接数字签名,这种签名方法只牵涉通信方。它假定接收方知道发送方的公钥。签名通过使用发送方的私钥加密来产生。但这种体制有个共同的弱点:方案的有效性依赖于发送方私钥的安全性。

如果发送方随后想否认发送过某个签名消息,他可以声称用来签名的私钥丢失或被盗用,并有人伪造了他的签名。通常需要采用与私钥安全性相关的行政管理控制手段制止这种情况,但威胁依然存在。

改进的方式:如可以要求被签名的信息包含一个时间戳(日期与时间)。但同样存在问题:A 的私钥确实在时间 T 被窃取,敌手可以伪造 A 的签名及早或等于时间 T 的时间戳。

为了解决直接数字签名中存在的问题,引入了仲裁者。

2) 仲裁数字签名

从发送方 A 到接收方 B 的签名消息首先送到仲裁者 S,S 对消息及其签名进行一系列测试,以检查其来源和内容,然后将消息加上日期并与已被仲裁者验证通过的指示一起发给 B。

仲裁者在这一类签名模式中扮演敏感和关键的角色。所有的参与者必须极大地相信这一仲裁机制工作正常。

下面讨论三种仲裁数字签名的实现方法,约定 X 是发送方,Y 是接收方,A 是仲裁者。

方法一:

(1) $X \rightarrow A$: $M \parallel E_{K_{XA}}[ID_X \parallel H(M)]$;

(2) $A \rightarrow Y$: $E_{K_{AY}}[ID_X \parallel M \parallel E_{K_{XA}}[ID_X \parallel H(M)] \parallel T]$。

其中,E 是单钥加密算法;K_{XA} 和 K_{AY} 是 A 分别与 X 和 Y 的共享密钥;M 是消息;T 是时间戳;ID_X 是 X 的身份;$H(M)$ 是 M 的 Hash 值。

在(1)中,X 以 $E_{K_{XA}}[ID_X \parallel H(M)]$ 作为自己对 M 的签名,将 M 及签名发往 A。

在(2)中 A 将从 X 收到的内容和 ID_X、T 一起加密后发往 Y,其中的 T 用于向 Y 表示所发的消息不是旧消息的重放。Y 对收到的内容解密后,将解密结果存储起来以备出现争议时使用。

如果出现争议,Y 可声称自己收到的 M 的确来自 X,并将 $E_{K_{AY}}[ID_X \parallel M \parallel E_{K_{XA}}[ID_X \parallel H(M)]]$ 发给 A,由 A 仲裁,A 用 K_{AY} 解密后,再用 K_{XA} 对 $E_{K_{XA}}[ID_X \parallel H(M)]$ 解密,并对 $H(M)$ 加以验证,从而验证了 X 的签名。

　　显然,此方法不提供对消息 M 的保密。不过稍做修改即可提供保密功能,见方法二。

　　方法二:

　　(1) X→A: $\mathrm{ID_X} \| E_{K_{XY}}[M] \| E_{K_{XA}}[\mathrm{ID_X} \| H(E_{K_{XY}}(M))]$;

　　(2) A→Y: $E_{K_{AY}}[\mathrm{ID_X} \| E_{K_{XY}}[M] \| E_{K_{XA}}[\mathrm{ID_X} \| H(E_{K_{XY}}(M))] \| T]$。

其中,K_{XY} 是 X 和 Y 的共享密钥。这里,$E_{K_{XA}}[\mathrm{ID_X} \| H(E_{K_{XY}}(M))]$ 就是 X 对 M 的数字签名。

　　显然,这个方案提供了对 M 的保密性。但是,和前一方案相同,仲裁者可和发送方共谋否认发送方曾发过的消息,也可和接收方共谋产生发送方的签名。为了解决这个问题,可以采用方法三。

　　方法三:

　　(1) X→A: $\mathrm{ID_X} \| E_{SK_X}[\mathrm{ID_X} \| E_{PK_Y}[E_{SK_X}[M]]]$;

　　(2) A→Y: $E_{SK_A}[\mathrm{ID_X} \| E_{PK_Y}[E_{SK_X}[M]] \| T]$。

其中,SK_X 是 X 的私钥,PK_Y 是 Y 的公钥。

　　在(1)中,X 用自己的私钥 SK_X 和 Y 的公钥 PK_Y 对消息加密后作为对 M 的签名,以这种方式使得任何第三方(包括 A)都不能得到 M 的明文消息。

　　A 收到 X 发来的内容后,用 X 的公钥可对 $E_{SK_X}[\mathrm{ID_X} \| E_{PK_Y}[E_{SK_X}[M]]]$ 解密,并将解密得到的 $\mathrm{ID_X}$ 与收到的 $\mathrm{ID_X}$ 加以比较,从而可确信这一消息是来自于 X 的(因只有 X 有 SK_X)。

　　在(2)中,A 将 X 的身份 $\mathrm{ID_X}$ 和 X 对 M 的签名加上一个时间戳后,再用自己的私钥加密后发往 Y。

　　与前两种方法相比,第三种方法有许多优点。首先,在协议执行以前,各方都不必有共享的信息,从而可防止共谋;其次,只要仲裁者的私钥不被泄露,任何人包括发送方都不能发送重放的消息;最后,对任何第三方(包括 A)来说,X 发往 Y 的消息都是保密的。当然,功能越齐全,付出的通信成本也越高。

6.2.2　数字签名算法

　　数字签名的算法很多,应用最为广泛的三种是 RSA 签名、DSS 签名和基于 ECC 密码体制的 ECDSA 数字签名。

1. RSA 数字签名

　　假定 RSA 的公钥密码系统已经建立,若用户 A 要对某报文(或其他文件或数据分组)实现数字签名,并发送给 B(B 可能是用户,也可能是仲裁中心),则数字签名算法如下:

　　1) 签名的实现

　　用户 A 使用自己的私钥 SK_A 对报文进行解密运算形成了签名,然后将报文和签名一起发送出去。也就是签名 $S_A = D(M, SK_A) = (M^d) \bmod n$。

　　不过一般使用的方式是对明文的散列值进行加密: $S_A = D(H(M), SK_A)$。

　　实际上是用私钥对明文或者散列值进行解密运算的过程。注意,这里说的"解密运算",并不是指将密文转换为明文的过程,而应该理解为一种广义的转换运算。

2) 签名的验证

接收方 B 将接收到的签名用发送方 A 的公钥进行加密运算得到 $E(S_A, PK_A) = (S_A)^e \bmod n = M$。同样,这里的"加密运算"也应该理解为一种广义的转换运算。如果是对散列值进行加密,则 $E(S_A, PK_A) = (S_A)^e \bmod n = H(M)$。并且用相同的散列函数处理接收到的报文得到新的散列码,若这个散列码和解密的签名相匹配,则认为签名是有效的,否则认为报文被篡改或受到攻击者欺骗。这是因为只有发送方知道自己的私钥,因此只有发送方才能产生有效的签名。RSA 的签名方案如图 6-13 所示。

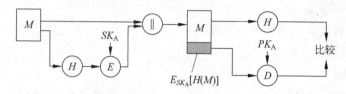

图 6-13　RSA 签名方案

2. DSS 数字签名

美国国家标准技术研究所于 1994 年颁布了联邦信息处理标准 FIPS 186,称为数字签名标准(DSS)。DSS 给出了一种新的数字签名方法,即数字签名算法 DSA,签名的对象是安全散列算法 SHA 对消息 M 计算出来的散列值。DSS 最初提出于 1991 年,1993 年根据公众对于其安全性的反馈意见进行了修改,1996 年又稍做修改。2000 年发布了该标准的扩充版,即 FIPS 186-2。

和 RSA 不同的是,DSS 使用的是只提供数字签名的算法。不用于加密或者密钥分配。

在 RSA 方法中,散列函数的输入是要签名的消息,输出是定长的散列值,用发送方的私钥对该散列值加密形成签名,然后发送消息和签名。接收方用发送方的公钥对签名解密以验证签名。

DSS 方法也使用散列函数,它产生的散列值和为此次签名而产生的随机数 k 作为签名函数的输入,签名函数依赖于发送方的私钥 K_{Ra} 和一组参数,这些参数为一些通信伙伴所共有,可以认为这组参数构成全局公钥 K_{Ug}。对于不同的用户,这些附加参数可以不同。在实际应用中,更可能的情况是将全局公钥与每个用户的公钥分开使用。

签名由两部分组成,标记为 s 和 r。

接收方对接收到的消息产生散列值,这个散列值和签名一起作为验证函数的输入,验证函数依赖于全局公钥和发送方公钥,若验证函数的输出等于签名中的 r 成分,则签名是有效的。签名函数保证只有拥有私钥的发送方才能产生有效签名。

下面讨论数字签名算法 DSA。DSA 建立在求离散对数的困难性之上,DSA 算法的具体签名过程如下:

1) 密钥的产生

(1) 产生全局公钥 (p, q, g)。

选取素数 p,其中 $2^{L-1} < p < 2^L$,$512 \leqslant L \leqslant 1024$,且 L 为 64 的倍数,即 L 的位长在 512 和 1024 之间且按 64 位递增。

选取 q,$(p-1)$ 的素因子,其中 $2^{159} < q < 2^{160}$,即位长为 160 位。

选取 $g,g=h^{(p-1)/q} \bmod p$，其中 h 是满足 $1<p<(p-1)$ 并且 $h^{(p-1)/q} \bmod p>1$ 的任何整数。

这三个公开参数归一组用户所共有。

(2) 产生用户私钥 x。

选定以上的参数后，用户选择私钥。

选择私钥 x，随机或伪随机整数，且 $0<x<q$。

(3) 产生用户公钥 y。

计算 $y,y=g^x \bmod p$。

(4) 与用户每条消息相关的秘密值 k。

选择 k，随机或伪随机整数，且 $0<k<q$。

2) 签名过程

计算签名：$s=f_1(H(M),k,x,r,q)=(k^{-1}(H(M)+xr)) \bmod q$；

$r=f_2(k,p,q,g)=(g^k \bmod p) \bmod q$。

签名 $=(r,s)$。

3) 验证签名

计算 $w=f_3(s',q)=(s')^{-1} \bmod q$；

$u1=(H(M) \times w) \bmod q$；

$u2=(rw) \bmod q$；

$v=f_4(y,q,g,H(M),w,s')=((g^{u1}y^{u2}) \bmod p) \bmod q$；

如果 $v=r'$，则签名是有效的。

M'、r'、s' = 接收到的 M、r、s。

DSS 的数字签名过程如图 6-14 所示。

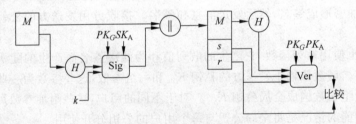

图 6-14　DSS 签名方案

其中，H 是散列算法；PK_G 是全局公钥，包括 p、q、g 三个参数；SK_A 是签名方的私钥 x；k 是随机数；Sig 是签名算法；PK_A 是签名方的公钥；Ver 是验证算法。

由于求离散对数的困难性，攻击者从 r 恢复出 k 或从 s 恢复出 x 都是不可行的。

注意：产生签名过程中需要进行复杂的指数运算 $g^k \bmod p$，但由于它不依赖于被签名的消息，因此可以预先计算。实际上，用户甚至可以根据需要预先计算许多个用于签名的 r。唯一负责的是确定乘法逆元 k^{-1}。

3. 其他数字签名

另外还有一些其他特殊的签名：

（1）不可否认签名：对于不可否认签名，在得不到签名者配合的情况下其他人不能正确地对签名进行验证，从而可以防止非法复制和扩散签名者所签署的文件。这对保护软件等电子出版物的知识产权有积极意义。只有授权用户才能验证签名并得到软件开发者的服务，而非法复制者不能验证签名，从而无法获取服务。

（2）盲签名：需某个人对某数据签名，而又不能让他知道数据的内容。在无记名投票选举和数字化货币系统中往往需要这种盲签名，因此盲签名在电子商务和电子政务系统中有着广泛的应用前景。它和普通签名相比有两个特点，一个是签名者不知道所签署的数据内容，另一个是在签名被接收者泄露后，签名者不能追踪签名。

第7章 密钥管理

根据近代密码学观点,密钥体制的安全应当只取决于密钥的安全,而不取决于对密码算法的保密。因此密钥管理是至关重要的。

密钥管理历来就是一个很复杂的问题,在计算机网络环境中,由于用户和结点很多,因此需要使用大量的密钥,而且需要经常更换,其产生、存储、分配都是极大的问题,既包含一系列的技术问题,又包含许多管理问题和人员素质问题,需要一套妥善的管理方法。每一个环节都必须谨慎,否则会带来意想不到的损失。历史表明,从密钥管理的途径窃取秘密比单纯的破译所花的代价要小得多。

假如分析人员能从粗心的密钥管理程序中很容易找到密钥,他何必为破译而操心烦恼呢?如果花一千元能贿赂一个密钥管理人员,何必花一千万去制造一台破译机器呢?另外还可以偷到密钥,也可以绑架知道密钥的人。总之,在人身上找到漏洞比在密码体制中找到漏洞更容易。

所以,人们必须像保护他们的数据那样保护他们的密钥。如果一个密钥不经常更改,那么分析者有可能在很小的代价下获得大量的有价值的数据。

从技术上讲,密钥管理包括密钥的产生、存储、分配、组织、使用、更换和销毁等一系列技术问题。每个密钥都有其生命周期,密钥管理就是对整个生命周期的各个阶段进行管理。密钥体制不同,其管理方法也不同。

密钥管理是数据加密技术中的重要一环,其目的是确保密钥的安全性(真实性和有效性)。一个好的密钥管理系统应该做到:

(1) 密钥难以被窃取。

(2) 在一定条件下窃取了密钥也没有用,密钥有使用范围和时间的限制。

(3) 密钥的分配和更换过程对用户透明,用户不一定要亲自掌管密钥。

另外需要说明的是,对称密码体制的密钥管理和非对称密码体制的密钥管理是完全不同的。

7.1 对称密码体制的密钥管理

对称密码体制的加密钥等于解密钥,因此密钥的秘密性、真实性和完整性必须同时保护。这就带来了密钥管理方面的复杂性。对于大型网络系统,由于所需要的密钥种类和数量都很多,因此密钥管理尤其困难。著名的 DES 的颁布和广泛应用,促使人们对传统密码管理理论和技术进行研究,于是 ANSI 颁布了 ANSI X9.17 金融机构密钥管理标准,为 DES、AES 等商业密码的应用提供了密钥管理指导。

7.1.1　密钥分级

密钥分为初级密钥、二级密钥和主密钥。ANSI X9.17 支持这种三级密钥组织。

1. 初级密钥

初级密钥是真正用于加解密数据的密钥,根据其使用范围不同其称呼有所差别。例如,用于通信保密的初级密钥为初级通信密钥,用于文件保密的称为初级文件密钥,用于通信会话保密的称为初级会话密钥。

初级密钥可由系统应实体请求通过硬件或软件的方式产生,也可以由用户自己提供。初级通信密钥和初级会话密钥原则上采用一个密钥只使用一次的“一次一密”方式。也就是说,初级通信密钥和初级会话密钥仅在两个应用实体之间交换数据的时候才存在,生存周期很短。初级文件密钥与其所保护的文件有一样长的生存周期。

初级密钥在系统中不能以明文形式保存,必须用更高级的密钥进行加密保存。

2. 二级密钥

二级密钥用于保护初级密钥。当二级密钥用于保护初级通信密钥时称为二级通信密钥,用于保护初级文件密钥时称为二级文件密钥。

二级密钥可由系统应专职密钥安装人员的请求,由系统自己产生,也可由专职密钥安装人员提供。二级密钥的生存周期一般较长。同样,二级密钥也不能以明文形式保存在系统中,必须接受更高级密钥的保护。

3. 主密钥

主密钥是密钥管理方案中的最高级密钥,用于对二级密钥进行保护。

主密钥由密钥专职人员随机产生,并妥善安装。主密钥的生存周期很长。

7.1.2　密钥生成

算法的安全性依赖于密钥,如果采用一个弱的密钥生成方法,那么整个体制是弱的。因为能破译密钥生成算法,所以攻击者就不需要试图去破译加密算法了。

好密钥指那些由自动处理设备生成的随机的二进制数。如果密钥为 64 位长,产生每一个可能的 64 位密钥必须具有相同的可能性。这些密钥要么从可靠的随机源中产生(例如抛硬币或噪音发生器),要么从安全的伪随机比特发生器中产生。同时要有好的加密算法和密钥管理程序。

许多加密算法有弱的密钥。例如,DES 在每 256 个密钥中会有 16 个弱密钥。

对公钥密码体制来说,生成密钥更加困难,因为密钥必须满足某些数学特征(必须是素数的,是二次剩余的等),而且从密钥管理的观点看,密钥发生器的随机种子也必须是随机的。

对密钥的一个基本要求就是具有良好的随机性,这主要包括长周期性、非线性、统计意义上的等概率性以及不可预测性等。一个真正的随机序列是不可再现的,任何人都不能再次产生它。高效地产生高质量的真随机序列不是一件容易的事情。因此,有实际意义的是针对不同的情况采用不同的随机序列。例如,对于主密钥,则应当采用高质量的真随机序列。而对于初级密钥,并不需要一定采用真随机序列,采用足够随机的伪随机序列就可以了。

1. 主密钥的产生

主密钥是密码系统中的最高级密钥,用它对其他密钥进行保护,而且生存周期长,因此它的产生要格外小心。

主密钥应当是高质量的真随机序列。真随机数应该从自然界的随机现象中提取产生,一般原理是将自然界的随机模拟信号经适当处理,再数字化后得到。理论上随机源的选择具有一定的自由度,可以根据不同的应用选择不同的随机源。但适合用做密钥的并不多,有些自然随机现象产生的随机序列并不好。因此,有时候采用真随机和伪随机相结合的方法来产生高质量的随机数作为主密钥。

真随机数的产生常采用物理噪声源的方法。主要有基于力学的噪声源和基于电子学的噪声源。基于力学的噪声源常利用硬币和骰子抛撒落地的随机性产生密钥,但效率低,已经很少使用。基于电子学噪声源的密钥产生技术是目前最主要的密钥产生技术。例如利用电子方法对噪声器件(如 MOS 晶体管、稳压二极管、电阻等)的热噪声进行放大、滤波、采样、量化后产生出随机密钥,并制成随机数产生器芯片。

2. 二级密钥的产生

可以像产生主密钥那样产生真正随机的二级密钥。特别是利用真随机数产生器芯片产生二级密钥也是比较方便的。

另外使用主密钥和一个强的密码算法产生二级密钥也是可以的。一个强的密码算法可以用做一个具有良好随机性的随机数产生器。

3. 初级密钥的产生

为了安全和简便,通常把随机数视为受高级密钥(主密钥或二级密钥)加密后的初级密钥。因此,随机数被解密后得到初级密钥。

7.1.3　密钥的存储与备份

密钥的安全存储是密钥管理中的一个十分重要的环节,而且也是比较困难的一个环节。所谓密钥的安全存储就是要确保密钥在存储状态下的秘密性、真实性和完整性。安全可靠的存储介质是密钥安全存储的物质条件,安全严密的访问控制机制是密钥安全存储的管理条件。只有当这两个条件同时具备时,才能确保密钥的安全存储。

密钥安全存储的原则是不允许密钥以明文形式出现在密钥管理设备之外。

为了进一步确保密钥和加密数据的安全,对密钥进行备份是必要的。目的是一旦密钥遭到毁坏,可利用备份的密钥恢复原来的密钥或被加密的数据,避免造成损失。密钥备份本质上也是一种存储。

密钥的存储形态有明文形态、密文形态、分量形态三种。

明文形态即密钥以明文形式存储。

密文形态即密钥被加密后存储。

分量形态指密钥以分量的形式存储,密钥分量不是密钥本身,而是用于产生密钥的部分参数,只有在所有密钥分量共同作用下才能产生出真正的密钥,而且只知道其中一个或部分分量,无法求出其他分量。“秘密分拆”是实现密钥以分量形态存储的重要方法。

例如,将密钥 K 分拆为 4 个分量,可以首先选择 3 个和 K 一样长的随机比特串 R、S、T,然后用这三个随机串和 K 异或得到 U ＝K⊕R⊕S⊕T,这里 R、S、T、U 就是密钥 K 的 4 个分量,可将它们在不同的物理位置存储,而原密钥 K 则可以销毁。显然,这 4 个分量本身并不代表什么,即便攻击者获取了其中的 3 个分量,也不能恢复出原密钥 K。当需要用到密钥 K 时,则可以通过 K ＝U⊕R⊕S⊕T 来恢复。

1. 密钥存储

不同级别的密钥应采用不同的存储形态,密钥的不同形态应当采用不同的存储方式。

1) 主密钥的存储

主密钥是最高级别的密钥,主要用于对二级密钥和初级密钥进行保护。主密钥的安全性要求最高,而且生存周期很长,需要采用最安全的方法存储。

由于主密钥是最高级别,所以只能用明文形式存储,否则就不能工作。这就要求存储器必须是高度安全的,不但物理上安全,而且逻辑上安全。通常是将其存储在专用密码装置中。

2) 二级密钥的存储

二级密钥可以以明文形式存储也可以用密文形式存储。如果以明文形式存储,则和主密钥一样,必须存放在专用密钥装置中。如果以密文形式存储,则对存储器要求降低。通常采用以高级密钥加密的形式存储二级密钥。这样可以减少明文形态密钥的数量,便于管理。

3) 初级密钥的存储

初级文件密钥和初级会话密钥是两种不同性质的初级密钥,因此存储方法也有所不同。

由于初级文件密钥的生命周期与受保护的文件的生命周期一样长,有时会很长,所以初级文件密钥需要妥善地存储。初级文件密钥一般采用密文形式存储,通常采用以二级文件密钥加密的形式存储初级文件密钥。

由于初级会话密钥按“一次一密”的方式工作,使用时动态产生,使用完毕后立即销毁,生命周期很短。因此初级会话密钥的存储空间是工作存储器,应当确保工作存储器的安全。

2. 密钥备份

密钥的备份是确保密钥和数据安全一种有备无患的方式。备份的方式有多种,除了用户自己备份以外,也可以交由第三方进行备份,还可以以密钥分量形态委托密钥托管机构备份。有了备份,在需要时可以恢复密钥,从而避免损失。

不管以什么方式进行备份,密钥的备份应该遵循以下原则:

(1) 密钥的备份应当是异设备备份,甚至是异地备份。如果是同设备,当密钥存储设备出现故障时,备份的密钥也将毁坏,因此不能起到备份的作用。异地备份可以避免因场地被攻击而使密钥和备份密钥同时被损。

(2) 备份的密钥应当受到与存储密钥一样的保护,包括物理的安全保护和逻辑的安全保护。

(3) 为了减少明文形态的密钥数量,一般采用高级密钥保护低级密钥的方式来进行备份。

(4) 对于高级密钥,不能以密文形态备份。为了进一步增强安全,可采用多个密钥分量的形态进行备份。每一个密钥分量应分别备份到不同的设备或不同的地点,并且分别指定专人负责。

(5) 密钥的备份应当方便恢复,密钥的恢复应当经过授权而且要遵循安全的规章制度。

(6) 密钥的备份和恢复都要记录日志,并进行审计。

7.1.4　密钥分配

密钥的分配指产生密钥并将密钥传送给使用者的过程。密钥的传送分集中传送和分散传送两类。集中传送指将密钥整体传送,这时需要使用主密钥来保护会话密钥的传递,并通过安全渠道传递主密钥。分散传送指将密钥分解成多个部分,用秘密分享的方法传递,只要有部分到达就可以恢复,这种方法适用于在不安全的信道中传输。

1. 主密钥的分配

主密钥的安全性要求最高,而生存周期很长,需要采取最安全的分配方法。一般采用人工分配主密钥,由专职密钥分配人员分配并由专职安装人员妥善安装。

2. 二级密钥的分配

在主密钥分配并安装后,二级密钥的分配就容易解决了。

一种方法是像分配主密钥那样,由专职密钥分配人员分配并由专职安装人员安装。虽然这种人工分配的方法很安全,但效率低,不适应计算机网络环境的需求。

另一种方法是直接利用已经分配安装的主密钥对二级密钥进行加密保护,并利用计算机网络自动传输分配。在发送端用主密钥对二级密钥进行加密,把密文传送给对方,对方用主密钥解密得到二级密钥,并妥善安装存储,如图 7-1 所示。其中,K_{NC} 是要分配的二级密钥,K_M 是已分配并安装的主密钥。

图 7-1　二级密钥的分配

3. 初级密钥的分配

由于初级密钥按"一次一密"的方法工作,生命周期很短,而对其产生和分配的速度却要求很高。为了安全和方便,通常总是把一个随机数直接视为一个初级密钥被高级密钥(主密钥或者二级密钥,通常为二级密钥)加密之后的结果,这样初级密钥一产生就是密文形式。注意,这个随机数要在被解密之后才是真正的初级密钥。

　　因此初级密钥的分配就变得很简单,发送方直接把随机数(密文形式的初级密钥)通过计算机网络传给对方,接收端用高级密钥解密获取初级密钥,分配过程如图 7-2 所示。其中,RN 是随机数,K_{NC} 是二级密钥,K_C 是初级密钥。

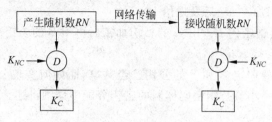

图 7-2　初级密钥的分配

　　实际在传送过程中,还要考虑到传送内容可能会被截获、伪造、篡改,所以要构建恰当的协议防止这些攻击。

4. 利用公钥密码体制分配

　　利用公钥密码体制分配对称密码的会话密钥,再利用对称密码的会话密钥对会话进行加密保护,将公钥密码的方便性和传统密码的快速性结合,是一种较好的密钥分配方法。这种方法已得到国际标准化组织的采纳,并且在许多国家得到使用。

　　当 A 要和 B 通信时,A 产生一对公钥-私钥对,并向 B 发送产生的公钥和 A 的身份。B 收到 A 的消息后,产生会话密钥 Ks,用产生的公钥加密后发送给 A。A 用私钥解密得到会话密钥 Ks。此时,A 和 B 可以用会话密钥 Ks 采用对称密码通信。之后 A 销毁此次产生的公钥-私钥对,B 销毁从 A 得到的公钥。

　　这个过程如图 7-3 所示。

　　(1) A 向 B 发送自己产生的公钥和 A 的身份。

　　(2) B 收到消息后,产生会话密钥 Ks,用公钥加密后传送给 A。

　　(3) A 用私钥解密后得到 Ks。

　　这个方法虽然简单,但是容易受到敌手的攻击,如有人可以冒充 A 产生密钥;也有人可能冒充 B 产生密钥;也有可能消息在发送过程中受到篡改。

　　例如,当 A 向 B 发送自己产生的公钥和 A 的身份时,攻击者 C 在中途截获了这些信息,C 对信息进行篡改,把 C 的公钥和 A 的身份发送给 B。当 B 产生会话密钥 Ks,用公钥(实际上是 C 的公钥)加密后传送给 A 时,C 在中途截获这些信息,并用自己的私钥解密后获取会话密钥 Ks,然后用 A 的公钥加密 Ks 发送给 A。这样 C 就成功获取了 A 和 B 的会话密钥,可以破解他们之间的通信了。

　　所以,对这种密钥分配方案做进一步优化,可得到具有保密性和认证的分配方法,如图 7-4 所示。

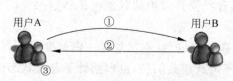

图 7-3　利用公钥密码体制分配会话密钥

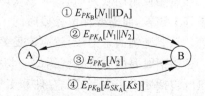

① $E_{PK_B}[N_1 \| \mathrm{ID_A}]$
② $E_{PK_A}[N_1 \| N_2]$
③ $E_{PK_B}[N_2]$
④ $E_{PK_B}[E_{SK_A}[Ks]]$

图 7-4　具有保密和认证功能的密钥分配

假定 A 和 B 的公钥已经共享：

(1) A 用 B 的公钥加密 A 的身份和一个一次性随机数 N_1 后发送给 B。

(2) B 解密得到 N_1，并用 A 的公钥加密 N_1 和另外一个随机数 N_2 发送给 A。

(3) A 用 B 的公钥加密 N_2 后发送给 B。

(4) A 选择一个会话密钥 Ks，用 A 的私钥加密后再用 B 的公钥加密，发送给 B，B 用 A 的公钥和 B 的私钥解密得 Ks。

在这个方法中，需要假定 A 和 B 的公钥已经共享，而如何实现公钥的共享其实也是一个复杂的问题，将在下一小节公钥密码体制的密钥分配中详细讲述。

7.1.5　密钥的更新

密钥的更新是密钥管理中非常麻烦的一个环节，必须周密计划、谨慎实施。当密钥的使用期限已到，或怀疑密钥泄露时，密钥必须更新。密钥更新是密码技术的一个基本原则。密钥更新越频繁就越安全，但同时也越麻烦。

1. 主密钥的更新

主密钥是最高级密钥，它保护二级密钥和初级密钥。主密钥的生命周期最长，因此由于使用期限到期而更换主密钥的时间间隔很长。更新时必须重新安装，安全要求与初次安装一样。值得注意的是，主密钥的更新将要求受其保护的二级密钥和初级密钥都要更新。因此主密钥的更新是很麻烦的。

2. 二级密钥的更新

当二级密钥使用期限到期或因为泄露需要更换时，要重新产生二级密钥，并且妥善安装。同样也要求受其保护的初级密钥更新。

3. 初级密钥的更新

初级会话密钥采用"一次一密"的方式工作，所以更新是非常容易的。

初级文件密钥更新要麻烦得多，将原来的密文文件解密并且用新的初级文件密钥重新加密。

7.1.6　密钥的终止和销毁

密钥的终止和销毁同样是密钥管理中的重要环节，但容易被忽视。

当密钥使用期限到期时，应该立即终止使用该密钥，并且更换新密钥。终止使用的密钥并不马上销毁，而需要保留一段时间。这是为了确保受其保护的其他密钥和数据得以妥善处理。只要密钥尚未销毁，就应该妥善保护。

密钥销毁要彻底清除密钥的一切存储形态和相关信息，使重复这一密钥变得不可能。这里既包括处于产生、分配、存储和工作状态的密钥及相关信息，也包括处于备份状态的密钥和相关信息。

值得注意的是,要采用妥善的清除存储器的方法,对于磁存储器,简单的删除、清零或写 1 都是不安全的。

7.2　公钥密码体制的密钥管理

由于公钥密码体制与对称密码体制是性质不同的两种密码体制,所以它们的密钥产生和管理也完全不同。

对称密码体制的密钥本质上是一种随机数或者随机序列,而公钥密码体制本质上是一种单向陷门函数,建立在某一数学难题之上。不同公钥密码体制所依据的数学难题不同,因此其密钥产生的具体要求也不同。

所以,公钥密码体制的密钥管理和对称密码体制的密钥管理有着本质的区别。

7.2.1　公钥的分配

前面讲述的对称密钥密码体制中加密解密只有一个密钥,因此在密钥分配中必须保证其保密性、真实性和完整性。而公钥密码体制有两个密钥,在分配的时候要确保私钥的秘密性、真实性和完整性,对于公钥,则保证其真实性和完整性,绝不允许攻击者替换或者篡改用户的公钥。

公钥的分配方式从简单到复杂有这样几种:

(1) 公开发布:用户将自己的公钥发给所有其他用户或向某一团体广播。例如,将自己的公钥发布在 BBS 或邮件列表上。这种方法方便快捷,每个人都可以很方便地发布自己的公钥。但缺点也很明显,容易被人冒充或篡改。所以这种方法一般为简单的个人应用,或在一些小型网络中使用。

(2) 公钥动态目录表:建立一个公用的公钥动态目录表,表的建立和维护以及公钥的分布由某个公钥管理机构承担,每个用户都可靠的知道管理机构的公钥。但在这个方法中,每一用户想要与他人通信都要求助于公钥管理机构,因而可能形成瓶颈,而且公钥目录表也容易被篡改。所以这个方法只适合用于小型网络,如企业局域网中。

(3) 数字证书:分配公钥的最安全有效的方法是采用数字证书,它由证书管理机构 CA 为用户建立,实际上是一个数据结构。其中的数据项有该用户的公钥、用户的身份和时间戳等。在下一小节中详细介绍。

7.2.2　数字证书

公钥需要保证完整性和真实性,像电话号码那样直接公开的方式并不能防止别人篡改、冒充、伪造。在前面讲到保证完整性和真实性的方法之一就是数字签名。假设信任一个实体 X,所有的公钥都由实体 X 验证后签名存入某个数据库,实体 X 把自己的公钥公开。则每取出一个公钥时用户都验证实体 X 的签名是否完整,从而可以发现对公钥的篡改。进一步,如果将用户的标识符和用户的公钥联系在一起签名,则可以防止有人冒充或者伪造公钥。

由此可见,采用数字签名技术可以确保公钥的安全分配。这里经过实体 X 签名的一组信息的集合被称为证书,而可信的实体 X 被称为签证机构(certificate authority,CA)。

证书是一个数据结构,是一种由一个可信任的权威机构签署的信息集合。证书分很多种类型,例如 X.509 公钥证书、简单 PKI 证书、PGP 证书、属性证书等。

这些证书具有各自不同的格式。有时候,一种类型的证书可以被定义为好几种不同的版本,每一种版本可能以好几种不同的方式来具体实现。例如,安全电子交易(SET)证书就是 X.509 版本 3 的公钥证书结合专门为 SET 交易特别扩展而成的。

证书、公钥证书、数字证书这几个概念用得比较混乱。在许多场合下,证书和公钥证书都是 X.509 公钥证书的同义词。数字证书这个词有时候专门来强调电子形式的证书。这个词在某些环境下也会引起混乱,因为各种不同类型的证书都是"数字"的。因此,除非这个词被专门解释说明,它不具有任何更详细的专有意义。

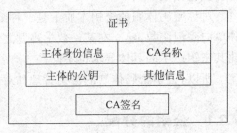

图 7-5　数字证书示意

一个简单的数字证书示意如图 7-5 所示。

公钥证书包含持证主体的标识、公钥等相关信息,并经过签证机构施加数字签名保护。任何知道签证机构公钥的人都可以验证签名的真伪,从而确保公钥的真实性、确保公钥与持证主体之间的严格绑定。

日常生活中有许多使用证书的例子,例如汽车的驾驶证。驾驶证(公钥证书)确认了驾驶员的身份(用户),表示其开车的能力(公钥),驾驶证上有公安局的印章(CA 对证书的签名),任何人只要信任公安局(CA),就可以信任驾驶证(公钥证书)。

有了公钥证书系统后,如果某个用户需要任何其他已向 CA 注册的用户的公钥,可以向持证人(或证书机构)直接索取其公钥证书,并用 CA 的公钥验证 CA 的签名,从而获得可信的公钥。

由于公钥证书不需要保密,可以在 Internet 上分发,从而实现公钥的安全分配。有了签名,攻击者就无法伪造合法的公钥证书。因此,只要 CA 是可信的,公钥证书也是可信的。其中 CA 公钥的获取也是通过证书方式进行的,为此 CA 也为自己颁发公钥证书。

使用公钥证书的主要好处是,用户只要获取了 CA 的公钥,就可以安全获取其他用户的公钥。因此公钥证书为公钥的分发奠定了基础,成为公钥密码在大型网络系统中应用的关键技术。电子商务、电子政务等大型网络应用系统都采用了公钥证书技术。

7.2.3　X.509 证书

目前应用最广泛的证书格式是国际电信联盟(Internet Telecommunication Union,ITU)提出的 X.509 版本 3 格式。X.509 是由 ITU 制定的数字证书标准。为了提供公用网络用户目录信息服务,ITU 于 1988 年制定了 X.500 系列标准。其中 X.500 和 X.509 是安全认证系统的核心,X.500 定义了一种区别命名规则,以命名树来确保用户名称的唯一性;X.509 则为 X.500 用户名称提供了通信实体鉴别机制,并规定了实体鉴别过程中广泛适用的证书语法和数据接口,X.509 称之为证书。

最初的 X.509 版本公布于 1988 年,版本 3 的建议稿 1994 年公布,在 1995 年获得批准。本质上,X.509 证书由用户公钥与用户标识符组成,此外还包括版本号、证书序列号、CA 标识符、签名算法标识、签发者名称、证书有效期等。

X.509 版本 3 的证书结构如图 7-6 所示。

X.509 证书
版本号
证书序列号
签名算法标识符
颁发者名称
有效期
主体名称
主体公钥信息(算法标识、公钥值)
颁发者唯一标识符(可选)
主体者唯一标识符(可选)
扩展项(可选)
颁发者的签名

图 7-6　X.509 证书结构

(1) 版本号:识别用于该证书的 X.509 标准的版本,这可以影响证书中所能指定的信息。迄今为止,已定义的版本有三个。

(2) 证书序列号:发放证书的实体有责任为证书指定序列号,以使其区别于该实体发放的其他证书。此信息用途很多。例如,如果某一证书被撤销,其序列号将放到证书撤销清单(CRL)中。

(3) 签名算法标识符:用于识别 CA 签写证书时所用的算法。

(4) 颁发者名称:签写证书实体的可识别名。它通常为一个 CA。使用该证书意味着信任签写该证书的实体。

注意:有些情况下签写证书的实体还要签写自己的证书,如根或顶层 CA 会给自己签发证书。

(5) 有效期:每个证书均只能在一个有限的时间段内有效。该有效期以起始日期和时间及终止日期和时间表示,可以短至几秒或长至一世纪。所选有效期取决于许多因素,如用于签写证书的私钥的使用频率及愿为证书支付的金钱等。它是在没有危及相关私钥的条件下,实体可以依赖公钥的预计时间。

(6) 主体名称:证书可以识别其公钥的实体名。此名称使用 X.500 标准,因此在 Internet 中应是唯一的。此字段必须是非空的,除非在扩展项中使用了其他的名字形式。

(7) 主体公钥信息:这是被命名实体的公钥,同时包括指定该密钥所属公钥密码系统的算法标识符及所有相关的密钥参数。

(8) 颁发者唯一标识符(可选):证书颁发者唯一标识符,属于可选字段。该字段在实际中很少使用,并且不被 RFC2459 推荐使用。

(9) 主体唯一标识符(可选):证书拥有者唯一标识符,属于可选字段,用于不同的实体重用这一证书时标识证书的主体,该字段在实际中很少使用,并且不被 RFC2459 推荐使用。

(10) 扩展项(可选):在颁布了 X.509 版本 2 后,人们认为还有一些不足之处,于是提出一些扩展项附在版本 3 证书格式的后面。这些扩展项包括密钥和策略信息、主体和颁发者属性以及证书路径限制。

(11) 颁发者的签名:覆盖了证书的所有其他字段,以及这些字段被 CA 私钥加密后的 Hash 值、签名算法标识等。

7.2.4　公钥基础设施

公钥证书、证书管理机构、证书管理系统、围绕证书服务的各种软硬件设备以及相应的法律基础共同组成公钥基础设施(public key infrastructure,PKI)。公钥基础设施提供一系列支持公钥密码应用(加密、解密、签名与验证)的基础服务。本质上,PKI 是一种标准的公钥密码的密钥管理平台。

PKI 采用证书进行公钥管理,通过第三方的可信任机构(CA),把用户的公钥和用户的其他标识信息捆绑在一起,其中包括用户名和电子邮件地址等信息,以在 Internet 网上验证用户的身份。

因此,从大的方面来说,所有提供公钥加密和数字签名服务的系统,都可归结为 PKI 系统的一部分,PKI 的主要目的是通过自动管理密钥和证书,为用户建立起一个安全的网络运行环境,使用户可以在多种应用环境下方便地使用加密和数字签名技术,从而保证网上数据的机密性、完整性、有效性。

一个简单的 PKI 构成如图 7-7 所示。

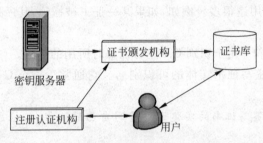

图 7-7　PKI 的基本构成

简单的 PKI 系统包括证书机构 CA、注册机构 RA 和相应的 PKI 存储库。CA 用于签发并管理证书;RA 可作为 CA 的一部分,也可以独立,其功能包括个人身份审核、CRL(证书撤销列表)管理、密钥产生和密钥备份等;PKI 存储库包括 LDAP 目录服务器和普通数据库,用于对用户申请、证书、密钥、CRL 和日志等信息进行存储和管理,并提供一定的查询功能。

一个有效的 PKI 系统必须是安全的和透明的,用户在获得加密和数字签名服务时,不需要详细地了解 PKI 的内部运作机制。在一个典型、完整和有效的 PKI 系统应该包含证书的创建和发布以及证书的撤销,一个可用的 PKI 产品还必须提供相应的密钥管理服务,包括密钥的备份、恢复和更新等。没有一个好的密钥管理系统,将极大影响一个 PKI 系统的规模、可伸缩性和在协同网络中的运行成本。

美国是最早推动 PKI 建设的国家,早在 1996 年就成立了联邦 PKI 指导委员会。目前美国联邦政府、州政府、大型企业都建立了 PKI。比较有代表性的主要有 VeriSign 和

Entrust。VeriSign 作为 RSA 的控股公司,借助 RSA 成熟的安全技术,提供了 PKI 产品,为用户之间的内部信息交互提供安全保障。另外,VeriSign 也提供对外的 CA 服务,包括证书的发布和管理等功能,并且同一些大的生产商,如 Microsoft、Netscape 和 JavaSoft 等,保持了伙伴关系,以在 Internet 上提供代码签名服务。

1998 年中国的电信行业也建立了国内第一个行业 CA,此后金融、工商、外贸、海关和一些省市也建立了自己的行业 CA 和地方 CA。PKI 已经成为世界各国发展电子商务、电子政务、电子金融的基础设施。

1. PKI 的逻辑结构

PKI 作为一组在分布式计算系统中利用公钥技术和 X.509 证书所提供的安全服务,企业或组织可利用相关产品建立安全域,并在其中发布密钥和证书。在安全域内,PKI 管理加密密钥和证书的发布,并提供诸如密钥管理(包括密钥更新,密钥恢复和密钥委托等)、证书管理(包括证书产生和撤销等)和策略管理等。

PKI 产品也允许一个组织通过证书认证的方式来同其他安全域建立信任关系。这些服务和信任关系不能局限于独立的网络之内,而应建立在网络之间甚至 Internet 之上,为电子商务和网络通信提供安全保障,所以具有互操作性的结构化和标准化技术成为 PKI 的核心。

PKI 在实际应用上是一套软硬件系统和安全策略的集合,提供了一整套安全机制,使用户在不知道对方身份或分布地很广的情况下,以证书为基础,通过一系列的信任关系进行通信和电子商务交易。

一个典型的 PKI 的逻辑结构如图 7-8 所示,其中包括 PKI 策略、软硬件系统、证书机构 CA、注册机构 RA、证书发布系统和 PKI 应用等。

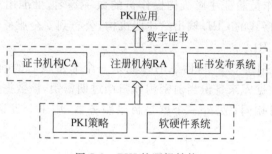

图 7-8　PKI 的逻辑结构

(1) PKI 安全策略:建立和定义了一个组织信息安全方面的指导方针,同时也定义了密码系统使用的处理方法和原则。

(2) 证书机构 CA:是 PKI 的信任基础,它管理公钥的整个生命周期,其作用包括发放证书、规定证书的有效期和通过发布证书撤销列表,确保必要时可以废除证书。

(3) 注册机构 RA:提供用户和 CA 之间的一个接口,获取并认证用户的身份,向 CA 提出证书请求。它主要完成收集用户信息和确认用户身份的功能。这里的用户,是指将要向认证中心 CA 申请数字证书的客户,可以是个人,也可以是集团或团体、某政府机构等。

(4) 证书发布系统:负责证书的发放,如可以通过用户自己,或是通过目录服务。目录服务器可以是一个组织中现存的,也可以是 PKI 方案中提供的。

（5）数字证书：在 PKI 中，最重要的信息就是数字证书，可是说，PKI 的所有的活动都是围绕数字证书进行的。

（6）PKI 应用：PKI 的应用范围非常广泛，并且在不断发展之中，可以说只要需要使用到公钥的地方就要使用到 PKI，如安全电子邮件、Web 安全、虚拟专用网等。

2. 证书的存放

数字证书作为一种电子数据格式，可以直接从网上下载，也可以通过其他方式存放。

可以使用 IC 卡存放用户证书。即把用户的数字证书写到 IC 卡中，供用户随身携带。这样用户在所有能够读 IC 卡证书的电子商务终端上都可以享受安全电子商务服务。

用户证书也可以直接存放在磁盘或自己的终端上。用户将从 CA 申请的证书通过下载或复制到磁盘或自己的 PC 或智能终端上，当用户使用自己的终端享受电子商务服务时，直接从终端读入即可。

另外，CRL 一般通过网上下载的方式存储在用户端。

3. 证书的申请和撤销

证书的申请有两种方式，一是在线申请；另外一个就是离线申请。在线申请就是通过浏览器或其他应用系统通过在线的方式来申请证书，这种方式一般用于申请普通用户证书或测试证书。离线方式一般通过人工的方式直接到证书机构的受理点去办理证书申请手续，通过审核后获取证书，这种方式一般用于比较重要的场合，如服务器证书和商家证书等。

证书的撤销涉及 CRL 的管理。用户向特定的操作员(仅负责 CRL 的管理)发一份加密签名的邮件，申明自己希望撤销证书。操作员打开邮件，填写 CRL 注册表，并且进行数字签名，提交给 CA，CA 操作员验证注册机构操作员的数字签名，批准用户撤销证书，并且更新 CRL，然后 CA 将不同格式的 CRL 输出给注册机构，公布到安全服务器上，这样其他人可以通过访问服务器得到 CRL。

在一个 PKI 中，特别是 CA 中，信息的存储是一个非常核心的问题，它包括两个方面：一是 CA 服务器利用数据库来备份当前密钥和归档过期密钥，该数据库需高度安全和机密，其安全等级同 CA 本身相同；另外一个就是目录服务器，用于分发证书和 CRL，一般采用 LDAP 目录服务器。

4. PKI 密钥管理

密钥管理是 PKI(主要指 CA)中的一个核心问题，主要指密钥对的安全管理，包括密钥产生、密钥备份、密钥恢复和密钥更新等。

1) 密钥产生

密钥对的产生是证书申请过程中重要的一步，其中产生的私钥由用户保留，公钥和其他信息则交给 CA 中心进行签名，从而产生证书。根据证书类型和应用的不同，密钥对的产生也有不同的形式和方法。对普通证书和测试证书，一般由浏览器或固定的终端应用来产生，这样产生的密钥强度较小，不适合应用于比较重要的安全网络交易。而对于比较重要的证书，如商家证书和服务器证书等，密钥对一般由专用应用程序或 CA 中心直接产生，这样产生的密钥强度大，适合于重要的应用场合。

另外,根据密钥的应用不同,也可能会有不同的产生方式,如签名密钥可能在客户端或 RA 中心产生,而加密密钥则需要在 CA 中心直接产生。

2) 密钥备份和恢复

在一个 PKI 系统中,维护密钥对的备份至关重要,如果没有这种措施,当密钥丢失后,将意味着加密数据的完全丢失,对于一些重要数据,这将是灾难性的。所以,密钥的备份和恢复也是 PKI 密钥管理中的重要一环。

使用 PKI 的企业和组织必须能够得到确认:即使密钥丢失,受密钥加密保护的重要信息也必须能够恢复,并且不能让一个独立的个人完全控制最重要的主密钥,否则将引起严重后果。

企业级的 PKI 产品至少应该支持用于加密的安全密钥的存储、备份和恢复。密钥一般用密码进行保护,而密码丢失则是管理员最常见的安全疏漏之一。所以,PKI 产品应该能够备份密钥,即使密码丢失,它也能够让用户在一定条件下恢复该密钥,并设置新的密码。

另外,使用 PKI 的企业也应该考虑所使用密钥的生命周期,包括密钥和证书的有效时间,以及已撤销密钥和证书的维护时间等。

3) 密钥更新

每一个由 CA 颁发的证书都会有有效期,密钥对生命周期的长短由签发证书的 CA 中心来确定,各 CA 系统的证书有效期限有所不同,一般大约为 2～3 年。

当私钥被泄露或证书的有效期快到时,应该更新私钥。这时可以废除证书,产生新的密钥对,或者申请新的证书。

5. 证书的使用

在实际应用中,为了验证信息的数字签名,首先必须获取信息发送者的公钥证书,以及一些额外需要的证书(如 CA 证书等,用于验证发送者证书的有效性)。

证书的获取可以有多种方式,如发送者发送签名信息时附加发送自己的证书,或以另外的单独信息发送证书,或可以通过访问证书发布的目录服务器来获得,或直接从证书相关的实体处获得。在一个 PKI 体系中,可以采取某种或某几种上述方式获得证书。

在电子商务系统中,证书的持有者可以是个人用户、企事业单位、商家、银行等。无论是电子商务中的哪一方,在使用证书验证数据时,都遵循同样的验证流程。一个完整的验证过程有以下几步:

(1) 验证者将客户端发来的数据解密。

(2) 将解密后的数据分解成原始数据、签名数据和客户证书三部分。

(3) 用 CA 根证书(CA 的公钥)验证客户证书的签名完整性。

(4) 检查客户证书是否有效(当前时间在证书结构中的所定义的有效期内)。

(5) 检查客户证书是否作废。

(6) 验证客户证书结构中的证书用途。

(7) 用客户的证书(客户的公钥)验证原始数据的签名完整性。

如果以上各项均验证通过,则接受该数据。

6. PKI 的信任模型

建立一个管理全世界所有用户的全球性 PKI 是不现实的。比较可行的办法是各个国家建立自己的 PKI,一个国家之内建立不同行业或不同地区的 PKI。但是为了实现跨地区、跨行业甚至跨国际的电子安全业务,这些不同的 PKI 之间互连互通和互相信任是不可避免的。

对于大范围的 PKI,一个 CA 也是不现实的,往往需要多个 CA。这些 CA 之间应该具有某种结构关系,以使不同 CA 之间的证书认证简单方便。

证书用户、证书主体、各个 CA 之间的证书认证关系称为 PKI 的信任模型。人们目前已经提出了多种信任模型。

1) CA 的严格层次模型

在这个结构中,根 CA 把自己的权力授给多个子 CA,这些子 CA 再将它们的权力授给它们的子 CA,这个过程直至某个 CA 实际颁发了证书。

CA 的严格层次模型如图 7-9 所示,像一棵倒置的树。每个实体(包括 CA 和终端用户)都信任根 CA,因此都必须拥有根 CA 的公钥。

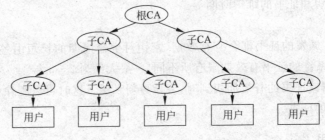

图 7-9　CA 的严格层次模型

在这个模型中,层次结构中所有实体都信任唯一的根 CA。这个层次结构按照如下规则建立:

(1) 根 CA 认证(为其创建和签署证书)直接在它下面的 CA。

(2) 这些 CA 中的每一个都认证零个或者多个直接在它下面的 CA。

(3) 倒数第二层的 CA 认证终端实体。

一个持有一份可信的根 CA 公钥的终端实体 A 可以通过如下方法检验另一个终端实体 B 的证书。

假设 B 的证书由子 CA_3 签发(公钥为 k_3),子 CA_3 的证书由子 CA_2(公钥为 k_2)签发,子 CA_2 的证书由子 CA_1(公钥为 k_1)签发,子 CA_1 的证书由根 CA 签发(公钥为 k)。拥有 k 的终端实体 A 可以利用 k 来验证子 CA_1 的公钥 k_1,然后利用 k_1 来验证子 CA_2 的公钥 k_2,再利用 k_2 来验证子 CA_3 的公钥 k_3,最终利用 k_3 来验证 B 的证书。

2) CA 分布式信任结构

分布式信任结构把信任分散到两个或者更多个 CA 上。

采用严格层次结构的 PKI 系统往往在一个企业或者部门实施。为了将这些 PKI 系统互连起来,可以采用下列两种方式建立:

(1) 中心辐射配置:在这种配置中,有一个中心地位的 CA,每个根 CA 都和这个中心 CA 进行交叉认证。

(2) 网状配置:所有根 CA 之间进行交叉认证。

在分布式信任结构的中心辐射配置中,中心 CA 并不能被看作是根 CA,如图 7-10 所示。在这个结构中,可能有多个根 CA,每个实体都信任自己的根 CA,他们只拥有自己根 CA 的公钥。

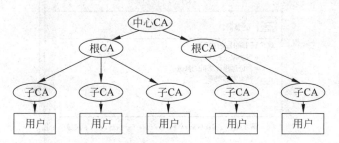

图 7-10　CA 分布式信任结构的中心辐射配置

一个终端实体 A 可以检验另一个终端实体 B 的证书。如果它们拥有同一个根 CA 的公钥,认证过程和前面的严格层次结构一样;否则,A 可以利用自己根 CA 的公钥验证中心 CA 的公钥,然后利用中心 CA 的公钥来验证 B 的根 CA 的公钥,再利用 B 的根 CA 的公钥向下验证,直至验证终端实体 B 的证书。

3) Web 模型

Web 模型依赖于浏览器,如 Internet Explorer 或 FireFox。这种模型将一些 CA 的公钥预装在使用的浏览器上,这些公钥确定了一组 CA,浏览器的用户最初信任这些 CA 并把它们作为根 CA。

这些根 CA 是通过物理嵌入软件发布的,这样就将 CA 的名字和它的公钥安全绑定。

图 7-11 所示是预安装在 IE 浏览器中各 CA 的公钥证书,可以通过 IE 浏览器中的"工具→Internet 选项→内容→证书"查看。

图 7-11　安装在 IE 浏览器中的 CA 公钥证书

选中某一个证书，单击"高级"按钮，可以看到该证书的各项属性，如图 7-12 所示。

图 7-12　显示证书的属性

4）以用户为中心的信任模型

在以用户为中心的认证模型中，每个用户都决定信赖或拒绝哪个证书。最初可信的密钥集可能只有朋友、家人和同事等，如图 7-13 所示。

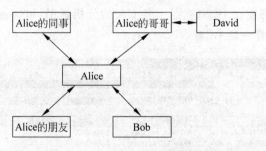

图 7-13　以用户为中心的信任模型

5）交叉认证模型

交叉认证模型是一种把各个 CA 连接在一起的机制，可以是单向的，如在 CA 的严格层次结构中，上层 CA 对下层的认证；也可以是双向的，如在分布式信任结构的中心辐射配置中，根 CA 与中心 CA 的相互认证。

在两个 CA 之间的交叉认证是指，一个 CA 承认另一个 CA 在一个名字空间中被授权颁发的证书，如图 7-14 所示。

例如，假设实体 A 已经被 CA_1 认证并且拥有 CA_1 的公钥 k_1，而实体 B 已被 CA_2 认证并且拥有 CA_2 的公钥 k_2。在交叉认证前，A 只能验证 CA_1 颁发的证书，而不能验证 CA_2 颁发的证书；而 B 则只能验证 CA_2 颁发的证书，不能验证 CA_1 颁发的证书。在 CA_1 和 CA_2 互相交叉认证后，A 就能验证 CA_2 的公钥，从而验证 CA_2 颁发的证书；B 也能验证 CA_1 的

公钥从而验证 CA_1 颁发的证书。

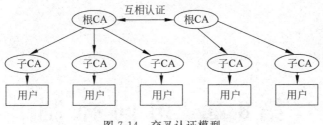

图 7-14　交叉认证模型

7. PKI 应用

PKI 技术的广泛应用能满足人们对网络交易安全保障的需求。当然,作为一种基础设施,PKI 的应用范围非常广泛,并且在不断发展之中,下面给出几个应用实例。

1) 虚拟专用网络(VPN)

VPN 是一种架构在公用通信基础设施上的专用数据通信网络,利用网络层安全协议(尤其是 IPSec)和建立在 PKI 上的加密与签名技术获得机密性保护。基于 PKI 技术的 IPSec 协议现在已经成为架构 VPN 的基础,可以为路由器之间、防火墙之间或路由器和防火墙之间提供经过加密和认证的通信。虽然 IPSec 协议的实现会复杂一些,但其安全性比其他协议都完善得多。

2) 安全电子邮件

随着 Internet 的持续增长,商业机构或政府机构都开始用电子邮件交换一些秘密的或是有商业价值的信息,这就引出了一些安全方面的问题,包括:消息和附件可以在不为通信双方所知的情况下被读取、篡改或截掉;发信人的身份无法确认。电子邮件的安全需求也是机密性、完整性、认证和不可否认性,而这些都可以利用 PKI 技术来获得。

目前发展很快的安全电子邮件协议是 S/MIME(the secure multipurpose Internet mail extension),这是一个允许发送加密和有签名邮件的协议。该协议的实现需要依赖于 PKI 技术。

3) Web 安全

为了透明地解决 Web 的安全问题,在两个实体进行通信之前,先要建立 SSL 连接,以此实现对应用层透明的安全通信。利用 PKI 技术,SSL 协议允许在浏览器和服务器之间进行加密通信。此外服务器端和浏览器端通信时双方可以通过数字证书确认对方的身份。结合 SSL 协议和数字证书,PKI 技术可以保证 Web 交易多方面的安全需求,使 Web 上的交易和面对面的交易一样安全。

从目前的发展来说,PKI 的范围非常广,而不仅仅局限于通常认为的 CA 机构,它还包括完整的安全策略和安全应用。因此,PKI 的开发也从传统的身份认证到各种与应用相关的安全场合,如企业安全电子商务和政府的安全电子政务等。

另外,PKI 的开发也从大型的认证机构到与企业或政府应用相关的中小型 PKI 系统发展,既保持了兼容性,又和特定的应用相关。

第8章 访 问 控 制

访问控制是网络安全防范和保护的主要策略之一,它的主要任务是保证网络资源不被非法访问和使用。访问控制规定了主体对客体访问的限制,并在身份认证的基础上,根据身份对提出资源访问的请求加以控制。它是对信息系统资源进行保护的重要措施,也是计算机系统最重要和最基础的安全机制。它是一种加强授权的方法,这个授权是指资源的所有者或控制者准许其他人访问这种资源。这些资源包含信息资源、处理资源、通信资源和物理资源,访问一种资源意味着从这个资源中得到信息、修改资源或使它完成某种功能。

8.1 访问控制概述

访问控制是信息安全保障机制的重要内容,是实现数据保密性和完整性机制的主要手段之一。访问控制是为了限制访问主体(或称为发起者,是一个主动的实体,如用户、进程、服务等)对访问客体(需要保护的资源)的访问权限,从而使计算机系统在合法范围内使用。访问控制机制决定用户及代表一定用户利益的程序能做什么,以及做到什么程度。

访问控制由两个重要过程组成。其一,通过认证来检验主体的合法身份;其二,通过授权(authorization)来限制用户对资源的访问级别。访问包括读取数据,更改数据,运行程序,发起连接等。

下面介绍几个访问控制的最基本概念。

1. 主体(subject)

主体指主动的实体,是访问的发起者,它造成了信息的流动和系统状态的改变。主体通常包括人、进程和设备。根据主体权限不同可以分为 4 类:

(1) 特殊用户:系统管理员,具有最高级别的特权,可以访问任何资源,并具有任何类型的访问操作能力。

(2) 一般用户:最大的一类用户,他们的访问操作受到一定的限制,由系统管理员分配。

(3) 审计用户:负责整个安全系统范围内的安全控制与资源使用情况的审计。

(4) 作废的用户:被系统拒绝的用户。

2．客体（object）

客体是指包含或接受访问的被动实体，客体在信息流动中的地位是被动的，是处于主体的作用之下，对客体的访问意味着对其中所包含信息的访问。客体通常包括文件和文件系统、磁盘和磁带卷标、远程终端、信息管理系统的事务处理及其应用、数据库中的数据、应用资源等。

3．访问（access）

访问是使信息在主体和客体之间流动的一种交互方式。

4．访问许可（access permissions）

访问控制决定了谁能够访问系统，能访问系统的何种资源以及如何使用这些资源。适当的访问控制能够阻止未经允许的用户有意或无意地获取数据。访问控制的手段包括用户识别代码、密码、登录控制、资源授权（如用户配置文件、资源配置文件和控制列表）、授权核查、日志和审计等。

5．控制策略

控制策略是主体对客体的访问规则集，这个规则集直接定义了主体对客体的作用行为和客体对主体的条件约束。访问策略体现了一种授权行为，也就是客体对主体的权限允许，这种允许不超越规则集中的定义。

访问控制在信息系统中应用非常广泛，如对用户的网络接入过程进行控制、操作系统中控制用户对文件系统和底层设备的访问。另外当需要提供更细粒度的数据访问控制时，可以在应用程序中实现基于数据记录或更小的数据单元访问控制。例如，大多数数据库（如Oracle）都提供独立于操作系统的访问控制机制，Oracle 使用其内部用户数据库，且数据库中的每个表都有自己的访问控制策略来支配对其记录的访问。

8.2　访问控制策略

访问控制系统一般包括主体、客体，以及为识别和验证这些实体的子系统和控制实体间访问的参考监视器。由于网络传输的需要，访问控制的研究发展很快，有许多访问控制策略被提出来。

1985 年美国军方提出可信计算机系统评估准则 TCSEC，其中描述了两种著名的访问控制策略：自主访问控制和强制访问控制。基于角色的访问控制（RBAC）由 Ferraiolo 和 Kuhn 在 1992 年提出的。考虑到网络安全和传输流，又提出了基于对象和基于任务的访问控制。

各种访问控制策略之间并不相互排斥，现存计算机系统中通常都是多种访问控制策略并存，系统管理员能够对安全策略进行配置使其达到安全政策的要求。

8.2.1 自主访问控制

自主访问控制(discretionary access control,DAC)允许合法用户以用户或用户组的身份访问规定的客体,同时阻止非授权用户访问客体,某些用户还可以自主地把自己所拥有的客体的访问权限授予其他用户。自主访问控制又称为任意访问控制。Linux、UNIX、Windows NT/SERVER 版本的操作系统都提供自主访问控制的功能。在实现上,首先要对用户的身份进行鉴别,然后就可以按照访问控制列表所赋予用户的权限允许和限制用户使用客体的资源。主体控制权限的修改通常由特权用户或是特权用户(管理员)组实现。

自主访问控制的特点是授权的实施主体(可以授权的主体、管理授权的客体或授权组)自主负责赋予和回收其他主体对客体资源的访问权限。DAC 模型一般采用访问控制矩阵和访问控制列表存放不同主体的访问控制信息,从而达到对主体访问权限的限制目的。

由于 DAC 对用户提供灵活和易行的数据访问方式,能够适用于许多的系统环境,所以 DAC 被大量采用,尤其在商业和工业环境的应用中。然而,DAC 提供的安全保护容易被非法用户绕过而获得访问。例如,若某用户 A 有权访问文件 F,而用户 B 无权访问 F,则一旦 A 获取 F 后再传送给 B,则 B 也可访问 F,其原因是在自由访问策略中,用户在获得文件的访问后,并没有限制对该文件信息的操作,即并没有控制数据信息的分发。所以 DAC 提供的安全性还相对较低,不能够对系统资源提供充分的保护,不能抵御特洛伊木马的攻击。

自主访问控制通常有三种实现机制,即访问控制矩阵、访问控制列表和访问控制能力列表。

1. 访问控制矩阵

访问控制矩阵(access control matrix)是最初实现访问控制机制的概念模型,利用二维矩阵规定了任意主体和任意客体间的访问权限。矩阵中的行代表主体的访问权限属性,矩阵中的列代表客体的访问权限属性,矩阵中的每一格表示所在行的主体对所在列的客体的访问授权,如图 8-1 所示,其中 Own/O 表示管理操作,R 表示读操作,W 表示写操作,将管理操作从读写中分离出来,是因为管理员也许会对控制规则本身或是文件的属性等做修改。

主体 \ 客体	客体 1	客体 2	客体 3
主体 1	Own R W		Own R W
主体 2	R	Own R W	W
主体 3	R W	R	

图 8-1 访问控制矩阵

访问控制的任务是确保系统的操作按照访问控制矩阵授权的访问执行的,通过引用监控器协调客体对主体的每次访问而实现,这种方法清晰地实现认证与访问控制的相互分离。

在较大的系统中,访问控制矩阵将变得非常巨大,而且矩阵中的许多格可能都为空,造成很大的存储空间浪费,因此在实际应用中,访问控制很少利用矩阵方式实现。

2. 访问控制列表

访问控制列表(access control lists,ACLs)是以文件为中心建立访问权限表,表中登记了客体文件的访问用户名及访问权隶属关系。利用访问控制列表,能够很容易地判断出对于特定客体的授权访问,哪些主体可以访问并有哪些访问权限。同样很容易撤销特定客体的授权访问,只要把该客体的访问控制列表置为空即可。

利用访问控制列表可以为每个客体附加一个可以访问它的主体的明细表,如图 8-2 所示。

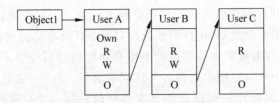

图 8-2　访问控制列表示例

在图 8-2 中,对于客体 Object1,主体 A 具有管理、读和写的权力,主体 B 具有读和写的权力,主体 C 只能读。

由于访问控制列表的简单、实用,许多通用的操作系统使用访问控制列表提供访问控制服务。例如,UNIX 和 VMS 系统利用访问控制列表的简略方式,允许以少量工作组的形式实现访问控制列表,而不允许单个的个体出现,这样可以使访问控制列表很小而能够用几位就可以和文件存储在一起。另一种复杂的访问控制列表应用是利用一些访问控制包,通过它制定复杂的访问规则限制何时和如何进行访问,而且这些规则根据用户名和其他用户属性的定义进行单个用户的匹配应用。

3. 访问控制能力列表

能力是访问控制中的一个重要概念,它是指请求访问的发起者所拥有的一个有效标签(ticket),它授权标签的持有者可以按照何种访问方式访问特定的客体。访问控制能力表(access control capabilities lists,ACCLs)是以用户为中心建立访问权限表。为每个主体附加一个该主体能够访问的客体的明细表。

能力机制的最大特点是能力的拥有者可以在主体中转移能力。在转移的全部能力中有一种能力叫"转移能力",这个能力允许接受能力的主体继续转移能力。例如,进程 A 将某个能力转移给进程 B,B 又将能力传递给进程 C。如果 B 不想让 C 继续转移这个能力,就在将能力转移给 C 时去掉"转移能力",这样 C 就不能转移此能力了。主体为了在取消某能力的同时从所有相关主体中彻底清除该能力,需要跟踪所有的转移。

一个主体的访问控制能力列表如图 8-3 所示。

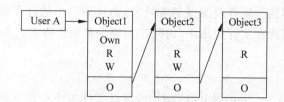

图 8-3　访问控制能力列表示例

8.2.2　强制访问控制

强制访问控制(mandatory access control,MAC)是比 DAC 更为严格的访问控制策略。与 DAC 相比,强制访问控制提供的访问控制机制无法绕过。在强制访问控制中,每个用户及文件都被赋予一定的安全级别,用户不能改变自身或任何客体的安全级别,即不允许单个用户确定访问权限,只有系统管理员可以确定用户和组的访问权限。系统通过比较用户和访问的文件的安全级别来决定用户是否可以访问该文件。此外,强制访问控制不允许一个进程生成共享文件,从而防止进程通过共享文件将信息从一个进程传到另一进程。MAC可通过使用敏感标签对所有用户和资源强制执行安全策略,即实行强制访问控制。安全级别一般有 5 级:绝密级(top secret,T)、秘密级(secret,S)、机密级(confidential,C)、限制级(restricted,R)和无密级(unclassified,U),其中 T>S>C>R>U。

用户与访问的信息的读写关系将有 4 种:

(1) 下读(read down):用户级别高于文件级别的读操作。

(2) 上写(write up):用户级别低于文件级别的写操作。

(3) 下写(write down):用户级别高于文件级别的写操作。

(4) 上读(read up):用户级别低于文件级别的读操作。

上述读写方式都保证了信息流的单向性,显然上读和下写方式保证了数据的完整性,上写和下读方式则保证了信息的秘密性。

图 8-4 所示为一个强制访问控制策略的例子。

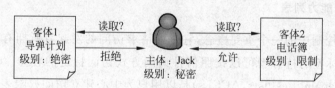

图 8-4　强制访问控制示例

主体 Jack 只能读取级别低的文件,而不能访问比他级别高的文件。

强制访问控制通常借助访问控制安全标签列表(access control security labels lists)实现。安全标签是限制和附属在主体或客体上的一组安全属性信息。安全标签的含义比能力更为广泛和严格,因为它实际上还建立了一个严格的安全等级集合。访问控制标签列表是限定一个用户对一个客体目标访问的安全属性集合。

访问控制安全标签列表的实现示例如表 8-1 和表 8-2 所示,表 8-1 为用户对应的安全级别,表 8-2 为文件系统对应的安全级别。

<table>
<tr><td colspan="2">表 8-1　用户对应的安全级别</td></tr>
<tr><td>用户</td><td>安全级别</td></tr>
<tr><td>用户 A</td><td>S</td></tr>
<tr><td>用户 B</td><td>C</td></tr>
<tr><td>⋮</td><td>⋮</td></tr>
<tr><td>用户 X</td><td>T</td></tr>
</table>

<table>
<tr><td colspan="2">表 8-2　文件系统对应的安全级别</td></tr>
<tr><td>文件</td><td>安全级别</td></tr>
<tr><td>File1</td><td>R</td></tr>
<tr><td>File2</td><td>T</td></tr>
<tr><td>⋮</td><td>⋮</td></tr>
<tr><td>File$n$</td><td>S</td></tr>
</table>

用户 A 的安全级别为 S,那么他请求访问文件 File 2 时,由于 T>S,访问会被拒绝;当他访问 File1 时,由于 S>R,所以允许访问。

8.2.3　基于角色的访问控制

基于角色的访问控制(role-based access,RBAC)的基本思想是将访问许可权分配给一定的角色,用户通过饰演不同的角色获得角色所拥有的访问许可权。这是因为在很多实际应用中,用户并不是可以访问的客体信息资源的所有者(这些信息属于企业或公司),这样的话,访问控制应该基于员工的职务而不是基于员工在哪个组或谁是信息的所有者,即访问控制是由各个用户在部门中所担任的角色来确定的,例如,一个学校可以有教师、学生和其他管理人员等角色。

RBAC 从控制主体的角度出发,根据管理中相对稳定的职权和责任来划分角色,将访问权限与角色相联系,这点与传统的 MAC 和 DAC 将权限直接授予用户的方式不同;通过给用户分配合适的角色,让用户与访问权限相联系。角色成为访问控制中访问主体和受控对象之间的一座桥梁。

角色可以看作是一组操作的集合,不同的角色具有不同的操作集,这些操作集由系统管理员分配给角色。在下面的实例中,假设 Tch1,Tch2,Tch3,⋯,Tch$i$ 是对应的教师,Stud1,Stud2,Stud3,⋯,Stud$j$ 是相应的学生,Mng1,Mng2,Mng3,⋯,Mng$k$ 是教务处管理人员,那么老师的权限为 TchMN={查询成绩、上传所教课程的成绩};学生的权限为 StudMN={查询成绩、反映意见};教务管理人员的权限为 MngMN={查询、修改成绩、打印成绩清单}。那么,依据角色的不同,每个主体只能执行自己所制定的访问功能。用户在一定的部门中具有一定的角色,其所执行的操作与其所扮演的角色的职能相匹配,这正是基于角色的访问控制的根本特征,即依据 RBAC 策略,系统定义了各种角色,每种角色可以完成一定的职能,不同的用户根据其职能和责任被赋予相应的角色,一旦某个用户成为某角色的成员,则此用户可以完成该角色所具有的职能。

系统管理员负责授予用户各种角色的成员资格或撤销某用户具有的某个角色。例如,学校新进一名教师 Tch$x$,那么系统管理员只需将 Tch$x$ 添加到教师这一角色的成员中即可,而无须对访问控制列表做改动。同一个用户可以是多个角色的成员,即同一个用户可以扮演多种角色,如一个用户可以是老师,同时也可以作为进修的学生。同样,一个角色可以拥有多个用户成员,这与现实是一致的,一个人可以在同一部门中担任多种职务,而且担任相同职务的可能不止一人。因此 RBAC 提供了一种描述用户和权限之间的多对多关系,角色可以划分成不同的等级,通过角色等级关系反映一个组织的职权和责任关系,这种关系具有反身性、传递性和非对称性特点,通过继承行为形成了一个偏序关系,如 MngMN＞TchMN＞StudMN。RBAC 中通常定义不同的约束规则对模型中的各种关系进行限制,最基本的约束是"相互排斥"约束和"基本限制"约束,分别规定了模型中的互斥角色和一个角色可被分配的最大用户数。RBAC 中引进了角色的概念,用角色表示访问主体具有的职权和责任,灵活地表达和实现了企业的安全策略,使系统权限管理在企业的组织视图这个较高的抽象集上进行,从而简化了权限设置的管理,从这个角度看,RBAC 很好地解决了企业管理信息系统中用户数量多、变动频繁的问题。

　　相比较而言,RBAC 是实施面向企业的安全策略的一种有效的访问控制方式,其具有灵活性、方便性和安全性的特点,目前在大型数据库系统的权限管理中得到普遍应用。角色由系统管理员定义,角色成员的增减也只能由系统管理员来执行,即只有系统管理员有权定义和分配角色。用户与客体无直接联系,他只有通过角色才享有该角色所对应的权限,从而访问相应的客体。因此用户不能自主地将访问权限授给别的用户,这是 RBAC 与 DAC 的根本区别所在。RBAC 与 MAC 的区别在于：MAC 是基于多级安全需求的,而 RBAC 则不是。

8.2.4　基于任务的访问控制

　　上述几种访问控制都是从系统的角度出发去保护资源(控制环境是静态的),在进行权限的控制时没有考虑执行的上下文环境。数据库、网络和分布式计算的发展,组织任务进一步自动化,与服务相关的信息进一步计算机化,这促使人们将安全问题方面的注意力从独立的计算机系统中静态的主体和客体保护,转移到随着任务的执行而进行动态授权的保护上。此外,上述访问控制不能记录主体对客体权限的使用,权限没有时间限制,只要主体拥有对客体的访问权限,主体就可以无数次地执行该权限。因此,引入工作流的概念加以阐述。工作流是为完成某一目标而由多个相关的任务(活动)构成的业务流程。工作流所关注的问题是处理过程的自动化,对人和其他资源进行协调管理,从而完成某项工作。当数据在工作流中流动时,执行操作的用户在改变,用户的权限也在改变,这与数据处理的上下文环境相关。传统的 DAC 和 MAC 访问控制技术,则无法予以实现,至于 RBAC,也需要频繁地更换角色,且不适合工作流程的运转。因此,必须考虑新的访问控制策略。

　　基于任务的访问控制(task-based access control,TBAC)是从应用和企业层角度解决安全问题,以面向任务的观点,从任务(活动)的角度实现安全机制,在任务处理的过程中提供动态实时的安全管理。

　　在 TBAC 中,对象的访问权限控制并不是静止不变的,而是随着执行任务的上下文环境发生变化。TBAC 首要考虑的是在工作流的环境中对信息的保护问题：在工作流环境中,数据的处理与上一次的处理相关联,相应的访问控制也如此,因而 TBAC 是一种上下文相关的访问控制。其次,TBAC 不仅能对不同工作流实行不同的访问控制策略,而且还能对同一工作流的不同任务实例实行不同的访问控制策略。从这个意义上说,TBAC 是基于任务的,这也表明,TBAC 是一种基于实例(Instance-based)的访问控制。

　　TBAC 模型由工作流、授权结构体、受托人集、许可集 4 部分组成。

任务(task)是工作流程中的一个逻辑单元,是一个可区分的动作,与多个用户相关,也可能包括几个子任务。授权结构体是任务在计算机中进行控制的一个实例。任务中的子任务,对应于授权结构体中的授权步。

授权结构体(authorization unit):是由一个或多个授权步组成的结构体,它们在逻辑上是联系在一起的。授权结构体分为一般授权结构体和原子授权结构体。一般授权结构体内的授权步依次执行,原子授权结构体内部的每个授权步紧密联系,其中任何一个授权步失败都会导致整个结构体的失败。

授权步(authorization step)表示一个原始授权处理步,是指在一个工作流程中对处理对象的一次处理过程。授权步是访问控制所能控制的最小单元,由受托人集(trustee set)和多个许可集(permissions set)组成。

受托人集是可被授予执行授权步的用户的集合,许可集则是受托集的成员被授予授权步时拥有的访问许可。当授权步初始化以后,一个来自受托人集中的成员将被授予授权步,称这个受托人为授权步的执行委托者,该受托人执行授权步过程中所需许可的集合称为执行者许可集。授权步之间或授权结构体之间的相互关系称为依赖(dependency),依赖反映了基于任务的访问控制的原则。授权步的状态变化一般自我管理,依据执行的条件而自动变迁状态,但有时也可以由管理员进行调配。

一个工作流的业务流程由多个任务构成。而一个任务对应于一个授权结构体,每个授权结构体由特定的授权步组成。授权结构体之间以及授权步之间通过依赖关系联系在一起。在 TBAC 中,一个授权步的处理可以决定后续授权步对处理对象的操作许可,上述许可集合称为激活许可集。执行者许可集和激活许可集一起称为授权步的保护态。

TBAC 模型一般用五元组(S,O,P,L,AS)表示,其中 S 表示主体,O 表示客体,P 表示许可,L 表示生命期(lifecycle),AS 表示授权步。由于任务都是有时效性的,所以在基于任务的访问控制中,用户对于授予他的权限的使用也是有时效性的。因此,若 P 是授权步 AS 所激活的权限,那么 L 则是授权步 AS 的存活期限。在授权步 AS 被激活之前,它的保护态是无效的,其中包含的许可不可使用。当授权步 AS 被触发时,它的委托执行者开始拥有执行者许可集中的权限,同时它的生命期开始倒计时。在生命期期间,五元组(S,O,P,L,AS)有效。生命期终止时,五元组(S,O,P,L,AS)无效,委托执行者所拥有的权限被回收。

TBAC 的访问政策及其内部组件关系一般由系统管理员直接配置。通过授权步的动态权限管理,TBAC 支持最小特权原则和最小泄露原则,在执行任务时只给用户分配所需的权限,未执行任务或任务终止后用户不再拥有所分配的权限;而且在执行任务过程中,当某一权限不再使用时,授权步自动将该权限回收。

TBAC 从工作流中的任务角度建模,可以依据任务和任务状态的不同,对权限进行动态管理。因此,TBAC 非常适合分布式计算和多点访问控制的信息处理控制以及在工作流、分布式处理和事务管理系统中的决策制定。

8.2.5　基于对象的访问控制

DAC 或 MAC 模型的主要任务都是对系统中的主体和客体进行一维的权限管理,当用户数量多、处理的信息数据量巨大时,用户权限的管理任务将变得十分繁重,并且用户权限难以维护,降低了系统的安全性和可靠性。对于海量的数据和差异较大的数据类型,需要用专门的系统和专门的人员加以处理,如果采用 RBAC 模型,安全管理员除了维护用户和角色的关联关系外,还需要将庞大的信息资源访问权限赋予有限个角色。当信息资源的种类增加或减少时,安全管理员必须更新所有角色的访问权限设置。而且,如果受控对象的属性发生变化,同时需要将受控对象不同属性的数据分配给不同的访问主体处理时,安全管理员将不得不增加新的角色,并且还必须更新原来所有角色的访问权限设置以及访问主体的角色分配设置,这样的访问控制需求变化往往是不可预知的,造成访问控制管理的难度和工作量巨大。在这种情况下,有必要引入基于对象的访问控制策略(object-based access control,OBAC)。

控制策略和控制规则是 OBAC 访问控制系统的核心所在。在基于受控对象的访问控制中,将访问控制列表与受控对象或受控对象的属性相关联,并将访问控制选项设计成为用户、组或角色及其对应权限的集合;同时允许对策略和规则进行重用、继承和派生操作。这样,不仅可以对受控对象本身进行访问控制,对受控对象的属性也可以进行访问控制,而且派生对象可以继承父对象的访问控制设置,这对于信息量巨大、信息内容更新变化频繁的管理信息系统非常有益,可以减轻由于信息资源的派生、演化和重组等带来的分配、设定角色权限等的工作量。

OBAC 从信息系统的数据差异变化和用户需求出发,有效地解决了信息数据量大、数据种类繁多、数据更新变化频繁的大型管理信息系统的安全管理。OBAC 从受控对象的角度出发,将访问主体的访问权限直接与受控对象相关联,一方面定义对象的访问控制列表,增、删、修改访问控制项易于操作;另一方面,当受控对象的属性发生改变,或受控对象发生继承和派生行为时,无须更新访问主体的权限,只需要修改受控对象的相应访问控制项即可,从而减少了访问主体的权限管理,降低了授权数据管理的复杂性。

8.3　网络访问控制的应用

目前进行网络访问控制的方法主要有 MAC 地址过滤、VLAN 隔离、IEEE802.1Q 身份验证、基于 IP 地址的访问控制列表和防火墙控制等。

8.3.1　MAC 地址过滤

MAC 地址是网络设备在全球的唯一编号,也就是通常所说的物理地址、硬件地址、适配器地址或网卡地址。MAC 地址可用于直接标识某个网络设备,是目前网络数据交换的基础。现在二层交换机都可以支持基于物理端口配置 MAC 地址过滤表,用于限定只有与 MAC 地址过滤表中规定的一些网络设备有关的数据包才能够使用该端口进行传递。通过 MAC 地址过滤技术可以保证只有授权的 MAC 地址才能对网络资源进行访问。

如图 8-5 所示,在服务器 B 所连接的交换机网络端口的 MAC 地址列表中上只配置了MAC a 和 MAC b 两个工作站的 MAC 地址,因此只有这两台工作站可以访问服务器 B,而MAC c 就不能访问了,但是在服务器 A 中却没有配置 MAC 地址表,交换机就默认可以与所有同一网段的工作站连接,这样 MAC a、MAC b、MAC c 三个工作站都可以与服务器 A 连接了。

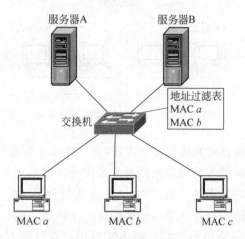

图 8-5　MAC 地址过滤

由于 MAC 地址过滤是基于网络设备唯一 ID 的,因此通过 MAC 地址过滤,可以从根本上限制使用网络资源的使用者。基于 MAC 地址的过滤对交换设备的要求不高,并且基本对网络性能没有影响,配置命令相对简单,比较适合小型网络,规模较大的网络不太适用。因为使用 MAC 地址过滤技术要求网络管理员必须明确网络中每个网络设备的 MAC 地址,并要根据控制要求对各端口的过滤表进行配置;且当某个网络设备的网卡发生变化,或是物理位置变化时要对系统进行重新配置,所以采用 MAC 地址过滤方法,对于网管员来说,其负担是相当重的,而且随着网络设备数量的不断扩大,它的维护工作量也不断加大。

8.3.2　VLAN 隔离

虚拟局域网(VLAN)技术是为了避免当一个网络系统中网络设备数量增加到一定程度后,众多的网络广播报文消耗大量的网络带宽,使得真正的数据传递受到很大的影响,确保部分安全性比较敏感的部门数据不被随意访问浏览而采用一种划分相互隔离子网的方法。

通过 VLAN 技术,可以把一个网络系统中的众多网络设备分成若干个虚拟的“工作组”,组和组之间的网络设备在二层上互相隔离,形成不同的广播域,进而将广播流量限制在不同的广播域中。

由于 VLAN 技术是基于二层和三层之间的隔离技术,被广泛应用于网络安全方面,可以通过将不同的网络用户与网络资源进行分组,通过支持 VLAN 的交换机阻隔不同组内网络设备间的数据交换来达到网络安全的目的。该方式允许同一 VLAN 上的用户互相通信,而处于不同 VLAN 的用户之间在链路层上是断开的,只能通过路由器或三层交换机才能访问。

如图 8-6 所示,工作站 1、2 划分到 VLAN1 中,3、4 划分到 VLAN2 中,这样 1、2 工作站之间可以相互通信,3、4 工作站之间也可以相互通信,但两个组之间不可以直接通信,这样可以确保本组资源只能由本组用户访问。

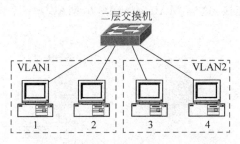

图 8-6　利用 VLAN 实现访问控制

目前基于 VLAN 隔离方式的访问控制方法,在一些中小型企业中也得到广泛应用。例如,企业中的人事部和财务部等部门都是相对来说安全性要求更高一些的,通常不允许其他部门用户随意访问、查阅相关资料。通过 VLAN 方式划分后,两个部门的网络数据就不会被其他用户访问了,虽然他们与其他部门一样同处一个网络。还有一点要注意的是,虽然别的用户不能随意访问 VLAN 组用户,但 VLAN 组用户却可随意访问其他非 VLAN 组用户,除非也做了访问限制配置。

不同的交换机 VLAN 划分的方法不尽相同,可以分别基于端口、MAC、IP 地址进行。

虽然 VLAN 隔离方式具有比较明显的优点,但同时也有一个非常明显的缺点,那就是要求网络管理员必须明确交换机每一物理端口上所连接设备的 MAC 地址或 IP 地址,并要根据不同的工作组对交换机进行 VLAN 配置。当某一网络终端的网卡、IP 地址或物理位置发生变化时,需要对整个网络系统中的多个相关的网络设备进行重新配置,这同样对于网管员来说负担是相当重的,所以只适用于在小型网络中使用。

在安全性方面也存在隐患,VLAN 技术可以保证网络设备间的隔离,但对于同一台服务器,只能做到同时向多个 VLAN 组全面开放或只向某个 VLAN 组全面开放,而不能针对个别用户进行限制。而在通常情况下,一台服务器会提供多种服务,担当多种服务器角色,同时为多个 VLAN 组用户提供不同的服务,这样带来了一定的安全隐患。例如,一个数据库服务器中可能存有财务数据,也可能同时担当市场部电子商务中服务器角色,存有客户的数据,这样这台服务器就得同时向财务人员与市场人员开放,单纯采用 VLAN 技术就无法避免市场人员查看财务数据的情况发生。当然这种安全隐患可通过其他途径来解决。

8.3.3　ACL 访问控制列表

访问控制列表在路由器中被广泛采用,是一种基于包过滤的流向控制技术。标准访问控制列表通过把源地址、目的地址以及端口号作为数据包检查的基本元素,并可以规定符合检查条件的数据包是允许通过,还是不允许通过。访问控制列表通常应用在企业网络的出口控制上,如企业通过实施访问控制列表,可以有效地部署企业网络出网策略,控制哪些员工可以访问 Internet；员工可以访问哪些 Internet 站点；员工可以在什么时候访问 Internet；员工可以利用 Internet 收发电子邮件而不可以进行视频聊天活动等。随着局域网内部网络资源的增加,一些企业已经开始使用访问控制列表控制对局域网内部资源的访问能力,进而保障这些资源的安全性。

图 8-7 所示是一个应用 ACL 访问控制列表的示意图。在路由器 A 中配置一个访问控制列表，ACL 访问控制列表配置允许 IP 地址为 192.168.2.10 的工作站通过路由器访问其他网络 IP 地址为 192.168.5.2 的主机，而子网 192.168.1.0 不能与 192.168.2.10 及 192.168.5.2 通信。

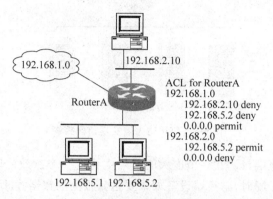

图 8-7　路由器的访问控制列表示例

访问控制列表可以有效地在网络层上控制网络用户对网络资源的访问，既可以细致到两台网络设备间的具体的网络应用，也可以按网段进行大范围的访问控制管理，为网络应用提供了一个有效的安全手段。

采用访问控制列表技术，网络管理员需要明确每一台主机及工作站所在的 IP 子网，并确认它们之间的访问关系，对于网络终端数量有限的网络而言，这是可行的，但对于具有大量网络终端的网络而言，为了完成某些访问控制甚至不得不浪费很多的 IP 地址资源，同时巨大的网络终端数量，同样会使得管理的复杂性和难度十分巨大。

另外，维护访问控制列表不仅耗时，而且较大程度上增加了路由器开销。访问控制列表的策略性非常强，并且与网络的整体规划有很大的关系，因此，它的使用对策略制定及网络规划的人员要求比较高，所以是否采用访问控制列表以及在多大程度上利用它，只能是管理效益与网络安全之间的一个权衡。

8.3.4　防火墙访问控制

防火墙技术首先将网络划分为内网与外网，通过分析每一项内网与外网通信应用的协议构成，得出主机 IP 地址及端口号，从而规划出业务流，对相应的业务流进行控制。图 8-8 所示是一个利用防火墙控制内、外网络通信的基本网络结构。

通过对防火墙的配置可以对外界开放 Web 服务器的 80 端口，因为 80 号端口是 Web 应用的 HTTP 协议使用的端口，这样就可使得任何用户都可以访问公司的网站。在邮件服务器及 DNS 服务器上也开放相应的端口（如 POP 的 23 号端口和 SMTP 的 25 号端口），在保证相应功能实现的同时，也确保这些主机不会受到恶意的攻击。对于数据库服务器来说，外界对它的访问将受到严格的限制，多是以 VPN 或加密传输的专线方式进行。

防火墙技术在最大限度上限制了源 IP 地址、目的 IP 地址、源端口号、目的端口号的访问权限，从而限制了每一业务流的通断。它要求网络管理员明确每一业务的源及目标地址、

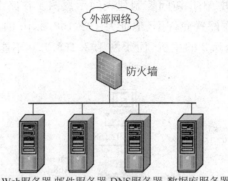

图 8-8　应用防火墙实现访问控制

以及该业务的协议甚至端口。在一个庞大的网络中构造一个有效的防火墙,也需要相当大的工作量与技术水平。同时,防火墙设备如果要达到很高的数据吞吐量,其设备造价将会非常高,通常在企业应用中都只能用于整个企业的出口安全,在企业网内部的安全保护方面使用较少。

支持 VPN 通信的防火墙支持如 DES、3DES、RC4 以及国内专用的数据加密标准和算法。加密除用于保护传输数据以外,还应用于其他领域,如身份认证、报文完整性认证,密钥分配等。支持的用户身份认证类型指防火墙支持的身份认证协议,一般情况下具有一个或多个认证方案,如 RADIUS、Kerberos、TACACS/TACACS+、密码方式、数字证书等。防火墙能够为本地或远程用户提供经过认证与授权的对网络资源的访问,防火墙管理员必须决定客户以何种方式通过认证。

还可对通过防火墙的包过滤规则进行设置。包过滤防火墙的过滤规则集由若干条规则组成,涵盖对所有出入防火墙的数据包的处理方法。对于没有明确定义的数据包,应该有一个默认处理方法;过滤规则应易于理解,易于编辑修改;同时应具备一致性检测机制,防止冲突。

防火墙中的 IP 包过滤依据主要是 IP 包头部信息,如源地址和目的地址。例如,IP 头中的协议字段封装协议为 ICMP、TCP 或 UDP,则再根据 ICMP 头信息(类型和代码值)、TCP 头信息(源端口和目的端口)或 UDP 头信息(源端口和目的端口)执行过滤,其他的还有 MAC 地址过滤。应用层协议过滤要求主要包括 FTP 过滤、基于 RPC 的应用服务过滤、基于 UDP 的应用服务过滤要求以及动态包过滤技术等。

以上几种访问控制方式各有优缺点,由于它们采用的技术以及所要解决问题的方向相差较大,所以在现实的网络安全管理中,通常都是几种甚至是全部技术的组合。

第9章 网络攻击技术

网络攻击技术是一把双刃剑。对攻击者而言,它是攻击技术,对安全人员来说,它是不可缺少的安全防护技术。

网络的攻击和入侵都是指通过非授权的行为对网络和系统造成某种形式的危害。其中攻击倾向于对网络或者系统造成破坏,如拒绝服务攻击,让服务器无法提供服务甚至网络瘫痪;而入侵倾向于获取某些信息而不对系统造成破坏,如获取系统的控制权力。

实际上现在对这两个词的使用比较混乱,并没有明显区分。在本书除非专门说明,并没有刻意区分两个词。

对系统的攻击和入侵,都是利用软件或系统漏洞进行的。换句话说,如果一个系统完美无缺,并且在此系统上安装的所有软件也是完美的,同时对它们的管理也无懈可击。那么,就不存在入侵和攻击行为了。

但是,这种情况是不存在的,从前不存在,今后也不可能存在,甚至更糟糕。这是由人们认识世界和改造世界的能力缺陷所注定的。人们设计的软硬件产品是不可能不留下任何缺陷和漏洞的。信息安全问题永远都不可能得到根本的解决,信息系统始终都处于开放和安全的矛盾之中。然而,从哲学的观点来看,正是矛盾,才是发展的根本动力。

例如,今天的软件系统一般非常复杂,越复杂,就越难预测它在各种可能场景下的反应方式,也就越难保证其安全性。

当今操作系统应用程序的代码行数越来越多。Windows XP 大概有 4000 万行代码,Windows 2000 有 2900 万行代码;UNIX 和 Linux 少一些,通常在 200 万行代码左右。业界通常有这样一个估算方式,即每 1000 行代码中大约有 5～50 个 bug。因此,从平均意义上估计,Windows XP 中大约有 120 万个 bug。

试图从逻辑上理解 1700 万～4000 万行代码并增强其安全性,难度是非常大的。如果进一步分析,不同的操作系统协议栈中集成了数以千计的协议,即使这些协议中存在安全漏洞,操作系统和应用程序也必须依赖这些协议在不同的系统和应用程序间传输数据,这必然造成安全隐患。另外,设备驱动程序由不同厂商开发并安装到操作系统中,在许多情况下,这些驱动开发得并不完美,并对操作系统的稳定性造成了影响。由于这部分的软件更加接近于硬件,向固件注入恶意代码,已经成为了一种流行的攻击手段。

大多数情况下,恶意攻击者使用的工具和安全技术人员是相同的,这意味着安全人员必须了解攻击者使用的工具和手段,知道新出现的攻击方式,不断更新自己的知识和技能,甚至要懂得更多,因为安全人员必须识别并解决某一环境中存在的所有漏洞,而攻击者只需要精通一到两种攻击方法即可实施攻击。

表 9-1 所示为进行一次完整的网络攻击所遵循的基本步骤。

表 9-1　基本的网络攻击步骤

攻击的步骤	解　释	例　子
侦查	被动或主动获取信息的过程	嗅探网络流量,查看 HTML 代码,社交工程,获取目标系统的一切信息
扫描及漏洞分析	识别所运行系统和系统上活动的服务,从中找出可攻击的弱点	Ping 扫描、端口扫描、漏洞扫描
获取访问权限	攻击识别的漏洞,以获取未授权的访问权限	利用缓冲区溢出或者暴力破解密码,并登录系统
保持访问权限	上传恶意软件,以确保能重新进入系统	在系统上安装后门
消除痕迹	消除恶意活动的踪迹	删除或修改系统和应用日志中的数据

本章通过分析攻击的几个步骤,描述攻击的基本过程和防范方式。

需要说明的是,本章用到了几个词:黑客、安全人员、入侵者、攻击者。这几个词所代表的群体有相似之处也有不同之处。

黑客(hacker)指的是一个对编程语言(某领域内的)有足够了解,可以不经长时间思考就能创造出有用的软件的人。在本章中,黑客单纯指试图破解或破坏某个程序、系统及网络安全的人。

安全人员,在这里指的是对计算机或整个网络进行管理,并且从中分析出安全事件的人。实际上,很多安全从业人员曾经都是黑客。

入侵者和攻击者这两个词含义类似,但入侵者更加侧重于偷偷潜入系统,而攻击者的含义更加倾向于破坏系统。本章也没有刻意区分这两类人。

另外需要注意的是某个系统是安全的并不代表这个系统可以抵御任何攻击行为,即不存在攻不破的堡垒。在网络安全中,某个系统只要让入侵者入侵系统时所付出的代价大于他所获得的利益,就可以认为这个系统是安全的。

9.1　侦　查

侦查也被称为踩点,目的是发现目标,是攻击过程中很重要的一部分。在没有更多信息或确切目标的情况下,则需要尽可能多地发现目标。

黑客通常是通过对某个目标进行有计划、有步骤的侦查,收集和整理出一份目标站点信息安全现状的完整剖析图,结合工具的配合使用,完成对整个目标的详细分析,找出可下手的地方。

通过侦查主要收集以下可用信息:

(1) 网络域名:域名系统(domain name system,DNS)、网络地址范围、关键系统(如重要服务器、网关等)的具体位置。

（2）内部网络：跟外网比较相似，但是进入内网以后主要是靠工具和扫描来完成踩点。

（3）外部网络：目标站点的一些社会信息，包括企业的内部专用网，一般以 vpn.objectsite.com 或 objectsite.com/vpn，办公网 oa.objectsite.com 或 objectsite.com/oa 为基本形式。这些都是可以获得目标站点信息的主要途径。通过搜索引擎（google、baidu、sohu、yahoo 等）获得企业的合作伙伴、分支机构等其他公开资料，以及目标站点里面的用户邮件列表、即时消息、新闻消息、员工的个人资料。

以上都是入侵所必需的重要信息，也是第一步。另外，还需要获取目标所用的操作系统，共有两种类型的操作系统侦查：被动操作系统侦查和主动操作系统侦查。

被动操作系统侦查主要是通过嗅探网络上的数据包确定发送数据包的操作系统或可能接收到的数据包的操作系统，其优点是用被动侦查攻击或嗅探主机时，并不产生附加的数据包，主要是监听并分析，一般操作是先攻陷一台薄弱的主机，在本地网段内嗅探数据包，以识别被攻陷主机能够接触到的机器操作系统的类型。

主动操作系统识别是主动产生针对目标机器的数据包进行分析和回复。其缺点是很容易惊动目标，把入侵者暴露给入侵检测系统。

操作系统的识别是一个非常重要的过程，通过端口搜索检查开放的端口。一些操作系统默认情况下监听的端口与其他操作系统不同，因此如果搜索到某个端口，那么可以假定相应的目标机器在运行相对应的某个操作系统。为了对付这种方法，安全人员可以通过经常改动端口以增强系统的安全性。

另一个方法是向一个监听服务发送一些数据，并预计可能返回的可识别的回应和错误。某些操作系统可能会发送一个可唯一识别的错误代码，或由于没有严格遵守标准以至于可以识别。还有一个方法是考察 TCP 协议信息，某些操作系统使用了不同的默认 TCP 参数，各种不同的 TCP 标志/数据包头的组合会以特定的方式进行响应。有时候，ICMP 回应信息也被用来尝试识别特定的操作系统。

在一些扫描工具中，把这些方法集成到了工具中，如 nmap。另外，xprobe2 也是常用的侦查工具。

在侦查的过程中，还会用到嗅探工具，这些工具能从某些网络介质捕获数据包，甚至能够看到数据包中未经加密的信息。通过分析这些信息，可以获取相当多关于目标主机的信息，当然也可能会包括没有经过加密的用户名、密码等。在后面的实验中，会详细地讲述 Ethereal 这个工具的使用。

下一步骤的扫描则可以获取更多信息，为后面的攻击步骤打下基础。

9.2　扫　　描

黑客技术中的扫描主要指通过固定格式的询问试探主机的某些特征的过程，而提供了扫描功能的软件工具就是扫描器。

扫描器对不同的使用者来说，其意义不同。对于系统管理员来说，扫描器是维护系统安全的得力助手；对于黑客而言，扫描器是最基本的攻击工具，有一句话可以充分说明扫描器对黑客的重要性，"一个好的扫描器相当于数百个合法用户的账户信息"。

扫描器可以检测远程主机和本地系统的安全性，对远程主机和本地系统进行扫描是有区别的。对远程主机进行扫描属于远程扫描，即扫描远程主机的一些外部特性，这些外部特性是由远程主机开放的服务决定的。对本地系统进行扫描属于本地扫描，通常是以系统管理员权限进行的扫描。

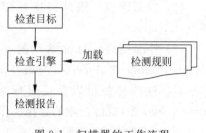

图 9-1　扫描器的工作流程

大多数扫描器按照如图 9-1 所示的工作流程工作。其类型主要包括端口扫描和漏洞扫描。

9.2.1　端口扫描

如果把网络中的每一台计算机比喻成一座城堡，那么在这些城堡中，有的对外完全开放，有的却是紧锁城门。入侵者们是如何找到，并打开它们的城门的呢？这些城门究竟通向城堡的何处呢？

在网络技术中，把这些城堡的"城门"称为计算机的"端口"。端口扫描是入侵者搜集信息的几种常用手法之一，也正是这一过程最容易使入侵者暴露自己的身份和意图。一般来说，扫描端口的主要目的是判断目标主机的操作系统以及开放了哪些服务。如果入侵者掌握了目标主机开放了哪些服务，运行何种操作系统，他们就能够使用相应的手段实现入侵。

1. 端口的基本概念

"端口"在计算机网络领域中是个非常重要的概念。它是专门为计算机通信而设计的，它不是硬件，不同于计算机中的"插槽"，可以说是个"软插槽"。如果有需要的话，一台计算机中可以有上万个端口。

端口是由计算机的通信协议 TCP/IP 协议定义的。其中规定，用 IP 地址和端口作为套接字，代表 TCP 连接的一个连接端，一般称为 Socket。具体来说，就是用[IP：端口]定位一台主机中的进程。可以做这样的比喻，端口相当于两台计算机进程间的大门，可以随便定义，其目的只是为了让两台计算机能够找到对方的进程。计算机就像一座大楼，这个大楼有很多入口(端口)，进到不同的入口中就可以找到不同的公司(进程)。如果要和远程主机 A 的程序通信，那么只要把数据发向[A：端口]就可以实现通信了。

可见，端口与进程是一一对应的，如果某个进程正在等待连接，称之为该进程正在监听，那么就会出现与它相对应的端口。由此可见，入侵者通过扫描端口，便可以判断出目标计算机有哪些通信进程正在等待连接。

2. 端口的分类

端口是一个 16 位的地址，用端口号进行标识不同作用的端口。端口一般分为两类。

熟知端口(公认端口)：由因特网指派名字和号码公司 ICANN 负责分配给一些常用的应用层程序固定使用的熟知端口，端口号一般为 0~1023。表 9-2 和表 9-3 所示常见的熟知端口。

一般端口：用来随时分配给请求通信的客户进程。

表 9-2　常见 TCP 熟知端口

服务名称	端口号	说　　明
FTP	21	文件传送服务
Telnet	23	远程登录服务
HTTP	80	超文本传送协议
POP3	110	邮件服务
SMTP	25	简单邮件传送协议
Socks	1080	代理服务

表 9-3　常见 UDP 熟知端口

服务名称	端口号	说　　明
RPC	111	远程调用
SNMP	161	简单网络管理协议
TFTP	69	简单文件传输

入侵者如果想要探测目标计算机开放了哪些端口、提供了哪些服务,就需要先与目标端口建立 TCP 连接,这也就是"扫描"的出发点。

尝试与目标主机的某些端口建立连接,如果目标主机该端口有回复(参考 TCP 三次握手中的第二次),则说明该端口开放,即为"活动端口"。

具体地,有如下几种扫描方法:

1) 全 TCP 连接

全 TCP 连接扫描使用三次握手,与目标计算机建立标准的 TCP 连接。需要说明的是,这种古老的扫描方法很容易被目标主机发觉并记录。

2) 半开式扫描(SYN 扫描)

在半开式扫描中,扫描主机自动向目标计算机的指定端口发送 SYN 数据段,表示发送建立连接请求。

(1) 如果目标计算机的回应 TCP 报文中 SYN=1,ACK=1,则说明该端口是活动的,接着扫描主机传送一个 RST 给目标主机拒绝建立 TCP 连接,从而导致三次握手过程的失败。

(2) 如果目标计算机的回应是 RST,则表示该端口为"死端口",这种情况下,扫描主机不用做任何回应。

由于扫描过程中全连接尚未建立,所以大大降低了被目标计算机的记录的可能性,并且加快了扫描的速度。

3) FIN 扫描

在 TCP 报文首部中,有一个字段为 FIN,FIN 扫描则依靠发送 FIN 判断目标计算机的指定端口是否活动。

发送一个 FIN=1 的 TCP 报文到一个关闭的端口时,该报文会被丢掉,并返回一个 RST 报文。但是,如果当 FIN 报文发到一个活动的端口时,该报文只是简单地被丢掉,不会返回任何回应。

从 FIN 扫描可以看出,这种扫描没有涉及任何 TCP 连接部分,因此,这种扫描比前两种都安全,可以称之为秘密扫描。

4) 第三方扫描

第三方扫描又称"代理扫描",这种扫描是控制第三方主机代替入侵者进行扫描。这个第三方主机一般是入侵者通过入侵其他计算机而得到的,该"第三方"主机常被入侵者称为"肉鸡"。这些"肉鸡"一般为安全防御系数极低的个人计算机。严格来说,它的扫描方式还是以上三种中的某一种,但即使被对方发现,对方也无法准确得知入侵者的真实 IP 地址和身份,所以更加隐蔽。

9.2.2 漏洞扫描

漏洞是软件系统在开发过程中留下的缺陷。由于研发人员自身的局限性,漏洞的产生是不可避免的。

1. 漏洞概述

虽然目前在软件开发的过程中越来越重视软件测试,测试所耗费的资源甚至超过了开发。但无论从理论上还是工程上都没有任何人敢声称能够彻底消灭软件中的所有逻辑缺陷——bug。

在各种各样的软件逻辑缺陷中,有一部分会引起非常严重的后果,把会引起软件做一些超出设计范围事情的 bug 称为漏洞。

漏洞往往是病毒木马入侵计算机的突破口。如果掌握了漏洞的技术细节,能够写出漏洞利用(exploit)程序,往往可以让目标主机执行任意代码。

已发布软件里的漏洞分为已经被发现的漏洞和未被发现的漏洞。

如果病毒利用非常严重的系统漏洞进行传播,可能很多计算机将在劫难逃。因为系统漏洞可以引起计算机被远程控制、病毒感染。例如,横扫世界的冲击波蠕虫、Slamer 蠕虫等就是这种类型的病毒。

如果服务器软件存在安全漏洞,或系统中可以被 RPC 远程调用的函数中存在缓冲区溢出漏洞,攻击者也可以发起"主动"进攻。

如果浏览器在解析 HTML 文件时存在缓冲区溢出漏洞,那么攻击者就可以精心构造一个承载着恶意代码的 HTML 文件,当有人单击这种链接时,漏洞被触发从而导致 HTML 中所承载的恶意代码被执行。这段代码通常是在没有任何提示的情况下去指定的地方下载木马客户端并运行。

此外,第三方软件所加载的 ActiveX 控件中的漏洞也是被"木马"所经常利用的对象。Word 文档、PowerPoint 文档、Excel 表格文档虽然并非可执行文件,但它们同样导致恶意代码的执行。这类文档本身虽然是数据文件,但是如果 Office 软件在解析这些数据文件的特定数据结构时存在缓冲区溢出漏洞的话,攻击者就可以通过一个精心构造的 Word 文档来触发并利用漏洞。当用 Office 软件打开这个 Word 文档的时候,一段恶意代码可能已经悄无声息地被执行过了。

软件漏洞的技术细节是非常宝贵的资料,尤其是当软件漏洞对应的官方补丁尚未发布时,只有少数攻击者秘密的掌握漏洞及其利用方法,这时往往可以通过漏洞入侵并破坏任意一台 Internet 上的主机。

　　未被公开的漏洞被称作 zero day（0 day）。可以把 0 day 理解成未公开的系统后门。由于 0 day 的特殊性质和价值，使得很多研究者和攻击者投身于漏洞挖掘的行列。一个 0 day 漏洞的资料根据其影响程度的不同，在黑市上可以卖到从几千元到几十万元不等的价钱。因此 0 day 一旦被发现往往会被当作商业机密，甚至军事机密。

　　为了防范这种漏洞，最好的办法是及时为操作系统和服务打补丁。所谓补丁，是软件公司为已发现的漏洞所作的修复行为。如果厂商能够迅速发布补丁，那么就能够避免应用程序因为有漏洞而长期暴露在不安全因素下。对于有些漏洞还没有打补丁，就要依靠其他一些安全手段，如防火墙和入侵检测系统，以及安全人员的经验。例如，安全人员可以考虑，目前机器上所开放的服务是否为必需的，如果不是，把它关闭。服务可以公开访问吗？如果不能，则用防火墙隔离。所有不安全的选项都关闭了吗？如果没有，则关闭。

2. 漏洞扫描

　　漏洞扫描通常通过漏洞扫描器执行。漏洞扫描器是通过在内部放置已知漏洞的特征，然后把被扫描系统特征和已知漏洞相比对，从而获取被扫描系统漏洞的过程。

　　需要注意的是，漏洞扫描只能找出目标机上已经被发现并且公开的漏洞，不能找出还未被发现的漏洞，并且只能扫描出在扫描器中已经存在特征码的漏洞。

　　扫描器进行远程扫描时，针对远程主机开放的端口与服务进行探测，获取并记录相关的应答信息，对应答信息进行筛选和分析后，再与扫描器自带的漏洞信息库中的信息进行比较，如果一致，则确定远程系统存在相应的漏洞。

　　扫描器进行本地扫描时，会以系统管理员的权限在本地机上运行，记录系统配置中的各项主要参数，分析配置上存在的漏洞。

　　通过以上介绍可以发现本地扫描和远程扫描之间的另一个差别：远程扫描时，扫描器所收集的信息与自带漏洞信息库中的信息一致时即确定为存在相应的漏洞；而本地扫描则正好相反，不一致时确定存在相应的系统漏洞。

　　应该及时更新扫描器的版本，一般的发布顺序是系统漏洞首先被披露，然后是相关的补丁程序，最后才是扫描器。尽管如此，用户打补丁并不一定及时，因此下载扫描器的高版本是十分重要的。

　　另外可以用多种扫描器的搭配使用，由于扫描器设计与编写目的的不同，各自的功能和性能往往会有一定的差别。以扫描被控制了的远程主机为例（这个过程也被戏称作"抓肉鸡"），可以先使用一些扫描速度快但功能少的扫描器扫描多个网段中远程主机，随后使用一些扫描速度慢但功能强的扫描器重点扫描其中的一部分主机，最后确定对哪些远程主机进行入侵。

　　扫描器归根结底是扫描方法的集合，扫描器的出现极大地方便了用户，但扫描器并不是万能的。对于系统管理员而言，对具体的扫描方法也要有一定的了解与掌握，如某个漏洞刚被发现时，它对应的扫描器往往不会同期被发布，漏洞的存在对系统构成了潜在的威胁，这种情况下，可以通过端口检测等一些扫描方法加以检查。

9.2.3 实用扫描器简介

虽然对扫描有多种分类,例如弱密码扫描、系统漏洞扫描、主机服务扫描等数十种方式,但归根结底还是寻找系统或网络的漏洞,所以可以归到漏洞扫描一类。

早期的扫描器大多是专用的,即一种扫描器只能扫描一种特定的信息。随着网络的发展,各种系统漏洞被越来越多的发现,扫描器的种类也随之增多,为了简化扫描过程,人们把众多的扫描器集成为一个扫描器。目前,正在使用的扫描器中,绝大多数都是这种综合扫描器。

单从危害来看,黑客进行对远程主机进行本地扫描的危害更大,这时说明黑客已经侵入了系统。此时,查找出黑客打开的后门并加以封锁是亡羊补牢成功与否的关键。

此外,对于远程扫描无法主动防范,因为远程扫描可能存在于网络的任何一个位置上。关闭不必要的服务与端口、及时安装各种补丁程序可以从一定程度上减少远程扫描带来的安全隐患。

X-Scan 和"流光"是国内最有名的两款扫描工具。

1. 扫描器 X-Scan

X-Scan 是国内最著名的综合扫描器之一,它完全免费,是不需要安装的绿色软件,界面支持中文和英文两种语言,包括图形界面和命令行方式,主要由国内著名的网络安全组织"安全焦点"(http://www.xfocus.net)完成。X-Scan 把扫描报告和安全焦点网站相连接,对扫描到的每个漏洞进行风险等级评估,并提供漏洞描述、漏洞溢出程序,方便网管测试、修补漏洞。X-Scan 的运行界面如图 9-2 所示。

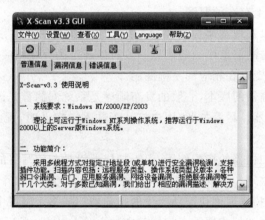

图 9-2 X-Scan 的运行界面

X-Scan 能够实现下列漏洞的扫描:

(1) 能够扫描出 NT-Server 弱密码:探测 NT 主机用户名密码是否过于简单。

(2) NetBIOS 信息:NetBIOS(网络基本输入输出协议)通过 139 端口提供服务。默认情况下存在。可以通过 NetBIOS 获取远程主机信息。

(3) SNMP 信息:探测目标主机的 SNMP(简单网络管理协议)信息。通过对这一项的扫描,可以检查出目标主机在 SNMP 中不正当的设置。

（4）FTP 弱密码：探测 FTP 服务器（文件传输服务器）上密码设置是否过于简单或允许匿名登录。

（5）SQL-Server 弱密码：如果 SQL-Server（数据库服务器）的管理员密码采用默认设置或设置过于简单，如 123、abc 等，就会被 X-Scan 扫描出 SQL-Server 弱密码。

（6）POP3 弱密码：POP3 是一种邮件服务协议，专门用来为用户接收邮件。选择该项后，X-Scan 会探测目标主机是否存在 POP3 弱密码。

（7）SMTP 漏洞：SMTP（简单邮件传输协议）漏洞指 SMTP 协议在实现过程中的出现的缺陷。

2．流光

"流光"的运行界面如图 9-3 所示。"流光"软件可以探测 POP3、FTP、HTTP、Proxy、Form、SQL、SMTP、IPC＄等各种漏洞，并针对各种漏洞设计了不同的解决方案，能够在有漏洞的系统上轻易得到被探测的用户密码。除了能够像 X-Scan 那样扫描众多漏洞、弱密码外，它还集成了常用的入侵工具，如字典工具、NT/IIS 工具等，还独创了能够控制第三方主机进行扫描的"流光 Sensor 工具"和为第三方主机安装服务的"种植者"工具。

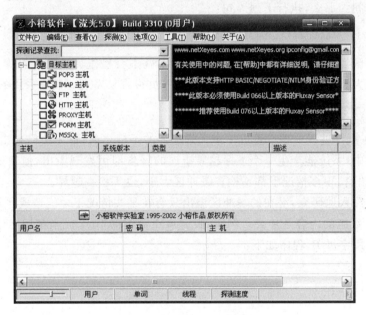

图 9-3　"流光"运行界面

9.3　获取访问权限

网络攻击的第二个步骤是利用上个步骤找到的漏洞，获取系统访问权限。有的漏洞可以用来实现入侵或攻击行为。作为安全人员，应该了解某个漏洞是否是可被攻击的。有时候虽然无法找到利用该漏洞攻击的方法，不意味其他人也找不到，这只是时间和技术水平的问题。

一般来说,通过漏洞扫描器所找到的漏洞,往往都是可以被入侵者所利用的漏洞。

9.3.1 缓冲区溢出

缓冲区溢出是一种重要的入侵方法,常被入侵者用于非法获取访问权限。

1. 溢出原理

最典型的漏洞利用方法是利用漏洞实现缓冲区溢出,以达到获取系统访问权限的目的。缓冲区溢出就好比是把 2 升的水倒入 1 升的水罐中,肯定会有一部分水溢出并且造成混乱。

内存缓冲区用来存储数据,而缓冲区自身缺乏相关的机制来防止在保留空间内放入过多的数据。实际上,如果程序员比较粗心,数据可能很快超出分配的空间。例如,以下语句声明了一个在内存中占 10 个字节的字符串:

```
Char str1[10];
```

编译器为缓冲区划分了 10 个字节大小的空间,从 $str1[0] \sim str1[9]$,每个都分别占用一个字节的空间。那么,执行下列语句:

```
Strcpy(str1, 'AAAAAAAAAAAAAAAAAAAAAAAA');
```

则会造成缓冲区溢出。因为 strcpy 这个函数根本就不会检查后面的字符串是否比 str1 所分配的空间要大。当然,这种溢出比较明显,程序员很容易发现。假设采用的语句是:

```
Str1[i] = 'A';
```

那么,直到 i 在执行过程中被设置成一个大到越界的下标之前,都无法检查出这个错误。如果在执行过程中,系统能产生一个下标越界错误的警告即可发现溢出,但遗憾的是,在一些语言中,如 C 语言,很多情况下都不检查缓冲区大小,也不检查越界。

如果更加深入地研究,潜在的缓冲区溢出只有在某些情况下才能造成严重的后果,这取决于临近 str1 数组的内容是什么。例如,假定 str1 数组的 10 个元素都用字母 A 填充,错误的越界填充则用字母 B,程序如下:

```
For(i = 0; i < = 9; i++)
    Str1[i] = 'A';
Str1[10] = 'B';
```

执行过程中,所有程序和数据元素都在内存中,它们与操作系统、其他代码和常驻程序共享内存空间,所以 B 的存储位置有 4 种情形:

(1) 如果这个额外的字符 B 溢出到用户的数据空间,如图 9-4 所示。它仅仅会覆盖一个存在的变量值,也可能会写到一个还未使用的位置,可能会影响程序的运行结果,但不会影响其他的程序或数据。

图 9-4　溢出影响用户的数据

（2）如果 B 被送到用户的程序区域，如图 9-5 所示。如果它覆盖了一条已执行的指令，且该指令以后都不会再执行，用户不会觉察到影响。如果它覆盖的是一条还没有执行的指令，由于 B 的内码是 0x42，机器会尝试执行操作码为 0x42 的指令。如果这个操作码为 0x42 的指令并不存在，系统会由于一个非法指令异常而停机。结果出现段错误，程序崩溃。如果该指令存在，机器就会执行它，运行结果取决于上下文含义。

图 9-5　溢出影响用户的代码

（3）如果数组后面紧跟着系统数据，如图 9-6 所示。和溢出到用户空间的流程类似，但造成的后果更严重。这种情形下，B 覆盖了系统的数据空间，可能是一个存在的变量值，可能会让系统用错误的数值进行计算。

图 9-6　溢出影响系统数据

（4）如果数组后面紧跟着系统代码，如图 9-7 所示。系统可能会执行操作码为 0x42 的指令。但是假如覆盖系统程序代码的数值不是字母 B，而是精心设计的一段代码，结果则可能是系统执行了那段代码。

图 9-7　溢出影响系统代码

所以溢出的结果一般有如下几种情况：

第一种情况是拒绝服务。也就是可能出现内存访问违例，出现段错误，程序崩溃。第二种情况是，当下一条需要执行的指令被改写后，以普通用户的身份执行了恶意代码。第三种情况，也是最坏的情况，是下一条指令被改写后，在系统级别执行了恶意代码，这里的恶意代码往往是 Shellcode。

Shellcode 是一段代码（也可以是填充数据），是用来发送到服务器利用特定漏洞的代码，一般可以获取权限。另外，Shellcode 一般是作为数据发送给被攻击方的。

2．溢出实例

下面以一个实例来了解缓冲区溢出引起的恶性后果：

```c
#include<stdio.h>
#define PASSWORD "1234567"
int verify_password (char * password)
{
 int authenticated;
```

```
        char buffer[8]; // add local buff to be overflowed
        authenticated = strcmp(password, PASSWORD);
        strcpy(buffer, password); //over flowed here!
        return authenticated;
    }
    main()
    {
    int valid_flag = 0;
    char password[1024];
    while(1)
    {
    printf("please input password:      ");
        scanf("%s", password);
        valid_flag = verify_password(password);
    if(valid_flag)
      {
        printf("incorrect password!\n\n");
      }
        else
        {
        printf("Congratulation! You have passed the verification!\n");
        break;
        }
      }
    }
```

程序运行后将提示输入密码。用户输入的密码将被程序与宏定义中的 1234567 比较，如果密码错误，提示验证错误，并提示用户重新输入；如果密码正确，提示正确，程序退出。

代码用 TC3.0 编译链接，生成可执行文件。按照程序的设计思路，只有输入了正确的密码 1234567 之后才能通过验证。程序运行情况如图 9-8 所示。

图 9-8　缓冲区溢出测试

在这段程序中，漏洞在于 verify_password 函数中的 strcpy(buffer,password)调用。由于程序将把用户输入的字符串原封不动地复制到 verify_password 函数的局部数组 char buffer[8]中，但用户的字符串可能大于 8 个字符。当用户输入大于 8 个字符的缓冲区尺寸时，缓冲区就会溢出，即所谓的缓冲区溢出漏洞。

根据缓冲区溢出发生的具体情况，巧妙地填充缓冲区不但可以避免崩溃，还能影响到程序的执行流程，甚至让程序去执行缓冲区里的代码。

函数 verify_password 中申请了两个局部变量：int authenticated 和 char buffer[8]。当 verify_password()被调用时，系统会给它分配一片连续的内存空间，这两个变量就分布在那里(实际上就叫函数栈帧),如图 9-9 所示。

用户输入的字符串将复制到 buffer[8]。
authenticated 变量实际上是一个标志变量,当其值
为非 0 时,程序进入错误重输的流程,值为 0 时,进
入密码正确的流程。

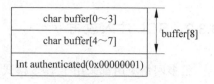

图 9-9　变量在内存中的位置

字符串数据最后都有作为结束标志的 NULL(0),
当输入的字符超过 7 个,那么超出的部分将破坏掉与它紧邻着的 authenticated 变量的内
容。例如,输入包含 8 个字符的错误密码 qqqqqqqq,那么 buffer[8] 所拥有的 8 个字节将全
部被 q 的 ASCII 码 0x71 填满,而字符串的结束标志 NULL 刚写入了 authenticated 变量并
且值为 0x00000000。

函数返回,main 函数看到 authenticated 是 0,就会认为密码正确。这样,就用错误的密
码得到了正确密码的运行效果,如图 9-10 所示。

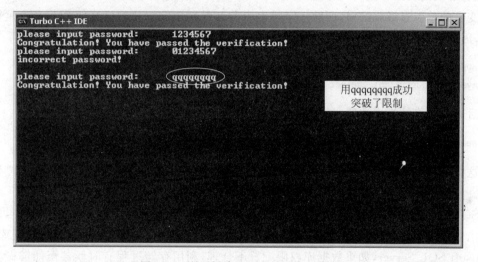

图 9-10　利用缓冲区溢出通过密码认证

当输入 qqqqqqqq 时,程序流程改变,认证成功。如果输入几十个字符的长串,程序会
崩溃。

注意为什么输入 01234567 不行? 因为字符串大小是按照字典顺序进行比较的,所以这
个串小于 1234567,authenticated 的值是 −1,在内存里将按照补码存负数,所以实际存的不
是 0x01000000 而是 0xffffffff。那么字符串截断后符 0x00 淹没后,变成 0x00ffffff,还是非
0,所以没有进入正确分支。

这种缺陷大多数情况下会导致崩溃,但是结合内存中的具体情况,如果精心构造缓冲区
的话,是有可能让程序做出设计人员意想不到的事情。

本例只是用一个字节淹没了邻接变量,导致了程序进入密码正确的处理流程,使设计的
验证功能失效。

实际上攻击者利用的缓冲区溢出还要复杂得多,还要牵涉 Shellcode 的设计和编写。当
然,网络上也有很多现成的工具,利用一些特定的漏洞进行溢出攻击。

9.3.2　SQL 注入攻击

很多网络应用都采用了 B/S 模式,即用户可以通过浏览器获取某些服务。SQL 命令注入的漏洞是 Web 系统特有的一类漏洞,源于 PHP、ASP 等脚本语言对用户输入数据解析的缺陷,将解析错误的语句发送给了 MySQL 数据库。

如果用户的输入能够影响到脚本中 SQL 命令串的生成,那么很可能在添加了单引号、"♯"号等转义命令字符后,能够改变数据库最终执行的 SQL 命令,攻击者就利用这个特点修改自己的输入,最终获取数据库中自己所需要的信息,如管理员密码。这就是 SQL 注入。

以 PHP 语言为例,如果程序员在编程时没有对待用户输入的变量 \$u 和 \$p 进行合理的限制,那么当攻击者把用户名输入为 admin'♯ 的时候,输入字符串中的单引号将和脚本中的变量的单引号形成配对,而输入字符串中的 ♯ 号对于 mysql 的语言解释起来说是行注释符,因此后面的语句被作为注释处理。

```
mysql_db_query('db',"select * from name where user = '$u' and psw = '$p');
mysql_db_query('db',"select * from name where user = 'admin'# ' and psw = '123')
```

"♯"后的命令将被当成注释,最终执行的命令为

```
select * from tabel_name where user = 'admin'
```

通过这样的输入,攻击者就绕过了身份验证机制,没有正确的密码也可以看到管理员的信息。

SQL 注入攻击的精髓在于构造巧妙的注入命令串,从服务器不同的反馈结果中,逐步分析出数据库中各个表项之间的关系,直到彻底攻破数据库。遇到功能强大的数据库,如 Microsoft SQL Server,如果数据库权限配置不合理,利用存储过程有时候甚至能够做到远程控制服务器。

缓冲区溢出需要掌握大量底层知识,而 SQL 注入攻击的技术门槛较低,只要懂得基本的 Web 技术和数据库知识就可以实施攻击。另外,一些自动化的攻击,如 NBSI2 等,也使这类攻击变得容易。目前,这类技术已经发展成为一套比较完善的体系,成为破坏网站的主流技术。

SQL 注入是从正常的 WWW 端口访问,而且表面看起来跟一般的 Web 页面访问没什么区别,所以防火墙不会对 SQL 注入发出警报,如果管理员没查看日志的习惯,可能被入侵很长时间都不会发觉。

针对 SQL 注入攻击的防范,当务之急是对程序员进行安全培训。开发 Web 应用时要对用户输入的数据进行限制,过滤掉可能引起攻击的敏感字符。另外,数据库对大小写不敏感,所以要使用正则表达式,同时过滤掉 select、SELECT、sEleCt 等所有形式的保留字。

此外,一些自动化的扫描工具可以帮助检测网站中的 SQL 注入漏洞,如 NGS 公司生产的 NGSSQuirreL 就是这样一款工具。

9.4　保持访问权限

在一次入侵结束后,入侵者有可能希望以后能够方便地再次进入。所以会在系统里面留下一些后门,例如开放一些具有管理员权限的新账号、安装后门和 RootKit 等。

开放新账号比较简单,入侵者一般会选取一些看起来很正常的账号作为自己的账号,例如 Ftp、game、mail、news 等。粗心的管理员有时候会误以为是已经开放过的正常账号。但这个方法对于经验丰富的管理员并不太有效,他们甚至会偷偷监视这些账号,从中找出入侵者的线索。

在已经被入侵的机器里面安装后门也是常用的方法。后门具有隐蔽性和非授权性的特点。所谓隐蔽性是指后门的设计者为了防止被发现,会采用多种手段隐藏,这样服务器端即使发现有后门,也不能确定其具体位置。所谓非授权性指入侵者放入的后门往往是能够实现远程控制的后门,一旦控制端与服务器端连接后,控制端将享有服务器端的大部分操作权限,包括修改文件,修改注册表,控制鼠标、键盘,甚至是远程控制对方计算机。这些权力并不是服务器端赋予的,而是通过后门获取的。

另外入侵者还可能放入 RootKit。它主要通过替换系统文件达到目的。这样就会更加的隐蔽,使检测变得比较困难。

9.5　消除入侵痕迹

在所有的操作系统中,包括 Windows 和 UNIX 系统,都有自己的日志系统。在日志中记载了各种信息,如用户对其的操作、应用程序所作的行为、各种各样的安全事件等。当入侵者非法进入了系统后,往往会被这些日志记录下来。管理员通过日志,则有可能分析出入侵者的行为,甚至是根据线索找到入侵者。

所以,一个相对专业的入侵者,会在入侵行为完成后,消除自己的痕迹,就像专业的小偷离开现场时,会小心地把指纹擦掉。

以 Windows 的日志系统为例。它自带了一个"事件查看器",可以通过"开始→控制面板→管理工具→事件查看器"将其打开。事件查看器的界面如图 9-11 所示。

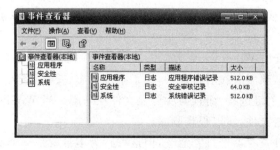

图 9-11　事件查看器界面

1. 应用程序日志

应用程序日志包含由应用程序或系统程序记录的事件,主要记录程序运行方面的事件。例如,数据库程序可以在应用程序日志中记录文件错误,程序开发人员可以自行决定监视哪些事件。如果某个应用程序出现崩溃,那么可以从程序事件日志中找到相应的记录,也许会有助于解决问题。

2. 安全性日志

安全性日志记录了诸如有效和无效的登录尝试等事件,以及与资源使用相关的事件,如创建、打开或删除文件或其他对象。系统管理员可以指定在安全性日志中记录什么事件。在默认设置下,安全性日志是关闭的,管理员可以使用组策略来启动安全性日志,或在注册表中设置审核策略,以便当安全性日志满后使系统停止响应。

3. 系统日志

系统日志包含 Windows XP 的系统组件记录的事件,如在启动过程中加载驱动程序或其他系统组件失败将记录在系统日志中,默认情况下 Windows 会将系统事件记录到系统日志中。

如果机器被配置为域控制器,那么还将包括目录服务日志、文件复制服务日志;如果机器被配置为域名系统(DNS)服务器,那么还将记录 DNS 服务器日志。当启动 Windows 时,"事件日志"服务(EventLog 文件)会自动启动,所有用户都可以查看应用程序和系统日志,但只有管理员才能访问安全性日志。

这些日志文件都被存放在管理员用户的 system32 目录下,下面列出了一些例子:

- DNS 日志默认位置:%systemroot%\system32\config,默认文件大小 512 KB,管理员都会改变这个默认大小。
- 安全日志文件:%systemroot%\system32\config\SecEvent. EVT。
- 系统日志文件:%systemroot%\system32\config\SysEvent. EVT。
- 应用程序日志文件:%systemroot%\system32\config\AppEvent. EVT。
- FTP 日志默认位置:%systemroot%\system32\logfiles\msftpsvc1\,默认每天一个日志。
- WWW 日志默认位置:%systemroot%\system32\logfiles\w3svc1\,默认每天一个日志。

UNIX 的日志系统比 Windows 更为强大。

日志文件通常有某项服务在后台保护,除了系统日志、安全日志、应用程序日志等,它们的服务是 Windows 的关键进程,而且与注册表文件在一起。当 Windows 启动后,服务则马上被启动用来保护这些文件,所以很难删除。

虽然可以通过事件查看器把日志清空,但这种行为本身就是一个不正常事件,会让系统管理员产生怀疑。所以入侵者一般只是删掉和自己入侵内容相关的事件,这往往需要日志删除工具配合。这样的工具目前非常多。

9.6 拒绝服务攻击

1. 基本概念

拒绝服务攻击(denial of service,DoS)指攻击者利用系统的缺陷,通过执行一些恶意的操作而使合法的系统用户不能及时地得到服务或者系统资源,如 CPU 处理时间、存储器、网络带宽、Web 服务等。

这种攻击方式和前面讲的几种方式都不一样:它本身并不能使攻击者获取什么资源,如系统的控制权力、秘密的文件等,它只是以破坏服务为目的,仅针对暴露于网络上的服务器或客户端的软、硬件服务进行干扰,迫使目标服务暂时性的失效,具有很强的破坏性。往往把这种方式称为"攻击"而不是"入侵"。

拒绝服务攻击往往造成计算机或网络无法正常工作,进而会使一个依赖于计算机或网络服务的企业不能正常运转。例如,各种网站服务器,一旦受到拒绝服务攻击,那么这个网站就无法登录了。另外,拒绝服务攻击也令提供网络游戏服务的供应商很头疼的一种攻击方式。下面是一些常见的拒绝服务攻击方法。

1) 基于网络带宽消耗的拒绝服务攻击

攻击者有意制造大量的数据包或传输大量文件以占用有限的带宽资源,使合法用户无法正常使用网络资源,从而实现攻击者的意图。例如,同步风暴(SYN Flood)就是利用了TCP/IP 协议的漏洞,攻击者假造源 IP 地址发送多个同步数据包(SYN packet)给服务器,服务器因无法收到确认数据包而需要处理大量的半连接状态,让主机无法处理正常的连接需求,影响正常运作。

2) 消耗磁盘空间的拒绝服务攻击

这种拒绝服务攻击利用系统的缺陷,制造大量的垃圾信息。典型的攻击方法有垃圾邮件、故意制造大量日志信息。

3) 消耗 CPU 资源和内存的拒绝服务攻击

操作系统需要提供 CPU 和内存资源给许多进程共用,攻击者利用系统存在的缺陷,有意使用大量的 CPU 和内存资源,从而导致系统服务性能下降甚至造成系统崩溃。典型的攻击方法就是使用蠕虫程序。

4) 基于系统缺陷的拒绝服务攻击

攻击者利用目标系统的漏洞和通信协议的弱点实现拒绝服务攻击。下面是两种很典型的攻击方式。

Ping of Death:根据 TCP/IP 的规范,一个包的长度最大为 65 536 字节。尽管一个包的长度不能超过 65 536 字节,但是一个包分成的多个片段的叠加却能做到。当一个主机收到了长度大于 65 536 字节的包时,就是受到了 Ping of Death 攻击,该攻击会造成主机的瘫痪。

Teardrop:IP 数据包在网络传递时,数据包可以分成更小的片段。攻击者可以通过发送两段(或更多)数据包实现 Teardrop 攻击。第一个包的偏移量为 0,长度为 N,第二个包的偏移量小于 N。为了合并这些数据段,TCP/IP 堆栈会分配超乎寻常的巨大资源,从而造成系统资源的缺乏甚至机器的重新启动。

2．分布式拒绝服务攻击

分布式拒绝服务(distributed denial of service，DDoS)攻击指借助于客户/服务器技术，将多个计算机联合起来作为攻击平台，对一个或多个目标发动 DoS 攻击，从而成倍地提高拒绝服务攻击的威力。

DDoS 攻击手段是在传统的 DoS 攻击基础之上产生的一类攻击方式。单一的 DoS 攻击一般是采用一对一方式的，当攻击目标 CPU 速度低、内存小或网络带宽小等各项性能指标不高时的效果是明显的。随着计算机与网络技术的发展，计算机的处理能力迅速增长，内存大大增加，同时也出现了千兆级别的网络，这使得 DoS 攻击的困难程度加大了，目标对恶意攻击包的"消化能力"加强了不少，例如攻击软件每秒钟可以发送 3000 个攻击包，但目标主机与网络带宽每秒钟可以处理 10 000 个攻击包，这样一来攻击就不会产生什么效果。

这时候分布式的拒绝服务攻击手段就应运而生了。如果说计算机与网络的处理能力加大了 10 倍，用一台攻击机来攻击不再能起作用的话，现在攻击者使用 10 台、100 台攻击机同时攻击。DDoS 就是利用更多的傀儡机发起进攻，以比从前更大的规模进攻受害者。

通常，攻击者使用一个偷窃账号将 DDoS 主控程序安装在一个计算机上，在一个设定的时间主控程序将与大量代理程序通信，代理程序已经被安装在 Internet 上的许多计算机上。代理程序收到指令时就发动攻击。利用客户/服务器技术，主控程序能在几秒钟内激活成百上千次代理程序的运行，这些安装了代理程序的机器被称为傀儡机。分布式拒绝服务攻击体系如图 9-12 所示。

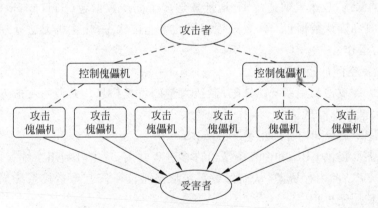

图 9-12　分布式拒绝服务攻击体系结构

高速广泛连接的网络给大家带来了方便，也为 DDoS 攻击创造了极为有利的条件。在低速网络时代时，黑客占领攻击用的傀儡机时，总是会优先考虑离目标网络距离近的机器，因为经过路由器的跳数少，效果好。现在电信骨干结点之间的连接都是吉字节级别的，大城市之间更可以达到 2.5GB 或更高的连接，这使得攻击可以从更远的地方或其他城市发起，攻击者的傀儡机位置可以分布在更大的范围。

3．拒绝服务攻击的防范

为了防范拒绝服务攻击，可以采取下列措施：

（1）确保所有服务器采用最新系统，并打上安全补丁。从已有的拒绝服务攻击事件分析来看，几乎每个曾受到 DDoS 攻击的系统都没有及时打上补丁。

（2）确保管理员对所有主机进行检查，而不仅针对关键主机。这是为了确保管理员知道每个主机系统在运行什么，谁在使用主机，哪些人可以访问主机；否则，即使黑客侵犯了系统，也很难查明。

（3）确保从服务器相应的目录或文件数据库中删除未使用的服务如 FTP 或 NFS，守护程序是否存在一些已知的漏洞，黑客通过根攻击就能获得访问特权系统的权限，并能访问其他系统甚至是受防火墙保护的系统。

（4）确保运行在 UNIX 上的所有服务都有 TCP 封装程序，限制对主机的访问权限。

（5）禁止使用网络访问程序如 Telnet、Ftp、Rsh、Rlogin 和 Rcp，以更加安全的协议如 SSH 取代。SSH 不会在网上以明文格式传送密码，Telnet 和 Rlogin 则正好相反，黑客能搜寻到这些密码，从而立即访问网络上的重要服务器。

（6）限制在防火墙外与网络文件共享。共享会使黑客有机会截获系统文件，并以恶意代码替换，文件传输功能将陷入瘫痪。

（7）在防火墙上运行端口映射程序或端口扫描程序。大多数事件是由于防火墙配置不当造成的，使 DoS/DDoS 攻击成功率很高，所以一定要认真检查特权端口和非特权端口。

（8）检查所有网络设备和主机/服务器系统的日志。只要日志出现漏洞或时间出现变更，几乎可以肯定，相关的主机安全受到了威胁。

从实际情况来看，目前的技术对分布式拒绝服务攻击的防范效果并不太理想，但如果采取上述几项措施，定能起到预防作用。

第 10 章　恶意代码分析

恶意代码(malicious code)或叫恶意软件(malicious software)是一种程序,把代码在不被察觉的情况下镶嵌到另一段程序中,从而达到破坏被感染计算机数据、运行具有入侵性或破坏性的程序、破坏被感染计算机数据安全性和完整性的目的。

恶意代码具有如下共同特征:

(1) 恶意的目的。

(2) 本身是程序。

(3) 通过执行发生作用。

恶意代码一般分成几类:病毒、蠕虫、恶意移动代码、特洛伊木马以及 RootKit。表 10-1 所示为常见的恶意代码类型及其特征。

表 10-1　恶意代码类型

恶意代码类型	定 义 特 征	典 型 实 例
计算机病毒	感染宿主文件,如可执行文件和文档等,自动复制。经常需要人们交互感染复制	CIH 和梅里莎病毒
蠕虫(Worm)	通过网络传播,自动复制,通常无须人们交互感染传播	Nimda、莫里斯蠕虫、冲击波
恶意移动代码	移动代码是能够从主机传输到客户端计算机上并执行的代码,它通常是作为病毒、蠕虫,或是特洛伊木马的一部分被传送到客户计算机上的。另外,移动代码可以利用系统的漏洞进行入侵,例如非法的数据访问和盗取 root 账号。通常用于编写移动代码的工具包括 Java Applets、ActiveX、JavaScript 和 VBScript	Cross Site Scripting
特洛伊木马 (Trojan Horse)	将自己伪装成有用的程序掩饰恶意目的	Hydan、冰河
RootKit	替换或修改系统管理员和用户使用的可执行程序。甚至控制操作系统的内核	Linux RootKit(LRK)系列
组合恶意代码	组合上述不同技术以增强破坏力	Lion、Bugbear. B

人们往往混淆这些恶意代码的类型,如把特洛伊木马当作蠕虫,或把 RootKit 当作病毒。如果不理解各种恶意代码类型的区别,则不明白如何有效地实施防御。

10.1　病　　毒

计算机病毒(computer virus)在《中华人民共和国计算机信息系统安全保护条例》中被明确定义,病毒指"编制或在计算机程序中插入的破坏计算机功能或破坏数据,影响计算机使用并且能够自我复制的一组计算机指令或程序代码"。

病毒的主要特点之一就是它不能作为独立的可执行程序运行。病毒的携带者被称为宿主(host),可以是一个标准的可执行程序,如 Notepad.exe,也可以是包含宏命令的数据文件,如 Microsoft 的 Word 文档。病毒同样能附着在保存在磁盘引导区的底层指令中。

自我复制是病毒的另一个核心特征。这个特征说明它具有自动产生和自身复制的能力,而不需要操作者手动复制其代码。这种能力允许病毒在文件之间、目录之间、磁盘之间,甚至系统之间进行传播。尽管坐在计算机前的人没有执行任何复制操作,在病毒发作和复制前,用户经常要通过执行宿主程序激活病毒。

另外一个重要的概念是,病毒感染是一种跨平台的现象。也就是说,病毒并非只以 Windows 操作系统为感染目标。实际上,Linux、Solaris 以及其他类 UNIX 操作系统也会遭到病毒的攻击。

10.1.1　感染

和生物病毒一样,计算机病毒具有极强的针对性,病毒的种类不同,其感染的对象也不尽相同。

1. 感染可执行文件

病毒通常将自身附着在可执行文件上,当有人运行受感染程序时,病毒就能够让自己激活。大多数操作系统拥有不同的可执行文件类型,UNIX 系统包括二进制文件和多种脚本文件类型,它们都可能被病毒感染。

Windows 系统支持两种基本可执行文件类型,.COM 文件和.EXE 文件,都属于潜在的宿主。如今的 Windows 版本实际上可以执行几种类型的.EXE 文件,本地运行的.EXE 文件为 PE(portable executable)格式,事实上,并不是所有的 PE 文件的扩展名都为.EXE,扩展名为.SYS、.DLL、.OCX、.CPL、.SCR 的文件同样符合 PE 格式。

除了以独立的可执行文件为目标外,病毒还可以试图将自身嵌入到操作系统的内核中。在 1999 年前后发现的 Infis 病毒,将自己作为一个内核模式的驱动程序安装到 Windows NT 和 Windows 2000 上。

2. 感染引导区

当打开计算机时,某些病毒首先会执行对硬盘进行初始化并允许系统启动的一系列指令。实现这种动作的代码是 BIOS 程序部分,由 BIOS 程序来确定第一个硬盘的第一个扇区,并执行存放在其中并被称为主引导记录(master boot record,MBR)的小程序。人们将存储 MBR 的数据的物理扇区称为"主引导区"。

　　MBR 的部分代码知道如何列举所有可能的分区,如何将控制权转移到所需分区的引导区。位于每个分区开端的引导区被称为"分区引导区"(partition boot sector,PBS),嵌入在 PBS 中的程序可以定位操作系统的启动文件,并在启动过程中将控制权传给启动文件。

　　某些病毒会利用 MBR 和 PBS 内容的可执行特性,将自身附着在某一个引导区中,感染了引导区病毒的计算机在启动时能执行病毒代码。

　　例如,1991 年发现的"米开朗基罗"病毒就是一种典型的引导区病毒,也是目前最有名的病毒之一。受感染的计算机在 3 月 6 日(米开朗基罗的生日)启动,病毒就会覆盖硬盘所有的扇区,然后格式化硬盘。

3. 感染文档文件

　　目前,许多流行的文档格式支持内嵌代码,当用户打开文档时,这些代码可由应用程序执行。内嵌的代码一般被称为"宏"(macro)。

　　例如,Microsoft 的 Office 系列产品、AutoCAD 也支持 VBA 写的宏。

　　以 Word 文档为例,假如一个文档包含一个叫作 Document Open 的子函数,则当用户打开文档时,Word 执行这个子函数,而病毒代码就位于这个子函数中,当用户打开文档时,病毒代码自动执行。最典型的就是 1999 年的梅丽莎病毒。

　　感染文档文件的病毒很容易编写,因为感染可执行文件和引导区的病毒一般采用汇编和 C 语言编写,需要较高的技术水平。文档病毒采用的是功能强大且易学的高级脚本语言创建,甚至不需要编译。

4. 其他目标

　　脚本可以作为独立的文件存在,因此也是病毒感染的潜在目标。与编译过的可执行文件相反,这样的脚本通常用可读的纯文本书写指令,并在运行时由适当的解释程序处理。

　　脚本病毒可以使用各种技术附着在脚本上,如 2001 年发现的 VBS. Beast 病毒,感染计算机的方式是将自身的代码附加在当前驱动器上所有 .VBS 文件上。PHP. Pirus 病毒采用了另外一种方法,以 PHP 脚本为攻击目标,将一条命令插入被感染脚本中,这条命令告诉该脚本去执行保存在一个独立文件中的病毒代码。

　　除了脚本外,相似的感染技术也能被用来将病毒嵌入到那些最终将会编译成标准的可执行程序的源代码中。不过这样的病毒比较罕见,反病毒软件 Kaspersky Lab 仅报告过两个这样的病毒,分别叫 SrcVir 和 Urphin。

10.1.2　传播机制

　　与 10.2 节要介绍的蠕虫不同,纯粹的病毒不能自动地跨网络传播,需要借助于人类的帮助从一台计算机传到另一台。

1. 移动存储

　　最开始病毒通过软盘传播,大多为感染引导区病毒。虽然从理论上来说,病毒可以将 CD-ROM 的引导区也作为感染目标,但实际上由于 CD-ROM 一旦刻录好,就不可再写,因此以 CD 媒体作为引导区病毒的感染目标在实际上不可行。但这并不妨碍 CD 作为感染可执行文件和脚本的病毒介质。

另外还有目前流行的 USB 驱动盘,它们往往也成为病毒的传播介质。甚至还有 TF 卡、SanDisk、MemoryStick 等存储卡,也可能成为传播介质。

2. 电子邮件及下载

一个纯文本的信息本身不携带可执行代码,但它的附件可以携带。一个可信的用户可以通过电子邮件将被感染文件发给同事或朋友,这种传播方式甚至比移动存储更加容易。

病毒也可以通过下载文件进入我们的系统,来自远程 Web 服务器的任何可执行文件和文档都可能被病毒感染,下载这些文件并且运行,病毒就驻留在系统中,并且有可能伺机感染系统中其他的文件。

3. 共享目录

另一种有助于病毒抵达新系统的途径是人们在共享目录中保存被感染文件,而且病毒能够跨越本地系统中的目录,同样也可搜索并感染位于文件服务器的共享目录中的文件。各种各样的文件共享机制,包括由服务器信息块(server message block,SMB)协议和网络文件系统(network file system,NFS)共享,都能够传播病毒。

10.1.3　防御病毒

病毒的多样性使得没有哪种简单的工具软件能够可靠地阻止所有病毒的进攻,然而同时使用几种保护措施则可以保证系统更加不容易被感染。

1. 反病毒软件

反病毒软件是现在最为普遍使用的安全机制。没有反病毒软件就像是违背了当今计算机环境下最平常的维护准则。

在个人计算机上安装反病毒软件和安装其他应用程序类似,按照默认的配置就可以达到很好的效果。而应用在商业环境中的杀毒软件往往更加复杂并提供了更多的选项。下面是一些典型的环境:

(1) 用户工作站、文件服务器、邮件服务器:当用户打开 E-mail 附件或从网上下载文件时,可能会遇到病毒等恶意软件。

(2) 应用程序服务器:它一般运行基于网络的应用程序,用于实现特定的任务,终端用户一般不能直接访问应用程序服务器中的文件。系统管理员往往对在应用程序服务器上安装反病毒软件很谨慎,因为反病毒软件可能会干扰核心应用程序的操作。但即使放弃安装,也应该采用其他的保护措施,例如强化配置。

(3) 边界防火墙:位于网络边界的防火墙通常被配置为与反病毒服务器集成起来,对进出该网络的 E-mail 和 Web 信息进行扫描。在恶意代码渗入之前将其捕获。

(4) 手持设备:如 PDA 和手机。制造商在手持设备上加入增加了网络接入的功能。并且随着它们的处理能力和存储能力不断增强,很有可能成为恶意软件的攻击目标。虽然目前只有少数病毒出现,但可以预计的是,将来会有不少针对手持设备的病毒。

反病毒软件检测恶意代码采用的最简单也是最流行的办法是利用病毒的特征码,反病毒软件商搜集病毒样本并且采集其特征码。成千上万个病毒特征码被收录到数据库中,用于病毒扫描。当反病毒软件扫描文件时,将当前文件和病毒特征相比较,检测是否有文件片段和特征相吻合。图10-1所示是一个用十六进制字符表示的文件片段,其中有一段字节序列和病毒特征相同,反病毒软件会认为此文件感染了病毒。

```
病毒特征码和这行编码一样:
EB  16  A8  54  00  00  41  42        47  48  48  4C  43  4F  00  14
06  48  59  42  52  49  53  00        FC  68  4C  70  40  00  FF  15
00  70  89  88  77  5A  4B  FF        80  6A  43  60  6A  70  2A  60
7C  00  00  00  5E  3A  55  55        27  DA  1C  90  00  E7  AF  50
```

图10-1　基于特征码的探测

对于基于病毒特征码的检测方法,最大的挑战就是反病毒软件只有包含了这个特征码,才能够在系统中发现病毒。这意味着反病毒软件供应商需要收集完备的病毒样本,并且尽快地开发出标志它们的特征码分发给用户,用户则要每隔一段时间下载最新的病毒特征库。即使快速频繁的更新,匹配病毒特征码的方法仍然有不可克服的缺点。因为反病毒软件总是走在病毒的后面,只有等病毒开始传播了,才能够及时收到样本,往往病毒已经造成了破坏。另外,假如病毒能够不断地改变其特征码,那么反病毒软件的供应商很难为其创建一个可靠的特征码。

2. 强化配置

强化配置的目的是使环境尽可能地不被病毒感染,同时阻止被感染后病毒的传播。这种防御技术通常和下面的安全目标结合,相互配合:

(1)最小特权原则:规定对数据和程序的访问,对用户进行限制,使他们只能访问自己的任务明确需要的文件。

(2)最小化服务数量:只开放那些需要的服务。

3. 良好的习惯

对于用户来说,培养成良好的习惯也可以大大降低被病毒感染的风险。

例如,不要下载和安装来历不明的软件,特别是陌生人通过网络传送过来的软件。如要下载软件,应去大型、正规的下载网站。将自己随身携带的存储设备进行"写保护",使其即使和受感染的系统连接,病毒也无法感染存储设备中的文件。学习识别病毒感染的迹象,例如运行缓慢、系统中有可疑进程、反病毒软件警告等。小心电子邮件的附件,不要随便打开它们,包括.TXT文档、.JPG图片等,这些看似安全的文档其实也可以包含病毒,更不要运行.EXE、.COM等后缀名的可执行文件。

10.2　蠕　　虫

蠕虫是一种可以自我复制的代码,并且通过网络传播,通常无需人为干涉就能传播。

在最近几年里,蠕虫正在迅速增长。事实上,在Internet的历史中,蠕虫已经对受到攻击的计算机造成了巨大的危害,并且正在变得越来越具有破坏性。

蠕虫袭击一台机器,并在完全控制后,就会把这台机器作为宿主,进而扫描并感染其他脆弱的系统。当这些新目标在蠕虫的控制之中后,这种贪婪的行为会继续。一旦开始感染,蠕虫将控制数千个系统。它们采用递归的方法进行传播,按照指数增长的方式复制自己,进而感染更多的系统。

实际上蠕虫和病毒在本质上是相关的,在开始蔓延时都是自我复制。然而,蠕虫特征是通过网络传输,而病毒不一定要通过网络传播。病毒的主要特征是感染主文件,如文档或者可执行文件,而蠕虫没有这个必要,它不需要宿主文件。当然,有些特定的蠕虫也会感染文件。随着 Internet 的广泛应用,许多新病毒包含了蠕虫可以繁殖的特性。

蠕虫另外一个重要的特点是无须通过人为干预传播,通常利用目标机上的一些漏洞,进而用一些自动化的方法占据它。不需要用户和管理员做任何事情。而大多数病毒需要用户运行一个程序或打开文档以调用恶意代码。表 10-2 所示为病毒与蠕虫的异同点。

表 10-2　病毒和蠕虫的对比

恶意代码类型	复　　制	传播路径	是否需要用户交互
计算机病毒	自我复制	感染某个文件	需要交互,例如打开文件、可执行文件
蠕虫	自我复制	通过网络传播	一般不需要,大部分通过目标系统的漏洞传播

1. 蠕虫的组成和传播

典型的蠕虫程序结构如图 10-2 所示,把图中所示的每一部分作为实现蠕虫的一个组件,在迄今为止的大多数蠕虫中都能找到这些块。另外,攻击者已经创建了一些使用标准组件的蠕虫,这些标准组件可以根据不同的功能需要轻而易举地进行替换拼装。

探测装置	传播引擎	目标选择算法	扫描引擎	有效载荷

图 10-2　蠕虫的构成

各组件工作起来很像导弹的每个部分,探测器类似于弹头,用来穿透目标;传播引擎将导弹移向它的目标;目标选择算法类似导弹中的小型回转仪,引导导弹指向目标;有效载荷携带了恶性代码去破坏目标。

1) 探测装置

为了侵占一个目标系统,蠕虫必须首先获得目标计算机的访问权。它使用一些代码作为弹头侵入目标机,查找目标系统的攻击点。这些载入到弹头的探测器,可以利用目标机众多可能的漏洞侵占系统。常用的技术有缓冲区溢出探测、文件共享攻击、利用电子邮件列表,以及其他普通的错误配置。当新的漏洞被发布时,攻击者借用这些技术,将探测代码载入蠕虫中,为攻击者打开通道,让蠕虫执行代码复制到受害机器。

2) 传播引擎

通过探测装置获得目标机的访问权后,蠕虫必须传输自身的其他部分到目标机。在一些情况下,探测装置自身可以运载整个蠕虫到达目标机。例如,在利用文件共享漏洞时,整个蠕虫都可以被写入目标文件系统。

有的蠕虫在探测缓冲区溢出或其他常见的错误配置时,探测装置仅仅打开通道,然后蠕虫可以在目标机上执行任何指令。此时,蠕虫并没有加载到目标机上,还需要传输到它所有的代码到目标机,所以需要在目标机上执行一些指令,常常是一些用来传输蠕虫代码的文件传输指令。

当传播到目标机后,蠕虫向内存加载其进程并改变系统配置,这样就可以不断地运行甚至可能在系统中隐藏自己。

3）目标选择算法

一旦蠕虫在受害机器上运行,目标选择算法开始寻找新的攻击目标。每个由目标选择算法确定的地址都将被扫描,确定是否有合适的对象。一般来说,它们会选择如下对象:

（1）电子邮件地址:一个蠕虫可以从受害机的邮件阅读器或者服务器上得到电子邮件地址,它们会附着在新发送的信件中,甚至自动为对方发送邮件。

（2）主机列表:一些蠕虫从本地主机上的各种计算机列表中获取地址,如存储在主机文件中的那些。

（3）被信任的系统:在一个基于 UNIX 系统的受害计算机中,蠕虫可以通过分析/etc/hosts. equiv 文件和用户个人的. rhosts 文件,在当前受害机和其他计算机之间寻找信任关系。有时候不需要用户密码就能从一台计算机访问另外一台计算机。

（4）局域网:蠕虫可以通过扫描局域网络以发现新的潜在受害者。

（5）域名服务查询:蠕虫可以连接到带有受害计算机的本地域名服务器,查询其他受害者的网络地址,将域名转化为 IP 地址。

（6）任意选择地址:蠕虫可以仅仅任意选择一个目标网络地址,利用一个算法计算一个合理的值,进而试图感染该系统。

4）扫描引擎

利用目标引擎得到的地址,蠕虫在网络上积极地扫描以决定合适的攻击者。利用扫描引擎,蠕虫对潜在的目标慢慢传送一个或多个数据包,以此权衡蠕虫的弹头是否可以在这台计算机上工作。当找到一个合适的目标时,蠕虫将向这个新的受害者传播,整个传播过程不断地重复进行。探测器（弹头）打开通道,蠕虫开始繁殖,有效载荷开始运行,新的目标被选择,接着继续扫描。整个过程的大约在几秒或更少的时间内完成,一瞬间,蠕虫感染了受害者并利用它进一步蔓延。

5）有效载荷

一个蠕虫的有效载荷就是一大块代码,这些代码为攻击者在目标系统上执行一些特殊的操作,有效载荷就是这个蠕虫进入目标机后所做的事情。一个蠕虫开发人员可能会选择以下的一些事情:打开后门、安装拒绝服务攻击代理、执行复杂数学运算等。

蠕虫的有效载荷可以在目标机上做任何攻击者想做的事情,如删除文件、重新配置计算机、损坏一个 Web 站点或其他任何类型的攻击等。一旦受害计算机被蠕虫攻占,有效载荷的作用就全部操纵于攻击者手中了。

2. Nimda 案例

2001 年 9 月 18 日,Nimda 蠕虫开始在 Internet 上迅速蔓延。它尽可能多的感染 Windows 系统。Nimda 的探测器采用了多种不同的探测技术,能够探测几乎所有类型的 Windows 操作系统 Windows 95/98/Me/NT/2000。它试图通过下列途径闯入系统:

（1）Windows 的 IIS 服务器缺陷。目录迁移漏洞（directory traversal flaws）可以让一个攻击者通过发送一个 HTTP 请求，要求运行一个不位于 Web 服务器文档根目录的程序，进而能够在该 Web 服务器上运行任何代码。没有打过补丁的 Windows 计算机允许一个 Web 请求在目录上迁移，到达该 Web 服务器上各类系统命令所在的文件夹。Nimda 就是在其弹头中发送这样的 Web 请求并在目标 Web 服务器上执行命令。

（2）连接到被感染的 Web 服务器上的浏览器。如果一个用户连接到一台已经被 Nimda 侵占的服务器上时，Web 服务器将把蠕虫代码连同正常的网页一起传送给用户。当 IE 浏览器试图显示被感染的网页时，它将执行蠕虫的探测器部分，在正在浏览网页的客户机上安装蠕虫。

（3）Outlook 电子邮件客户端。当用户阅读甚至预览一条被 Nimda 代码感染的电子邮件信息时，蠕虫将自动安装到这台机器上。当使用应用默认配置的 Outlook 时，甚至无须打开被感染的邮件，其中包含 Nimda 蠕虫的附件都会被自动执行。

（4）Windows 文件共享。当安装到一个系统中后，Nimda 开始在本地系统及任何可以到达的网络文件共享上寻找 Web 内容（例如，.HTML、.HTM 和.ASP 文件）。当找到这样的网页和脚本文件后，Nimda 通过网络共享篡改这些文件，并把蠕虫的内容写入其中。

（5）来自先前的蠕虫后门。Nimda 扫描网络搜索"红色代码二代"（Code Red II）和 Sadmind/IIS 蠕虫留下的后门。

Nimda 的传播引擎与探测器紧密结合，当利用上述方法成功进入目标系统后，则利用 TFTP 命令复制自己。

Nimda 的目标选择算法用两种方式操作。首先，集中针对电子邮件地址。如果安装了 Microsoft 的 Outlook 电子邮件程序，蠕虫将搜索用户的联系列表以获取地址。此外，它再扫描硬盘，搜索 HTM 和 HTML 文件内部的所有的电子邮件地址。然后，以电子邮件的形式向这个用户的各个朋友发送自己的副本，进一步传播代码。

为了进一步的攻击，Nimda 的有效载荷开放了对 C 盘的完全访问，在目标机上实现文件共享。为了确保获取硬盘的访问权，Nimda 激活了 Guest 账户，然后把 Guest 账户添加到管理员组中。一旦感染了 Nimda，任何能使用 SMB 协议访问系统的人都能够通过网络以管理员权限访问 C 盘中所有的文件，这可能也是 Nimda 名字的由来：单词 admin 倒过来拼写。

3. 防御蠕虫

通过下列几项措施可以有效防御蠕虫攻击：

1）安装反病毒软件

反病毒软件能够阻止各种形式的恶意代码，也包括蠕虫。大部分反病毒软件能够产生最新的蠕虫特征码，并且加入到病毒库中。这就要求用户及时更新病毒库以预防蠕虫的感染。但同时，对于通过 Internet 传播的蠕虫，事故处理组配置相应的特征码可能要花费几个小时甚至几天的时间，在没有产生相应特征码的情况下，这些蠕虫就无法被反病毒软件阻止了。所以，反病毒软件是一个重要的解决方案，但不是完整的解决方案，还需要提高预防和响应能力。

2）及时配置补丁程序

为了防止蠕虫攻击，打造一个完整和安全的操作系统是很重要的。在一个系统连上网络之前,必须打好所有的相关补丁并且加固所有的配置。

3) 阻断任意的输出连接

一旦蠕虫侵占了系统,常常通过建立输出连接扫描其他潜在受害者,进而试图传播。应该严格限制所有来自公共访问系统的输出连接,如 Web、DNS、E-mail、FTP 等。许多单位严格过滤连入的数据,但是却忘记了输出连接,从而使感染蠕虫者成为一个蠕虫散布者。

4) 建立事故响应机制

对于一些重要系统来说,建立一个计算机事故响应小组也是很有必要的,具有明确的处理流程以对抗计算机攻击者、蠕虫和其他恶性事件。

10.3　恶意移动代码

在浏览网站时,经常会遇到移动代码,这些代码采用 Java applet、JavaScript 脚本、VBScript 和 ActiveX 控件等形式。移动代码是一种小型程序,可以从远程系统下载并以最小限度调用或者以不需要用户介入的形式在本地执行。

移动代码的基本思想就是该程序可以从代码所在的服务器下载到用户工作站上执行,能够让网站设计者创建动态网页组件,如交互导航栏。用户的浏览器首先要连接远程服务器,然后检索并执行那些移动代码。

移动代码轻便的特点能够让它迅速地传遍整个网络,而无须用户执行烦琐的安装过程。攻击者利用了移动代码的这个特点,将一些恶意的行为加入到这些代码中,如监控目标的浏览器活动,非法访问文件系统,用一个特洛伊木马感染目标计算机,或者强迫目标计算机浏览器访问指定的网站。这样就形成了恶意移动代码。

1. 浏览器脚本

浏览器脚本是现今最流行的恶意移动代码的具体形态之一。当访问一个混合有浏览器脚本的网页时,浏览器会自动下载此移动代码并在机器上运行。站点的开发人员可以在网页中插入特定的 HTML 标记封装的脚本,这些标记仅仅是用于浏览器的特殊标记,用尖括号分开。例如:

```
< scrip type = "text/javascript">                //Script 开始
function do_something()
{
//实现函数功能的代码
}
</script>                                        //Script 结束
```

这些 Script 标记标注出代码段的开始并说明编写的语言。一旦声明了一个函数,在页面的其他地方就用 do_somthing()命令调用它。开发人员把这些代码放在 Web 服务器一个专门的文件中。使用这个脚本的页面可以从 HTML 代码中访问这个文件,例如:

```
< script type = "text/javascript" src = "myscript.js">
```

在浏览器中运行的脚本可与其源网页中的其他内容进行交互,Web 浏览器限制脚本的行为,不允许直接访问网络或文件系统。虽然有了这种限制行为,攻击者还是可以用脚本发起各种攻击。这些攻击可以破坏受害计算机的 Web 浏览器,甚至接管有密码保护站点所建立的用户会话。下面是一些恶意代码攻击形式。

1) 拒绝服务攻击

通过大量消耗可利用的系统资源直到使应用程序或整个系统变得无法使用为止,从而实现拒绝服务攻击。下面是一个例子,它利用一个脚本终止用户的浏览器,而且可能会使用户的计算机重启。下面的脚本要求放在名为 exploit.html 文件中。

```
< html >
< head >
< script type = "text/javascript">
Function exploit()
{
While(1)
{                            //打开 exploit.html 对话窗口,进入死循环
 showModelessDialog("exploit.html");
}
    }
</script >
< title > Good-Bye </title >
</head >
< body onload = "exploit()">   //只要这个页面被加载,则运行 exploit 函数
Aren't you sorry you came here?
</body >
</html >
```

在这个例子中,ShowModelessDialog 函数命令浏览器打开一个非模式对话框,这个对话框没有按钮,而且总在窗口的最前方,除非用户关闭它。语句 while(1)创建了一个死循环,也就是总是跳出这个对话框。那么用户的系统就总是忙着打开新的对话框而无法响应其他的命令。用户很有可能不得不重启系统。

另外还有的脚本会创建一个 HTML 模板,然后试图在其文字部分插入一个无限长的字符串,从而耗尽受害者的计算机资源。

要防止这样的攻击,除了禁用脚本和只访问知名网站外,保持浏览器软件的不断更新也能在一定程度上起作用。

2) 浏览器劫持(browser hijacking)

嵌入浏览器的脚本功能允许网站的开发人员控制访问者的浏览器。脚本支持如下功能:与网页的其他成分交互、访问 URL 信息、打开新的窗口、四处拖动窗口等。恶意脚本会滥用这些特权,会打开过多的窗口、让用户访问有害的站点、非法增加书签,甚至监控受害者的浏览活动,以这种方式控制用户浏览器的方法被称为浏览器劫持。

例如,有一类恶意脚本利用了 onunload 事件,只要用户想离开这个页面,这个事件就会自动触发。

```
< html >
< head >
< title > Don't Leave Me </title >
</head >
< body onunload = "window.open('trap.html')">    //当试图离开,windows.open 将重载这个页面
Looks like you're trapped here.
</body >
```

```
</html>
```

这个例子的代码被放在名为 trap.html 的文件中。无论用户试图通过关闭这个窗口，还是浏览另外一个地址离开这个页面，onunload 时间都会触发这段代码，打开另外一个加载了 trap.html 页面的窗口。很多网站利用这个技术弹出广告。

3）窃取 Cookie 值

浏览器的 Cookie 是一种特殊格式的数据段，是浏览器为某个远程网站保存在用户工作站上的一段数据。如果是非永久性 Cookie 只用于一次浏览器会话，当关闭连接后就消失。另外一种情况是网站让这个 Cookie 稍后终止，能够把一些用户设置的参数记忆在里面。例如，采用某种模式访问网站后，网站就把这个模式记住，用户下次进入网站时可以根据用户 Cookie 里保存的信息依旧以这种模式显示。

用 Cookie 在访问者的工作站中保存少量数据为网站的开发人员提供了很多方便，但同时也为攻击者提供了方便，他们有机会完全接管一个已确立的与远程站点的会话。

4）跨网站脚本攻击

攻击者进行跨网站脚本攻击时，就会对一个易攻击的网站注入恶意代码，结果浏览器的使用者就在不知不觉中执行了这种代码。这样的代码往往是以脚本文件的形式存在，并且通常被配置成用来窃取 Web 站点设置的 Cookie 或其他与被攻击浏览器相关的 Cookies。与此相关的浏览器，其脚本来源于被授权访问的 Cookies 和其他页面的元素，很容易将控制权移交给攻击者。跨网站脚本的危害波及人们常用的搜索引擎、论坛、网上购物和金融网站。

2. 其他恶意移动代码

其他恶意移动代码主要有以下 3 种形式：

1）ActiveX

JavaScript 和 VBScript 允许 Web 服务器发送简单的脚本给 Web 浏览器，如果更加深入地了解 Microsoft Windows 操作系统组件对象模型(component object model，COM)的实现过程，这种模型允许一个应用程序访问另一个应用程序的模块和功能。ActiveX 控件是一类特殊的 COM 对象，可供其他用户下载并在网页中使用。

ActiveX 是编译程序，一旦在用户的计算机上运行，就能够实现一个正规程序在 Windows 中能实现的每一个功能：访问文件和注册表、连接网络以及调用其他程序等。

到目前为止，不管是在执行有益的操作，还是在引发危害方面，ActiveX 控件的功能都胜过浏览器脚本的能力。

2）Java Applets

Java Applets 是一段用 Java 编写的可嵌入网页中的程序。像 ActiveX 控件一样，Java Applets 是为在网上传送而设计的相对小的程序。只不过 Java 由 Sun 公司(已被 Oracle 公司收购)领导，直接与 Microsoft 支持的 ActiveX 竞争。与 ActiveX 不同的是，Java Applets 能够在许多操作系统和浏览器上运行，ActiveX 是完全基于 Windows 的技术。

3）电子邮件中的移动代码

大部分的电子邮件客户软件，如 Outlook、Mozilla Mail 中都包括了某种形式的 Web 浏览器功能，用来显示 HTML 格式的电子邮件信息，这种功能通常为执行嵌入电子邮件信息的移动代码提供了支持，因此，前面讲的许多 Web 浏览器攻击技术，对 E-mail 客户软件同样适用。

10.4　后　　门

后门是一个允许攻击者绕过系统中常规安全控制机制的程序,它按照攻击者自己的意愿提供通道。

例如,普通用户可能需要使用密码或智能卡之类的设备才能进入系统,而了解后门的攻击者则不需要提供密码就能够进入系统。

许多人用特洛伊木马或简单地使用"特洛伊"这个词形容每个后门,实际上是不对的,后门只是简单提供通路,也就是一个程序仅提供后门通道,那么它只是一个后门,如果可以伪装成一个有用的程序,那么它便是特洛伊木马。当然,有的工具可以同时是后门和特洛伊木马。关于特洛伊木马将在 10.5 节讲述。

1. 不同类型的后门

后门的重点在于为攻击者提供进入目标计算机的通路。这个通路可以表现为不同形式,取决于攻击者的目的地和所使用的特定后门类型。

(1) 本地权限的提升:这类后门使得对系统有访问权的攻击者突然变换权限等级成为管理员,有了这些超级用户权限,攻击者可以重新设置系统或访问存储在系统中的文件。

(2) 单个命令的远程执行:利用这种类型的后门,攻击者可以向目标计算机发送消息。每次执行一个单独的命令,并且返回输出。

(3) 远程命令行访问:这是一种远程的 shell(remote shell),这种类型的后门允许攻击者通过网络快速直接地输入受害计算机的命令。攻击者可以利用命令行工具所有的操作,包括执行一个命令集合,选择一些文件操作。远程 shell 比简单的单命令远程执行要强大得多,因为它们可以模拟攻击者对目标计算机键盘有直接访问权的情况。

(4) 远程控制 GUI:这是最彻底的远程控制,可以让攻击者看到目标计算机的桌面,看到受害者对计算机的所有操作和内容。同时攻击者能够控制鼠标的移动,输入对键盘的操作,对目标计算机进行最彻底的监管。

无论后门提供何种类型的访问,这些方法的重点都在控制,使攻击者可以控制计算机,一切都通过网络远程实现。利用后门,攻击者可以像受害计算机本身的管理员一样对其进行控制,并且,他可以通过 Internet 在全世界任何地方实现该控制。

2. 安装后门

为了实现强大的功能,必须首先把后门装入目标计算机。有许多可选择的方法,如通过缓冲区溢出的漏洞或者典型的系统错误配置,也可以利用一个自动化的程序安装后门,例如我们前面提到的病毒、蠕虫和恶意移动代码。

安装后门的另外一类方法是欺骗受害者使之自己安装,可能会通过 E-mail 向受害者发一个程序或利用远程文件共享的方式将这样的程序写入受害者的硬盘。当受害者在不明真相的情况下运行了这样的程序,那么后门就在不知不觉中安装进了目标机器。

后门是在安装后门程序用户允许的前提下运行的。如果一个攻击者在目标系统中获得超级用户权限,攻击者安装的后门将以超级用户权限运行。类似的,如果攻击者只能欺骗具有有限权限的低级用户安装后门,那么攻击者对于该目标计算机而言,也就只有这个用户所拥有的有限权限。因此,后门为攻击者提供的对该系统的控制取决于安装此后门的用户的权限等级。

3. 自动启动后门

一旦攻击者闯入了系统并安装了后门,通常会手动激活该后门程序。然而,当攻击者退出计算机后,就不再直接控制系统。所以攻击者通常会让计算机定期的自动重新启动后门,特别是在系统启动期间。

1) 设置 Windows 后门启动

Windows 具有不同的自动程序启动能力,攻击者可以将一个可执行文件或脚本的名字置于任意一个不同位置,这会使操作系统自动启动该程序。通常来讲,Windows 提供三种类型的机制用于自动启动恶意代码,即少数的自启动文件或者文件夹,注册表设置启动和预定任务。

2) 设置 UNIX 后门启动

设置 UNIX 后门启动主要包括增加或修改系统初始化脚本、修改 Internet daemon (inetd)配置、转换用户环境和调度作业等。

为了防止攻击者自动启动后门程序,需要检查各种各样的自启动信息和注册表,用手工的方式非常麻烦,有一些自动化的检测工具可以使用。例如,Windows 环境中的 AutoRun 免费工具,可以自动列出 Windows NT/2000/XP 计算机中所有的自启动任务,另外还有 Ionx Data Sentinel 等工具;在 UNIX 系统下,可以采用 Tripwire 免费版本,还有开源工具 AIDE 等。

4. GUI 后门

攻击者一般通过后门远程访问命令行解释器。这种方法对于某些攻击者来说远远不够,他们希望能够像坐在受害计算机前面一样,操作系统控制台本身,包括控制 GUI、查看受害计算机的屏幕、移动鼠标、进行按钮操作等。为了实现这类访问,攻击者利用各种工具,对目标系统的 GUI 进行远程监控。

这些工具都包括一个客户端和一个服务器端。客户端放在控制者的计算机中,服务器端放置在被控制的计算机中,控制者通过客户端与被控制计算机的服务器端建立远程连接。一旦连接建立,控制者就可以对被控制计算机发送指令,如图 10-3 所示。

远程控制客户端　　　　　　　　　　　　　　　　远程控制服务器端
(位于控制者计算机上)　　　　　　　　　　　　　(位于被控制的计算机上)

图 10-3　远程监控

图 10-4 所示是 Radmin 在实现远程控制时,在控制端看到的被控制端的 GUI。

并非所有的 GUI 远程监控都是恶意的。事实上,很多合法的商业产品允许远程用户、系统管理员使用用户计算机的 GUI。表 10-3 所示为一些商业公司或个人的 GUI 工具。合法的系统管理员往往利用这些工具非常轻松地访问远程系统,使之可以通过网络管理计算机。

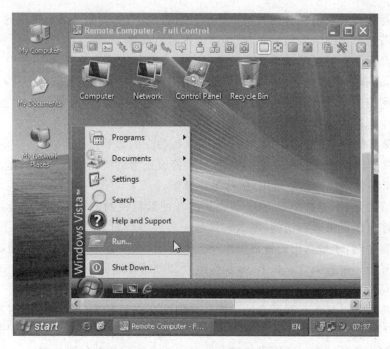

图 10-4　运行 Radmin 监控被控制端

表 10-3　远程访问工具

工　具	发布该工具的组织	操作系统支持	备　注
Virtual Network Computing (VNC)	AT&T Laboratories Cambridge	Windows	免费开源
Windows Terminal Service	Microsoft	Windows	Microsoft 旗舰产品,针对服务器 GUI 远程访问
Remote Desktop Service	Microsoft	Windows XP 和 2003	Windows Terminal Service 的分离版本
PCAnywhere	Symantec Corporation	Windows	目前占据了相当数量的市场份额,比较便宜的商业工具
DameWare	DameWare Development,LLC	Windows	商业工具,商业版用于远程管理,免费版提供部分功能
GoToMyPC	Expertcity,Inc.	Windows	允许通过 Internet,利用浏览器进行远程 GUI 访问
Back Orifice 2000	Cult of the Dead Cow 地下组织	Windows	由黑客组织发布,功能强大
SubSeven	Mobman,程序员	Windows	至今为止最流行的后门之一
Radmin	Famatech 公司	Windows	远程控制软件,在国内比较流行

10.5　特洛伊木马

这类恶意代码是根据古希腊神话中的木马命名的,它从表面上看是正常的程序,但是实际上却隐含着恶意意图。人们称它为"特洛伊木马",简称"木马"。

一些木马程序会通过覆盖系统中已经存在的文件的方式存在于系统之中,同时可以携带恶意代码,还有一些木马会以一个软件的身份出现(如一个可供下载的游戏),但它实际上是一个窃取密码的工具。这种木马通常不容易被发现,因为它一般是以一个正常的应用的身份在系统中运行的。特洛伊木马可以分为以下三种模式:

(1) 通常潜伏在正常的程序应用中,附带执行独立的恶意操作。

(2) 通常潜伏在正常的程序应用中,但是会修改正常的应用进行恶意操作。

(3) 完全覆盖正常的程序应用,执行恶意操作。

需要明确的是,不能直接把 10.4 节提到的各种远程控制的工具简单看作特洛伊木马。如果一个程序仅仅提供远程访问,那么它只是一个后门。如果攻击者把这些工具伪装成某些其他良性程序时,才是真正的特洛伊木马。实际上,大多数木马都对后门进行伪装,使木马的控制者登录到被感染计算机上,并拥有绝大部分的管理员级控制权限。

通常木马所具备的另一个功能是发动拒绝服务攻击。

还有一些木马不具备远程登录的功能。它们的存在只是为了隐藏恶意进程的痕迹,如使恶意进程不在进程列表中显示出来。另一些木马用于收集信息,如被感染计算机的密码;木马还可以把收集到的密码列表发送到互联网中一个指定的邮件账户中。

1. 修改名字

一种最简单的特洛伊木马是通过在 Windows 计算机中的程序名和扩展名之间加入空格,为恶意程序赋予一个良性程序的名字,使它不被管理员发现。

例如,"我的文件. txt. exe",由于有时候用户设置为不显示扩展名,这个特洛伊木马在计算机里面的显示则为"我的文件. txt",让用户以为它只是一个文本文件,欺骗他们执行这些可执行文件。不过这种方法对于有经验的用户来说已经不太实用了。

另外攻击者会创建另外一个文件和程序,该程序与安装在这台计算机上的一个程序具有完全相同的名字。例如,在 Windows 系统的任务管理器中,如果发现两个 iexplore 进程,有可能其中一个是木马。

2. 包装工具

攻击者会把两个或多个可执行文件打包成一个单独的软件包,创建一个看起来很正常的软件包,当用户运行这个软件时,首先会安装恶意的代码,然后才执行正常代码。绝大多数的恶意软件在屏幕上没有任何显示,所以受害者往往觉察不到。例如,攻击者可能把一个远程控制软件和一个小游戏捆绑在一起,当用户运行这个小游戏的时候,首先运行了远程控制软件的服务器端,然后才开始游戏。通过包装工具在正常程序里面加入恶意代码的过程如图 10-5 所示。

攻击者会使用一个包装工具将两个可执行程序结合在一起,甚至不用写一行代码就可

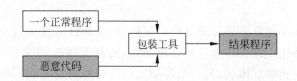

图 10-5　通过包装工具在正常程序里面加入恶意代码

以创建一个特洛伊木马。例如,EliteWrap 工具可以将一个或多个可执行文件结合到一起。更有甚者,有些包装工具甚至可以对包装后的恶意代码进行加密,使得目标计算机上的防病毒软件更难识别恶意代码,如 AFX File Lace。

为了保护系统不受这种特洛伊木马的攻击,可以首先检查软件的大小,一般来说,加入了恶意代码的软件占用的字节数会变大。当然,最可靠的办法还是用防病毒软件检查一下。

3. 特洛伊软件发布

攻击者把软件下载作为攻击目标,用来发布特洛伊木马。他们攻击用于软件发布的 Internet 站点,然后将一个特洛伊木马伪装成正常程序放置到站点里供用户下载。这种方法使特洛伊木马更为广泛地传播。每个下载并安装了这个软件的人都会受到攻击。

2002 年,当时流行的嗅探程序 Tcpdump 在主要的 Tcpdump Web 站点被替换成特洛伊木马后门。具有讽刺意味的是,Tcpdump 是一个安全工具,所以很多安全从业人员的计算机里也被安装了一个后门。

为了防御这样的攻击,一方面,用户应该在正规网站上下载软件,因为攻击一个知名网站比建立一个假的下载网站要困难得多。另外,有些软件在发布的时候提供了软件的 Hash 值,一般为 128 位或 160 位。在下载到软件后,利用 Hash 值生成工具对软件重新计算 Hash 值。与发行时厂商提供的 Hash 值相比较,如果相同,则表示软件没有被修改过;如果不同,则很有可能被加入了恶意代码。

4. 源代码中的特洛伊

也许最令人担心的特洛伊木马携带者是那些在发布之前就已经被插入恶意代码的软件产品。如果攻击者就职于软件开发公司或入侵了这样的公司,他们就有机会在一个产品的源码中植入特洛伊木马,用恶意软件感染毫无戒备的用户。

Ken Thompson,著名的 UNIX 系统创造者之一和 C 语言大师在 1984 年发表的《Reflections on Trusting Trust》论文中,讨论了控制源代码的重要性和在源代码中植入后门的可能性。在这篇经典的论文中,Thompson 描述了通过修改一个编译器的源代码,使该编译器对它编译过的所有代码创建一个后门的方法。

这个问题比起为软件站点植入特洛伊木马更加严重。当攻击者在软件发行站点植入木马时,该软件的开发人员至少还有一份这个软件的"干净"版本。还可以用来替换被修改过的版本。如果在软件开发过程中就植入木马的话,软件厂商甚至连一份未经感染的软件都没有。如果攻击者足够聪明,它可能会在正常的代码中遍布不显眼的小后门,这时的根除后门的工作十分困难。软件开发人员不得不扫描大量的代码,来确保整个产品的完整性。

　　由于当今软件巨大的复杂性和测试的局限性,以及软件开发朝着全球化方向发展,这些都使这一趋势愈加恶化。为了防御这种攻击模式,要确保系统环境下使用的软件都具有功能强大的完整性控制和测试体制,只有依靠彻底的质量监督过程和对源代码的控制,才能够改善这种源代码不可信任的状态。

10.6　RootKit

　　前面讲到的后门和特洛伊木马都是由攻击者添加到系统中的新软件,不会替换或修改受害者系统的组件,这些木马和后门每一个都作为一个单独的程序在系统中运行。而RootKit 却是通过控制目标计算机操作系统软件中的关键组件获取某些权限并且隐藏在系统中。在本节,给出的 RootKit 的定义如下:

　　RootKit 是一种特洛伊木马工具,通过修改现有的操作系统软件,使攻击者获得访问权并隐藏在计算机中。但是它和传统的特洛伊木马又有区别:RootKit 首先在目标计算机上获取与操作系统相关联的常规程序,然后用恶意版本替代它们。

　　例如,攻击者可以用 RootKit 替换 dir 命令。标准的 dir 命令用来列出一个目录中内容,而经过替换后,输入 dir,则后果是除了列出目录中内容,还完成了其他恶意的行为。另外还有 UNIX 中的 ls 命令也容易被替换。sshd(secure shell server)命令用来实现经过加密和强验证的远程访问,经过替换后,新版本允许普通用户像往常一样登录,而且允许攻击者用后门密码潜入系统。

　　RootKit 出现于 20 世纪 90 年代初,在 1994 年 2 月的一篇安全咨询报告中首先使用了RootKit 这个名词。这篇安全咨询就是 CERT-CC 的 CA-1994-01,题目是 Ongoing Network Monitoring Attacks,最新的修订时间是 1997 年 9 月 19 日。这个词源于 UNIX 系统中的超级用户账号。从出现至今,RootKit 的技术发展非常迅速,应用越来越广泛,检测难度也越来越大。

　　RootKit 没有特别恰当的中文翻译,虽然也有人按字面翻译成管理员工具包,但是这个说法完全不能说明其作用,甚至会造成歧义。因为 RootKit 本身就不是管理员希望看到的东西。所以一般的书籍和文献中,都直接用其英文名称 RootKit。

　　RootKit 可以运行在两个不同的层次上,这取决于它替换和修改了目标系统中的哪种软件。如果替换或修改了系统中现有的二进制可执行文件或库文件,称为用户模式RootKit(user-mode RootKit),因为它控制的是操作系统用户级组件,通常被 RootKit 替换的系统程序有 login、ifconfig、du、find、ls、netstart、ps 等。如果替换和修改的是操作系统的内核部分,则称为内核模式 RootKit(kernel-mode RootKit),内核级 RootKit 使攻击者获得对系统底层的完全控制权。攻击者可以修改系统内核,大多数内核级 RootKit 都能进行执行重定向,即截获运行某一程序的命令,将其重定向到入侵者所选中的程序并运行此程序。也就是说用户或管理员要运行程序 A,被修改过的内核假装执行 A,实际却执行了程序 B。

　　图 10-6 所示是普通的特洛伊木马后门和用户模式 RootKit 的比较,应用程序级特洛伊木马为应用程序级恶意软件。使用这样的工具,有害的应用程序允许攻击者访问,目标计算

机底层的操作系统包括各种各样的程序、库，以及内核都完好无损。用户模式的 RootKit 则可以深入系统，替换目标系统的可执行程序，如 ls 和 sshd 和各种共享代码库。这些替换程序看上去完好，掩饰了系统中攻击者的存在。

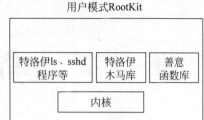

应用程序级特洛伊木马后门　　　　　　　　　用户模式RootKit

图 10-6　特洛伊木马后门和用户模式 RootKit 的比较

　　RootKit 本身并不能直接获得权限，而是在入侵者通过各种方法获得权限后才能使用的一种保护权限的措施，在获取系统根权限（root 权限，是 UNIX 系统的最高权限，在 Windows 下为 administrator）以后，RootKit 提供了一套工具用来建立后门和隐藏行迹，从而让攻击者保住权限。

　　普通的 RootKit 通过替换系统文件保持权限安装后门，也就是当用户执行这些命令的时候，实际上执行的是被 RootKit 修改的程序。它对一系列操作系统均有效，但主要是针对 UNIX 的，如 Linux、AIX、SunOS 等操作系统。其中针对 SunOS 和 Linux 两种操作系统的 RootKit 最多。

　　为了获得最强大的破坏力，许多 RootKit 由众多组件组成，其中一些包含了十几个甚至更多不同程序的替换者，还包括各种辅助工具，用来调整那些被替换程序的特征，包括程序大小和上次修改日期等，从而使这些程序看上去是正常的。

　　防御它的最有效的方法是定期地对重要系统文件的完整性进行核查，这类的工具很多，像 Tripwire 就是一个非常不错的文件完整性检查工具。一旦发现文件被修改，必须完全重新安装所有的系统文件部件和程序，以确保安全。

第11章　网络安全防御系统

保障网络安全是一个系统工程,仅仅靠一种或几种安全技术是无法完成的。一个高可靠性的网络安全防御系统在管理上要具备完善的制度,在技术上则是一个包含各种安全技术的合理组合,包括防火墙系统、入侵检测/防御系统、防病毒系统等。

11.1　防火墙系统

防火墙是目前应用非常广泛且效果良好的信息安全技术,可以防御网络中的各种威胁,并且做出及时的响应,将那些危险的连接和攻击行为隔绝在外,从而降低网络的整体风险。

自从20世纪90年代进入市场以来,防火墙技术经过20年的发展已经经历了实质性的改变,从早期的包过滤设备演变为目前复杂的网络过滤系统。Internet的蓬勃发展所带来的安全问题,极大地促进了防火墙技术的发展,使得今天的防火墙在过滤特性上变得更加复杂,增加了诸如状态过滤、虚拟专用网、入侵检测系统、组播路由选择、连接认证、动态主机配置协议服务和很多其他特性。对于一个网络安全防御系统而言,防火墙往往被看作是防御的第一层。

11.1.1　防火墙的定义

对防火墙的明确定义来自 AT&T 公司的两位工程师 Willam Cheswick 和 Steven Beellovin。防火墙是位于两个(或多个)网络间,实施网间访问控制的一组组件的集合,它满足以下条件:

(1) 内部和外部之间的所有网络数据流必须经过防火墙。

(2) 有符合安全政策的数据流才能通过防火墙。

(3) 防火墙自身能抗攻击。

在建筑上,防火墙被设计用来防止火势从建筑物的一部分蔓延到另一部分。网络防火墙防止外部网络的损失波及内部网络,它就像在网络周围挖了一条护城河,在唯一的桥上设立了安全哨所,进出的行人都要接受安全检查。由于防火墙的地位和作用是处于网络边界的位置,防火墙可以由硬件、软件或它们的相互结合具体实现。

　　防火墙用于保护可信网络免受非可信网络的威胁,同时,仍允许双方通信。目前,许多防火墙都用于 Internet 和内部网之间(如图 11-1 所示),同时在任何网间和企业网内部均可使用防火墙。

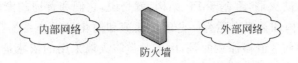

内部网络　　　防火墙　　　外部网络

图 11-1　防火墙示意图

　　可以把防火墙看作是在可信任网络和不可信任网络之间的一个缓冲系统,可以是一台有访问控制策略的路由器,或一台多个网络接口的计算机,也可以是安装在某台特定机器上的软件。它被配置成保护指定网络,使其免受来自于非信任网络区域的某些协议与服务的影响。所以一般情况下防火墙都位于网络的边界,如保护企业网络的防火墙往往部署在内部网络到外部网络的核心区域上。

　　早期的防火墙主要用来提供服务控制,现在已经扩展为多种服务,还包括方向控制、用户控制、行为控制等。

- 服务控制:确定哪些服务可以被访问。
- 方向控制:对于特定的服务,可以确定允许哪个方向能够通过防火墙。
- 用户控制:根据用户身份控制对服务的访问。
- 行为控制:控制一个特定的服务的行为。

　　防火墙成为内部网络与不可信任网络进行联络的唯一纽带,通过部署防火墙,就可以通过关注防火墙的安全保护其内部的网络安全。并且所有的通信流量都通过防火墙进行审记和保存,为网络安全犯罪的调查取证提供了依据。总之,防火墙减轻了网络和系统被用于非法和恶意目的的风险。

　　需要注意的是,不能狭义地将防火墙理解为一套软件或一台设备。因为通常使用不止一种技术和不止一台设备实施整个防火墙方案,所以防火墙应该理解为一个防火墙系统,或说一套防火墙解决方案。

11.1.2　防火墙的分类

　　防火墙的产生和发展已经历了相当一段时间,根据不同的标准,其分类方法也各不相同。

1. 根据防火墙形式分类

　　如果从防火墙的软、硬件形式来分的话,防火墙可以分为软件防火墙和硬件防火墙以及芯片级防火墙。

　　1) 软件防火墙

　　运行于特定的计算机上,它需要客户预先安装的计算机操作系统的支持,一般来说这台计算机就是整个网络的网关。就像其他的软件产品一样需要先在计算机上安装并配置才可以使用。防火墙厂商中做网络版软件防火墙最出名的莫过于 Checkpoint。使用这类防火墙,需要网管对所工作的操作系统平台比较熟悉。

2) 硬件防火墙

这里说的硬件防火墙指"所谓的硬件防火墙"。之所以加上"所谓"二字,是针对芯片级防火墙说的了。它们最大的差别在于是否基于专用的硬件平台。目前市场上大多数防火墙都是这种所谓的硬件防火墙,都基于 PC 架构,就是说,它们和普通的家庭用的 PC 没有太大区别。在这些 PC 架构计算机上运行一些经过裁剪和简化的操作系统,最常用的有 UNIX、Linux 和 FreeBSD 系统。值得注意的是,由于此类防火墙采用的依然是别人的内核,因此依然会受到操作系统本身的安全性影响。

传统硬件防火墙一般至少应具备三个端口,分别接内网,外网和非军事化区,现在一些新的硬件防火墙往往扩展了端口,常见四端口防火墙一般将第四个端口作为配置口、管理端口。很多防火墙还可以进一步扩展端口数目。

3) 芯片级防火墙

芯片级防火墙基于专门的硬件平台,没有操作系统。专有的 ASIC 芯片促使它们比其他种类的防火墙速度更快,处理能力更强,性能更高。做这类防火墙最出名的厂商有 NetScreen、FortiNet、Cisco 等公司。这类防火墙由于是专用 OS(操作系统),因此防火墙本身的漏洞少,不过价格相对较高。

2. 根据防火墙结构分类

从防火墙结构上分,防火墙主要有单一主机防火墙、路由器集成式防火墙和分布式防火墙三种。

1) 单一主机防火墙

这种是最为传统的防火墙,独立于其他网络设备,位于网络边界。这种防火墙其实与一台计算机结构差不多,同样包括 CPU、内存、硬盘等基本组件,且主板上也有南、北桥芯片。

它与一般计算机最主要的区别是防火墙一般都集成了两个以上的以太网卡,因为需要连接一个以上的内、外部网络。其中的硬盘就是用来存储防火墙所用的基本程序,如包过滤程序和代理服务器程序等,有的防火墙还把日志记录也记录在此硬盘上。

虽然如此,但不能说它就与平常的 PC 一样,因为它的工作性质,决定了它要具备非常高的稳定性、实用性,具备非常高的系统吞吐性能。正因如此,看似与 PC 差不多的配置,价格却昂贵得多。

2) 路由器集成式防火墙

原来单一主机的防火墙由于价格昂贵,仅有少数大型企业才能承受得起,为了降低企业网络投资,现在许多中、高档路由器中集成了防火墙功能,如 Cisco IOS 防火墙系列。这种防火墙通常是较低级的包过滤型。这样企业就不用再同时购买路由器和防火墙,大大降低了网络设备购买成本。

3) 分布式防火墙

随着防火墙技术的发展及应用需求的提高,原来作为单一主机的防火墙现在已发生了许多变化。最明显的变化就是现在许多中、高档的路由器中已集成了防火墙功能,还有的防火墙已不再是一个独立的硬件实体,而是由多个软、硬件组成的系统,这种防火墙,俗称"分布式防火墙"。

分布式防火墙再也不是只位于网络边界,而是渗透于网络的每一台主机,对整个内部网络的主机实施保护。在网络服务器中,通常会安装一个用于防火墙系统管理软件,在服务器及各主机上安装有集成网卡功能的 PCI 防火墙卡 ，一块防火墙卡同时兼有网卡和防火墙的双重功能。这样一个防火墙系统就可以彻底保护内部网络。各主机把任何其他主机发送的通信连接都视为"不可信"的，都需要严格过滤。而不是传统边界防火墙那样，仅对外部网络发出的通信请求"不信任"。

3．按照防火墙应用部署分类

按防火墙的应用部署位置分类，可以分为网络防火墙、基于主机的防火墙。

1) 网络防火墙

网络防火墙位于内、外部网络的边界，所起的作用的对内、外部网络实施隔离，保护边界内部网络。这类防火墙一般都是硬件类型的，价格较贵，性能较好。本章后续内容介绍的防火墙都属于此类。

2) 基于主机的防火墙

它安装于单台主机中，防护的也只是单台主机。这类防火墙应用于广大的个人用户，通常为软件防火墙，价格最便宜，在功能上有很大的限制。

这种防火墙基于特定的操作系统，对所在的主机通过安全保护。可以使用几十种免费的、共享的或者高级的基于主机的防火墙来保护各种操作系统软件（Microsoft Windows、Apple Macintosh 以及 UNIX 系统）。

例如，基于 Windows 操作系统的防火墙，国外比较著名的有 AtGuard，BlackICE PC Protection，ZoneAlarm，Tiny Personal Firewall，Norton Personal Firewall 等品牌，国内应用较广泛的有天网防火墙、瑞星个人防火墙、金山网盾等。另外，Windows 操作系统也自带有防火墙。

基于主机的防火墙通常是一个简化的包过滤防火墙，对网络层和传输层的信息进行过滤，包括协议（TCP 或 UDP）、源地址和目的地址、TCP 或 UDP 的端口号等。

4．按照防火墙的实现技术分类

根据过滤的方式和技术的不同，防火墙可以划分为以下几类：

（1）包过滤防火墙。

（2）状态防火墙。

（3）应用网关防火墙。

后续小节将从技术原理上对这几类防火墙作详细阐述。

11.1.3　包过滤防火墙

包过滤防火墙是一种通过检查数据包中网络层及传输层协议信息来发现异常的安全防御系统。

1．包过滤防火墙的原理

数据包过滤是在网络的适当位置，根据系统设置的过滤规则，对数据包实施过滤，只允许满足过滤规则的数据包通过并被转发到目的地，而其他不满足规则的数据包被丢弃。当前大多数的网络路由器都具备一定的数据包过滤能力。

　　包过滤防火墙是最早出现的、形式最简单的一种防火墙,通常在路由器上通过访问控制列表实现,通过检查数据包的报头信息,根据数据包的源地址、目的地址和以上其他的信息组合,按照过滤规则决定是否允许数据包通过。包过滤防火墙在根据规则对数据包的相关内容进行匹配时,一般不判断数据包的上下文,只根据当前的数据包内容决定。

　　相对于 TCP/IP 网络体系结构,包过滤防火墙主要通过检查网络层和传输层的信息进行过滤。Internet 上的服务一般都和特定的端口号有关,如 FTP 一般工作在 21 端口,Telnet 工作在 23 端口,Web 服务在 80 端口,因此可通过包过滤来禁止某项服务。

　　在执行数据包过滤之前,首先要在防火墙上定义包过滤规则。这些规则用来匹配数据包内容以决定哪些包被允许通过和哪些包被拒绝通过。

　　在定义规则时,往往需要用到数据包中网络层和传输层的信息,包过滤防火墙通常可以根据源 IP 地址、目的 IP 地址、传输层协议、端口号等来进行数据包的过滤,表 11-1 所示为定义 TCP/IP 包过滤防火墙规则的依据。

表 11-1　TCP/IP 包过滤依据

TCP/IP 层	过 滤 依 据
网络层	源 IP 地址、目的 IP 地址
网络层	IP、ICMP、OSPF、TCP、UDP 或其他协议
网络层	IP 优先级域(服务类型)
传输层	TCP 和 UDP 端口号
传输层	TCP 控制标记(SYN、ACK、FIN、PSH、RST 等)

　　在将过滤规则定义之后,还要将规则应用到防火墙或路由器的指定接口上,并为规则的应用指明特定的方向(进入接口或离开接口)。可以根据实际需要来限制进入内部网络的数据包,或者限制试图流出内部网络的数据包。

　　依据系统事先设定好的过滤规则,防火墙检查数据流中每个数据包。依据报头信息的组合确定是否允许该数据包通过。如果匹配到一条规则,则根据此规则决定转发或丢弃,如果所有规则都不匹配,则依据缺省策略。

　　图 11-2 所示为一个包过滤防火墙的应用实例。

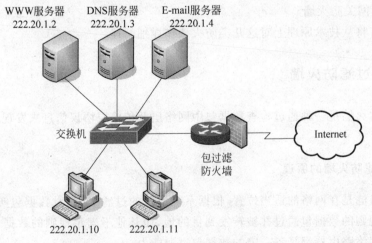

图 11-2　包过滤防火墙实例

为了限制来自 Internet 主机对网络内部主机的访问,定义包过滤规则,如表 11-2 所示。

表 11-2　包过滤规则

规则	源 IP 地址	目的 IP 地址	协议	端口号	操作
1	任意	222.20.1.2	TCP	80	允许
2	任意	222.20.1.3	UDP	53	允许
3	任意	222.20.1.4	TCP	25	允许
4	任意	任意	任意	任意	丢弃

这个包过滤规则被应用到连接 Internet 的路由器的 WAN 接口上,方向为进入,即对从该接口进入的数据包,防火墙采用这些定义的规则进行过滤。

在本例中,规则 1 说明如果来自任何主机的数据包被发往 222.20.1.2 的 TCP80 端口,防火墙都应该允许通过。同样,如果任何数据包被发送到 222.20.1.3 的 UDP53 端口或 222.1020.1.4 的 TCP25 端口,防火墙都应该放行。任何其他类型的数据包则都应该丢弃。

2. 包过滤防火墙的优缺点

一般来说,包过滤类型的防火墙具有以下优点:

* 性能优于其他防火墙,因为它执行的计算较少,并且容易用硬件方式实现。
* 规则设置简单,通过禁止内部计算机和特定 Internet 资源连接,单一规则即可保护整个网络。
* 不需要对客户端计算机进行专门配置。

而其缺点也很明显:

* 对管理员的知识要求高。
* 不能阻止应用层的攻击。
* 只对某些类型的 TCP/IP 攻击比较敏感。
* 不支持用户的连接认证。
* 只有有限的日志功能。

在配置基于包过滤方式的防火墙时,需要对 IP、TCP、UDP、ICMP 等各种协议有深入的了解,否则容易出现因配置不当带来问题。

包过滤防火墙不能阻止所有类型的攻击。例如,如果数据包到网络中的一台特定的 Web 服务器的 80 端口,包过滤防火墙检测网络层的目的地址和传输层的目的端口号,如果有匹配的规则,则包过滤防火墙允许这些数据流,但使用这种方法的一个问题是包过滤防火墙不检测 HTTP 连接的实际内容,攻击网络的一种流行的方式正是利用在 Web 服务器上发现的漏洞。包过滤防火墙不能检测这类攻击,因为它们发生在已被允许的 TCP 连接之上。

包过滤防火墙也不能检测和阻止某种类型的 TCP/IP 攻击,如 SYN 洪流和 IP 欺骗。包过滤防火墙允许到内部 Web 服务器的 80 端口,不会关心这些是什么类型的数据流。黑客能利用这一点,用 TCP 的 SYN 洪流攻击 Web 服务器的 80 端口,表面上想要服务器上的资源,但实际上是占用了服务器的资源。

包过滤防火墙不能检测所有类型的 IP 欺骗攻击,如果允许来自外部某个特定网络的数据包,包过滤防火墙只能检测在数据包中的源 IP 地址,然而源 IP 地址是完全可以冒充的。黑客能够用允许的源 IP 地址来替代一个不被防火墙允许的地址,然后从一个允许的源地址利用允许的数据包通过洪流攻击内部网络,以便实现 DoS 攻击。应该说,这并不是防火墙的问题,而是 IP 协议的安全性问题,IP 协议并不提供信息的认证服务。对于这种欺骗问题,通常可以通过在允许一个用户通过防火墙之前先使用认证的方法处理,这个功能是应用层的功能。包过滤防火墙只能检测网络层和传输层的信息,不能提供用户的认证机制。

最后,虽然包过滤防火墙支持日志功能,但它的日志只是记录网络层和传输层的信息。如果黑客在 80 端口上执行一个特定类型的 Web 服务器攻击,包过滤防火墙将拒绝并记录这个操作。防火墙并不能记录封装在 HTTP 传输报文中的应用层数据。所以,管理员通过日志可能知道有人试图访问服务器的 80 端口,但是不知道这个人的目的是什么。

11.1.4　状态防火墙

状态防火墙采用的是状态检测技术,这是由 CheckPoint 公司最先提出的一项具有突破性的防火墙技术,把包过滤的快速性和代理的安全性很好地结合在一起,成为防火墙的基本过滤模式。

1. 状态防火墙的基本原理

为了理解状态防火墙的基本原理,先通过实例来了解一下包过滤防火墙的一个问题。

在如图 11-3 所示的网络结构中,假设需要阻止 Internet 上的任意主机发往内部网络中主机 222.20.1.11 的数据包。于是在连接 Internet 的防火墙端口的输入方向建立过滤规则,如表 11-3 所示。

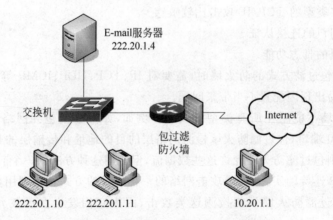

图 11-3　包过滤防火墙的问题分析实例

表 11-3　根据目的地址建立规则

源地址	目的地址	操作
任意	222.20.1.11	拒绝

这一规则阻止了 Internet 上任意主机发起的对内部主机 222.20.1.11 的访问。

但反过来,如果内部主机 222.20.1.11 要访问 Internet 上的某台主机,例如一个 Web 服务器 10.20.1.1。222.20.1.11 要发送一个 HTTP 请求,HTTP 使用 TCP 协议,需要通过 TCP 的三次握手建立一个连接:SYN、SYN/ACK、ACK。所以,222.20.1.11 首先发送一个 TCP 连接请求 SYN,源端口号是一个大于 1023 的整数,目的端口号为 80。这个数据包会顺利通过防火墙,因为在防火墙端口的"出"方向上并没有定义和应用过滤规则。10.20.1.1 在收到这个连接请求后,会发回一个连接的响应 SYN/ACK 消息(三次握手的第二次)。但这个数据包在到达防火墙时,由于其目的地址是 222.20.1.11 而被防火墙过滤掉了。因此,两者之间的连接将无法建立。事实上,这一规则切断了内部主机 222.20.1.11 对 Internet 的访问。

为了解决这个问题,可以尝试下面两种方法:

1) 开放端口

由于客户端在发出请求时,本地端口是临时分配的,也就是说这个端口是不定的,只要是 1023 以上的端口都有可能,所以如果要开放端口,只有把这些所有端口都开放,于是在目的端口实际上是 1024～65535,将修改上面的过滤规则,如表 11-4 所示。

表 11-4　根据目的地址和端口建立规则

源地址	目的地址	目的端口	操作
任意	222.20.1.11	大于 1023	允许
任意	222.20.1.11	其他	拒绝

显然,这是非常危险的。因为入站的高端口全开放了,而很多危险的服务也是使用的高端口,比如微软的终端服务/远程桌面监听的端口是 3389,远程过程调用协议 RPC 服务也是动态分配的高端口。所以,这将在防火墙中产生非常严重的漏洞。

2) 检查 TCP 控制位

包过滤防火墙能够识别传输层协议首部中的信息,例如 TCP 协议首部中的 SYN、ACK、FIN、RST 等。因此,可修改过滤规则,如表 11-5 所示。

表 11-5　根据目的地址和协议信息建立规则

源地址	目的地址	协议信息	操作
任意	222.20.1.11	TCP 控制字段: ACK,RST,SYN/ACK,FIN	允许
任意	222.20.1.11	其他	拒绝

这种方法同样也存在问题。首先,不是所有的传输层协议都支持控制字段;另外,控制字段的值也能被手工操控,根据 TCP 连接中的 ACK 位值来决定数据包进出,容易导致 DoS 攻击。

所以,上述两种方法都有各自的缺陷,状态检测则可以很好地解决这个问题。

状态检测的根本思想是对所有网络数据流建立"连接"的概念,此"连接"是面向"连接"的协议之"连接"的扩展,对非连接协议数据也可以建立虚拟连接。因为网络中的通信大多都是采用 C/S 模式,所以通信两端的连接状态是有一定顺序变化的,通常是客户端先发出连接请求,服务器端再响应这个请求。防火墙的状态检测就是事先确定好连接的合法过程

模式,如果数据过程符合这个模式,则说明数据是合法正确的,否则就是非法数据,应该被
丢弃。

以 TCP 协议为例,TCP 协议是一个标准的面向连接协议,在真正的通信前,必须按一
定协议(三次握手)先建立连接,连接建立后才能通信,通信结束后释放连接。发起方先发送
带有 SYN 标志的数据包到目的方,目的方如果端口是打开允许连接的,就会回应一个带
SYN 和 ACK 标志的数据包到发起方,发起方收到后再发送一个只带 ACK 标志的数据包
到目地方,目的方收到后就可认为连接已经正确建立;在正常断开时,一方会发送带 FIN 标
志的数据包到对方,表示本方已经不会再发送数据了,但还可以接收数据,对方接收后还可
以发数据,发完后也会发带 FIN 标志的数据包,双方进入断开状态,经过一段时间后连接彻
底删除。在异常情况会发送 RST 标志的包执行异常断开,不论是在连接开始还是通信和断
开过程。

由此可见,TCP 的连接过程是一个有序过程,新连接一定是通过 SYN 包来开始的,防
火墙可以将连接的信息记录到连接状态表中。如果防火墙收到了一个非 SYN 的包,状态
表里没有相关连接信息,就那该包一定是状态非法的,可以将其丢弃;另外,数据通信过程
是有方向性的,一定是发起方发送 SYN,接收方发 SYN/ACK,不是此方向的数据就是非法
的。因此状态检测可以实现 A 可以访问 B 而 B 却不能访问 A 的效果。

现在将图 11-3 中的"包过滤防火墙"替换为"状态防火墙",再来分析状态防火墙的工作
过程。当 222.20.1.11 发送一个 TCP 连接请求 SYN,源端口号是一个大于 1023 的整数
(例如端口号为 10000),目的端口号为 80。这个数据包在到达状态防火墙后,防火墙会将这
个连接信息记录到一个连接状态表中,然后再将这个数据包转发出去。当防火墙收到来自
10.20.1.1 的连接响应包时,首先查找连接状态表,就会知道从 10.20.1.1 的 TCP80 端口
到 222.20.1.11 的 TCP10000 端口的响应是已存在的连接的一部分,就会允许数据包通过,
从而双方在第三次握手之后建立连接。然后两者之间的通信由于是属于这个连接的,防火
墙都会放行。最后,在双方释放这个连接时,防火墙也会注意到这个过程,并动态地将该连
接从状态表中删除。因此,在这种配置下,如果是内部主机发起的通信,从外网流入的流量
不会被防火墙过滤,但如果是外网发起的通信,在建立连接的第一次握手时就会被防火墙
阻断。

所以,当比较包过滤防火墙和状态防火墙时,状态防火墙更智能,因为它能理解连接的
状态:初始化连接、传输数据或释放连接。通常,一个状态防火墙包含了包过滤防火墙的
功能。

2. 状态防火墙的优缺点

状态防火墙的优度是相对于包过滤防火墙而言的:

- 状态防火墙知晓连接的状态。
- 状态防火墙无须打开很大范围的端口以允许通信。
- 状态防火墙能比包过滤防火墙阻止更多类型的 DoS 攻击,并具有更丰富的日志
  功能。

状态防火墙的局限性在于:和包过滤防火墙一样,配置防火墙需要管理员对网络层和
传输层的信息非常熟悉,配置起来会比较复杂;另外,由于状态防火墙依然检验的是网络层

和传输层的信息而不涉及应用层,所以它仍然不能阻止应用层攻击,也不能执行任何类型的用户认证;另一个主要的问题是,不是所有的协议都像 TCP 协议那样包含状态信息,例如,UDP 和 ICMP 就不是有状态的,防火墙难以抽象出一个合适的"连接状态"表示这些协议发起的通信。

11.1.5　应用网关防火墙

应用网关防火墙,也称为代理防火墙,能够根据网络层、传输层和应用层的信息对数据流进行过滤。由于应用网关防火墙要在应用层处理信息,所以绝大多数应用网关防火墙的控制和过滤功能是通过软件完成的,这能够比包过滤或状态防火墙提供更细粒度的流量控制。

1. 应用网关防火墙的认证功能

应用网关防火墙的一个功能是首先对连接请求进行认证,然后允许数据流到达内外网络,这使得防火墙可以认证用户而不是计算机。这是包过滤防火墙和状态防火墙所没有的功能。包过滤防火墙和状态防火墙通常只检查网络层和传输层的信息,只能认证设备的网络层地址,而网络层地址是容易被伪造的。

图 11-4 所示为一个应用网关防火墙对用户进行认证的过程。

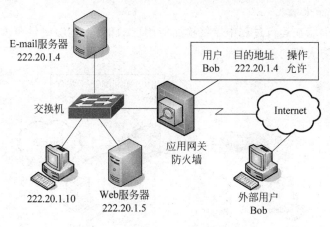

图 11-4　应用网关防火墙的认证过程

外部用户 Bob 要想访问内网中的 E-mail 服务器,必须首先到应用网关防火墙进行身份认证,可以通过用户打开一个特定的连接实现。例如,用户主动发送一个连接到应用网关防火墙的 Web 浏览器,或应用网关防火墙截获用户到内部服务器的初始化连接请求后,发送给用户一个认证信息的请求(如 Web 浏览器的弹出窗口)。然后应用网关防火墙对用户的身份信息进行认证。在本例中使用的身份认证信息是用户名和密码,根据存储在应用网关防火墙中的认证数据库可以查出:用户 Bob 在成功认证后可以访问 E-mail 服务器,但不允许访问其他设备。所以,如果 Bob 发起一个访问 Web 服务器 200.20.1.5 的连接请求,防火墙会丢弃这个请求。

为了使认证和连接过程更加高效,应用网关防火墙可以为一个用户配置多个授权规则,通常对用户只认证一次,当用户成功通过认证后,该用户所有的授权规则都生效,不必为该用户的每个连接请求都要求进行认证。

从应用网关防火墙对用户进行认证的方式来看,包括用户名和密码、令牌卡信息、生物信息(指纹、视网纹等)。认证信息存储在防火墙本地或者一台安全服务器上。

如果使用用户名和密码的方式来认证,认证信息必须采用密文形式传输。通常通过在Web 浏览器连接中使用安全套接层(SSL)协议实现,即用户必须打开一个到应用网关防火墙的 HTTP 的 SSL(HTTPS)连接执行认证。

生物信息比用户名和密码更可靠,因为生物信息具有唯一性的特征。但这些信息在发送到应用网关防火墙的过程中也容易被窃听,因此也应该采用安全的连接传送。

令牌卡信息是更安全的认证方式。令牌卡可以创建一个一次性的密码,且一个密码只能使用一次。一个密码在被用过之后就不再有效(或在一定时间之后自动失效)。因此这个认证信息不受窃听的影响,如果黑客窃听了令牌卡的信息,也无法再次利用这些信息。例如目前中国银行的网上银行业务就是采用了令牌卡技术,其令牌卡自动产生一次性密码,且每60 秒自动变更密码,供用户登录网上银行时进行身份认证。

2. 应用网关防火墙的分类

从实际的应用情况来看,应用网关防火墙有两种类型,即连接网关防火墙(connection gateway firewall)和直通代理防火墙(cut-through proxy)。

1) 连接网关防火墙

连接网关防火墙在运行过程中始终检测应用层的信息,能够提供更多的保护。图 11-5所示为连接网关防火墙的工作过程。

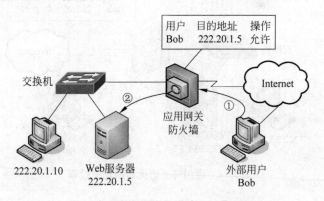

图 11-5　连接网关防火墙的工作过程

当外部用户 Bob 试图建立一个到内部 Web 服务器的连接时,连接网关防火墙会截获这个连接,并要求对用户进行认证(过程①)。通过认证后,防火墙会打开一个到内部 Web 服务器的单独连接(过程②)。然后,来自 Bob 的 Web 数据流首先由连接网关防火墙根据用户Bob 的授权规则进行检查,如果其中的内容得到授权,就重定向到内部 Web 服务器,否则就丢弃这些流量。

可以看出,连接网关防火墙能检查所有 Bob 发送到 Web 服务器的数据,甚至是一个具体的 URL 请求,这意味着防火墙可以检查用户试图访问哪些页面,以及是否正在非法插入不良的 URL 和数据,或利用一个安全弱点访问该服务器。这对于包过滤防火墙和状态防火墙是做不到的,因为它们仅仅工作在网络层和传输层。

　　2）直通代理防火墙

　　直通代理防火墙是对连接网关防火墙的一个改进。由于连接网关防火墙始终在应用层处理信息,这是一个处理密集的过程,要求防火墙有较好的运算性能,尤其对于一个要处理上千个连接的连接网关防火墙来说,一定的处理时延是避免不了的。

　　因此,直通代理防火墙在安全和性能上做了相应的折中。图 11-6 所示为直通代理防火墙的工作过程。

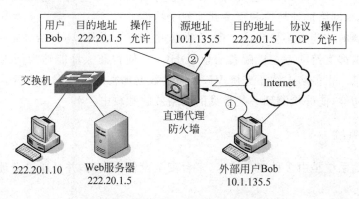

图 11-6　直通代理防火墙的工作过程

　　当外部用户 Bob 试图建立一个到内部 Web 服务器的连接时,和连接网关防火墙一样,直通代理会对用户进行认证(过程①)。认证通过后,这个连接和任何其他授权连接(网络层和传输层的信息)被添加到过滤规则表中(过程②)。然后,所有来自 Bob 到 Web 服务器的流量被过滤规则在网络层和传输层上进行处理,这可以极大地提高过滤速度(相对于连接网关防火墙)。

　　因此,和连接网关防火墙相比,直通代理防火墙的吞吐量要大很多。由于直通代理防火墙不检查应用层数据(仅仅在应用层对用户进行认证),不能检测应用层攻击。

3. 应用网关防火墙的优缺点

　　应用网关防火墙的优点主要在于它能够实现对用户的认证,能够阻止绝大多数欺骗攻击。使用连接代理防火墙能够监控连接上的所有数据,检测到应用层攻击,如不良的 URL、缓存溢出企图、未授权的访问和更多类型的攻击,同时生成非常详细的日志。

　　应用网关防火墙的局限性在于它密集性的处理过程要求大量的 CPU 资源和内存。另外,详尽的日志能够也会占用大量磁盘空间。应用网关防火墙通常不支持所有的应用,基本上被限制在一种或少数几种连接类型上。最后,应用网关防火墙有时要求在客户端安装厂商指定的软件,用来处理认证过程和可能的连接重定向。

11.1.6　混合防火墙与防火墙系统

　　随着 Internet 的广泛使用和电子商务的蓬勃发展,对网络安全的需求也急剧增加。一个功能单一的防火墙产品往往无法满足越来越复杂的安全形势。为了提供健壮的安全特性,可以通过两个途径对已有的防火墙进行改进。其一,将前述多种类型的防火墙的功能整合在一个单一的防火墙产品中,这就是混合防火墙;其二,将多种安全技术应用到各个防火墙组件中,构成防火墙系统。

1. 混合防火墙

混合防火墙是一种将多种安全技术集成在一起的单一设备,为网络提供更加综合性的保护。例如,Cisco PIX 防火墙,它支持一个状态防火墙、一个直通代理和最小形式的连接网关防火墙,也具有网络地址转换和很多其他安全特性。

混合防火墙的功能是多样化的。除了数据过滤功能之外,还包括其他一些辅助功能。绝大多数防火墙都支持动态主机配置协议(DHCP),使得防火墙能够为网内的客户端动态地分配地址信息。很多防火墙还支持 VPN,通过数据加密防止数据被窃听。有些防火墙还支持入侵检测功能,能够检测到一些常见的网络威胁和攻击。

2. 防火墙系统

一个防火墙系统是由多种安全技术、多台安全设备构成的,并且通过合理部署的安全防御系统。

一个好的防火墙系统往往包含了边界路由器、防火墙、VPN、入侵检测等组件。

(1) 边界路由器。边界路由器的目的是提供到公网的一个连接,其功能主要包括通过静态路由和动态路由选择协议生成路由表;通过包过滤或状态过滤进行数据包过滤;端接VPN 连接;提供网络地址转换。

(2) 防火墙组件。防火墙组件的目的是将网络分成不同的安全级别,并控制这些级别之间的流量。通常,可以实现对外网用户和内部用户的安全认证。其功能主要包括状态过滤;使用直通代理进行用户的连接认证;使用连接网关进行连接过滤;网络地址转换。

(3) VPN 组件。VPN 组件的主要目的是在两个网络之间(或远程用户和本地网络之间)提供受保护的连接,通过 IPSec 安全协议实现数据加密、认证、完整性检验等功能。它以一种安全的方式通过不安全的公共网络传输机密数据,不必花费过多的财力去向电信公司申请专线。其主要功能包括对远程接入用户和本地网络的通信进行加密;指定地址信息到远程接入客户端;使用简单的包过滤来限制流量。

(4) 入侵检测组件。入侵检测组件分为基于网络的入侵检测组件和基于主机的入侵检测组件。基于网络的入侵检测组件是一个协议分析器,被安插在网络的关键点并监控流量用来检查针对很多不同设备的攻击。当检测到一个攻击时,它往往能够访问防火墙组件并配置一个临时的过滤规则对恶意行为进行响应。基于主机的入侵检测组件是运行在一台主机上的软件,为那些没有被完全保护的关键服务器提供额外的保护手段,其缺点是必须占用一定的处理资源,检查发送到主机的数据包信息。

一个实用的防火墙系统由哪些组件和设备构成以及如何在网络中部署,这要结合实际的网络结构和安全需求确定。

图 11-7 所示为一个简单的防火墙系统。

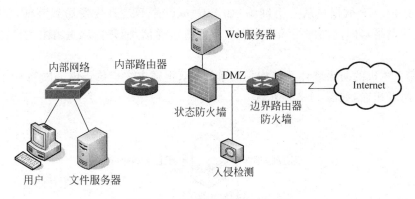

图 11-7　一个简单的防火墙系统

在上图中，整个网络被边界路由器和内部路由器划分为三个部分：外部网络(Internet)、DMZ 和内部网络。DMZ 也称为非军事区(demilitarized zone)，指供外部网访问的专门区域，用于发布信息、提供服务，通常情况下，外部网和内部网都可以访问这一区域。

当来自 Internet 的流量进入网络时，一台带有基本包过滤功能的边界路由器粗略地筛选这些流量，然后由一台单独的入侵检测设备检测边界包过滤防火墙没有过滤的攻击。这些流量同时被状态防火墙处理，状态防火墙设置三个安全级别：Internet 为最低安全级别，DMZ 为中等，内部网络为高。一个安全规则被添加在状态防火墙上以允许来自 Internet 的流量只能到达 Web 服务器。所有其他从低安全级别到更高安全级别的流量都被禁止。但从高到低的流量是允许的，如允许位于内部网络的 Web 服务器管理员登录到 DMZ 的 Web 服务器上来更新页面。内部路由器为内部网段提供路由选择，如果需要设置安全级别并限制到这个网络中各个区域的访问，可以在这个路由器上使用基本的包过滤服务。

11.1.7　防火墙的体系结构

在防火墙体系结构中，堡垒主机(bastion host)是一个重要的角色。堡垒主机是物理内部网中唯一可供外界访问到的主机，它通常配置了严格的安全防范措施，堡垒主机为内部网和外部网之间的通信提供一个阻塞点，如果没有堡垒主机，网络之间将不能互相访问。

对于防火墙而言，它应实现保护内部网及 DMZ 的使命，具体来讲：

（1）要允许内部网能按照规则限制访问 Internet 及 DMZ。

（2）向外界提供 DMZ 的公开服务，如 Web 访问、Ftp 等。

（3）必须阻止外界访问内部网及防火墙自身。

（4）出于安全考虑，不应允许 DMZ 访问内部网。

目前，防火墙的体系结构一般有双重宿主主机体系结构、屏蔽主机体系结构和屏蔽子网体系结构。

1. 双重宿主主机体系结构

双重宿主主机体系结构是围绕具有双重宿主的主机构筑的，该主机至少有两个网络接口。这样的主机充当与这些接口相连的网络之间的路由器，能够从一个网络向另一个网络发送 IP 数据包。IP 数据包从一个网络(如 Internet)并不是直接发送到其他网络(如内部的、被保护的网络),即内部网络和内部网络不能直接通信,而是由双重宿主主机在中间实现交接过滤。

　　双重宿主主机的防火墙体系结构是简单的:双重宿主主机位于内部网络和外部网络之间,并且与两者相连,如图 11-8 所示。

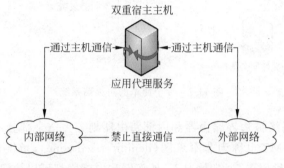

图 11-8　双重宿主主机体系结构

2.屏蔽主机体系结构

　　屏蔽主机体系结构防火墙使用一个路由器把内部网络和外部网络隔离开,堡垒主机是 Internet 上的主机能连接到的唯一的内部网络上的系统,如图 11-9 所示。任何外部的系统要访问内部的系统或服务都必须先连接到这台主机。同样内部网也只有堡垒主机可以连接 Internet,堡垒主机实际也就是代理服务器。

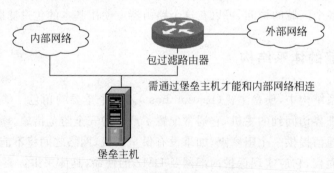

图 11-9　屏蔽主机体系结构

　　这种体系结构安全性较高,提供了双重保护,实现了网络层安全(包过滤)和应用层安全(可防止某些木马外连),但在这种方式下,路由器是否配置正确是这种防火墙安全与否的关键,如果路由表被破坏,堡垒主机可能被绕过,使内部网络完全暴露。

3.屏蔽子网体系结构

　　屏蔽子网体系结构的最简单的形式为,两个屏蔽路由器,每一个都连接到一个处于内网和外网之间的所谓周边网,也就是非军事区 DMZ。一个位于周边网与内部网络之间,另一个位于周边网与外部网络(通常为 Internet)之间。这样就在内部网络与外部网络之间形成了一个"隔离带"。堡垒主机安装在这个"隔离带"中,如图 11-10 所示。为了侵入用这种体系结构构筑的内部网络,侵袭者必须通过两个路由器。即使侵袭者侵入堡垒主机,仍然必须通过内部路由器访问内部网络。

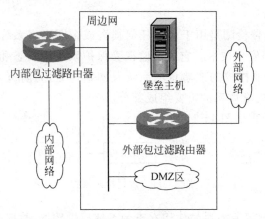

图 11-10　屏蔽子网体系结构

在这种体系结构中,堡垒主机是接受来自外界连接的主要入口。内部路由器对内部网络与堡垒主机之间的通信进行过滤,外部路由器对外部网络到周边网的访问进行过滤。

以上介绍了三种基本的防火墙体系结构,但在建造防火墙时,一般很少采用单一的结构,通常是多种解决不同问题的技术组合。这种组合主要取决于安全中心向用户提供什么样的服务,以及安全中心能接受什么等级风险。采用怎样的组合主要取决于经费、投资的大小或技术人员的技术、时间等因素。通常有使用多堡垒主机,合并内部路由器与外部路由器,合并堡垒主机与外部路由器,合并堡垒主机与内部路由器,使用多台内部路由器或外部路由器,使用多个周边网络,使用双重宿主主机与屏蔽子网等多种组合形式。

11.2　入侵检测系统

各种内部网络一般采用防火墙作为安全的第一道防线。然而随着攻击者知识的日趋成熟,攻击工具与手法的日趋复杂多样,单纯的防火墙策略已经无法满足对安全高度敏感的部门的需要,网络的防卫必须采用一种纵深的、多样的手段。

与此同时,当今的网络环境也变得越来越复杂,各式各样的复杂的设备,需要不断升级、补漏的系统使得网络管理员的工作不断加重,不经意的疏忽便有可能造成安全的重大隐患。

在这种环境下,入侵检测系统(intrusion detection system,IDS)应运而生,可以弥补防火墙两个致命的缺点: 无法检测内部网络存在的入侵行为; 无法检测出不通过防火墙违反安全策略的行为。

11.2.1　入侵检测系统概述

相对于防火墙而言,入侵检测系统是一种更加积极主动的安全防御系统。

1. 入侵检测的定义

入侵指一系列试图破坏信息资源完整性、一致性和可用性的行为。

入侵检测是通过从计算机网络系统中的若干关键节点收集信息,并分析这些信息,监控网络中是否有违反安全策略的行为或是否存在入侵行为,是对指向计算和网络资源的恶意行为的识别和响应过程。

入侵检测系统:入侵检测是用于检测任何损害或企图损害系统的机密性、完整性或可用性等行为的一种网络安全技术。它通过监视受保护系统的状态和活动,采用异常检测或滥用检测的方式,发现非授权的或恶意的系统及网络行为,为防范入侵行为提供有效的手段,是一个完备的网络安全体系的重要组成部分。

入侵检测的通用流程如图 11-11 所示。

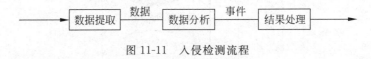

图 11-11　入侵检测流程

在图 11-11 中,数据提取模块的作用在于为系统提供数据,数据的来源可以是主机上的日志信息、变动信息,也可以是网络上的数据信息、网络流量。数据提取模块在获得原始数据以后需要对其进行简单的处理,如简单的过滤、数据格式的标准化等,然后把经过处理的数据提交给数据分析模块。

数据分析模块的作用在于对数据进行深入分析,发现攻击并根据分析的结果产生事件,传递给结果处理模块。数据分析的方式多种多样,可以是简单对某种行为的计数(如一定时间内某个特定用户登录失败的次数,或某种特定类型报文的出现次数),也可以是一个复杂的专家系统。该模块是一个入侵检测系统的核心,在入侵检测方法中将详细讲述。

最后根据事件产生响应。响应可以是积极主动的,如对入侵者采取反击行为、收集入侵者的额外信息等;也可以是被动的,系统仅仅简单对所检测到的入侵产生报警或文档,提醒管理员注意。

如果检测到入侵的速度足够快,在攻击发生或危及数据之前,就可以识别出入侵者,并且将他们驱逐,即使没有非常及时地检测到入侵,入侵检测越快,破坏的程度也就越低。并且,有效的入侵检测系统可以看成是阻止入侵的屏障,而且有威慑作用。

2. 入侵检测系统的发展历史

入侵检测系统自 20 世纪 80 年代提出后,其发展是十分迅速的,大致可分为以下几个阶段:

1) 概念诞生阶段

1980 年 4 月,James P. Anderson 为美国空军做了一份题为《Computer Security Threat Monitoring and Surveillance》(计算机安全威胁监控与监视)的技术报告,第一次详细阐述了入侵检测的概念。他提出了一种对计算机系统风险和威胁的分类方法,并将威胁分为外部渗透、内部渗透和不法行为三种,同时还提出了利用审计跟踪数据监视入侵活动的思想。由于在该文中第一次提到了入侵检测这一术语,这份报告因此被公认为是入侵检测的开山之作。但此时的入侵检测仅仅是一个概念,没有实质性的模型出现。

2) 模型的产生

从 1984—1986 年,乔治敦大学的 Dorothy Denning 和 SRI/CSL(SRI 公司计算机科学

实验室)的 Peter Neumann 研究出了一个实时入侵检测系统模型,取名为 IDES(入侵检测专家系统)。该模型由 6 个部分组成:主体、对象、审计记录、轮廓特征、异常记录、活动规则。它独立于特定的系统平台、应用环境、系统弱点以及入侵类型,为构建入侵检测系统提供了一个通用的框架。

3) 模型的发展

1988 年,SRI/CSL 的 Teresa Lunt 等人改进了 Denning 的入侵检测模型,并开发出了一个 IDES。该系统包括一个异常检测器和一个专家系统,分别用于统计异常模型的建立和基于规则的特征分析检测。IDES 模型基于这样的假设:有可能建立一个框架描述发生在主体(通常是用户)和客体(通常是文件、程序或设备)之间的正常的交互作用。这个框架由一个使用规则库(规则库描述了已知的违例行为)的专家系统支持。这能防止使用者逐渐训练(误导)系统把非法的行为当成正常的来接受,也就是说让系统"见怪不怪"。这个系统用于检测单一主机的入侵尝试,提出了与系统平台无关的实时检测思想。在这一时期,1988 年的 Morris 蠕虫事件促进了更多关于 IDS 的开发与研究。

4) 基于网络入侵检测系统的产生

在很长一段时间里,IDS 系统都依靠受保护主机收集审计数据,在此基础上进行监测和分析,它的监测目标主要是主机系统和本地用户,系统一般运行在受保护的主机上,依赖于审计数据和系统日志的完整性和准确性,以及对安全事件的定义。假如入侵者设法逃避审计或者修改日志,这种系统的弱点就暴露出来了。在现有的网络环境下,单独地依靠主机审计信息无法满足网络安全的需要。直到 1990 年,加州大学戴维斯分校开发的网络系统监控器——NSM(the network system monitor)改变了这个状况。NSM 是入侵检测技术发展史上继 IDES 之后的又一个里程碑。它监控以太网段上的网络流量,并把它作为分析的主要数据源。从当时的检测报告上来看,NSM 检测了超过 100 000 个网络连接,并从中识别出超过 300 个入侵。今天,大部分商业 IDS 系统直接使用从网络探测的数据作为它们主要的、甚至是唯一的数据源。

5) 异常检测方法的发展

早期的基于主机的入侵检测系统以及 20 世纪 90 年代之后发展起来的基于网络的入侵检测系统都应用了滥用检测方法,即首先对各种入侵行为进行分析并归纳出一定的入侵模式,然后将当前的网络或系统行为与这些入侵模式进行匹配,如果吻合则表示当前行为为入侵。这种方法的优点是准确率高,执行速度快,但缺点也是明显的,即无法检测到新型的入侵,这对于安全要求较高的计算机系统及网络而言是不能满足要求的。因此,人们变换思路,提出了另一种入侵检测的方法,即异常检测方法。

值得一提的是,在网络入侵检测系统中,有多个著名的开放源代码(open source)软件,对 IDS 的发展起到了重要的推动作用,它们是 Snort、Shadow、Prelude IDS、Bro 等。

在国内,目前对入侵检测系统的研究也取得了一定的进展,有的是在防火墙中集成入侵检测模块,有的则形成了独立的入侵检测系统。但总的来说,这些系统大多采用常规的模式识别和完整性检测技术,在统计分析、数据挖掘等项技术的应用上还缺乏研究。

从商业产品来看,国外著名的产品有 Internet Security System(ISS)公司的 RealSecure、Cisco 公司的 NetRanger、Network Associates 公司的 CyberCop 等;国内的 IDS 厂商和产品也非常丰富,包括中联绿盟的"冰之眼"网络入侵侦测系统、启明星辰的"天阗"入侵检测与预警系统、中科网威的"天眼"入侵检测系统等。

3. 入侵检测系统的功能

入侵检测系统的功能可以归纳为如下 4 点：

1) 识别黑客的常用入侵与攻击手段

入侵检测技术通过分析各种攻击的特征,可以全面快速地识别探测攻击、拒绝服务攻击、缓冲区溢出攻击、电子邮件攻击、浏览器攻击等各种常用攻击手段,并做出相应的防范。一般来说,黑客在进行入侵的第一步探测、收集网络及系统信息时,就会被 IDS 捕获,向管理员发出警告。

2) 监控网络异常通信

IDS 系统会对网络中不正常的通信连接做出反应,保证网络通信的合法性,任何不符合网络安全策略的网络数据都会被 IDS 侦测到并警告。

3) 鉴别对系统漏洞及后门的利用

IDS 系统一般带有系统漏洞及后门的详细信息,通过对网络数据包连接的方式、连接端口以及连接中特定的内容等特征分析,可以有效地发现网络通信中针对系统漏洞进行的非法行为。

4) 完善网络安全管理

IDS 通过对攻击或入侵的检测及反应,可以有效地发现和防止大部分的网络犯罪行为,给网络安全管理提供了一个集中、方便、有效的工具。使用 IDS 系统的监测、统计分析、报表功能,可以进一步完善网络管理。

11.2.2　入侵检测系统分类

在入侵检测系统中,根据系统数据来源的不同,可将入侵检测系统分成三类：基于主机的入侵检测系统、基于网络的入侵检测系统和分布式入侵检测系统。

1. 基于主机的入侵检测系统

基于主机的入侵检测系统(host-based IDS,HIDS)出现在 20 世纪 80 年代初期,那时网络还没有今天这样普及和复杂,而且网络之间也没有完全连通。在这种比较简单的环境中,网络管理员通过检查审计日志发现可疑行为。现在基于主机的入侵检测系统仍使用审计日志的方法,但自动化程度大大提高,并发展到精密的和迅速响应的检测技术。

基于主机的入侵检测系统通常被安装在被保护的主机上,对该主机的网络实时连接以及系统审计日志进行分析和检查,当发现可疑行为和安全违规事件时,系统就会向管理员报警,以便采取措施。这些受保护的主机可以是 Web 服务器、邮件服务器、DNS 服务器等关键主机设备。

HIDS 考查若干日志文件(内核、系统、服务器、网络、防火墙等),并拿日志文件和常见已知攻击的内部数据库进行比较。

Windows 有自带的日志系统,如 Windows XP 的日志文件可以通过"事件查看器"来进行查阅。应用程序日志、安全日志、系统日志、DNS 日志默认情况下都位于 C:\WINNT\system32\config 文件夹中,以".evt"做文件扩展名,还有一部分存放在 C:\Windows 目录下,以".log"为文件扩展名。图 11-12 所示是在 config 文件夹中日志文件的列表。

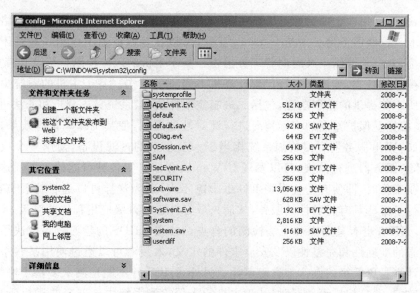

图 11-12　config 文件夹中的日志文件列表

UNIX 系统采用 Syslog 工具实现日志功能。如果配置正确,主机上发生的所有事情都会被记录下来。而这些数据,则可以作为基于主机的入侵检测系统的数据来源。

另外,HIDS 还可以使用防火墙等其他安全工具的日志系统。

图 11-13 所示为一个在一些服务器和个人计算机上安装了 HIDS 的网络。安装在邮件服务器上的 HIDS 可以主要只设置和邮件服务器相关的规则,使其免受入侵;安装在 Web 服务器上的 IDS 则主要设置和 Web 服务相关的规则。

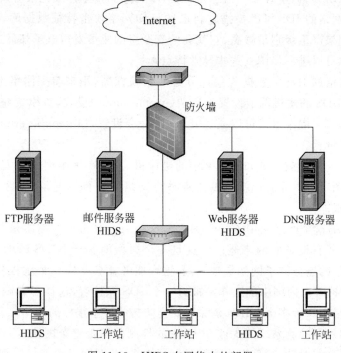

图 11-13　HIDS 在网络中的部署

目前,多数网络攻击的目标是 DNS、E-mail 和 Web 服务器,大约占全部网络攻击事件的 1/3 以上。这些服务器必须与 Internet 互联,所以在各服务器上应当安装基于主机的入侵检测系统,并将检测结果及时向管理员报告。基于主机的入侵检测系统没有带宽的限制,它密切监视系统日志,能识别运行代理计算机上受到的攻击。基于主机的系统提供了基于网络系统所不能提供的精细功能,包括二进制完整性检查、系统日志分析和非法进程关闭的功能,并能根据受保护站点的实际情况进行针对性的定制,使其工作非常有效果,误警率非常低。例如,Web 服务器入侵检测系统相当于一套复杂的过滤设备,使用一个攻击字符串列表对 Web 服务器进行监视,可以发现对 Web 服务器已知各种可能的攻击。这样的入侵检测系统在工作时,即使有一些误警事件也影响不大,因为这样可以通告管理员在 Web 服务器上运行了哪些具有脆弱性的服务,从而采取打补丁或升级应用程序的对策。

当然,HIDS 也有其弱点和无法检测的盲点。首先,HIDS 的检测效果取决于涉及数据或系统日志的准确性和完整性以及安全事件的定义,入侵者可以通过使用某些系统特权或调用比审计本身更低级的操作来逃避审计。另外,HIDS 并不能检测众多基于网络的攻击,例如域名欺骗、端口扫描等。同时,基于主机的入侵检测系统由于安装并运行于主机上,或多或少地会影响主机的性能。所以,单独地依靠主机审计信息进行入侵检测难以适应网络安全的需求。

2. 基于网络的入侵检测系统

基于网络的入侵检测系统(network-based IDS,NIDS)一般安装在需要保护的网段中,实时监视网段中传输的各种数据包,并对这些数据包进行分析和检测。如果发现入侵行为或可疑事件,入侵检测系统就会发出警报甚至切断网络连接。它的工作层面是在路由器或主机级别扫描网络分组、审查分组信息,并在一个特殊文件中详细记录可疑分组。根据这些可疑分组,基于网络的 IDS 可以扫描它自己的已知网络攻击特征数据库,并为每个分组指定严重级别。如果严重级别足够高,它就会给安全组的成员发送电子邮件或发出传呼,因此安全组的成员就可以进一步调查这些异常特点。

多数基于网络的 IDS 的数据收集部分是一个嗅探器,用来嗅探网络上传输的数据,一般是把安装了 NIDS 的主机网卡设置为混杂(promiscuous)模式,该模式允许设备捕捉每个经过网络的数据包。混杂模式可以通过 ifconfig 命令设置,如 ifconfig eth0 promisc,或通过专门的函数接口设置。

基于网络的入侵检测系统如同网络中的摄像机,只要在一个网络中安放一台或多台入侵检测引擎(如图 11-14 所示),就可以监视整个网络的运行情况,在黑客攻击造成破坏之前,预先发出警报。

图 11-14 中的这个网络使用了三个 NIDS,这些 IDS 都被放在网络最关键的地方,能监视到关键部位处所有设备的网络通信。这是一个典型的基于 NIDS 的网络保护方案拓扑图,提供公共服务的服务器子网如果被入侵,这台服务器会变成一个跳板攻击整个子网,所以要被 NIDS 保护着。内网中的工作站被另一个 IDS 保护着,这样可以减少内网主机被入侵的危险,在网络中布置多个 NIDS 是深层安全防护的一个很好的应用。

基于网络的入侵检测系统的优点在于,它的检测范围是整个网段,不仅仅是保护主机,它的防护和检测是实时的,一旦发生恶意访问或攻击,基于网络的入侵检测系统就可以随时

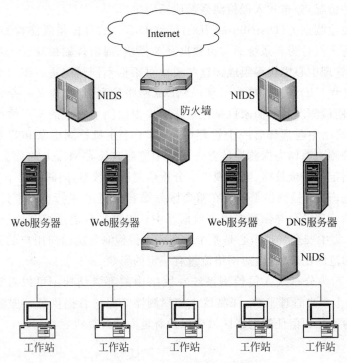

图 11-14　NIDS 在网络中的部署

发现,因此能够更快地做出反应,将入侵活动对系统的破坏减到最低。由于不需要在每台主机上安装基于网络的入侵检测系统,所以它不容易被攻击者发现,甚至可以没有网络地址,神秘地隐藏在幕后。这对许多网络内部的攻击者是一种很大的威慑(普遍认为,50%以上的网络攻击都来自网络内部)。另外,NIDS 不需要任何特殊的审计和登录机制,只要配备网络接口即可,不会影响其他数据源。随着互联网在其范围和通信流量方面的增大,基于网络的 IDS 已经越来越受欢迎。在安全行业中,能够扫描大量网络活动并成功地标记可疑传输的 IDS 很受好评。

　　NIDS 的主要不足之处在于只能检测经过本网络的活动,并且精确度较差,在交换式网络环境下难以配置,防入侵欺骗能力较差。而且无法知道主机内部的安全情况,主机内部普通用户的威胁也是网络信息系统安全的重要组成部分。另外,如果数据流进行了加密,NIDS 也不能有效审查其内容,对主机上执行的命令也就难以检测。因此,NIDS 和 HIDS 在方法上是互补的,并且在抵制入侵的不同阶段发挥不同的作用。

3.分布式入侵检测系统

　　随着网络系统结构的复杂化和大型化,出现了许多新的问题。首先,系统的弱点或漏洞分散在网络中的各个主机上,这些弱点有可能被入侵者用来攻击网络,而仅依靠一个主机或网络的入侵检测系统很难发现入侵行为;其次,入侵行为不再是单一的行为,而是表现出相互协作入侵的特点,如分布式拒绝服务攻击;最后,入侵检测所依靠的数据来源分散化,使得收集原始的检测数据变得比较困难,如监听交换型网络的网络数据包功能受到限制;另外,网络速度传输加快,网络流量大,原始数据的集中处理方式往往造成检测瓶颈,从而导致漏检。基于这种情况,分布式入侵检测系统应运而生。

分布式入侵检测系统(Distributed IDS,简称 DIDS)的目标是既能检测网络入侵行为,又能检测主机的入侵行为。系统通常由数据采集模块、通信传输模块、入侵检测分析模块、响应处理模块、管理中心模块等组成。这些模块可根据不同情况进行组合。也可以简单地把 DIDS 理解成由 HIDS(主机检测引擎)、NIDS(网络检测引擎)以及一个中央管理平台构成。事实上,入侵检测产品的商家也是把这些组件根据网络安全的实际情况分别计价出售的。例如,一个网络中通常部署一个管理中心、若干个主机检测引擎和若干个网络检测引擎。其中网络检测引擎作为探测器放置在网络中监测其所在网段上的数据流,它根据集中安全管理中心制定的安全策略、响应规则等分析检测网络数据,同时向集中安全管理中心发回安全事件信息;主机检测引擎安装在重要服务器上,对主机进行实时审计,主机审计数据也定时的传送到管理平台并保存在中央数据库中。管理平台通过综合信息确定入侵事件、制定相应策略;集中安全管理中心是整个分布式入侵检测系统面向用户的界面。它的特点是对数据保护的范围比较大,但对网络流量有一定的影响。

图 11-15 所示为分布式入侵检测系统在网络中的部署结构。可以看到 DIDS 包括了4 个探测器和 1 个中央管理平台,探测器 1 和探测器 2 保护着提供公共服务的服务器。探测器 3 和探测器 4 在和信任的网络区域中保护着里面的计算机。

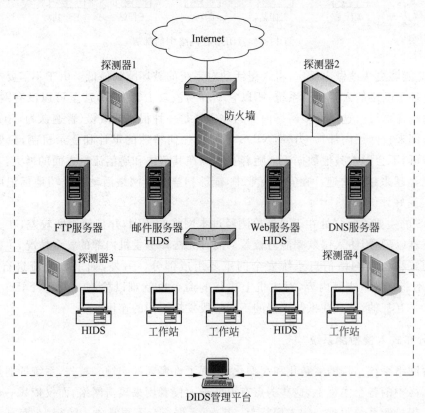

图 11-15　DIDS 在网络中的部署

在 DIDS 研究方面,美国国防高级研究计划署(The Defense Advanced Research Projects Agency,DARPA)和互联网工程任务组(Internet Engineering Task Force,IETF)

的入侵检测工作组(Intrusion Detection Working Group,IDWG)提出了公共入侵检测框架
(common intrusion detection framework,CIDF),CIDF 已成为入侵检测领域最有影响力的
建议。美国普度大学安全研究中心(The Center for Education and Research in Information
Assurance and Security,CERIAS)则提出了基于主体入侵检测系统,其主要方法是采用相
互独立运行的进程组(称为自治主体 Agent)分别负责入侵检测,最后将结果传送到检测
中心。

11.2.3　入侵检测方法

入侵检测系统中最重要的组成部分为数据分析模块,即入侵检测所采用的方法。无论
基于网络还是基于主机的入侵检测系统,它们所采用的检测方法可以分为两种,即滥用检测
(misuse detection)方法与异常检测(anomaly detection)方法。

1. 滥用检测

滥用检测也被称为误用检测或基于特征的检测。这种方法首先直接对入侵行为进行特
征化描述,建立某种或某类入侵特征行为的模式,如果发现当前行为与某个入侵模式一致,
就表示发生了这种入侵。它的难点在于如何设计模式,使其既表达入侵又不会将正常模式
包括进来。滥用检测方法的基本流程如图 11-16 所示。

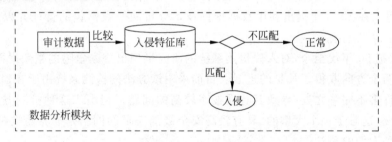

图 11-16　采用滥用检测方法的数据分析模块

这种方法由于依据具体特征库进行判断,所以检测准确度很高,并且因为检测结果有明
确的参照,为系统管理员做出相应措施提供了方便。这种检测方式和防病毒软件很相似,行
为特征库类似于防病毒软件中的病毒库。目前商用的入侵检测系统都是采用了这种检测
方法。

如果系统错误的将正常活动定义为入侵,称为错报,也称为误报;如果系统未能检测真
正的入侵行为,则称为漏报。这是衡量入侵检测系统很重要的两个指标。滥用检测方法误
报率少,但漏报率较高。它的特征库中只存储了当前已知的攻击模式和系统脆弱性,无法发
现新的攻击形式。因此,目前的研究主要集中在异常检测方法上。

2. 异常检测

异常检测方法主要来源于这样的思想:任何人的正常行为都是有一定规律的,并且可
以通过分析这些行为产生的日志信息(假定日志信息足够完全)总结一些规律,而入侵和滥
用行为则通常与正常行为会有比较大的差异,通过检查这些差异就可以检测出入侵。

这样,为正常行为建立一个规则集,称为正常行为模式,也称为正常轮廓(normal profile),也被称为"用户轮廓",当用户活动和正常轮廓有较大偏离的时候认为异常或入侵行为。这样能够检测出非法的入侵行为甚至是通过未知攻击方法进行的入侵行为,此外不属于入侵的异常用户行为(滥用自己的权限)也能被检测到。

异常检测的效率取决于用户轮廓的完备性和监控的频率,因而能检测未知的入侵。同时,系统能针对用户行为的改变进行自我调整和优化。它的难点在于用户轮廓的建立以及如何比较用户轮廓和审计数据。

异常检测方法的基本流程如图 11-17 所示。

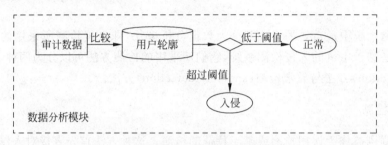

图 11-17　采用异常检测方法的数据分析模块

相对于滥用检测方法,异常检测方法需要更强的智能性,目前对异常检测方法的研究已经有很多。Land 和 Brodley 在 1997 年提出用机器学习的方法建立异常检测模型,Wenke Lee,Stofle 等人在 1998 年提出利用数据挖掘技术分析网络数据包的特征并以此建立异常检测模型等。

从 20 世纪 90 年代至今,对入侵检测系统的研究呈现出百家争鸣的繁荣局面,并在智能化和分布式两个方向取得了长足的进展。目前采用该方法的检测系统由于在建立正常行为模式上还有许多不完善之处,导致其有误报率较高的问题。但由于这种检测方式可以检测到未知的入侵,这对于一个大型的、具有较高安全级别需求的网络是非常重要的,所以长期以来一直受到人们的关注。

11.2.4　网络入侵检测系统 Snort 简介

早在 1998 年,Martin Roesch 开发了开放源代码的入侵检测系统 Snort。直至今天,Snort 已发展成为一个多平台的强大的网络入侵检测系统。

Snort 可以完成数据包嗅探、数据包记录、入侵检测、实时发送报警信息。Snort 常被称为轻量级的入侵检测系统,这里"轻量级"的意思是占用的资源非常少,能运行在不同的操作系统上,另外,还能提供一些以前只有商业 NIDS 才能提供的功能。所以,目前,Snort 是最流行的免费 NIDS。

当然,Snort 的流行还得益于日渐流行的 Linux 和其他的免费操作系统,如 BSD 系列的 NetBSD、OpenBSD 和 FreeBSD 等,早期开发的 Snort 是在这些操作系统上运行。现在,Snort 拥有可以运行在 Solaris、HP-UX、IRIX 甚至 Windows 上的版本。

Snort 是基于滥用检测的 IDS,使用规则的定义检查网络中的问题数据包。一个规则被触发后会产生一条报警信息。例如,可以定义一条检查是否有端到端 P2P 文件共享服务的规则,规则内容为检查连接到非 80 端口服务的数据是否有"GET"字符串。如果有数据包匹配这条规则,就会产生报警信息。这条报警信息可以根据配置不同保存至多个地方,如日志文件、数据库、或 SNMP 的 trap 命令等。

Snort 最初的开发目的是做一个嗅探器 Sniffer。1998 年 11 月,Marty Roesch 写了一个 Linux 平台下的数据包嗅探器,起名叫 APE。后来,他又在其中加入了些其他的功能:使用十六进制输出格式记录数据包、使用统一的方式显示不同网络中的数据包等。

1998 年 12 月,Snort 程序被放到 Packet Storm 网站上供人下载。1999 年 1 月,在 Snort 中加入了基于特征分析的功能。这时 Snort 开始向入侵检测靠拢。1999 年 10 月 Snort 1.5 版发布。其软件体系结构一直沿用下来,直到 Snort 2.0 版,Marty Roesch 才对软件体系结构作了重大变革。从早期的 1600 行代码增加到了 75000 行。

随着 Snort 的流行,Snort 的规则格式渐渐成为标准。本书采用了 Windows 下的 Snort 版本进行研究。

Snort 由以下几个部分组成:数据包嗅探器、预处理器、检测引擎、报警输出模块,如图 11-18 所示。

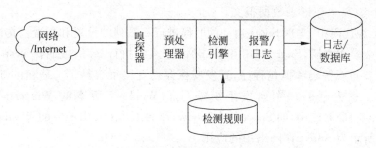

图 11-18　Snort 的基本组成

Snort 的基本功能是数据包嗅探器。在获取数据包后,先用预处理插件处理,然后经过检测引擎中所有的规则链,符合规则的数据包被检测出来。

首先利用嗅探器在网络中获取数据包,然后通过预处理插件对数据包进行初步的处理,如格式处理、基本分类。接着按照规则判断这些数据包是否引入安全问题,如果有,则确定如何处理这些数据包(报警或保存到日志)。

嗅探器的预处理器、检测引擎和报警模块都是以插件的形式存在,插件程序按照 Snort 提供的插件函数接口完成,使用时动态加载,在不用修改核心代码的前提下让 snort 的功能和复杂性扩展更加容易。既保证了插件程序和 Snort 核心代码的紧密相关性,又保证了核心代码的良好扩展性。

1. 数据包嗅探器

嗅探功能和电话窃听比较相似。不同的是电话窃听的是语音网络而数据包窃听的是数据包。在互联网上通常指嗅探 IP 网络的流量。

在 IP 数据包里包含了不同类型的协议,如 TCP,UDP,ICMP,IPSec 和路由协议等,因此很多数据包嗅探器还能够做协议分析,并且把分析结果展现出来。

数据包嗅探器能够进行网络分析和故障查找,进行网络性能和负荷量分析,监听明文传送的敏感数据。

例如,在附录的实验中提到的 Ethereal 就是一个很典型的嗅探器,能够完成以上所说的所有功能。

嗅探器不等于入侵检测系统,IDS 必须还有检测数据包是否合法、是否会带来安全问题的能力。但是嗅探器是 IDS 的基础,是它的重要组成部分。Snort 可以很好地完成数据嗅探的工作,但是它的价值远远不止这些,它是一个能够实时监测网络安全的有力工具。

Snort 是将机器的网卡运行在“混杂”模式,然后利用 Libpcap(Windows 操作系统下使用 Winpcap)从网卡捕获数据包。数据包经过解码引擎填入到数据链路层协议的包结构体中,以便对高层次的协议进行解码。所以在安装 Snort 之前必须安装 Libpcap 库。

混杂模式:网卡默认方式是忽略所有不是以自己的 MAC 地址为目的地址的帧。网卡还有另外一种工作方式,即混杂模式,采用这种模式时,网卡不检查目的 MAC 地址,可以监听网络中所有的数据包。

Libpcap 库允许开发人员在不同的 UNIX 平台上从数据链路层接收数据包,不必考虑网卡以及驱动程序的不同。更重要的是 Libpcap 库直接从网卡取得数据包,允许开发人员自己写程序代码、显示和记录数据报文。

在 snort.c 源代码中,实现 Snort 启动的时候进行一系列的设置和配置。在检查接口和设置网卡进入混杂模式之后,Snort 调用 libpcap 库,进入主执行循环,或叫作 pcap 循环,使用了 libpcap 就不需要重新解码和抓包程序,开发嗅探器就变得很容易了。最初的 libpcap 是基于 UNIX 系统的。意大利的一个研发组织编写了 Windows 版本的 Winpcap,可以被基于 Windows 平台的嗅探器使用,如 Snort 的 Windows 平台版本和 Ethereal 的 Windows 版本。

图 11-19 所示为 Snort 在网络中的应用。

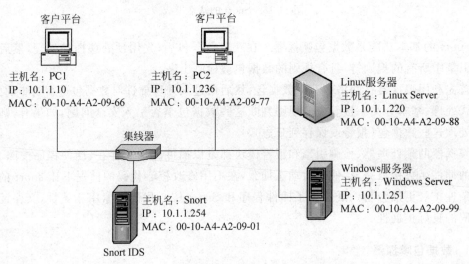

图 11-19　Snort 在网络中的应用

在这个网络中,客户平台、Linux 服务器和 Windows 服务器以及一台安装了 Snort 的主机用集线器连接在一起,集线器是共享设备,因此所有的流量将被连接在集线器的每个端口上。Snort 的主机网卡使用了“混杂”模式,能够获取所有通过集线器的数据包。例如,PC1 访问 Linux 服务器所发送的数据包、服务器和客户平台通信的数据包等。

假如把这个集线器换成交换机,在交换环境下,交换机能够知道什么端口有什么样的 MAC 地址,并且只发送网络流量到相应的端口。那么即使 Snort 网卡工作在混杂模式,也依然监听不到其他端口的流量。不过现在交换机基本上有镜像和监听的机制,通过复制流量到特定端口实现监听。当将 Snort 服务器连接到这个端口上就可以监听所有通过这个交换机的流量了。

2. 预处理器

基于特征规则匹配的 IDS 因为速度快而受欢迎。如果只是对每个包进行数字和字符串的匹配,处理性能就能适应快速的高负荷网络。正如在讲述检测方法分类的时候说过,基于特征的匹配容易产生漏报,原因是特征语言的表达能力有限或 IDS 对协议分析不够。一些 IDS 通过复杂的方法解决这个问题,如采用异常检测的方法。在 Snort 中,采用预处理的方法完成这些功能,它超越了基于规则匹配的检测机制。

预处理器的主要思想是在数据包送到 Snort 主检测引擎之前提供一个丢弃数据包、修改数据包的框架。

例如,在图 11-19 中,台式机 PC2 需要连接 Windows Web 服务器,用户通过浏览器输入下面的字符串:

http://10.1.1.251/％73％63％72％69％70％74％73％68％61％63％6B％6D％65.％65％78％65

HTTP 协议允许使用％XX 符号表示的通用资源标识符(URI)来表示内容,其中 xx 是字符的十六进制值。当 URI 到达 Web 服务器,被转换成 http://10.1.1.252/scripts/hackme.exe。

Snort 在收到这个字符串后,在送到检测引擎之前先将其规格化,Http 解码(HTTP_decode)预处理器会将其转换为标准格式,节约检测引擎的资源。除了 HTTP 解码预处理之外,还有 telnet_decode 预处理器、ftp_decode 预处理器、rpc_decode 预处理器等。

预处理器为模块化的插件,可以根据需要选择。例如,采用 RPC 插件和端口扫描插件检查原始的数据包。在遵循 Snort 规则的前提下,用户甚至可以建立自己的预处理器。

3. 检测引擎和规则集

检测引擎是 Snort 的核心模块。当数据包从预处理器送过来后,检测引擎依据预先设置的规则检查数据包,一旦发现数据包中的内容和某条规则相匹配,就通知报警模块,如图 11-20 所示。

Snort 作为基于特征的 IDS,它的功能实现依赖于各种不同的规则设置,检测引擎依据规则匹配数据包。Snort 的规则很多,并根据不同的类型(木马、缓冲区溢出、滥用权限)作了分组。

规则由规则头和规则体组成,如图 11-21 所示。

规则头:规则头描述了本条规则的处理动作(记录或者报警),数据包的协议类型(TCP、UDP、ICMP 等),源信息(源地址,源端口),目的信息(目的地址,目的端口)。

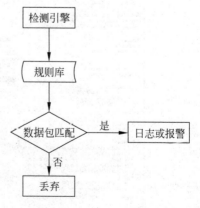

图 11-20　Snort 的检测流程

规则头 {	规则行为	协议类型	源信息	目的信息
	规则体			

图 11-21　规则的构成

规则体：规则体中的各项描述这条规则要检测数据包中的内容。

例如：

alert tcp any any->any 12345 (msg:" Test Message"; nocase;)

这个规则中,开头部分为规则头,规则行为为 alert,表示报警；协议为 TCP,源地址和端口为 any,也就是任何地址、任何端口；目的地址为 any,目的端口为 12345。括号内的为规则体,第一部分是规则触发后将显示的信息；第二部分是 nocase 选项,说明本规则检查数据包内容时不区分大小写。

检测引擎和规则集是 Snort 系统学习和理解中的难点。Snort 的规则有自己独特的语法,涵盖了对协议类型、数据包的数据段内容、数据包长度、包头内容等多方面的描述。规则语法还能定义异常情况,这在检测缓冲区溢出中非常有用。

如果使用 Snort 并且学习了如何写 Snort 的规则,就可以根据自己的网络环境和需求定制规则集,使 Snort 更好的工作。

4. 报警/日志模块

经检测引擎检查后的 Snort 数据需要以某种方式输出。如果检测引擎中的某条规则被匹配,则会触发一条报警,这条报警信息会通过网络送给日志文件,也可以记入 SQL 数据库。

另外,还有专门为 Snort 开发的辅助工具,如各种各样基于 Web 的报警信息显示插件。一般用 Perl 或 PHP 开发,目的是为了更加直观显示报警信息。与预处理器和检测引擎模块一样,报警输出模块也使用插件实现多种输出功能,如把报警信息送入数据库或通过 SNMP,WinPopup 等网络协议传送。常用的插件有 ACID、IDSCenter、Swatch 等。

图 11-22 所示是一个使用 ACID 插件通过浏览器了解报警和统计信息的界面。

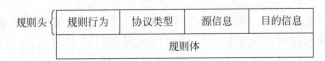

图 11-22　Snort 的检测报告

11.2.5　入侵检测的局限性与发展方向

和其他网络安全防御系统一样,入侵检测系统也有自身的局限性。同时,入侵检测技术也在不断发展中,以适应不断变化的网络安全形势。

1. 入侵检测的局限性

IDS 是一种很好的安全防护手段,但绝不是尽善尽美的,也有很多自身的限制。在实时监视网络活动时,可能会有一些情况虽已发现,但是采取措施却为时已晚。

IDS 有如此重大的作用,但在国内的应用远远谈不到普及,一方面是由于用户的认知程度较低;另一方面是由于入侵检测是一门比较新的技术,还存在一些技术上的困难,不是所有厂商都有研发入侵检测产品的实力。目前的入侵检测产品还存在着一些非常现实的矛盾。

1) 误报和漏报的矛盾

入侵检测系统对网络上所有的数据进行分析,如果攻击者对系统进行攻击尝试,系统相应服务开放,只是漏洞已经修补,那么,这一次攻击是否需要报警,就是一个需要管理员判断的问题。因为这也代表了一种攻击的企图。但大量的报警事件会分散管理员的精力,反而无法对真正的攻击做出反应。和误报相对应的是漏报,随着攻击的方法不断更新,入侵检测系统是否能报出网络中所有的攻击也是一个问题。

2) 隐私和安全的矛盾

入侵检测系统可以收到网络的所有数据,同时可以对其进行分析和记录,对网络安全极其重要。但难免对用户的隐私构成一定威胁,这就要看具体的入侵检测产品是否能提供相应功能,以供管理员进行取舍。

3) 被动分析与主动发现的矛盾

入侵检测系统是采取被动监听的方式发现网络问题,无法主动发现网络中的安全隐患和故障。如何解决这个问题也是入侵检测产品面临的难题。

4) 海量信息与分析代价的矛盾

随着网络数据流量的不断增长,入侵检测产品能否高效处理网络中的数据也是衡量入侵检测产品的重要依据。

5) 功能性和可管理性的矛盾

随着入侵检测产品功能的增加,能否在功能增加的同时,不增大管理的难度? 例如,入侵检测系统的所有信息都储存在数据库中,此数据库能否自动维护和备份而不需管理员的干预? 另外,入侵检测系统自身安全性如何? 是否易于部署? 采用何种报警方式? 也都是需要考虑的因素。

6) 单一产品与复杂网络应用的矛盾

入侵检测产品最初的目的是为了检测网络的攻击。但仅仅检测网络中的攻击远远无法满足目前复杂的网络应用需求。通常,管理员难以分清网络问题是由于攻击引起还是网络故障引起? 入侵检测检测出的攻击事件又如何处理,可否和目前网络中的其他安全产品进行配合等。

2. 入侵检测的发展方向

入侵检测在工业界和学术界有着不同的发展方向。

在工业界,主要的研究内容是如何通过优化检测系统的算法提高入侵检测系统的综合性能与处理速度,以适应千兆网络的需求。

在学术界,主要通过引入各种软计算方法,使入侵检测技术向智能化方向发展。例如,利用数据挖掘技术代替人工处理数据的方式,帮助人们从海量数据中挖掘对各类决策有指导意义的一般性知识。另外还有人工神经网络,人工免疫技术的应用等。这些方法可以说对 IDS 的发展及完善起了一定的作用,但是并没有完全解决问题。下面对这些方法作一个简单的介绍。

1) 人工神经网络技术在入侵检测中的应用

人工神经网络(artificial neural networks,ANN)在入侵检测中的应用大约始于 20 世纪 90 年代初期,它以自适应、自学习、自组织、较好的容错性和鲁棒性、并行性、联想记忆和联想映射等优点而受到了世人瞩目,在入侵检测领域发挥了重要作用。

人工神经网络在异常检测和滥用检测中都有应用,但主要用于异常检测中。

异常检测问题可以被看作是一个一般的数据分类问题,由于基于统计的方法在提取、抽象审计实例时存在一些问题,如审计数据不完备,必须依赖一些概率分布假设,或要凭经验和感觉刻画用户行为的度量。为此引入人工神经网络,用代表正常用户行为的样本点训练神经网络,通过反复多次学习,神经网络能从数据中提取正常的用户或系统活动的模式,并编码到网络结构中,检测时,将审计数据通过学习好的神经网络,即可判定用户的行为是否正常。

1992 年 Herve 使用一种再生的神经网络学习审计数据中的时间序列,再生神经网络部分输出被反馈为下一部分的输入,这在神经网络内部产生了对过去的记忆。神经网络具有长时记忆,编码在连接中存储行为的规律,还具有短时记忆。但记忆能力受限于神经元的个数和连接个数。

神经网络也有其缺点,例如,在很多情况下,系统趋向于形成某种不稳定的网络结构,不能从训练数据中学习到特定的知识,这种情况目前尚不能完全确定产生的原因。而且,它在训练过程中,要求有足够丰富的训练样本集,而在实际环境中,难以得到(甚至根本不可能得到)足够丰富的实测样本,因此难以训练出有较高识别率的网络。另外,神经网络对判断为异常的事件不会提供任何解释或说明信息,这导致了用户无法确认入侵的责任人,也无法判定究竟是系统哪方面存在的问题导致了攻击者得以成功的入侵。由于这些缺点的存在,神经网络在入侵检测系统中的应用近年来一直没有得到突破性进展。

2) 人工免疫技术在入侵检测中的应用

由生物引发的信息处理技术包括人工神经网络、进化计算和人工免疫系统。人工免疫系统受到生物免疫系统的启发,发展了一套基于自然防御机理的学习技术。生物免疫系统担当着与入侵检测系统相类似的作用,前者保护身体免受病毒的侵害而后者防止计算机遭到病毒、入侵的攻击。所以将人工免疫技术的一些机理应用到入侵检测中是很正常的。

处于网络环境中的主机之所以受到入侵,是因为主机系统本身以及所运行的应用程序存在着各种脆弱性因素,网络攻击者正是利用这些漏洞侵入到主机系统中的。生物体拥有免疫系统来负责检测和抵御入侵,免疫机制包括特异性免疫和非特异性免疫。特异性免疫针对特定的某种病毒,非特异性免疫可用于检测和抵制以前从未见过的入侵类型。

最早将人工免疫的一些思想引入入侵检测系统的是 Forrest,她为入侵检测提供了以下思路,即通过对正常行为的学习识别不符合常态的行为序列。

当系统的一个关键程序投入使用后,它的运行情况一般变化不大,与系统用户行为的易变性相比,具有相对的稳定性。因而,可以利用系统进程正常执行轨迹中的系统调用短序列集,构建系统进程正常执行活动的特征轮廓。由于在利用这些关键程序的缺陷进行攻击时,对应的进程必然执行一些不同于正常执行时的代码分支,因而就会出现关键程序特征轮廓中没有的系统调用短序列。当检测到特征轮廓中不存在的系统调用序列的量达到某一条件时,就认为被监控的进程正企图攻击系统。

但是,应用免疫技术,必须获得程序运行的所有情况的执行轨迹,这样才能使得到的程序特征轮廓很好的刻画程序的特征,从而具有很低的误警率。但是,要达到这个要求还有一定的难度。另外,用这种方法检测不出那些能够利用程序合法活动获取非授权存取的攻击。这项技术还需要进一步的研究。

3) 数据挖掘技术在入侵检测中的应用

数据挖掘是从存放在数据库、数据仓库或其他信息库中的大量数据中挖掘所需知识的过程,通常被视为知识发现的一个基本步骤。

1995 年,在加拿大召开的第一届知识发现和数据挖掘国际学术会议后,数据挖掘开始流行。数据挖掘是知识发现概念的深化,是人工智能、机器学习与数据库相结合的产物。它是一项通用的技术,其本身的技术含量完全体现在算法上。

将数据挖掘技术应用于入侵检测中,目的在于对海量的安全审计数据进行智能化的处理,提取出入侵检测感兴趣的内容。目前主要有两个方向:一是发现入侵的规则、模式,与模式匹配检测方法相结合;二是用于异常检测,找出用户的正常行为,创建用户的正常行为库。

在这个研究方向上,比较有代表性的是美国哥伦比亚大学入侵检测研究小组提出的基于数据挖掘的实时入侵检测技术。其主要思想是提取描述网络连接和主机会话的特征值,用数据挖掘程序产生某些规则,利用它能准确捕捉到入侵模式或正常活动轮廓。这些规则以后可以用于滥用检测和异常检测。这种方法使人们无需用手工分析和编码入侵行为,使入侵检测系统的更新和扩展变得简单易行,也避免了早期基于统计异常检测那样猜测性的选择在建立正常使用轮廓时所需要的统计度量。他们给出了特别适用于挖掘审计数据的算法:即分类算法、关联分析和序列分析。

在实验部分,他们用使用 RIPPER 分类算法研究了系统调用数据的采样,用一个较小的规则集合描述正常数据的模式特征,在监控时,违反这些特征的序列被视为异常。RIPPER 是一个规则学习系统,主要用于分类问题,给定足够的样本,能够自动提取样本中蕴涵的规则。

从他们的实验和测试表明,将数据挖掘技术应用于入侵检测在理论上是可行的,在技术上建立这样一套系统是可能的。

11.3　入侵防御系统

入侵防御系统(intrusion prevention system,IPS)是 2000 年之后出现的一种新的安全技术。与大多数 IDS 系统的被动工作方式不同,入侵防护系统倾向于提供主动防护,其设计宗旨是预先对入侵活动和攻击性网络流量进行拦截,避免其造成损失,不是简单地在恶意流量传送时或传送后才发出警报。

11.3.1 入侵防御系统概述

1. 入侵防御系统的产生

防火墙和入侵检测系统的应用为网络安全提供了基本的安全防护,从应用实际来看,仍然有一些无法解决的问题,这是由它们各自的局限性决定的。

对于防火墙来说,它被串行部署在网络进/出口处,对进出的所有数据流进行检查和过滤。因此,它的性能大小会对网络吞吐量有极大的影响。尽管许多防火墙具备在应用层工作的能力,但对于一个网络流量较大的网络而言,如果防火墙在应用层进行过滤,往往会因为巨大的处理需求而使得防火墙成为网络的瓶颈。因此,防火墙的应用主要还是以低层包过滤为主。这时,防火墙就对应用层的深层攻击行为无能为力了。

对于 IDS 来说,它被旁路部署在网络内部,作为防火墙的有益补充,能够及时发现那些穿透防火墙的深层攻击行为。但正是由于它是旁路部署,所以它无法对这些深层攻击进行实时的阻断。

这就很自然的引导出一个思路:IDS 和防火墙联动。也就是说通过 IDS 发现攻击,然后通知防火墙来阻断攻击。由于迄今为止没有统一的接口规范,加上越来越频发的"瞬间攻击"(一个会话就可以达成攻击效果,如 SQL 注入、溢出攻击等),使得 IDS 与防火墙联动在实际应用中的效果并不显著。

所以就有了一个新的想法,即将 IDS 的深层分析能力和防火墙的在线部署功能结合起来,形成一个新的安全产品,这就是 IPS 产品的起源:一种能防御防火墙所不能防御的深层入侵威胁(入侵检测)的在线部署(防火墙方式)安全产品。

在 2000 年,Network ICE 公司首次提出了 IPS 这个概念,并于同年的 9 月 18 日推出了BlackICE Guard。它仍然用到了入侵检测技术,但相对于传统的 IDS,最大的区别在于它是一个串行部署的 IDS,直接分析网络数据并实时对恶意数据进行丢弃处理。这种概念一直受到质疑,自 2002 年 IPS 概念传入国内起,IPS 这个新型的产品形态就不断地受到挑战,而且各大安全厂商、客户都没有表现出对 IPS 的兴趣,普遍的一个观点是:在 IDS 基础上发展起来的 IPS 产品,在没能解决 IDS 固有问题的前提下,是无法得到推广应用的。这个固有问题就是"误报"。IDS 的用户常常会有这种苦恼:IDS 界面上充斥着大量的报警信息,经过安全专家分析后,被告知这是误警。但在 IDS 旁路检测的部署形式下,这些误警对正常业务不会造成影响,仅需要花费资源去做人工分析。而串行部署的 IPS 就完全不一样了,一旦出现了误报或滥报,触发了主动的阻断响应,用户的正常业务就有可能受到影响,这是所有用户都不愿意看到和接受的。正是这个原因,导致了 IPS 概念在 2005 年之前的国内市场表现平淡。

自 2006 年起,大量的国外厂商的 IPS 产品进入国内市场,各本土厂商和用户都开始重新关注起 IPS 这一并不新鲜的"新"概念,并推出了相应的 IPS 产品。

第 11 章 网络安全防御系统 221

2. 入侵防御系统与入侵检测系统的区别

准确地讲，IPS 与 IDS 都基于检测技术，但前者是通过检测防护、后者是基于检测监控，两者在安全工作中发挥着不同的作用。IPS 和 IDS 之间的区别主要在于以下几点：

1）使用方式不同

IPS 是串行链路安装，是网关控制类产品，只关注串行线路上的入侵防御。IDS 是旁路安装，是安全检测、监控分析类产品，检测与关联的面更广，帮助用户发现、了解、统计、分析入侵威胁状况；前者重控制，后者重管理。两者在使用方式上的区别如图 11-23 所示。

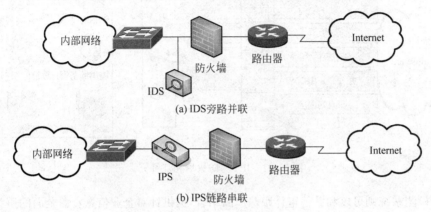

图 11-23 IPS 和 IDS 不同的使用方式

2）设计思路不同

由于 IPS 在线工作，相比 IDS 而言，IPS 增加数据转发环节，这对系统资源是一个新消耗。要保障 IPS 数据处理效率，IPS 必须与 IDS 资源分配重心不同，为了降低在线等待时间，IPS 事件响应机制要比 IDS 更精确更迅速，误报率高、响应慢的事件在 IPS 没有存在的意义。同时 IPS 中统计分析、报表呈现等管理特性为提升效率也必须做出一定的让步。

3）发展目标不同

IPS 重在深层防御，追求精确阻断，是防御入侵的最佳方案。它弥补防火墙或 IDS 对入侵数据实时阻断效果的不足。在提升性能效率的同时，必须不断的追求精确识别攻击的能力、抗躲避能力，没有误阻断的深层防御才算有效，否则防御的代价就是影响正常业务。IDS 重在全面检测，追求有效呈现，是了解入侵状况的最佳方案，会长期存在且不断发展。IDS 除了完善入侵行为识别全面性以外，还要通过统计数据分析、多维报表呈现等管理特性，更加直观的让用户了解入侵威胁状况和趋势，以便支撑治理入侵的最佳思路。

11.3.2 入侵防御系统的原理

IPS 通过串联部署和深层检测，与其他安全产品形成了功能互补的关系。

1. 入侵防御系统与其他安全产品的关系

从表面上来看，IPS 似乎就是防火墙和 IDS 的结合。从功能上来看，IPS 恰恰完成的是防火墙和 IDS 都无法完成的功能：深层检测（防火墙无法完成的功能）和在线响应（IDS 无法完成的功能)。当然,IPS 也并不能够替代防火墙和 IDS。

　　防火墙是粒度比较粗的访问控制产品,在基于 TCP/IP 协议的过滤方面表现出色,而且在大多数情况下,可以提供网络地址转换、服务代理、流量统计等功能,有的防火墙还能提供VPN 功能。和防火墙比较起来,IPS 的功能比较单一,只能串联在网络上(类似于通常所说的网桥式防火墙),对防火墙所不能过滤的攻击进行过滤。这样,防火墙和 IPS 构成了一个两级的过滤模式,可以最大地保证系统的安全,如图 11-24 所示。

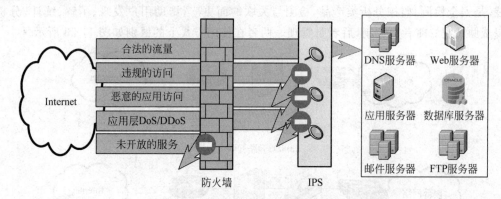

图 11-24　IPS 与防火墙相互补充

　　入侵检测系统则可以和其他审计跟踪产品结合,提供针对企业信息资源全面的审计资料,这些资料对于攻击还原、入侵取证、异常事件识别、网络故障排除等都有很重要的作用。

　　IPS 的检测功能类似于 IDS,IPS 检测到攻击后会采取行动阻止攻击,可以说 IPS 是基于 IDS 且建立在 IDS 发展的基础上的新生网络安全产品。

　　可以看出,防火墙、IDS 和 IPS 都具有各自特殊的功能,彼此之间相互补充,不可替代。

2．IPS 的基本原理

　　IPS 直接嵌入到网络流量中,通过一个网络端口接收来自外部系统的流量,经过检查确认其中不包含异常活动或可疑内容后,再通过另外一个端口将它传送到内部系统中。这样一来,有问题的数据包,以及所有来自同一数据流的后续数据包,都能在 IPS 设备中被清除掉。

　　IPS 的主要工作由 IPS 引擎完成,其基本工作原理如图 11-25 所示。

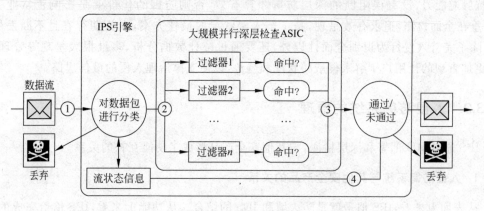

图 11-25　IPS 工作原理

当数据流进入 IPS 引擎之后,首先根据数据包首部信息和流信息对每个数据包进行初步的检查,对通过检查的数据包进行分类(步骤①),并记录数据流的状态信息。IPS 可以做到逐一字节地检查数据包。所有流经 IPS 的数据包都被分类,分类的依据是数据包中的报头信息,如源 IP 地址和目的 IP 地址、端口号和应用域。通过检查的数据包可以继续前进,包含恶意内容的数据包就会被丢弃,被怀疑的数据包需要接受进一步的检查。

IPS 实现实时检查和阻止入侵的原理在于 IPS 拥有数目众多的过滤器,能够防止各种攻击。根据数据包的分类,相关的过滤器将会被用于检查数据包的流状态信息(步骤②)。针对不同的攻击行为,IPS 需要不同的过滤器。每种过滤器都设有相应的过滤规则,为了确保准确性,这些规则的定义非常广泛。在对传输内容进行分类时,过滤引擎还需要参照数据包的信息参数,并将其解析至一个有意义的域中进行上下文分析,深层检查数据包的内容,以提高过滤准确性。当新的攻击手段被发现之后,IPS 就会创建一个新的过滤器。为了保证 IPS 的处理性能,过滤器引擎集合了流水和大规模并行处理硬件,能够同时执行数千次的数据包过滤检查。并行过滤处理可以确保数据包能够不间断地快速通过系统,不会对速度造成影响。这种硬件加速技术对于 IPS 具有重要意义,因为传统的软件解决方案必须串行进行过滤检查,会导致系统性能大打折扣。

所有相关过滤器都是并行使用的,如果任何数据包符合匹配条件,则该数据包被标定为"命中"(步骤③)。

最后,被标定为"命中"的数据包将被丢弃,与之相关的流状态信息也会更新,指示系统丢弃该流中其余的所有内容(步骤④)。

3. IPS 的技术特征

IPS 的技术特征可以归纳为如下几点:

(1) 嵌入式运行。只有以嵌入模式运行的 IPS 设备才能够实现实时的安全防护,实时阻拦所有可疑的数据包,并对该数据流的剩余部分进行拦截。

(2) 深入分析和控制 IPS。必须具有深入分析能力,以确定哪些恶意流量已经被拦截,根据攻击类型、策略等确定哪些流量应该被拦截。

(3) 入侵特征库。高质量的入侵特征库是 IPS 高效运行的必要条件,IPS 还应该定期升级入侵特征库,并快速应用到所有传感器。

(4) 高效处理能力。IPS 必须具有高效处理数据包的能力,对整个网络性能的影响保持在最低水平。

11.3.3　IPS 的分类

根据 IPS 的应用场合不同,将 IPS 划分为基于主机的入侵防御系统、基于网络的入侵防御系统和基于应用的入侵防御系统(AIPS)。

1. 基于主机的入侵防御系统

基于主机的入侵防御系统(HIPS)通过在主机/服务器上安装软件代理程序,防止网络攻击操作系统及应用程序。HIPS 能够保护服务器的安全弱点不被黑客所利用。Cisco 公司的 Okena、NAI 公司的 McAfee Entercept、冠群金辰的龙渊服务器核心防护都属于这类产品。HIPS 可以根据自定义的安全策略以及分析学习机制阻断对服务器、主机发起的恶意入侵,包括缓冲区溢出、改变登录密码、改写动态链接库以及其他试图从操作系统夺取控制权的入侵行为,整体提升主机的安全水平。

在技术上,HIPS 采用独特的服务器保护途径,利用由包过滤、状态包检测和实时入侵检测组成分层防护体系。这种体系能够在提供合理吞吐率的前提下,最大限度地保护服务器的敏感内容,既以软件形式嵌入到应用程序对操作系统的调用当中,通过拦截针对操作系统的可疑调用,提供对主机的安全防护,也可以以更改操作系统内核程序的方式,提供比操作系统更加严谨的安全控制机制。

由于 HIPS 工作在受保护的主机/服务器上,不但能够利用特征和行为规则检测,阻止诸如缓冲区溢出之类的已知攻击,还能够防范未知攻击,防止针对 Web 页面、应用和资源的未授权的任何非法访问。HIPS 与具体的主机/服务器操作系统平台紧密相关,不同的平台需要不同的软件代理程序。

2. 基于网络的入侵防御系统

基于网络的入侵防御系统(NIPS)通过检测流经的网络流量,提供对网络系统的安全保护。由于它采用在线连接方式,所以一旦辨识出入侵行为,NIPS 就可以去除整个网络会话,而不仅仅是复位会话。同样由于实时在线,NIPS 需要具备很高的性能,以免成为网络的瓶颈,因此 NIPS 通常被设计成类似于交换机的网络设备,提供线速吞吐速率以及多个网络端口。

NIPS 必须基于特定的硬件平台,才能实现千兆级网络流量的深度数据包检测和阻断功能。这种特定的硬件平台通常可以分为三类:网络处理器(网络芯片)、用的 FPGA 编程芯片和专用的 ASIC 芯片。

在技术上,NIPS 吸取了目前 NIDS 所有的成熟技术,包括特征匹配、协议分析和异常检测。特征匹配是最广泛应用的技术,具有准确率高、速度快的特点。基于状态的特征匹配不但检测攻击行为的特征,还要检查当前网络的会话状态,避免受到欺骗攻击。

3. 应用入侵防御系统

基于应用的入侵防御系统(AIPS)是 NIPS 的一个特例,把基于主机的入侵防御扩展成为位于应用服务器之前的网络设备。AIPS 被设计成一种高性能的设备,配置在应用数据的网络链路上,以确保用户遵守设定好的安全策略,保护服务器的安全。NIPS 工作在网络上,直接对数据包进行检测和阻断,与具体的主机/服务器操作系统平台无关。

NIPS 的实时检测与阻断功能很有可能出现在未来的交换机上。随着处理器性能的提高,每一层次的交换机都有可能集成入侵防护功能。

11.3.4　IPS 的局限性

和其他安全产品一样,IPS 具有其特有的功能,但也有其局限性,尤其在设计、配置和管理不当时,其局限性则表现得更加突出。IPS 的局限性主要在于以下三点。

(1) 单点故障。IPS 必须以嵌入模式工作在网络中,这就可能造成瓶颈问题或单点故障。如果 IDS 出现故障,最坏的情况也就是造成某些攻击无法被检测到,嵌入式的 IPS 设备出现问题,就会严重影响网络的正常运转。如果 IPS 出现故障而关闭,用户就会面对一个由 IPS 造成的拒绝服务问题,所有客户都将无法访问企业网络提供的应用。因此,在很多安全解决方案中,IPS 采用双机备份冗余配置。

(2) 性能瓶颈。和防火墙一样,IPS 是一个潜在的网络瓶颈。它不仅会增加滞后时间,而且会降低网络的效率。IPS 必须与数千兆或更大容量的网络流量保持同步,尤其是当加载了数量庞大的检测特征库时,设计不够完善的 IPS 嵌入设备无法支持这种响应速度。绝大多数高端 IPS 产品供应商都通过使用自定义硬件(FPGA、网络处理器和 ASIC 芯片)来提高 IPS 的运行效率。

(3) 误报率和漏报率。在繁忙的网络当中,如果以每秒需要处理 10 条警报信息计算,IPS 每小时至少需要处理 36 000 条警报,一天就是 864 000 条。一旦生成了警报,最基本的要求就是 IPS 能够对警报进行有效处理。如果入侵特征编写得不是十分完善,那么"误报"就有了可乘之机,导致合法流量也有可能被意外拦截。对于实时在线的 IPS 来说,一旦拦截了"攻击性"数据包,就会对来自可疑攻击者的所有数据流进行拦截。如果触发了误报警报的流量恰好是合法用户数据的一部分,那么这个用户的整个会话就会被关闭,而且此后该用户所有重新连接到内部网络的合法访问都会被 IPS 拦截。

当然,IPS 的局限性并不会成为阻止人们使用 IPS 的理由,因为安全功能的融合是大势所趋,入侵防御顺应了这一潮流。对于用户而言,在厂商提供技术支持的条件下,有选择地采用 IPS,仍不失为一种应对攻击的理想选择。

11.4　统一威胁管理 UTM

统一威胁管理(unified threat management,UTM)是 2002 年后出现的一种新的信息安全概念以及在这一新概念下所设计出的安全产品。从硬件上看,它通常是一台集成了防火墙、IDS、VPN、防病毒网关等相关功能的安全设备。近几年来,UTM 发展十分迅速,在信息安全市场上的份额逐年提高,成为信息安全领域的新宠。

11.4.1　UTM 概述

1. UTM 的产生

UTM 的概念最早出现在 2002 年。当时黑客们日益聚焦于混合型的威胁,结合各种有害代码探测和攻击系统漏洞。这些混合攻击分别绕过现有的安全节点,如独立的 VPN、防火墙和防毒产品,形成各种形态持续的攻击流。脆弱点、配置错误和缺乏管理等问题更使实现安全增加难度。

为了满足用户对防火墙、IDS、VPN、反病毒等产品的集中部署与管理需求,一些安全厂商提出将多种安全技术整合在同一个产品当中,这便是 UTM 的雏形。2004 年 9 月美国著名的国际数据公司(International Data Corporation,IDC)正式提出 UTM 的概念,将防病毒、入侵检测与防御、防火墙等结合于一体的安全设备命名为统一威胁管理。

应该说,UTM 的产生和发展有一定必然性,这可以从两个方面来看:

(1) 其他设备的不足。当前的防火墙不能满足更加复杂要求的检测能力,如对于病毒的检测、对于攻击的检测等;当前的 IDS 设备不能完成实施阻断,客户希望不要仅仅报警还要帮助自动解决问题;IPS 在性能上也还有许多局限性。如果用户购买众多的安全网关,比如防病毒网关、垃圾邮件网关、防拒绝服务攻击网关、内容过滤网关等,再加上路由器和防火墙这样的网关,整个安全防御系统就显得十分臃肿和繁杂。多功能集成在一起的综合型网关成为市场需求。

(2) UTM 确实能够带来价值。UTM 降低了安装和维护的复杂度,这些设备通常都是即插即用的黑盒子,相关的安装、维护工作量会减少。如果出现问题,可以直接通过设备替换来解决问题。另外,UTM 能够实现"无干预"运行。由于设备在运行中,主要是自动实现阻断、过滤等动作,一般不需要人工干预,不用像面对 IDS、审计系统等那样需要人工的分析决策。

2. UTM 的定义

IDC 对统一威胁管理安全设备的定义是由硬件、软件和网络技术组成的具有专门用途的设备,主要提供一项或多项安全功能。它将多种安全特性集成于一个硬设备里,构成一个标准的统一管理平台。UTM 设备应该具备的基本功能包括网络防火墙、网络入侵检测/防御和防病毒网关功能。这几项功能并不一定要同时都得到使用,不过它们应该是 UTM 设备自身固有的功能。

UTM 安全设备也可能包括其他特性,例如安全管理、日志、策略管理、服务质量(QoS)、负载均衡、高可用性(HA)和报告带宽管理等。不过,其他特性通常都是为主要的安全功能服务的。图 11-26 所示为 UTM 系统平台上的综合多项功能。

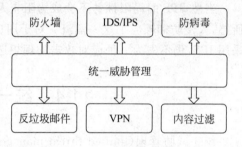

图 11-26　UTM 系统平台的综合功能

11.4.2　UTM 技术原理

实现 UTM 需要无缝集成多项安全技术,达到在不降低网络应用性能的情况下,提供集成的 2~7 层的安全保护。以下为一些典型的技术:

1. 完全内容保护

完全内容保护(complete content protection,CCP)提供对 OSI 网络模型所有层次上的网络威胁的实时保护。它具备在千兆网络环境中实时将网络层数据负载重组为应用层对象(如文件和文档)的能力,重组之后的应用层对象可以通过动态更新病毒和蠕虫特征进行扫描和分析。CCP 还可探测其他各种威胁,包括不良 Web 内容、垃圾邮件、间谍软件和网络钓鱼欺骗。

2. ASIC 加速技术

ASIC 芯片是 UTM 产品的一个关键组成部分。为了提供千兆级实时的应用层安全服务(如防病毒和内容过滤)的平台,专门为网络骨干和边界上高性能内容处理设计的体系结构是必不可少的。ASIC 芯片集成了硬件扫描引擎、硬件加密和实时内容分析处理能力,提供防火墙、加密/解密,特征匹配和启发式数据包扫描,以及流量整形的加速功能。由于CCP 需要强劲的处理能力和更大容量的内存支持,仅利用通用服务器和网络系统要实现内容处理往往在性能上达不到要求。

3. 定制的操作系统

专用的强化安全的 OS 提供精简的、高性能防火墙和内容安全检测平台。基于内容处理加速模块的硬件加速,加上智能排队和管道管理,OS 使各种类型流量的处理时间达到最小,从而给用户提供最好的实时系统,有效地实现防病毒、防火墙、VPN、反垃圾邮件、IDP 等功能。

4. 紧密型模式识别语言

紧密型模式识别语言(compact patten recognition language,CPRL)是针对完全的内容防护中大量计算程序所需求的加速而设计的。状态检测防火墙、防病毒检测和入侵检测的功能要求,引发了新的安全算法包括基于行为的启发式算法。通过硬件与软件的结合,加上智能型检测方法,识别的效率得以提高。

5. 动态威胁管理检测技术

动态威胁防御系统(dynamic threat prevention system,DTPS)是由针对已知和未知威胁而增强检测能力的技术。DTPS 将防病毒、IDS、IPS 和防火墙等各种安全模块无缝集成在一起,将其中的攻击信息相互关联和共享,以识别可疑的恶意流量特征,如图 11-27 所示。DTPS 通过将各种检测过程关联在一起,跟踪每一安全环节的检测活动,并通过启发式扫描和异常检测引擎检查,提高整个系统的检测精确度。

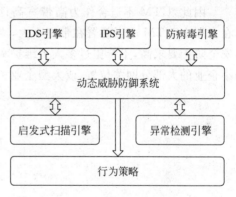

图 11-27 动态威胁防御系统的体系结构

11.4.3 UTM 的优势与局限性

作为一种新的网络安全防御系统,UTM 有其突出的优势和自身的局限性。

1. UTM 的优势

UTM 是在新的安全形势和新的设计思路下提出的安全产品,具备了许多传统安全防护设备所没有的优势:

(1) UTM 设备大大降低了安全系统构件的复杂性,一体化的设计简化了产品选择、集成和支持服务的工作量。避免了软件安装工作和服务器的增加。安全服务商、产品经销商甚至最终用户通常都能很容易的安装和维护这些设备,而且这一过程还可以远程进行。

(2) UTM 设备的维护量通常很小,因为这些设备通常都是即插即用的,只需要很少的安装配置。

（3）大多数 UTM 设备可以和高端软件解决方案协同工作，这一特性很有吸引力，因为很多硬件设备通常安装在远程地点，企业在那里往往没有专业安全管理人员，UTM 设备可以很容易地安装并通过远程遥控管理。这种管理方式可以很好地和大型集中式的软件防火墙协同工作。

（4）由于应用的需求，用户通常都倾向于尝试各种操作，UTM 安全设备的"黑盒子"设计限制了用户危险操作的可能，通过更少的操作过程，降低了误操作隐患，从而提高了安全性。

2．UTM 的局限性

UTM 处在网关的位置，就必然要面临性能和检测能力的平衡问题。在这个方面，传统防火墙的性能已经非常好了，基本上可以做到线速传输。而旁路式的 IDS 和审计系统，由于没有传输性能的压力，可以对于数据进行非常深度和广度的检测和分析。而 UTM 作为一个希望提供多样化检测能力的网关设备，必须在性能和检测能力上寻求平衡，在高带宽环境下两方面都达到很高水平是不可能。由于 UTM 自身的检测是多方面的检测，而且这些检测结果还要用于阻断/通行的判断。这样的复杂状态，使得目前 UTM 设备的高可用性能力普遍要弱于防火墙和路由器。

因此，UTM 不适合作为高带宽高性能要求的网关，也不适合作为深度检测数据源存在。那么 UTM 应当部署在带宽不大，流量不大，对于高可用性的要求一般，但是对于综合安全防护要求高，不希望过多人工维护和干预的网关位置。所以，UTM 通常只能部署在中小企业的大部分网关位置，或大型企业和机构的低端接入网关位置。

第 12 章 安 全 协 议

安全协议是网络安全体系结构中的核心问题之一,是将密码技术应用于网络安全系统的纽带,是确保网络信息系统安全的关键。

12.1 安全协议概述

12.1.1 安全协议基本概念

安全协议主要涉及以下几个基本概念:

1. 协议

协议指两个或多个参与者为完成某项特定的任务而采取的一系列步骤。

2. 通信协议

通信协议指通信各方关于通信如何进行所达成的一致性规则,即由参与通信的各方按确定的步骤做出一系列通信动作,是定义通信实体之间交换信息的格式及意义的一组规则。它包括语法、语义和同步三大要素。语法,即数据与控制信息的结构或格式;语义,即需要发出何种控制信息,完成何种动作以及做出何种响应;同步指事件实现顺序的详细说明。

3. 安全协议

安全协议指通过信息的安全交换实现某种安全目的所共同约定的逻辑操作规则。简单地说,安全协议指实现某种安全目的的通信协议,所以又称为安全通信协议。由于安全协议通常要用到密码技术,所以又称为密码协议。

4. 网络安全通信协议

网络安全通信协议属于安全协议,指在计算机网络中使用的具有安全功能的通信协议,也就是说,通过正确地使用密码技术和访问控制等技术解决网络中信息的安全交换问题。

根据安全协议的概念,安全协议除了具有协议和通信协议的基本特点外,还应包括以下

基本要素:

(1) 保证信息交换的安全,其目的是完成某种安全任务。

(2) 使用密码技术。密码技术是安全协议保证通信安全所采用的核心技术,如信息交换的机密性、完整性、抗否认性等都要依赖密码技术。

(3) 具有严密的共同约定的逻辑交换规则。保证信息安全交换除了采用密码技术以外,逻辑交换规则是否严密,即协议的安全交换过程是否严密都十分重要,安全协议的分析往往是针对这一部分来进行的。

(4) 使用访问控制等安全机制。必要时还应使用访问控制等安全机制,IPSec 协议在进行安全通信时就特别强调这一点。事实上,在其他安全协议中,当解密失败或完整性检验无法通过时,通常都会丢弃报文,这就是最基本的访问控制。

12.1.2　TCP/IP 安全分析

由于人们认知与实践的局限性,在设计计算机系统及信息网络时留下了大量的安全漏洞,成为导致信息安全问题的根本原因。在这些漏洞当中,协议的漏洞又是最主要的。由于 TCP/IP 协议簇在早期设计时是以面向应用为根本目的,因此未能充分考虑到安全性及协议自身的脆弱性、不完备性,导致网络中存在着许多可能遭受攻击的漏洞。这些潜在的隐患使得攻击者可以利用存在的漏洞来对攻击目标进行恶意的连接、操作,从而可以达到获取重要信息、提升控制权限等非授权目的。

1. 网络层协议的安全隐患

在 TCP/IP 体系结构的网络层,最重要的协议就是 IP 协议,用来使互联起来的许多计算机网络能够进行通信。

然而,IP 协议在实现通信的过程中并不能为数据提供完整性和机密性保护,缺少基于 IP 地址的身份认证机制,容易遭到 IP 地址欺骗攻击。因此,IP 地址假冒成为 IP 协议的主要安全问题。由于使用 TCP/IP 协议的主机假设所有以合法 IP 地址发送的数据包都是有效的。理论上对于一个 IP 数据包是否来自真正的源地址,IP 协议并不做任何保障。这意味着任何一台计算机都可以发送包含任意源地址的数据包,IP 数据包中的源地址是不可信的。

IP 协议的另一个安全问题是利用源路由选项进行攻击。源路由指定了 IP 数据包必须经过的路径,可以测试某一特定网络路径的吞吐量,或使 IP 数据包选择一条更安全可靠的路由。源路由选项使得入侵者能够绕开某些网络安全措施而通过对方没有防备的路径攻击目标主机。

此外,IP 协议还存在重组 IP 分片包的威胁。虽然 IP 首部的长度字段限制了包长度最大为 65 535 字节,但对于分片包而言,多个分片包组合起来是有可能大于 65 535 字节的,IP 协议并没有检查机制,从而造成溢出。著名的 Ping 攻击就是利用这一安全隐患来实施的。

2．传输层协议的安全隐患

TCP/IP 体系结构传输层的两个协议是 TCP 协议和 UDP 协议，这两个协议都存在着各自的安全隐患。

1）TCP 协议的安全隐患

TCP 协议是面向连接的协议，必须通过三次握手建立一个 TCP 连接。在完成三次握手的过程中，有时会出现服务器端的一个异常线程等待。如果大量发生这种情况，服务器端就会为了维持大量的半连接列表而耗费一定的资源。当达到 TCP 处理上限时，TCP 将拒绝所有连接请求，表现为服务器失去响应。

另外，当两台计算机按照 TCP 协议连接后，该协议会生成一些初始序列号，提供计算机网络设备间的连接信息，但这些序列号并不是随机产生的，有许多平台可以计算这些序列号。攻击者利用这一漏洞控制互联网或企业内部网上基于 TCP 协议的连接，并对计算机网络实施多种类型的攻击。

2）UDP 协议的安全隐患

UDP 协议是一种不可靠的传输层协议，依赖于 IP 协议传送报文，且不确认报文是否到达，不对报文排序也不进行流量控制，对于顺序错误或丢失的包，也不做纠错和重传。UDP 协议没有建立初始化连接，因此欺骗 UDP 包比欺骗 TCP 包更加容易，与 UDP 相关的服务面临着更大的威胁。

3．应用层协议的安全隐患

直接面对最终用户的应用层上的网络应用和服务种类众多，实现差异很大，每一种应用都有各自特定的安全问题。面向当前大量的网络应用服务，应用层协议多而且复杂。

应用层协议的安全隐患主要存在于两个方面，一是大部分以超级管理员的权限运行，一旦这些程序存在安全漏洞且被攻击者利用，极有可能取得整个系统的控制权。二是许多协议采用简单的身份认证方式，并且在网络中以明文方式传输。

正是由于这些漏洞的存在，网络系统受到了严重的威胁，安全事件层出不穷，出现了许多针对协议的典型攻击，如 SYN Flood 攻击、TCP 序列号猜测、IP 地址欺骗、TCP 会话劫持、路由欺骗、DNS 欺骗、ARP 欺骗、UDP Flood 攻击以及 Ping of Death 攻击等。

12.1.3　TCP/IP 安全架构

为了解决 TCP/IP 协议簇的安全问题，弥补 TCP/IP 协议簇在设计之初对安全功能的考虑不足，以 Internet 工程任务组（IETF）为代表的相关组织不断通过对现有协议的改进和设计新的安全通信协议来对现有的 TCP/IP 协议簇提供相关的安全保证，在 Internet 安全性研究方面取得了积极进展。由于 TCP/IP 各层协议提供的功能不同，面向各层提供的安全保证也不同，人们在协议的不同层次设计了相应的安全通信协议，用来保障网络各个层次的安全。目前，在 TCP/IP 的安全体系结构中，从链路层、网络层、传输层到应用层，已经出现了一系列相应的安全通信协议。从而形成了由各层安全通信协议构成的 TCP/IP 协议簇的安全架构，如图 12-1 所示。

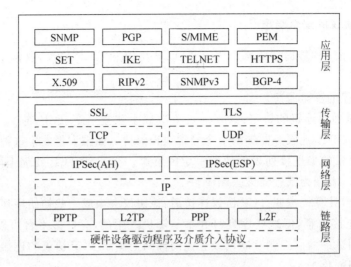

图 12-1　TCP/IP 的安全体系结构

数据链路层安全通信协议负责提供通过通信链路连接起来的主机或路由器之间的安全保证,该层安全通信协议主要有 PPTP、L2TP 等,主要优点是效率高,主要缺点是不通用、扩展性不强。

网络层安全通信协议主要是解决网络层通信的安全问题,对于 TCP/IP 协议来说,就是解决 IP 协议的安全问题。现阶段,IPSec 是最为主要的网络层安全通信协议,主要优点是对网络层以上各层透明性好;主要缺点是很难提供不可否认服务。

传输层安全通信协议主要是实现传输层的安全通信,主要有 SSL 和 TLS 等。传输层的安全只可在端系统实现,可以提供基于进程与进程的安全通信,但主要缺点是需要对应程序进行修改,提供安全的透明性不好。

应用层安全通信协议主要是根据诸如电子邮件、电子交易等特定应用的安全需求及特点而设计的安全协议,主要有 S/MIME、PGP、SET、SNMP、S-HTTP 等。这些应用层的安全措施必须在端系统及主机上实施。其主要优点是可以更紧密地结合具体应用的安全需求和特点,提供针对性更强的安全功能和服务;主要缺点也由此引起,它针对每个应用都需要单独设计一套安全机制。

至于需要在哪一层采用什么安全通信协议,应综合考虑应用对安全保密的具体要求、每一层实现安全功能的特点以及其他相关因素。

12.2　IPSec 协议

为了改善现有 IPv4 协议在安全等方面的不足,IETF(Internet engineering task force)的下一代网络协议(IPng)工作组于 1995 年底确定了 IPng 协议规范,称为 IP 版本6(IPv6)。IPSec(IP security)产生于 IPv6 的制定之中,用于提供 IP 层的安全性。由于所有支持 TCP/IP 协议的主机进行通信时,都要经过 IP 层的处理,所以提供了 IP 层的安全性就相当于为整个网络提供了安全通信的基础。

IPv6 利用新的网络安全体系结构 IPSec 通过验证报头(authentication header,AH)和封装安全有效负载(encapsulating security payload,ESP)两个安全协议分别为 IP 协议提供了基于无连接的数据完整性和数据保密性,加强了 IP 协议的安全,克服了原有 IPv4 协议安全的不足。

IPv6 为 IP 数据提供了在 IP 层上实现数据完整性、数据保密性、认证、访问控制和不可否认性等安全服务,同时实现 IP 网络的通信安全。

鉴于 IPv4 的应用仍然很广泛,所以后来在 IPSec 的制定中也增添了对 IPv4 的支持。IPSec 提供既可用于 IPv4 也可用于 IPv6 的安全性机制,是 IPv6 的一个组成部分,也是IPv4 的一个可选扩展协议。

IETF 从 1995 年 8 月陆续公布了一系列关于 IPSec 的 RFC 建议标准,具体如下:

(1) Internet 协议安全结构(RFC2401)。

(2) IP 鉴别头(RFC2402)。

(3) IP 封装安全载荷(RFC2406)。

(4) Internet 密钥交换(RFC2409)。

(5) ESP DES-CBC 交换(RFC1829)。

(6) ESP 和 AH 中 HMAC-MD5-96 的采用(RFC2403)。

(7) ESP 和 AH 中 HMAC-SHA-1-96 的采用(RFC2404)。

IPSec 的内容相当丰富,定义的协议也非常多,除了上面所列的核心协议之外,还包含许多其他内容。完整的文档列表可参阅 RFC2411。

IPSec 协议工作在网络层。

12.2.1　基本概念和术语

IPSec 协议主要涉及下列几个基本概念和术语。

1. 安全关联

为了正确封装和提取 IPSec 的数据包,有必要采取一套专门的方案,将安全服务、密钥等与要保护的通信数据联系在一起,这样的构建方案称为安全关联(security association,SA)。SA 是 IPSec 的一个重要的基本概念,是安全协议保护通信的依据,包括了通信的保护模式(传输或隧道模式)、加密及认证算法、加密及认证密钥以及密钥的生存期等安全信息参数。安全协议 ESP 和 AH 的执行都依赖于 SA,SA 由密钥管理协议协商产生。

IPSec 的 SA 是发送者和接收者两个 IPSec 系统之间的一个单向逻辑连接。所谓单向,就是它仅朝一个方向定义安全服务,要么对通信实体外送的包进行保护,要么对实体收到的包进行保护。若要在一个对等系统间进行源和目的的双向安全通信,则需要两个 SA,因此SA 通常都是以对的形式存在的。一个 SA 通常由以下参数定义。

(1) AH 使用的认证算法和算法模式。

(2) AH 认证算法使用的密钥。

(3) ESP 加密算法使用的密钥以及密码同步初始化向量字段及其大小。

（4）ESP 变换使用的认证算法和算法模式。

（5）认证算法使用的认证密钥。

（6）密钥的生存期。

（7）SA 的生存期及源地址。

安全关联 SA 通过一个三元组（安全参数索引 SPI、目的 IP 地址和安全协议 AH 或 ESP）来唯一标识。一个 SA 为其所携带的业务流仅提供一种安全机制（AH 或 ESP），因此若要对特定的业务流提供多种安全保护，就要有多个 SA 序列组合。

在 IP 安全体系中，为了处理 IP 业务而定义了一个通用模型，该模型中有两个与 SA 相关的数据库，即安全策略数据库（security policy database，SPD）和安全关联数据库（security association database，SAD）。实现 IPSec 必须维护这两个数据库。

（1）安全策略数据库。该数据库定义了对所有出入业务应采取的安全策略，它指明了为 IP 数据包提供什么服务以及以什么方式提供。对所有进入或离开 IP 协议栈的数据包都必须检索 SPD 数据库。对一个 SPD 条目来说，它对出入 IP 数据包处理定义了三种可能的选择，即丢弃、绕过或应用。

（2）安全关联数据库。SADB 为进入和外出包处理维持一个活动的 SA 列表。外出 SA 用来保障外出包的安全，进入 SA 用来处理带有 IPSec 头的进入包。SADB 是各个 SA 聚集在一起形成的，要么手工管理，要么通过 IKE 这样的自动密钥管理系统进行管理。

2．隧道

隧道就是把一个包封装在另一个新包中，整个源数据包作为新包的有效载荷部分，并在前面添加一个新的 IP 头。这个新 IP 头的目的地址通常是 IPSec 防火墙、安全网关或路由器。通过隧道技术可以对外隐藏内部数据和网络细节。对 IPSec 而言，IP 隧道的直接目标就是对整个 IP 数据包提供完整的保护。

3．Internet 安全关联和密钥管理协议

Internet 安全关联和密钥管理协议（Internet security association and key management protocol，ISAKMP）是与 IPSec 密切相关的一个协议，为 Internet 环境下安全协议使用的安全关联和密钥的创建定义了一个标准通用框架，定义了密钥管理表述语言通用规则及要求。

4．解释域

解释域（domain of interpretation，DOI）是 Internet 编号分配机构 IANA 给出的一个命名空间。解释域为使用 ISAKMP 进行安全关联协商的协议统一分配标识符。共享一个 DOI 的协议从一个共同的命名空间中选择安全协议和密码变换、共享密钥以及交换协议标识符等，从而使用相同 DOI 的协议对该 DOI 下的载荷数据内容做出统一的解释。一个针对具体协议的 DOI（如 IPSec DOI）还规定一些附加的安全处理规则，如其他密钥交换序列（也就是密钥生成方案）、初始化向量的计算规则等。

为了 IPSec 通信两端相互交互，IPSec 载荷（AH 载荷或 ESP 载荷）中各字段的取值应该对双方都可理解，因此通信双方必须保持对通信消息相同的解释规则，即应持有相同的解

释域 DOI。IPSec 至少给出了两个解释域：IPSec DOI、ISAKMP DOI，它们各有不同的使用范围。

12.2.2　IPSec 组成

IPSec 协议组包含 AH 协议、ESP 协议和密钥的交换标准（Internet key exchange，IKE)协议。其中 AH 协议定义了认证的应用方法，提供数据源认证和完整性保证；ESP 协议定义了加密和可选认证的应用方法，提供可靠性保证。在实际进行 IP 通信时，可以根据实际安全需求同时使用这两种协议或选择使用其中的一种。AH 和 ESP 都可以提供认证服务，不过 AH 提供的认证服务要强于 ESP。IKE 用于密钥交换。

1. AH 协议

设计 AH 协议的主要目的是用来增加 IP 数据包完整性的认证机制。尽管 IP 报头中的"校验和"字段用于保证 IP 数据包的完整性，但这种完整性保护非常弱，因为 IP 报头很容易修改。AH 就是要为 IP 数据流提供高强度的密码认证，以确保被修改过的数据包可以被检查出来。

AH 协议为 IP 通信提供数据源认证、数据完整性和抗重放保证，能保护通信免受篡改，但不能防止窃听，适合用于传输非机密数据。AH 的工作原理是在每一个数据包上添加一个身份验证报头。此报头包含一个被加密的 Hash 值（可以将其当作数字签名，只是它不使用证书），此 Hash 值在整个数据包中计算，因此对数据的任何更改将导致 Hash 值无效，这样就提供了完整性保护。

AH 报头位置在 IP 报头和传输层协议头之间。AH 由协议号 51 标识，该值包含在 AH 报头之前的 IP 报头中。AH 可以单独使用，也可以与 ESP 协议结合使用。

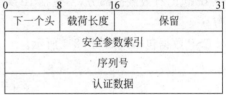

图 12-2　AH 头结构

AH 报头结构如图 12-2 所示。

（1）下一个头（next header）：8 位，标识下一个使用 IP 协议号的报头类型，其取值在 RFC1700 中定义。例如，Next Header 值等于 6，表示紧接其后的是 TCP 报头；Next Header 值等于 50，表示紧接其后的是 ESP 报头。

（2）载荷长度（payload length）：8 位，表示以 32 位为单位的 AH 头的长度减 2。例如，如果认证数据的长度为 3 个字节，认证数据前面的 5 个字段长度为固定长度 3 个字，则载荷长度的值为 $3+3-2=4$。减 2 是因为 AH 是一个 IPv6 的扩展头，RFC1883 规定，计算 IPv6 扩展头长度时应首先从头长度中减去一个 64 位的字，相当于 2 个 32 位的字。

（3）保留（reserved）：16 位，供将来使用。值为 0。

（4）安全参数索引（security parameters index，SPI)：这是一个为数据报识别安全关联 SA 的 32 位伪随机值。SPI 值 0 被保留来表明"没有安全关联存在"，另外，1~255 被 IANA 保留将来使用。

（5）序列号（sequence number）：从 1 开始的 32 位单增序列号，不允许重复，唯一地标识了每一个发送数据包，为安全关联提供抗重放保护。接收端校验序列号为该字段值的数据包是否已经被接收过,若是,则拒收该数据包。

(6) 认证数据(authentication data,AD):长度可变,但必须是 32 位的整数倍,默认长度为 96 位,包含了数据包的完整性校验值 ICV。AH 使用消息认证码 MAC 对数据包进行认证,它根据一个任意长的消息和一个密钥,生成固定长度的消息摘要。接收端接收数据包后,采用同样的认证算法进行计算,再与发送端所计算的 ICV 值比较,若两者相等,表示数据完整,若在传输过程中数据遭修改,两个计算结果不一致,则丢弃该数据包。一般 AH 为整个数据包提供完整性检查,但如果 IP 报头中包含"生存期"(time to live)或"服务类型"(type of service)等值可变字段,则在进行完整性检查时应将这些值可变字段去除。

2. ESP 协议

设计 ESP 协议的主要目的是提高 IP 数据包的安全性。ESP 的作用是提供机密性保护、有限的流机密性保护、无连接的完整性保护、数据源认证和抗重放攻击等安全服务。和AH 一样,通过 ESP 的进入和外出处理还可以提供访问控制服务。实际上,ESP 提供和AH 类似的安全服务,但增加了数据机密性保护和有限的流机密性保护等两个额外的安全服务。机密性保护服务通过使用密码算法加密 IP 数据包的相关部分来实现,流机密性保护服务由隧道模式下的机密性保护服务来提供。

ESP 的加密服务是可选的,如果启用加密,也就同时选择了完整性检查和认证。因为如果仅使用加密,入侵者就可能伪造包以发动密码分析攻击。

ESP 可以单独使用,也可以和 AH 结合使用。一般 ESP 不对整个数据包加密,而是只加密 IP 包的有效载荷部分,不包括 IP 头。在端对端的隧道通信中,ESP 需要对整个数据包加密。

ESP 数据包格式如图 12-3 所示。

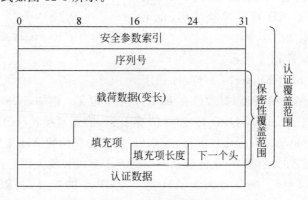

图 12-3 ESP 数据包格式

(1) 安全参数索引:32 位整数。它和 IP 头的目的地址、ESP 协议一起用以唯一标识对这个包进行 ESP 保护的 SA。

(2) 序列号:从 1 开始的 32 位单增序列号,不允许重复,唯一地标识了每一个发送数据包,为安全关联提供反重播保护。接收端校验序列号为该字段值的数据包是否已经被接收过,若是,则拒收该数据包。

（3）载荷数据：长度不固定，所包含的是由下一个头字段所指示的数据（如整个 IP 数据包、上层协议 TCP 或 UDP 报文等）。如果使用机密性保护服务，该字段就包含所要保护的实际载荷，即数据包中需要加密部分的数据，然后和填充项、填充项长度以及下一个头等字段一起被加密。如果采用的加密算法需要初始化向量 IV，则它也将在载荷数据字段中传输，并由算法确定 IV 的长度和位置。

（4）填充项（padding）：如果加密算法要求明文是某个数字的整数倍，则通过填充可将明文扩充到所需要的长度。另外，通过填充可以隐藏载荷数据的实际长度，从而对流量提供部分的保密性。

（5）填充项长度：8 位，表明填充项字段中填充以字节为单位的长度。

（6）下一个头：识别下一个使用 IP 协议号的报头，如 TCP 或 UDP。

（7）认证数据（authentication data）：长度不固定，存放的是完整性校验值 ICV。它是对除认证数据字段以外的 ESP 包进行计算获得的，其实际长度取决于采用的认证算法。

3. IKE 协议

IPSec 密钥管理主要是由 IKE 协议完成。用 IPSec 保护一个 IP 数据流之前，必须先建立一个安全关联 SA。SA 由手工或动态创建，当用户数量不多，密钥的更新频率不高时，可以选择使用手工建立的方式；当用户较多，网络规模较大时，就应该选择自动方式。IKE 就是 IPSec 规定的一种用于动态管理和维护 SA 的协议。

IKE 的基础是 ISAKMP、Oakley 和 SKEME 三个协议，沿用了 ISAKMP 的基础、Oakley 的模式以及 SKEME 的共享和密钥更新技术。要强调的是，虽然 ISAKMP 称为 Internet 安全关联和密钥管理协议，但它定义的是一个管理框架。ISAKMP 定义了双方如何沟通，如何构建彼此间的沟通信息，还定义了保障通信安全所需要的状态交换。ISAKMP 提供了进行身份认证的方法以及密钥交换时交换信息的方法。

由于 IKE 以 ISAKMP 为框架，所以它使用了两个交换阶段，阶段一用于建立 IKE SA，阶段二利用已建立的 IKE SA 为 IPSec 协商具体的一个或多个安全关联，即建立 IPSec SA。同时，IKE 定义了交换模式，即主模式、野蛮模式、快速模式和新群模式。

IKE 允许 4 种认证方法，分别是基于数字签名的认证、基于公钥加密的认证、基于修订的公钥加密的认证和基于预共享密钥的认证。

12.2.3　IPSec 的工作模式

在 IPSec 协议中有两种工作模式：传输模式和隧道模式。这两种模式的区别非常直观，它们保护的对象不同。传输模式保护的是 IP 载荷，而隧道模式保护的是整个 IP 包。

AH 和 ESP 都支持这两种工作模式，其格式在两种模式之间不会发生变化。协议和工作模式结合起来有 4 种组合：传输模式下的 AH、隧道模式下的 AH、传输模式下的 ESP、隧道模式下的 ESP。

1．传输模式

传输模式的保护对象是 IP 载荷，即对运行于 IP 层之上的协议进行保护，如 TCP、UDP 或 ICMP 等。在 IPv4 中，载荷指位于 IP 包头之后的数据。对于 IPv6，载荷指 IP 包头和任何存在的 IPv6 扩展包头（目的地址选项除外）后的数据，目的地址选项是可以和载荷数据一起受到保护的。

采用传输模式时，原 IP 数据包的包头之后的数据会发生改变，通过增加 AH 或 ESP 字段来提供安全性，但原 IP 包头不变。

只有在保障两个主机的端到端安全通信时，才使用传输模式。原因很简单，网络中的路由器主要通过检查 IP 包头来作出路由选择，改变不了 IP 包头之外的数据内容，因此无法在路由的同时提供安全性。

以传输模式工作的 ESP 协议可对 IP 载荷进行加密并可选地认证，提供保密性和完整性服务。以传输模式工作的 AH 协议可对 IP 载荷和 IP 包头的一部分选项进行认证，从而可提供数据完整性和一部分信息源认证服务。

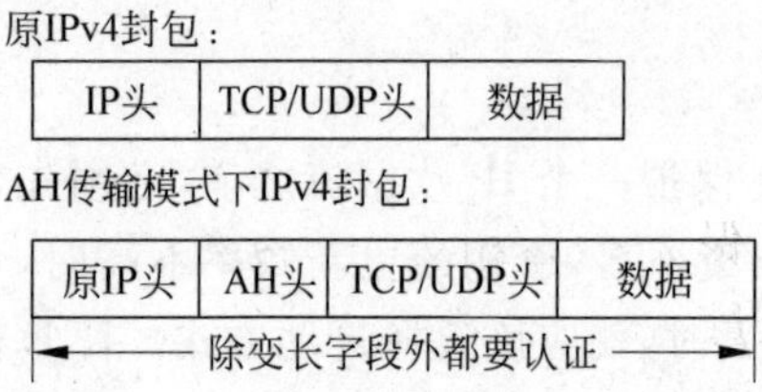

1）AH 传输模式

AH 用于传输模式时，保护的是端到端的通信，通信终点必须是 IPSec 终点。AH 头插在原始的 IP 头之后，但在 IP 数据包封装的上层协议（如 TCP、UDP、ICMP 等协议，或其他 IPSec 协议头）前，如图 12-4 所示。

图 12-4　AH 在传输模式中的位置

2）ESP 传输模式

ESP 用于传输模式时，ESP 头插在原始的 IP 头后，但在 IP 数据包封装的上层协议（如 TCP、UDP、ICMP 等协议，或其他 IPSec 协议头）前，如图 12-5 所示。ESP 的头部由 SPI 和序列号字段组成，而 ESP 尾部由填充项、填充项长度和下一个头字段组成，并且标明了数据包被加密和认证的部分。关于 ESP 的认证服务，需要强调的是，ESP 不对整个 IP 包进行认证，这一点与 AH 是不同的。

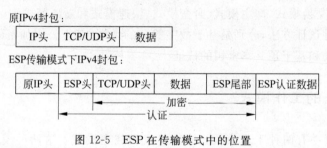

图 12-5　ESP 在传输模式中的位置

2．隧道模式

隧道模式的保护对象是整个 IP 包。为了实现这一点，将一个数据包用一个新的数据包封装，即在 AH 或 ESP 字段加入到 IP 分组后，还要加上一个新的包头，原数据包加上安全字段成为新数据包的载荷，因此得到了完全的安全性保护。不过新的 IP 包头仍是未加保护的。通常将原数据包的包头叫内部包头,新增加的包头叫外部包头。内部包头和外部包头的 IP 地址可以不一样,内部包头由源主机创建,而外部包头是由提供安全服务的那个设备添加的。提供安全服务的设备可以是源主机(提供端到端的安全服务),也可以是网络中的路由器或网关设备。

在数据包的始发点或目的地不是安全终点的情况下,需要在隧道模式下使用 IPSec,如安全保护能力需要有一个设备来提供,该设备不是数据包的始发点(比如在 VPN 的情况下),或数据包需要加密传送到与实际目的地不同的另一个目的地,这时需要采用隧道模式。

隧道模式下 IPSec 还支持嵌套方式,即可对已经隧道化的数据包再进行一次隧道化处理,但嵌套隧道很难构造和维护。

1) AH 隧道模式

在 AH 隧道模式中,AH 插在原 IP 头之前,并重新生成一个新的 IP 头放在 AH 之前,如图 12-6 所示。

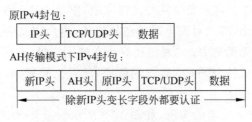

图 12-6　AH 在隧道模式中的位置

2) ESP 隧道模式

对于 ESP 隧道模式,ESP 头插在原 IP 头之前,重新生成一个新的 IP 头放在 ESP 头之前,如图 12-7 所示。

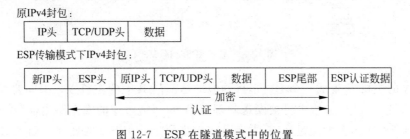

图 12-7　ESP 在隧道模式中的位置

12.2.4　IPSec 的应用

IPSec 作为网络层安全协议,实现了 IP 数据包在网络层的安全,提供了较强的数据完整性、机密性和抗重放等安全服务,能为上层协议提供透明的安全保护。它的开放性与灵活性使其具有广泛的应用领域与发展前景。

IPSec 是 IPv6 的基本组成部分,是 IPv6 必须支持的功能。IPSec 几乎能与任何类型的 IP 网络设备协调工作,通过采用 IPSec 和远程主机、防火墙、安全网关、路由器的结合,可以构造出各种网络安全解决方案,能与其他协议相结合提供更强的安全性。IPSec 能使企业在已有的 IP 网络上建造一个安全的虚拟专用网络。实际上,目前 IPSec 最主要的应用就是构建安全的虚拟专用网。

虚拟专用网(virtual private network,VPN)是一条穿过公用网络的安全、稳定的隧道。通过对网络数据的封包和加密传输,在一个公用网络(通常是因特网)建立一个临时的、安全的连接,从而实现在公网上传输私有数据,达到私有网络的安全级别。通常,VPN 是对企业内部网的扩展,可以帮助远程用户、企业分支机构、商业伙伴及供应商同企业的内部网建立可信的安全连接,并保证数据的安全传输。VPN 用于不断增长的移动用户的全球因特网接入,以实现安全连接;实现企业网站之间安全通信的虚拟专用线路,经济有效地连接到商业伙伴和用户。

利用 IPSec 实现的 VPN 是面向各局域网通过公网互联应用的。具体的实现方式是在各局域网的网关/边界路由器位置放置支持 IPSec 隧道功能的安全网关,作为各个局域网的代理,各个安全网关之间通过 IPSec 隧道互联。

对于隧道连接的起止点位置的选择,大致有两种方式。一是隧道连接终止在安全网关处,此时 IPSec 的协议操作全部由安全网关代理完成,整个 VPN 便于实现统一的管理和控制,用户端的处理负担较小,必须对安全网关充分信任,用户信息在局域网内部以明文方式送出,对内网发起的攻击无抵抗力;二是隧道终止在端用户处,此时用户需要完成 IPSec 的安全设置,一般需要安装支持 IPSec 的客户端程序,配置比较复杂,但可对用户数据提供端到端的全程保护。

一个典型的基于 IPSec 隧道的 VPN 如图 12-8 所示。

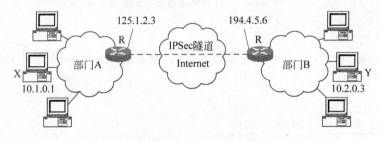

图 12-8　基于 IPSec 的 VPN

部门 A 的主机 X 生成一个 IP 包,目的地址是部门 B 中的主机 Y。中间要穿过不安全的 Internet。这个包从起始主机被发送到部门 A 的网络边缘的安全路由器(IPSec 网关)。安全路由器把所有出去的包过滤,看看有哪些包需要进行 IPSec 的处理。如果这个从 X 到 Y 的包需要使用 IPSec,安全路由器就进行 IPSec 的处理,并添加外层 IP 包头。

这个外层包头的源地址是部门 A 的安全路由器,而目的地址是部门 B 的网络边缘的安全路由器。中途的路由器只检查外层的 IP 包头。部门 B 的网络的安全路由器接收后,会把外层 IP 包头除掉,按 IP 内层的目的地址发送到主机 Y。

IPSec 为通过公共网络传输敏感信息提供了必需的机密性、完整性和认证能力,并具有防重放等抗攻击能力。VPN 产品能够让客户透明地在网络基础设施中实施 IPSec,而不影响原网络拓扑结构以及其他工作站和 PC 的工作。

目前在市场上有很多 VPN 产品,支持各种安全协议(如 PPTP、L2TP、IPSec、SSL),尤其以 IPSec 协议为基础的 VPN 产品应用成熟和广泛,其中不乏国内产品。对于以 IPSec 技术实现的 VPN 产品,应该具备下列功能。

（1）IPSec 在一个私有网络中的两个参与实体之间提供数据机密性、完整性和认证，VPN 产品要支持 ESP 和 AH 格式。

（2）IKE 提供与安全相关的管理。IKE 鉴别 IPSec 通信事务中的每个对等实体，协商安全策略并处理会话密钥的交换。

（3）证书管理。VPN 产品要支持用于设备认证的 X. 509 v3 的证书系统。

尽管目前对于 SSL VPN 的应用正在逐步推广中，但 IPSec VPN 无疑依然是目前 VPN 市场上的主要占据者。

12.3　SSL 协议

SSL 协议是一种国际标准的加密及身份认证通信协议，最初是为互联网上保密文档传送而研究开发的，后来成为了 Internet 网上安全通信与交易的标准。SSL 协议是一个传输层安全协议。

12.3.1　SSL 协议概述

SSL 协议由 Netscape 公司于 1994 年 11 月提出并率先实现，即 SSL v2.0 Internet-Draft 版本，随后该版本经历了 5 次修改。1996 年 3 月，在对 SSL v2.0 进行重大改进的基础上，推出了 SSL v3.0 Internet-Draft 版本。它不仅解决了 SSL v2.0 中存在的许多问题，还改进了它的许多局限性，并且支持更多的加密算法，最终被 IETF 所采纳，并制定为传输层安全（transport layer security，TLS）标准。该标准刚开始制定时是面向 Web 应用的安全解决方案，随着 SSL 部署的简易性和较高的安全性逐渐为人所知，现在已经成为 Web 上部署最为广泛的安全协议之一。近年来 SSL 的应用领域不断被拓宽，许多在网络上传输的敏感信息（如电子商务、金融业务中的信用卡号或 PIN 码等机密信息）都纷纷采用 SSL 进行安全保护。SSL 通过加密传输确保数据的机密性，通过消息认证码保护信息的完整性，通过数字证书对发送和接收者的身份进行认证。

1. SSL 协议在网络层次中的位置

SSL 协议涉及所有 TCP/IP 应用程序。该协议工作在传输层之上，应用层之下，其底层是基于传输层可靠的流传输协议（如 TCP），如图 12-9 所示。

HTTP	Telnet	SMTP	FTP
SSL			
TCP			
IP			

图 12-9　SSL 协议在网络层次中的位置

SSL 协议使用通信双方的客户证书以及 CA 根证书，允许客户机/服务器以一种不能被偷听的方式通信，在通信双方间建立起了一条安全的、可信任的通信通道。该协议使用密钥对传送数据加密，许多网站都是通过这种协议从客户端接收信用卡编号等保密信息。它被认为是最安全的在线交易模式,目前在电子商务领域应用很广,并被许多世界知名厂商的 Intranet 和 Internet 网络产品所支持,其中包括 Netscape、Microsoft、IBM、Open Market 等公司提供的支持 SSL 协议的客户机和服务器产品,如 IE 和 Netscape 浏览器,IIS、Domino Go Web Server、Netscape Enterprise Server 和 Apache 等 Web 服务器。

2. SSL 协议提供的服务

SSL 安全协议主要提供三方面的服务。

1) 客户机和服务器的合法性认证。认证客户和服务器的合法性,使得它们能够确信数据将被发送到正确的客户机和服务器上。客户机和服务器都有各自的识别号,这些识别号由公钥进行编号,为了验证客户是否合法,SSL 要求在握手交换数据时进行数字认证,以此确保客户的合法性。

2) 加密数据以隐藏被传送的数据。SSL 所采用的加密技术既有对称密钥技术,也有公钥技术。在客户机与服务器进行数据交换之前,交换 SSL 初始握手信息,在 SSL 握手信息中采用了各种加密技术对其加密,以保证其机密性和完整性,并且用数字证书进行认证,这样就可以防止非法客户进行破译。

3) 保护数据的完整性。SSL 采用 Hash 函数和机密共享的方法提供信息的完整性服务,建立客户机与服务器之间的安全通道,使所有经过 SSL 处理的业务在传输过程中能全部完整准确无误地到达目的地。

SSL 协议的优点在于它是与应用层协议无关的。高层的应用协议(如 HTTP、FTP、Telnet 等)能透明地建立于 SSL 协议之上。SSL 协议在应用层协议之前就已经完成加密算法、通信密钥的协商以及服务器的认证工作。在此之后应用层协议所传送的数据都会被加密,从而保证通信的安全性。

3. SSL 工作流程

SSL 对通信过程进行安全保护,其实现过程主要经过如下几个阶段。

1) 接通阶段:客户机通过网络向服务器打招呼,服务器回应。

2) 密码交换阶段:客户机与服务器之间交换双方认可的密码,一般选用 RSA 密码算法,也有的选用 Diffie-Hellman 和 Fortezza-KEA 密码算法。

3) 会话密码阶段:客户机与服务器间产生彼此交谈的会话密码。

4) 检验阶段:客户机检验服务器取得的密码。

5) 客户认证阶段:服务器验证客户机的可信度。

6) 结束阶段:客户机与服务器之间相互交换结束的信息。

当上述动作完成后,两者间的资料传送就会加密,另外一方收到资料后,再将加密资料还原。即使盗窃者在网络上取得加密后的资料,如果没有原先编制的密码算法和密码,也不能获得可读的有用资料。

发送时信息用对称密钥加密,对称密钥用非对称算法加密,再把两个包绑在一起传送过去。接收的过程与发送正好相反,先打开有对称密钥的加密包,再用非对称密钥解密。

12.3.2　SSL 协议的分层结构

SSL 的设计概念是希望使用 TCP 提供一个可靠的端对端的安全服务。SSL 并不是单一的协议,而是由二层协议组成。

　　SSL 协议具有两层结构,其底层是 SSL 记录协议层(SSL record protocol layer),简称记录层。其高层是 SSL 握手协议层(SSL handshake protocol layer),简称握手层,如图 12-10 所示。

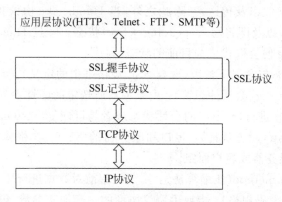

图 12-10　SSL 协议的分层结构

　　握手层允许通信实体在应用 SSL 协议传送数据前相互认证身份、协商加密算法、生成密钥等。记录层则封装各种高层协议,具体实施压缩与解压缩、加密与解密、计算与验证消息认证码(MAC)等与安全有关的操作。

　　SSL 协议定义了两个通信主体:客户机(client)和服务器(server)。其中,客户是协议的发起者。在 SSL 协议中定义的客户和服务器与通常讲的客户机/服务器(C/S)结构中的客户和服务器的含义不同。在客户机/服务器结构中,应用层从请求服务和提供服务的角度定义客户和服务器,而 SSL 协议则从建立加密参数的过程中所扮演的角色来定义客户和服务器。当 SSL 协议与客户机/服务器结构结合使用时,客户机/服务器结构中的客户应用其下方的 SSL 协议,以 SSL 协议的客户身份运行;客户机/服务器结构中的服务器应用其下方的 SSL 协议,以 SSL 协议的服务器身份来运行。

　　SSL 两个最重要的概念是 SSL connection 与 SSL session。它们分别被定义如下。

　　(1) 连接(connection):一个在传输层协议上的传输媒介(在 OSI 分层模型的定义中)。它提供一个适当的服务。在 SSL 中,这些连接就是 Peer-to-Peer 间的关系,而且是短暂的。连接建立在会话的基础上,每个连接与一个会话相关联,并对应到一个会话。

　　(2) 会话(session):SSL 会话建立客户与服务器之间的一个关联(association)。每一组客户端与服务器之间就是一个 SSL session。SSL session 是由 Handshake 协议来产生。这些会话定义一组以密码为基础的安全性参数,这些参数能够由多个连接来共同使用。也就是说,使用会话能够避免每次有新的连接时,都得重新协调安全性参数的过程,从而大大减少开销。

　　连接与会话之间的关系如图 12-11 所示,在任意一对通信主体之间,可以有多个安全连接。

图 12-11　SSL 的会话与连接

任何一对正在互动的应用程序中(如客户端与服务器上的 HTTP 应用程序),其间可能包含一条以上的安全性连接。理论上,它们之间也可以同时拥有多个会话,但是这个情况在实际应用上使用比较少。

每一个会话都会有几种状态(state)。当会话刚建立时,其运作状态属于读取(read)及写入(write)(也就是接收以及传送)。除此之外,当 Handshake 协议正在进行时,会发生即将读取(pending read)以及即将写入(pending write)状态。一旦 Handshake 协议执行成功后,这些 pending state 便会取代成为目前的状态。

每一个会话的状态包含以下参数(取自 SSL 规格书中的定义)。

(1) Session identifier(会话标识符):由服务器所选定的任意字节序列。会话标识符能够用来辨别某一个正在进行(active)的会话状态或者是可恢复(resumable)的会话状态。

(2) Peer certificate(对方认证):客户和服务器的 X509.v3 格式证书。这个参数可以为 null,视是否验证服务器或客户而定。

(3) Compression method(压缩算法):用于加密前对数据进行压缩。

(4) Cipher spec(密码规格):指握手协议协商的一套加密参数,包括数据加密算法以及计算消息认证码(MAC)所使用的杂凑算法(如 MD5 或 SHA-1)。

(5) Master secret(主密钥):由客户端与服务器所共有的密钥,长度为 48 字节。

(6) Is resumable:一个标识,说明一个会话是否可恢复,即这个 session 是否能在将来被用来建立新的连接。

每一个连接的状态包含以下参数。

(1) Server and client random:每一次进行连接时,由服务器与客户端随机选定的字节序列。

(2) Server write MAC secret:服务器用来参与计算消息认证码的密钥。当有数据要从服务器端送出时,服务器会利用该参数算出 MAC,数据一并送出。它是客户的 read MAC secret。

(3) Client write MAC secret:客户端用来计算消息认证码的密钥。当有数据要从客户端送出时,客户端会利用该参数算出 MAC,与数据一并送出。它是服务器的 read MAC secret。

(4) Server write key:服务器用于加密数据、客户用于解密数据的对称加密密钥。

(5) Client write key:客户用于加密数据、服务器用于解密数据的对称加密密钥。

(6) Initialization vector(初始向量):使用 DES 的 CBC 模式做区块加密时,需要为每支密钥产生一个初始向量(IV)当作第一个区块的输入。这个字段首先会由 Handshake 协议来初始化其值。

(7) Sequence number:序列号,每一次连接时,每一方都要为其传送的消息以及接收的消息准备不同的序列号。当有一方送出或者是收到 change cipher spec 消息时,就会将相应方向上的序列号设定为 0。

SSL 协议使用两个相互独立的 128 位的密钥,即 server write key 和 client write key,分别用于同一连接的两个方向上的加解密。同样,也使用两个相互独立的 128 位 MAC 密钥,即 Server write MAC secret 和 Client write MAC secret,分别用于同一连接的两个方向上的 MAC 操作。

12.3.3　SSL 握手协议

Handshake 协议为 SSL 中最复杂的一部分。这个协议主要用来让客户端及服务器确认彼此的身份。除此之外,为了保护 SSL 记录封包中传送的数据,Handshake 协议还能协助双方选择连接时所使用的加密算法、MAC 算法及相关密钥。在传送应用程序的数据前,必须使用 Handshake 协议来完成上述事项。

Handshake 由一些客户与服务器交换的消息所构成,每一个消息都含有以下三个字段。

(1) 类型(type),1 个字节:表示消息的类型,总共有十种。在表 12-1 中列出了这些已经定义的消息种类。

(2) 长度(length),3 个字节:消息的位组长度。

(3) 内容(content),大于或等于 1 个字节,与此消息有关的参数,表 12-1 所示为所有可能的参数。

表 12-1　SSL Handshake 协议消息类型

消 息 种 类	参　　　　数
hello_request	Null
client_hello	Version,random,session id,cipher suite,compression method
server_hello	Version,random,session id,cipher suite,compression method
certificate	一连串的 X. 509 v3 的证书
server_key_exchange	Parameters,signature
certificate_request	Type,authorities
server_done	Null
certificate_verify	Signature
client_key_exchange	Parameters,signature
finished	Hash value

图 12-12 所示为客户端与服务器要产生一条新连接时,所要进行的初始交换过程。这个交换过程可以视为 4 个阶段,即建立安全能力、服务器认证与密钥交换、客户端认证与密钥交换、完成。

1. 建立安全能力

这个阶段的主要工作是要建立一条逻辑连接,以及与这个连接有关的安全功能。整个交换过程由客户端送出一个 client_hello 消息来开启,这个消息含有下面几个参数。

(1) Version(版本):客户端能够用的 SSL 最高版本。

(2) Random(随机值):一个由客户端产生的随机结构,包含一个 32 位长的时间戳,以及一个由随机数产生器所产生的 28 字节长的数字。

(3) Session ID(会话标识符):不定长度的 session 识别码。如果 Session ID 字段填上任何非零的数值,就表示客户端想继续使用上一个 SSL 连接,并且更新此连接的参数,或者在目前的 session 产生一个新的连接。如果此字段的值为零,则表示客户端希望重新建立一个新的 session,并且产生一个新的连接。

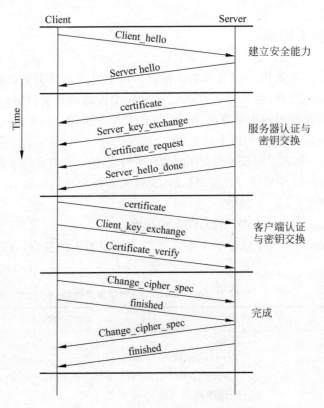

图 12-12　客户端与服务器的初始交换过程

(4) CipherSuit(密码套件)：客户端能够支持的加密算法列表,这个列表会根据使用优先级由大到小排列。在这列表上的每一个密码套件都会定义其使用的密钥交换算法以及加密算法。

(5) Compression Methods(压缩算法)：客户端能够支持的压缩算法列表。

当客户端送出 client_hello 消息后,会等待服务器响应一个 server_hello 消息。这个消息所包含的参数与 client_hello 消息夹带的参数相同。对于 server_hello 消息来说,每个字段用法如下。

(1) Version：服务器允许客户端使用的 SSL 版本。这个版本为客户端以及服务器双方都能支持的最高版本。

(2) Random：由服务器所产生的随机结构。与客户端所产生的随机结构类似,但彼此独立。

(3) Session ID：假如客户端传送过来的 Session ID 字段为非零的数值,那么服务器会将这个字段的值设定成客户端所指定的 Session ID。否则服务器将会提供客户端新的会话,并为此字段填上代表这个新会话的标识符。

(4) CipherSuit：服务器从客户端所提供的密码套件列表中挑出的加密算法组合。

(5) Compression Method：服务器从客户端所提供的压缩方法列表中挑出的方法。

密码套件参数所包含的第一个元素为密钥交换的算法(传统加密以及计算消息认证码时所会用到的密钥的交换方式)。有以下几种提供的密钥交换算法。

(1) RSA：由接收端的公开密钥将密钥加密起来。为了事先得知接收端的公开密钥,其公开密钥的证书必须要能让发送端取得。

(2) Fixed Diffie-Hellman：Diffie-Hellman 密钥交换法。服务器的证书中会包含经认证机构签署过的 Diffie-Hellman 公开密钥参数。假如需要对客户端做认证，则客户端会将 Diffie-Hellman 公开密钥参数包含在证书内，否则客户端会将这些参数放在密钥交换的消息中。由这个方法，使用固定的公开密钥经过 Diffie-Hellman 算法计算后，双方会建立起一个固定的密钥。

(3) Ephemeral Diffie-Hellman：这个方法是用来产生短暂的（Ephemeral）密钥。Diffie-Hellman 公开密钥会利用传送者私人 RSA 密钥或是 DSS 密钥做签署，并且互相交换。接收者随后便能使用对应的公开密钥来核对这个签名。除此之外，接收者也能利用证书确认公开密钥的真实性，这将会是 Diffie-Hellman 三种选择方式中最安全的一种，因为它所产生的是一把短暂并且经过验证的密钥。

(4) Anonymous Diffie-Hellman：基本上使用 Diffie-Hellman 算法，但是不经过认证。也就是说，双方都会将自己的 Diffie-Hellman 公开参数在没有经过认证的程序下，直接传送给对方。这个方式很有可能受到中间人攻击（man-in-the-middle attack），攻击者可以向双方发起匿名的 Diffie-Hellman 交换攻击。

(5) Fortezza：在 Fortezza 架构中所定义的方法。

CipherSpec 参数包含以下这些字段。

① CipherAlgorithm：加密算法。如 RC4,RC2,DES,3DES,DES40,IDEA,Fortezza。

② MACAlgorithm：消息认证算法。MD5 或是 SHA-1。

③ CipherType：加密类型。串流式或区块式。

④ IsExportable：真或伪。

⑤ HashSize：Hash 值长度。16 字节（使用 MD5 时）或 20 字节（使用 SHA-1 时）。

⑥ Key Material：用来产生写入密钥的数据。

⑦ IV size：CBC 加密模式中，初始向量的长度。

2. 服务器认证与密钥交换

当服务器送出 server_hello 消息后，或客户端需要验证服务器的身份时，服务器可以将其证书资料传送给客户端，它可能是单一（同一领域）或者是一连串的（跨领域）X.509 证书。除了使用匿名 Diffie-Hellman 密钥交换算法，任何一种密钥交换程序都需要一个证书消息（certificate message）。请注意，假如使用 fixed Diffie-Hellman 法，则这个证书消息的功能就如同服务器的密钥交换消息，因为此消息包含了服务器的 Diffie-Hellman 公开参数值。

接着，假如有需要，服务器会送出 server_key_exchange 消息。在下面的两种情况下，服务器不需要送出这个消息：服务器已经送出包含 fixed Diffie-Hellman 参数的证书；使用 RSA 密钥交换算法。

3. 客户端认证与密钥交换

当客户端收到服务器送出的 server_done 消息后，首先，假如有需要，客户端应该核对服务器提供的证书是否正确，接着再确认 server_done 消息中所携带的参数是否能够接受。如果这些都能满足的话，则客户端会响应一个或多个消息给服务器。

如果之前服务器发出 certificate_request 消息，要求客户端送出自己的证书，那么客户端就得先响应一个 certificate 消息给服务器。如果客户端没有适当的证书可以提供,则会改送一个 no_certificate 消息给服务器。

接着,下一个交换的消息是 client_key_exchange 消息。在第三阶段中,一定要送出这个消息,至于其内容则要看客户端所选定的公开密钥算法类型而定,如:

(1) RSA:客户端先产生一个 48 B 长的 pre-master secret。然后,若服务器提供其他的证书,则利用此证书内的公开密钥将此密钥加密,不然就用 server_key_exchange 消息中携带的暂时性 RSA 密钥来加密。这个"预先的"密钥能够用来产生 master secret。

(2) Ephemeral 或 Anonymous Diffie-Hellman:若使用这两种算法,则客户端传送自己的公开 Diffie-Hellman 参数。

(3) Fixed Diffie-Hellman:若使用这种算法,则之前客户端在传送证书消息时,就已经包含了自己的公开 Diffie-Hellman 参数。所以 client_key_exchange 消息这时内容就会是空的。

(4) Fortezza:客户端传送自己的 Fortezza 参数。

若之前客户端需要传送自己的证书,则在这个阶段的最后,也会连带送出一个 certificate_verify 消息给服务器,以便提供此证书的明确证明,而这个证明就是一个根据之前消息所计算出的 Hash 值。这个消息只有客户端证书拥有签名能力时(除了那些包含 fixed Diffie-Hellman 参数的证书以外的所有证书),才会跟着送出。因此消息会对此 Hash 值做签名,定义如下:

```
CertificateVerify.signature.md5_hash
MD5(master_secret ‖ pad_2 ‖ MD5(handshake_messages ‖ master-secret ‖ pad_1));
Certificate.signature.sha_hash
SHA(master_secret ‖ pad_2 ‖ SHA(handshake_messages ‖ master-secret ‖ pad_1));
```

其中,pad_1 与 pad_2 是之前为 MAC 所定义的值。从 client_hello 消息开始后,所有通过 Handshake 协议所传送或接收的消息都属于 handshake_messages。master_secret 是一个经过计算的密钥。假如使用者的数字签名是 DSS,则这个密钥将会用来加密 SHA-1 Hash 值串接后的结果。不管哪一种情形,其目的都是希望利用客户端的证书来核对客户端是否拥有正确的私钥。就算有人滥用客户端的证书,因为他没有正确的客户端私钥,所以也没有办法送出这个 certificate_verify 消息。

4. 完成

这个阶段完成了建立一条安全连接所应该做的设定工作。客户端会送出一个 change_cipher_spec 消息,并且将目前的密码套件状态更新成即将要使用的密码套件状态。请注意,这个消息并不属于 Handshake 协议的一部分,而是利用加密算法修正协议所送出的消息。紧接着,客户端利用之前与服务器协议而得到的算法、密钥,来传送最后的 finished 消息。这个消息用来证明密钥交换以及认证的过程已经顺利完成,其内容包含两个 Hash 值:

```
MD5(master_secret ‖ pad_2 ‖ MD5(handshake_messages ‖ Sender ‖ master-secret ‖ pad_1));
SHA(master_secret ‖ pad_2 ‖ SHA(handshake_messages ‖ Sender ‖ master-secret ‖ pad_1));
```

其中,Sender 是一个代码,用来表示此消息为客户端所发出。除了这个 finished 消息以外,handshake_messages 包含所有经由 handshake 消息所传送的数据。

为了响应这两个消息,服务器会传送自己的 change_cipher_spec 消息,并且将目前的密码套件状态更新为即将要使用密码套件状态,最后再送出 finished 消息。当这些 handshake 的步骤都完成后,客户端与服务器就能开始传送应用层的数据了。

12.3.4　SSL 记录协议

SSL 记录协议为每一个 SSL 连接提供以下两种服务。

(1) 机密性(confidentiality):SSL 记录协议会协助双方产生一把共有的密钥,利用这把密钥对 SSL 所传送的数据做传统式加密。

(2) 消息完整性(message integrity):SSL 记录协议会协助双方产生另一把共有的密钥,利用这把密钥来计算消息认证码。

图 12-13 所示为 SSL 记录协议大致的操作流程。记录协议接收到应用程序所要传送的消息后,会将消息内的数据切成容易管理的小区块(分片),然后选择是否对这些区块作压缩,再加上此区块的消息认证码。接着将数据区块与 MAC 一起做加密处理,加上 SSL 记录头后通过 TCP 传送出去。接收数据的那一方则以解释、核查、解压缩,及重组的步骤将消息的内容还原,传送给上层使用者。

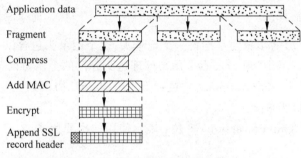

图 12-13　SSL 记录协议运作模式

1. 分片与压缩

第一个步骤是分片(fragmentation)。每一个上层想要通过 SSL 传送的消息都会被切割成最多 214B(或者是 16 364B)大小的分片,接着,可以选择是否执行压缩(Compression)的步骤。压缩的过程中,必须是无损失(Lossless)压缩,也就是说解压缩后能够得到原本完整的消息。除此之外,经过压缩后的内容长度不能超过原有长度 1 024 字节以上(当然,我们希望压缩后的数据能够更小,而不是增多。但对于有些长度非常小的分片来说,可能因为压缩算法格式上的要求,压缩过后的结果会比原来数据还长)。在 SSL v3(以及 TLS 的现有版本),并没有指定压缩算法,所以预设的加算法是 null。

2. 产生消息认证码

接下来的处理步骤为计算压缩数据的消息认证码。为了达到这个目的,必须使用一把双方共有的密钥。消息认证码的计算过程定义如下:

hash (MAC _ write _ secrte ‖ pad _ 1 ‖ seq _ mum ‖ SSLCompressed. type ‖ SSLCompressed. length ‖ SSLCompressed. fragment),其中,各符号和参数的意义如下。

(1) ‖:表示串接。

(2) MAC_write_secrte：共有的密钥。

(3) Hash：使用密码的杂凑算法；MD5 或 SHA-1。

(4) pad_1：若是使用 MD5，则为 0x36(00110110)字节重复 48 次的 384 位分片,若是用 SHA-1,则为 0x36 重复 40 次的 320 位分片。

(5) pad_2：若是使用 MD5,则为 0x5C(01010110)字节重复 48 次的 384 位分片,若是用 SHA-1,则为 0x36 重复 40 次的 320 位分片。

(6) seq_mum：这个消息的序列号码。

(7) SSLCompressed. type：用来处理这个分片的上层协议。

(8) SSLCompressed. length：分片经过压缩过后的长度。

(9) SSLCompressed. fragment：经过压缩后的分片(假如没有经过压缩这个步骤,则代表明文分片)。

3. 加密

压缩过后的数据会连同 MAC 一起做对称加密。加密后的数据长度最多只能比加密前多 1024B,因此,连同压缩以及加密的过程处理完后,整个数据块长度不会超过(214+2048)B。

4. 加 SSL 记录协议头

SSL 记录协议最后的步骤便是准备一个记录头,这个记录头包含以下的字段。

(1) 数据类型(content type),8 位：用来处理这个分片的上层协议。

(2) 主要版本号 (major version),8 位：所使用的 SSL 协议的主要版本,对于 SSL v3 协议来说,这个字段值为 3。

(3) 次要版本号 (minor version),8 位：表示使用的次要版本,对于 SSL v3 协议来说,这个字段值为 0。

(4) 压缩后数据长度(compressed length),16 位：这个明文分片的长度(假如此分片已经过压缩,则为压缩后的长度)。最大值为(214+2 048)B。

已定义的数据类型包含 Change_cipher_spec、alert、handshake,以及 application_data。前三种数据类型为 SSL 所定义的协议。请注意,上层各种使用 SSL 的应用程序对于 SSL 来说并没有什么差别,因为 SSL 无法了解这些应用程序所产生的数据的意义。

12.3.5　SSL 协议安全性分析

SSL 协议是为解决数据传输的安全问题而设计的,实践也证明了它针对窃听和其他的被动攻击相当有效,但是由于协议本身的一些缺陷以及在使用过程中的不规范行为,SSL 协议仍然存在不可忽略的安全脆弱性。

1. SSL 协议自身的缺陷

SSL 协议的缺陷主要表现在以下几个方面。

1) 客户端假冒

因为 SSL 协议的设计初衷是对 Web 站点及网上交易进行安全性保护,使消费者明白正在和谁进行交易要比使商家知道谁正在付费更为重要,为了不至于由于安全协议的使用而导致网络性能大幅下降,SSL 协议并不是默认地要求进行客户认证,这样做虽然有悖于安全策略,但却促进了 SSL 的广泛应用。针对这个问题,可在必要的时候配置 SSL 协议,使其选择对客户端进行认证鉴别。

2) SSL 协议无法提供基于 UDP 应用的安全保护

SSL 协议需要在握手之前建立 TCP 连接,因此不能对 UDP 应用进行保护。如果要兼顾 UDP 协议层之上的安全保护,可以采用 IP 层的安全解决方案。

3) SSL 协议不能对抗通信流量分析

由于 SSL 只对应用数据进行保护,数据包的 IP 头和 TCP 头仍然暴露在外,通过检查没有加密的 IP 源和目的地址以及 TCP 端口号或者检查通信数据量,一个通信分析者依然可以揭示哪一方在使用什么服务,有时甚至能推导出商业或私人关系。然而用户一般都对这个攻击不太在意,所以 SSL 的研究者们并不打算去处理此问题。

4) 针对基于公钥加密标准(PKCS)协议的自适应选择密文攻击

由于 SSL 服务器用一个比特标识回答每条消息是不是根据 PKCS♯1 正确地加密和编码,攻击者可以发送任意数量的随机消息给 SSL 服务器,再达到选择密文攻击的目的。最广泛采用的应对措施就是进行所有三项检查而不发送警示,不正确时直接丢弃。

5) 进程中的主密钥泄露

除非 SSL 的工程实现大部分驻留在硬件中,否则主密钥将会存留在主机的主存储器中,这就意味着任何可以读取 SSL 进程存储空间的攻击者都能读取主密钥,这个问题要依靠用户管理策略解决。

6) 磁盘上的临时文件可能遭受攻击

对于使用虚拟内存的操作系统,不可避免地有些敏感数据甚至主密钥都交换到磁盘上,可采取内存加锁和及时删除磁盘临时文件等措施来降低风险。

2. 不规范应用引起的问题

对 SSL 的应用必须结合网络的实际情况,并制定相应的管理机制。对 SSL 不规范的应用可能会引起下列问题。

1) 对证书的攻击和窃取

公共 CA 机构并不总是可靠的,系统管理员经常犯的错误是过于信任这样的公共 CA 机构。因为对于用户的证书,公共 CA 机构可能不像对网站数字证书那样重视和关心其准确性。由于微软公司的 IIS 服务器提供了"客户端证书映射"功能,用于将客户端提交证书中的名字映射到 NT 系统的用户账号,在这种情况下黑客就有可能获得该主机的系统管理员权限。如果黑客不能利用上面的非法的证书突破服务器,他们还可以尝试暴力攻击。虽然暴力攻击证书比暴力攻击密码更为困难,但仍然是一种攻击方法。要暴力攻击客户端认证,黑客编辑一个可能的用户名字列表,然后为每一个名字向 CA 机构申请证书。每一个证书都用于尝试获取访问权限。用户名的选择越好,其中一个证书被认可的可能性就越高。暴力攻击证书的方便之处在于它仅需要猜测一个有效的用户名,而不是猜测用户名和密码;除此之外,黑客还可能窃取有效的证书及相应的私钥。最简单的方法是利用特洛伊木马,这种攻击几乎可使客户端证书形同虚设。对付这种攻击的唯一有效方法或许是将证书保存到智能卡或令牌之类的设备中。

2) 中间人攻击

SSL 可以允许多种密钥交换算法,有些算法,如 DH,没有证书的概念,这样便无法验证对方的公钥和身份的真实性,攻击者可以轻易地冒充,用自己的密钥与双方通信,从而窃听到别人谈话的内容。为了防止中间人攻击,应该采用有证书的密钥交换算法。

即使采用了有证书的密钥交换算法,攻击者还可以从与服务器握手过程中获得一些内容,用于伪造一个与服务器非常相似的证书,这样,当攻击者以中间人的形式与用户进行连接时,虽然客户程序能够识别并提出警告,但仍然有相当多的用户被迷惑而遭到攻击。只要用户有一定的警惕性,是可以避免这种攻击的。

3) 安全盲点

系统管理员不能使用现有的安全漏洞扫描或用网络入侵检测系统审查或监控网络上的 SSL 交易。网络入侵检测系统是通过监测网络传输寻找未授权的活动,任何符合已知的攻击模式或未经授权的网络活动都被标记起来以供审计,其前提是 IDS 必须能监视所有的网络流量信息,但是 SSL 的加密技术却使得通过网络传输的信息无法让 IDS 辨认。这样,既没有网络监测系统又没有安全审查,使得最重要的服务器反而成为受到最少防护的服务器。对此,恶意代码检测、增强的日志功能等基于主机的安全策略会成为最后防线。

4) IE 浏览器的 SSL 身份鉴别缺陷

通常情况下,用户在鉴别对方身份时根据证书链对证书逐级验证,如果存在中间 CA,还应检查所有中间证书是否拥有合法的 CA 基本限制(basic constraints),这种情况下攻击者不可能进行中间人攻击,但实际上 IE 5.0、5.5、6.0 浏览器对是否拥有合法的 CA 基本限制并不做验证,所以攻击者只要有任何域的合法的 CA 签发证书,就能生成其他任何域的合法 CA 签发证书,从而导致中间人攻击。对此可以给 IE 打补丁,也可以使用 Netscape 4. x 或 Mozilla 浏览器,对于一些非常敏感的应用,建议在进行 SSL 连接时手工检查证书链,如果发现有中间证书,可以认为正在遭受中间人攻击,立即采取相应保护措施。

另外,由于美国密码出口的限制,IE、Netscape 等浏览器所支持的加密强度很弱。如果只采用浏览器自带的加密功能的话,理论上存在被破解的可能。所以,关键的系统、核心的技术应该拥有自主的知识产权。

总的来说,SSL 不失为一套全面完善的安全策略中有效的组成元素。然而,与网络安全的其他工具软件一样,仅使用单一的防护软件都是远远不够的。对 SSL 的过高评价有可能带来高的安全风险,它仅仅是网络安全工具的一种,必须和其他网络安全工具紧密结合,方能构造出全面、完善、安全可靠的网络。

12.4　安全电子交易协议

安全电子交易(secure electronic transaction,SET)协议是由 VISA 和 Master Card 两大信用卡公司联合推出的规范。SET 主要是为了解决用户、商家和银行之间通过信用卡支付的交易而设计的,以保证支付命令的机密、支付过程的完整、商户及持卡人的合法身份,以及可操作性。SET 中的核心技术主要有公钥加密、数字签名、数字信封、数字证书等。SET 协议比 SSL 协议复杂,因为前者不仅加密两个端点间的单个会话,还加密和认定三方间的多个信息。SET 是应用层的安全协议。

12.4.1　SET 协议概述

在开放的互联网上处理电子商务,如何保证买卖双方传输数据的安全成为电子商务能否普及的最重要的问题。为了克服 SSL 安全协议的缺点,Visa 和 Master Card 联合开发了 SET 电子商务交易安全协议。这是一个为了在互联网上进行在线交易而设立的开放的以电子货币为基础的电子支付系统规范。SET 在保留对客户信用卡认证的前提下,又增加了对商家身份的认证,这对于需要支付货币的交易来讲是至关重要的。

安全电子交易协议是基于互联网的卡基支付和授权业务信息传输的安全标准,采取 RSA 公开密钥体系对通信双方进行认证,利用 DES、RC4 或任何标准对称加密方法进行信息的加密传输,并用 Hash 算法鉴别消息真伪或有无篡改。在 SET 体系中有一个关键的认证机构,认证机构根据 X.509 标准发布和管理证书。

1. SET 提供的服务

SET 本身并不是一个付费的系统。相反地,它是一套安全协议和格式,让使用者能够在现有的用卡付费机制中,以安全方式在公开的环境中做交易。SET 提供了以下的服务。

(1) 给所有参与交易的每一方提供一个安全的通信管道。

(2) 使用 X.509 v3 数字证书来提供可信赖的服务。

(3) 确保交易的隐秘性。唯有必要的时候,才会在必要的场所提供给交易双方所需的信息。

SET 是一种复杂的机制,由 1997 年 5 月发行的三本书来定义。

(1) Book1:商业的说明,共 80 页。

(2) Book2:程序设计者手册,共 629 页。

(3) Book3:正规化协议定义,共 262 页。

2. SET 的安全功能

SET 交易分为三个阶段:第一阶段为购买请求阶段,持卡人与商家确定所用支付方式的细节;第二阶段是支付的认定阶段,商家与银行核实,随着交易的进行,他们将得到支付;第三阶段为收款阶段,商家向银行出示所有交易的细节,然后银行以适当方式转移货款。

在整个交易过程中,持卡人只和第一阶段有关,银行与第二、第三阶段有关,商家与三个阶段都要发生联系。每个阶段都要使用不同的加密方法对数据加密,并进行数字签名。使用 SET 协议,在一次交易中,要完成多次加密与解密操作,故要求商家的服务器要有很高的处理能力。

1) 安全功能

SET 协议保证了电子交易的机密性、数据完整性、身份的合法性和不可否认性。

(1) 机密性。SET 协议采用公钥密码算法来保证传输信息的机密性,以避免 Internet 上任何有关或无关的窥探。公钥算法允许任何人使用接收方的公钥把加密信息发送给指定的接收者,接收者收到密文后,使用密钥对这个信息解密,因此只有指定的接收者才能解读这个信息,从而保证信息的机密性。SET 协议也可以通过双重签名的方法,将信用卡信息直接从持卡人通过商家发送到商家的开户行,不容许商家访问客户的账号信息,这样客户在消费时可以确信其信用卡号没有在传输过程中被窥探,而接受 SET 交易的商家因为没有访问信用卡信息,故免去了在其数据库中保存信用卡号的责任。

(2) 数据完整性。通过 SET 协议发送的信息经过加密后,将为其产生一个唯一的报文消息摘要值(message digest),一旦有人企图篡改报文中包含的数据,接收方重新计算出的摘要值就会改变,从而被检测到,这就保证了信息的完整性。

(3) 身份认证。SET 协议可使用数字证书来确认交易涉及的各方(包括商家、持卡人、收单银行和支付网关)的身份,为在线交易提供一个完整的可信赖环境。

(4) 不可否认性。SET 交易中的数字证书的发布过程包含了商家和持卡人在交易中的信息。因此,如果持卡人用 SET 发出一个商品的订单,在收到货物后他不能否认发出过这个订单。同样,商家也不能否认收到过这个订单。

2) 功能特色

综观 SET 的上述功能,可以看出其融合了以下的特色。

(1) 信息可靠度:持卡人账户及付费信息,在网络上传输的过程中,要保持其安全。SET 有一个重要的特征,即 SET 可以预防特约商店偷偷记录持卡人的信用卡卡号;信用卡卡号只有发卡银行才能提供。而传统的 DES 加密法就可以用来提供信用卡卡号的保密性。

(2) 数据的完整性:在特约商店与持卡人之间传送的支付命令包括认购信息,个人数据,以及支付指令。SET 保证这些信息在传输的过程中不会遭到更改。运用 SHA-1 Hash 值的 RSA 数字签名可以提供信息的完整性。

(3) 持卡人账户的认证:SET 让特约商店可以辨别持卡人是否为一个正确信用卡账户的合法使用者。SET 运用 X.509 v3 数字证书及 RSA 签名达到这个目的。

(4) 特约商店的认证:SET 可以让持卡人核对是否特约商店与金融机构有合作关系以接受付账。SET 使用 X.509 v3 数字证书与 RSA 签名,以提供这样的认证服务。

12.4.2　SET 交易的参与者

一般来说,在 SET 规范的交易模式中,所参与的个体包括持卡人、特约商店、发卡行、收单行、支付网关、认证中心等,通过这些成员和相关软件,即可在 Internet 上构造符合 SET 标准的安全支付系统。图 12-14 所示为一个安全电子支付系统的组成。

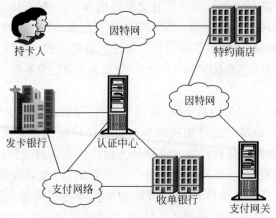

图 12-14　安全电子支付系统

1. 持卡人（cardholder）

在电子化环境中,消费者通过因特网与特约商店之间互动。持卡人是拥有发卡行授权许可的信用卡(如 MasterCard、Visa)持有人。持卡人要参加 SET 交易,必须要有一台能够上网的计算机,还必须到发卡行去申请一套 SET 交易的持卡人软件,一般称之为电子钱包(Electronic Wallet)。同时,持卡人必须先向认证中心注册登记,并取得数字证书,然后才能使用基于 SET 协议的支付手段购物。在持卡人和商家的会话中,SET 可以保证持卡人的个人账号不被泄露。

2. 特约商店（merchant）

特约商店(简称商家)可能是某一个人,或是某一个组织,通过网上商店或是电子邮件的方式,销售货物或者是提供服务给持卡人,是 SET 交易的另一方。商家的网上商店必须集成 SET 交易的商家软件,持卡人在网上购物时,由网上商店提供服务,购物结束进行支付时,由 SET 交易商家软件进行支付结算。与持卡人一样商家也必须先到银行进行申请,但不是到发卡银行,而是和接受网上支付业务的信用卡收单银行建立关系,在该银行设立账户,才可以接受信用卡。在开始交易前,还必须到认证中心申请数字证书。

3. 发卡银行（issuer）

发卡银行是一个金融机构,是发行信用卡的银行,服务的主要对象是持卡人。其主要职能是向持卡人发行各种银行卡,并通过提供各类相关的银行卡服务收取一定费用。通过发行银行卡,发卡机构获得持卡人支付的信用卡年费、透支利息、持卡人享受各种服务支付的手续费、商户回佣分成等。

4. 收单银行（acquirer）

收单银行是一个金融机构,会建立一个特约商店的账户,对信用卡做认证处理与账款的处理。特约商店通常会接受几个不同发卡公司,但不会同时和多个不同的银行卡协会或多个个体发卡银行合作。收单银行会协助特约商店做认证,核对信用卡账户是否有效,以及消费金额是否超出信用额度。收单银行也提供电子转账的服务,它会将消费者支付转到特约商店的账户去。接着,发卡银行会经过某种付费网络,对收单银行补偿其协助电子资金转换所需的费用。收单银行的利益主要来源于商户回佣、商户支付的其他服务费(如 POS 终端租用费、月费等)及商户存款增加。大多数发卡银行都兼营收单业务,也有一些非银行专业服务机构经营收单业务。

5. 支付网关（payment gateway）

支付网关是连接银行专用网络与 Internet 的一组服务器,其主要作用是完成两者之间的通信、协议转换和进行数据加、解密,以保护银行内部网络的安全。支付网关的功能主要有将 Internet 传来的数据包解密,并按照银行系统内部的通信协议将数据重新打包;接收银行系统内部反馈的响应消息,将数据转换为 Internet 传送的数据格式,并对其进行加密。

支付网关由收单银行或特定的第三者操作,处理特约商店支付交易的信息。支付网关介于 SET 和现有的信用卡支付网络之间,负责认证和支付功能。特约商店与支付网关在网络上交换 SET 信息,而支付网关则通过直接连接或者是网络联机,与收单银行的金融处理系统相连接。

6. 认证中心(CA)

认证中心是电子商务体系中的核心环节,是电子交易中信赖的基础。它通过自身的注册审核体系,检查核实进行证书申请的用户身份和各项相关信息,使网上交易的用户属性客观真实性与证书的真实性一致。认证中心作为权威的、可信赖的、公正的第三方机构,专门负责发放并管理所有参与网上交易的实体所需的数字证书。认证中心用 X.509 v3 公开密钥,对持卡人、特约商店、支付网关做认证。因为 CA 的架构提供认证的功能,所以 SET 才有办法通过 CA 来达到安全交易的目的。

CA 虽然不直接参与 SET 交易,但在 SET 交易中起着非常重要的作用。为了保证 SET 交易的安全,SET 协议规定参加交易的各方都必须持有证书,在交易过程中,每次交换信息都必须向对方出示自己的证书,同时要验证对方的证书。CA 的工作就是交易各方证书的发放、更新、废除,建立证书黑名单等各种证书管理。参与交易的各方在交易前必须到 CA 申请证书,在证书到期时,必须进行证书的更新。

下面简单介绍一下,当进行一个交易时,需要哪些事件来完成安全性的电子交易。

(1) 消费者开立账户。首先消费者要在有支持电子支付及 SET 的银行建立信用卡账户,如 MasterCard 或 Visa。

(2) 消费者收到证书。在适当的身份确认过程之后,消费者会收到由银行签署的 X.509 v3 数字证书。这个证书用来核对消费者的 RSA 公钥及其有效期限。同时,也建立了消费者的密钥组与信用卡之间的关系,并由银行保证这个关系。

(3) 特约商店证书。接受某家公司的信用卡的特约商店必须拥有两个证书,分别包含一把公钥。一个用来签署信息,一个是用在密钥交换。特约商店也要保留一份支付网关的公钥证书。

(4) 消费者订购。这个动作可能会涉及消费者第一次浏览特约商店的网站,并且选择商品,决定价格。然后消费者会将这次欲购买商品的订购单发送给特约商店,接着特约商店会传回商品列表、价格、总价和一个订单编号。

(5) 特约商店核对。除了订购单,特约商店会发送它们的证书副本,消费者可以核对所消费的商店是否为合法有效的。

(6) 发送订单及支付。消费者将其订单、支付命令与其证书传送给特约商店。这份订单对所支付的款项进行核对。支付中会包含了信用卡的细节。因此支付的信息要经过加密,才不会被特约商店获取其中的重要信息。而消费者的证书可以让特约商店核对消费者身份。

(7) 特约商店请求支付认证。特约商店在这个时候会向支付网关传送支付命令,并且请求核对消费者的信用卡是否能支付这笔款项。

(8) 特约商店核准订单。特约商店将核准的订单信息传送给消费者。

(9) 特约商店提供其货物或服务。将消费者订购的商品装运,或提供给消费者其他服务。

（10）特约商店请求支付。商店将请求支付的消息送到支付网关，支付网关会处理支付工作。

12.4.3 双重签名

双重签名是 SET 推出的数字签名的新应用。

双重签名的目的在连接两个不同接收者消息。在这里，消费者想要发送订单信息（order information，OI）到特约商店，且发送支付命令（payment instruction，PI）给银行。特约商店并不需要知道消费者的信用卡卡号，银行不需要知道消费者订单的详细信息。消费者需要将这两个消息分隔开，而受到额外的隐私保护。然而，在必要的时候这两个消息必须要连接在一起，才可以解决可能的争议、质疑。这样消费者可以证明这个支付行为是根据他的订单来执行的，而不是其他的货品或服务。

为了理解这个连接的需要性，先假设消费者发送两个消息给特约商店：签名过的 OI 及PI，而特约商店将 PI 的部分传递给银行。如果这个特约商店能获得这个消费者的其他 OI，那么特约商店就可以声称后来的这个 OI 是和 PI 一起来的，而不是原来的那个 OI。因此如果将两个消息连接起来，就可以避免这种情况发生。

消费者用 SHA-1 算法，取得 PI 的 Hash 值和 OI 的 Hash 值。接着将这两个 Hash 值连接在一起，并用消费者的私钥来加密，就产生了双重签名。这个过程可以用下面的式子表示：

$$DS = E_{K_{R_c}}[H(H(PI) \parallel H(OI))]$$

其中，$E_{K_{R_c}}$ 是表示消费者的私钥。现在假设特约商店拥有这个双重签名（DS）、OI 和 PI 的消息摘要（PIMD）。并且特约商店也从消费者的证书中得到消费者的公钥。

接着，特约商店就能计算出两个数，如下面所述：

$$H(PIMD \parallel H(OI))$$
$$D_{K_{U_c}}[DS]$$

其中，$D_{K_{U_c}}$ 为消费者的公钥。如果这两个数计算出的结果相同，则特约商店就可核准这个签名。相同地，如果银行拥有 DS、PI 和 OI 的消息摘要（OIMD），以及消费者的公钥，则银行可计算如下：

$$H(H(PI) \parallel OIMD)$$
$$D_{K_{U_c}}[DS]$$

如果两个数计算出来都一样，银行就核准这个签名。总结如下。

（1）特约商店接收到 OI，可以验证签名确认 OI 正确性。

（2）银行接收到 PI，也可验证此签名确认 PI 的正确性。

（3）消费者则将 OI 及 PI 连接完成，并且可以证明这个连接的正确性。

例如，王先生要买李小姐的一处房产，他发给李小姐一个购买报价单及对他对银行的授权书的消息，要求银行如果李小姐同意按此价格出卖，则将钱划到李小姐的账上。但是王先生不想让银行看到报价，也不想让李小姐看到他的银行账号信息。此外，报价和支付是相连的、不可分割的，仅当李小姐同意他的报价，钱才会转移。要达到这个要求，采用双重签名即可实现。首先生成两条消息的摘要，将两个摘要连接起来，生成一个新的摘要（称为双重签名),然后用签发者的私有密钥加密,为了让接收者验证双重签名,还必须将另外一条消息的摘要一块传过去。这样,任何一个消息的接收者都可以通过以下方法验证消息的真实性:生成消息摘要,将它和另外一个消息摘要连接起来,生成新的摘要,如果它与解密后的双重签名相等,就可以确定消息是真实的。因此,如果李小姐同意,它发一个消息给银行表示她同意,另外包括报价单的消息摘要,银行能验证王先生授权的真实性,用王先生的授权书生成的摘要和李小姐消息中的报价单的摘要验证双重签名。银行根据双重签名可以判定报价单的真实性,但却看不到报价单的内容。

图 12-15 所示为使用双重签名实现这一需求的过程。

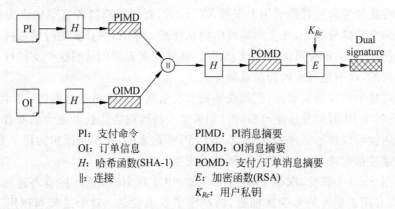

PI:支付命令	PIMD:PI消息摘要
OI:订单信息	OIMD:OI消息摘要
H:哈希函数(SHA-1)	POMD:支付/订单消息摘要
‖:连接	E:加密函数(RSA)
	K_{Rc}:用户私钥

图 12-15　双重签名的生成过程

12.4.4　SET 的交易流程

电子购物的工作流程与现实购物的流程很相似,这使得电子商务与传统商务可以很好地融合,用户使用起来也没有什么障碍。从顾客通过浏览器进入在线商店开始,一直到账户上的金额被划走,所有这些都是通过 Internet 完成的。

通常,一个 SET 交易过程会涉及以下事件或状态。

(1) 持卡人注册(cardholder registration):持卡人必须在发送 SET 信息给特约商店之前向 CA 注册。

(2) 特约商店注册(merchant registration):特约商店必须在它们和消费者与支付网关交换 SET 信息之前,向 CA 申请注册。

(3) 购买请求(purchase request):从消费者送出给特约商店的消息,包含给特约商店的 OI 与给银行的 PI。

(4) 支付授权(payment authorization):在特约商店与支付网关之间的交换,可以对特定账户信用卡持卡人的采购做授权。

(5) 支付请款(payment capture):让特约商店可以从支付网关请求支付项。

(6) 证书询问与状态(certificate inquiry and status):如果 CA 无法快速完成一个证书请求的处理,它会发送一个消息给持卡人或特约商店,表明要请求者稍后再做确认。持卡人或特约商店会发送证书询问的消息,确定证书请求的状态,如果请求得到批准就会接收到证书了。

(7) 采购询问(purchase inquiry):采购响应消息收到后,持卡人可以询问订单处理状态。

（8）请款撤销（capture reversal）：特约商店可以更正在取得请求消息中的错误，如销售员输入错误的交易数量。

前面已经提到，SET 交易分为三个阶段，即购买请求阶段、支付授权阶段和取得支付阶段，下面对这三个阶段做详细介绍。

1. 第一阶段：购买请求

在购买请求之前，持卡人已经完成浏览选定商品以及订购的工作。这些工作都还没有使用到 SET 协议。

购买请求过程由 4 个消息构成：初始请求、初始回应、购买请求、购买回应。

为了传送 SET 消息到特约商店，持卡人必须要保留一份特约商店及支付网关的证书副本。消费者在初始请求的消息中要求申请证书，然后这个消息会送到特约商店。这个消息包括消费者所使用的信用卡的公司，也包含了由消费者指定的回应这组请求的一个 ID。

特约商店对这个请求产生响应，并且用自己的私钥来签名。这个响应消息包含一个代表这次购买交易代号的 ID、特约商店的签名证书及支付网关证书。持卡人会对特约商店和支付网关证书，用它们各自的 CA 签名来做核对的工作，然后产生 OI 及 PI。由特约商店所指定的交易 ID 会放在 OI 及 PI 中。在 OI 里并不会包含明确的订单数据，比如物品的编号或规格。接着，持卡人产生一个暂时的对称加密密钥 K_s，准备好购买请求（purchase request）消息，如图 12-16 所示。

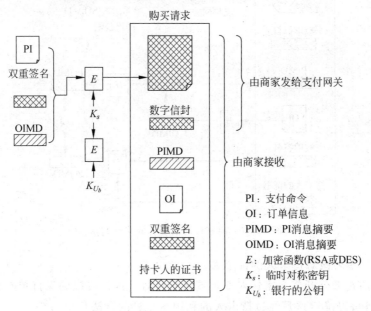

图 12-16　持卡人发送的购买请求

1）购买请求消息

购买请求消息包含了以下信息。

（1）采购相关的信息。这个信息会由特约商店转送到支付网关。由以下成分组成。

① 支付命令 PI。

② 由 PI 与 OI 所计算出并且经过消费者私钥签署的双重签名。

③ OI 消息摘要(OIMD)。在支付网关中需要 OIMD 来确认双重签名,如同前面介绍的。所有的东西需要经过 K_s 加密。

④ 数字信封。这个信封是由支付网关的密钥 K_s 产生的。之所以被称为数字信封,是因为只有能够打开信封的人,才能够读取上述内容。K_s 的值是不对特约商店公开的,因此,特约商店无法获得任何这个支付相关的信息。

(2) 订单相关信息。特约商店需要这项信息,它包括:

① 订单信息 OI。

② 由 PI 与 OI 计算出并经消费者的私钥签署的双重签名。

③ PI 消息摘要(PIMD)。

特约商店需要 PIMD 来对双重签名做确认。请注意 OI 是以没有加密保护的明文方式传送出去的。

(3) 持卡人证书。这部分包含持卡人公开签名密钥。对特约商店与支付网关来说,它们都需要这个证书。

2) 特约商店工作流程

当特约商店接收到购买请求消息,会做以下动作,如图 12-17 所示。

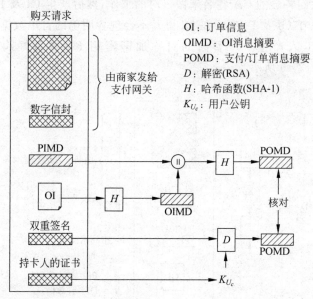

图 12-17　商家核对消费者的采购请求

(1) 以 CA 签名核对持卡人的证书。

(2) 利用消费者公开签名密钥对双重签名做核对。这样可以确保订单在传送过程中没有被篡改,并且可以确定这是经过持卡人的私钥签署过的合法订单。

(3) 对订单做处理,并且将支付信息传送给支付网关。

购买响应消息包含了一个响应区块,用来告知收到订单,并顺便取得相对应的交易代码。特约商店以它的私钥签署这个区块。然后此区块及签名会和特约商店的签名证书一起传送到消费者那里。

当持卡人软件接收到购买响应消息后,他会核对特约商店的证书,然后再核对响应区块中的签名。最后,显示给使用者一个消息或更新数据库上订单的数据。

2．第二阶段：支付授权

在处理一个持卡人订单的过程中，特约商店会授权支付网关处理此次交易。这样的支付权可以确保进行中的交易是经由发行人认可过的。并且，这个授权可以确保特约商店一定会接收到支付，进而特约商店才愿意提供服务或商品给消费者。

1）支付授权

支付授权过程中包含了授权请求和授权回应消息。

授权请求消息，由特约商店发送给支付网关，包含了下列信息。

（1）采购的相关消息。这个消息是从消费者那里得来的，组成的成分如下：

① PI。

② 由 PI 与 OI 所计算出，并且经由消费者私钥签署过的双重签名。

③ OI 消息摘要。

④ 数字信封。

（2）授权的相关消息。这个消息是由特约商店所产生的，包含了以下的组成成分：

① 授权区块，包含了交易 ID，由特约商店私钥签署，并经特约商店所产生的临时对称密钥加密。

② 数字信封。

（3）证书。包含持卡人的签名密钥证书（用来对双重签名进行核对），特约商店的签名密钥证书（用来对特约商店的签名进行核对），以及特约商店的密钥交换证书（在支付网关响应时会用到）。

2）支付网关工作流程

支付网关则需要执行以下工作。

（1）核对所有的证书。

（2）将授权区块的数字信封解密，得到对称密钥，然后就可以对授权区块解密了。

（3）核对授权区块中的特约商店签名。

（4）对支付区块的数字信封解密，得到对称密钥后，可以再将支付区块解密。

（5）核对支付区块中的双重签名。

（6）核对从特约商店接收到的交易 ID，是否和从消费者接收到的 PI 内交易 ID 吻合。

（7）向发卡银行请求并接受授权。

3）授权响应

得到发卡银行的授权之后，支付网关会传回一个授权响应（authorization response）消息给特约商店。其中包含了以下的成分。

（1）授权相关的信息。包含授权区块，用网关的私钥签署过，并且用网关产生的暂时对称钥加密。另外也包含了一个数字信封，内涵用特约商店的公钥加密过的暂时密钥。

（2）记录信封的信息。这项信息会在后面用来完成支付的任务。

（3）证书。支付网关的签名密钥证书。

经过支付网关认可后，特约商店便可以提供商品或服务给消费者。

3．第三阶段：取得支付

为了得到消费者的付费款项，特约商店必须和支付网关进行支付信息的交换处理，这项交易过程中包含了两个消息,分别是记录请求消息与记录响应消息。

在记录请求消息中,特约商店会产生一个记录请求区块,并对其做签名并且加密。这个区块包含了支付信息与交易 ID。在这个消息中,也包含了这次交易先前(在授权回应时)收到的加密过的记录信封,还有特约商店的签名密钥及证书。

当支付网关接收到记录请求消息时,会解译并且核对记录请求区块及记录信封区块。然后确认记录请求与记录信封之间的一致性。接着产生一个请求消息,通过支付网络送给发卡银行。这个消息会使支付的资金传送到特约商店的账户中。

支付网关接着会以记录响应消息通知特约商店已进行转账动作。这个消息包括了一个经过支付网关签署并且加密的记录响应区块。另外还有网关的签名密钥证书。而特约商店软件会储存这个记录响应,用来保持与收单银行所收到的支付项的一致性。

12.4.5　SET 协议的安全性分析

ISO/IEC 10181 系列阐述了开放式信息系统的安全架构标准,共包含 7 个部分:认证、访问控制、抗否认性、机密性、完整性、安全跟踪与告警以及密钥管理等服务,其中访问控制及安全跟踪告警两部分涉及企业安全政策与组织架构的程度较深,SET 并没有针对它们给应用系统开发人员提出系统的指导原则;另外,关于密钥管理的部分,SET 协议也没有说明该如何处理,也就是说,目前 SET 将上述三个部分留给应用系统开发人员自行处理。

电子支付系统中的支付信息涉及资金转移的有关信息,如用户数据、信用卡号码、交易内容等个人信息,系统必须要能确保隐私数据在网络上传输的安全性,由此可看出保护隐私权对于电子支付的重要性。ISO/IEC 10181 系列文件中有关隐私权保护的规范并不完整,ISO/IEC 10181—5 所论述的机密性保护是指通信的机密性。个人隐私权的保护有较宽广的意义,应该被列入安全需求的考虑。

1. 认证安全

这项服务主要是为了验证交易参与者确实是自己所声称的个体。SET 协议使用数字签名与证书的技术达到身份识别的目的,进行的方式为发送方(如顾客)使用自己的密钥将交易信息加密而产生数字签名,然后接收方(如商店)先使用签证中心的公开密钥来检验对方证书的真伪,确定无误后才取出证书中的公开密钥,进行签名验证,如此可达到身份认证的功能。尤其,采用可信赖的第三方(认证中心)负责公钥的签发工作,可以使得身份认证的工作在开放的网络环境里更能够确保安全。然而也正因为如此,SET 的认证工作必须依赖公钥的运作体系(PKI),使得系统是否能实际运作必须根据整体大环境是否成熟而定,例如签证体系的建立等,这将导致系统建设成本的大幅提升。

2. 完整性安全

为了确保交易数据在经过网络媒介传输后没有遭到修改,必须检验收到的数据是不是与原数据相同,也就是验证数据的完整性;另外,接收方也必须确定发送方能够对文件负责,即签字、盖章的概念,也必须避免相同的数据被重复使用。SET 协议使用数字签名与哈希函数技术达成上述有关完整性的要求,运作方式为发送方先将交易信息经过哈希函数的计算产生消息摘要后,使用发送方的私钥加密产生签名。这里将两种技术结合使用,可以得到较简易的算法、较快的签名速度等好处。SET 使用的哈希函数算法是 SHA-1,其产生的消息摘要长度为 160 位,只要更改消息中任一个位,平均来说,将导致一半的消息摘要位改变,故可提升了签名的安全性。另外,每位 SET 使用者持有两对非对称密钥,分别用于密钥交换及签名上,这增加了系统破解的复杂度,同时系统安全也相对提高。

3. 机密性安全

机密性安全指防止未经授权的信息泄露行为。SET 协议使用了密码学技术确保交易信息的机密性,在信息交换的过程里采用了对称性与非对称性的密码系统。

一般来说,对称性密码系统不太适用于一群素不相识的人在开放的网络里交换信息,因为对一家商店来说它必须分别指定每一顾客所需的唯一密钥,并且经过安全的管道传送给顾客,这种做法在开放的因特网中毫无效率可言。同样的情况,如果使用非对称性密码系统,则同一家商店仅需要建立一对公私钥并且公布公钥,如此一来,它允许顾客们使用这把公钥将信息安全地传送给商家,而这就是 SET 在进行信息交换时采用公钥密码技术的原因;为了提供更高的安全保护,也就是防止他人根据算法或环境等相关信息重新制造加密密钥,所以使用了"数字信封"的加密方式,即在信息交换之前先随机产生会话密钥,用对称密钥将信息加密,然后用接收者的公钥将这把对称密钥加密得到数字信封,最后才将加密后的信息及数字信封传送给接收者。

由于每一次交易双方建立新的连接就是一次通信期间的开始,每次通信期间都会产生新的通信密钥,也就是说每个通信密钥的有效期为通信期间,此期间通常都不长;基于这些特性,相对于长期间都使用同一把密钥加密来说,就算某次的通信密钥遭到破解,也不会影响到其他交易数据的安全性。

4. 抗否认性

一般来说,人们对于日常生活中的交易持较为放心及信赖的态度,这种现象出自于消费者眼见为实的心态。而在因特网环境的商务活动中,参与交易者并不是直接面对面,因此可信赖安全环境更为重要。抗否认性提供了一种交易承诺的保障,其功能是在交易的过程中保留证据,除了能够约束交易参与者正确、合法的行为外,同时也解决随后可能发生的争议。

SET 协议可以利用数字签名技术产生不可否认的证据,其中双重签名也隐含了这个功能。基于银行对商店不信任的假设,银行可利用商店转交持卡人的支付信息以及请求授权信息,防止商店否认与使用者的交易内容。SET 所欠缺的是没有提及应该如何处理这些交易记录,即将相关的记录连接成为完整的证据,因此零散的记录散置在各处。同时,SET 也没有明确要求当事人储存这些记录,而将这部分的工作交给各个系统开发者自行设计。纵使个别的交易参与者将这些记录储存起来,也缺少了适当的管理方法使得证据不够完整,将无法发挥应有的效果。另外,SET 安全交易说明书在业务叙述的部分,也清楚提到了现阶段的 SET 协议在使用密码技术提供的服务里,并没有囊括交易的抗否认性方面的服务。

5. 隐私权的安全保护

由于电子支付系统对于交易个体间信任关系假设的差异,导致交易协议采取不同的安全保障方法,也因此产生了不同程度的隐私保护。SET 协议为了提供消费者隐私权的保护,使用了一个重要的创新技术,即双重签名,它根据信息分离的方式将交易信息分开,使得商店取得订购信息而银行接收支付信息;另外为了避免日后可能发生购买金额与商品内容的争议。因此两笔信息间必须要具有连接关系,这种情况若以一般人工操作的处理方式,是在两份文件上盖上同一个戳记,而对应用到计算机作业上则是采用双重签名完成。

　　从协议设计的角度来看,SET 协议是从银行的角度考虑,所以对于隐私的保护是建立在信任银行的假设上。事实上,银行可能汇集持卡人个别交易的支付信息,如果缺乏适当的防范措施,将导致持卡人隐私泄露的风险。总的来说,SET 协议在个别交易层次提供了个人密钥数据的保护即双重签名,但是并没有考虑日后银行进行资料汇集的处理可能侵犯的个人隐私问题。这样的伤害却有甚于单笔加密信息可能泄露的危害,所以机密性只是隐私权的一部分,两者并不能完全划等号。

第 13 章　安全评价标准

随着信息技术的发展,信息技术的安全问题变得越来越严重。面对一个信息系统(包括各种软、硬件,以及系统集成),用户们的首要担忧就是,这个系统安全吗? 所以,计算机系统的提供者需要对他们的产品的安全特性进行说明,用户则需要验证这些安全特性的可靠性。

然而,普通的用户和系统购买者都不是安全专家,他们难以对产品的安全性进行准确和充分的验证,难以判断系统提供者所提供的安全证明的有效性,或以任何方式确定这些系统确实实现了应该实现的安全策略。

因而,独立的第三方计算机安全评价是非常必要的。因为独立的计算机安全专家能够对系统的安全需求、设计、实现和保证证据等进行审查。对于非安全专家的用户来说,独立安全专家的评价是最合适的。国际上有多种为计算机安全系统构筑独立审查措施的安全评价体系,这些评价标准能够完善而准确地表达信息系统的安全性以及评价信息系统安全性的方法和准则,是信息安全技术的基础,其内容和发展深刻地反映了对信息安全问题的认识程度。了解其现状和发展对信息安全技术的研究十分重要,也是开发和评测各种信息安全技术的依据。

13.1　可信计算机系统评价标准

在计算机应用的早期,由于计算机的应用领域越来越广泛,尤其大型机被应用到政府、军事、金融等重要部门,计算机系统的可靠性、安全性逐渐得到了人们的重视。如何评价计算机系统的安全成为各国政府和计算机用户所关心的问题。1970 年美国国防部在国家安全局建立了计算机安全评估中心,开始了计算机安全评估的理论与技术的研究,研究的核心问题是计算机操作系统的安全问题。1985 年 12 月美国国防部公布了评价安全计算机系统的六项标准。这套标准的文献名称即为《可信计算机系统评价标准》(Trusted Computer System Evaluation Criteria,TCSEC),又称为橘皮书。"可信"即可信赖,安全可靠。该标准旨在提供一种标准,使用户可以对其计算机系统内敏感信息安全操作的可信程度做出评估,同时给计算机行业的制造商提供一种可循的指导规则,使其产品能够更好地满足敏感应用的安全需求。

TCSEC 最初只是军用标准,后来延至民用领域,是计算机系统安全评估的第一个正式标准,具有划时代的意义。

13.1.1 TCSEC 的主要概念

在 TCSEC 中定义了许多基本的概念。这些概念是 TCSEC 的基础,并被沿用到其他安全标准的制定当中。

1. 考核标准

为了阐述对可信计算机的考核标准,TCSEC 首先提出了主体与客体的概念。

主体(subject),即计算机系统的主动访问者,如用户(包括入侵者)、用户运行的程序(包括入侵者的恶意程序)、用户的复制、删除、修改等操作都是主体。被访问或被使用的对象称为客体(object)。对资源的访问控制抽象为主体集合对客体集合的监视与控制。在主体与客体的概念体系下,TCSEC 提出了评价安全计算机系统的 6 项标准。

(1) 安全策略(security policy)。必须有一项明确的由计算机系统实施的安全策略。系统中必须有可供系统使用的访问规则的集合,以便决定是否允许某主体对特定客体的访问。这些访问规则包括阻止未授权用户对敏感信息的访问。支持自主访问控制,保证只有指定的用户或用户组才能获得对数据的访问权。必须根据安全策略,在可信计算机系统中实现这些访问规则。

(2) 标识(identification)。必须能够对系统中的每个主体进行标识,使它们都可以唯一地和可靠地被辨识。为了能够让系统检验每个主体的访问请求,这种标识是必需的。系统必须对每个主体识别后,才允许它对客体进行访问。在系统中每次对客体的访问,都需要识别主体的身份、安全级别和对应的有权访问的客体,对主体的识别与授权信息必须由计算机系统秘密进行,并与完成某些安全有关动作的每个活动元素结合起来。

(3) 标记(marking)。对每个客体都要做一个敏感性标记(sensitivity labels),用于规定该客体的安全等级,并且保证每次对客体访问时都能得到该客体的标记,以便在访问之前可以进行核查。对每个客体进行标记也是为了支持强制访问控制的安全策略。客体的标记既要包含客体的敏感级别,也包括允许哪些主体可以对本客体进行访问的方式。

(4) 可记账性(accountability),或称责任。系统必须能够记录所有影响系统安全的各种活动。这些活动包括有新用户登录到系统中,发生了修改主体或客体的安全级别的事件,发生了拒绝访问的事件,发生了多次注册失败的事件。对与系统信息安全有关的事件应该有选择地记录与保存,即审计,以便对影响系统安全的活动进行追踪,确定责任者。系统对审计信息必须妥善保护,防止对审计信息的恶意篡改或未经授权的毁坏。

(5) 保障机制(assurance)。为了实现上述各种安全能力与机制,在系统中必须提供相应的硬件与软件的保障机制与设施,并且能够对这些机制进行有效的评价。这些机制可以嵌入在操作系统内,并以秘密的方式执行指定的任务,还应该在文档中写明,这些机制是否能够独立考察、评估和检验其结果是否充分。

(6) 连续性保护(continuous protection)。系统的上述安全机制必须受到连续性的保护,防止未经许可的中途修改或损坏。如果实现了上述策略的硬件和软件本身是客体,那么这些安全机制的可靠性就受到威胁,进而威胁到计算机系统的可信性。

2. 主要概念

在 TCSEC 中提出了以下主要概念,以描述计算机系统的安全问题。

（1）安全性。包括安全策略、策略模型、安全服务和安全机制等内容,其中安全策略是为了实现软件系统的安全而制定的有关管理、保护和发布敏感信息的规定与实施细则；策略模型时指实施安全策略的模型；安全服务指根据安全策略和安全模型提供的安全方面的服务；安全机制是实现安全服务的方法。

（2）可信计算基（trusted computing base,TCB）。TCB 是软件、硬件与固件的有机集合,根据访问控制策略处理主体集合对客体集合的访问,TCB 中包含了所有与系统安全有关的功能。

（3）自主访问控制（discretionary access control,DAC）。DAC 指资源的所有者（即主体）可以自主地确定别人对其资源的访问权。具有某类权限的主体能够将其对某资源（客体）的访问权直接或间接地按照需要动态地转让给其他主体或回收转让给其他主体的访问权限。

（4）强制访问控制（mandatory access control,MAC）。MAC 是比自主访问更为严格的一种访问控制方式。在这种访问方式中,客体的访问权限不能由客体的拥有者自己确定,而是由系统管理者强制规定的。系统管理者为主体与客体规定安全属性（安全级别、权限等）,系统安全机制严格按照主体与客体的安全属性控制主体对客体的访问,对于系统管理员确定的安全属性,任何主体都不能修改与转让。

（5）隐蔽信道。它指一个进程利用违反系统安全的方式传输信息。有两类隐蔽信道：存储信道与时钟信道。存储信道是一个进程通过存储介质向另一个进程直接或间接传递信息的信道；时钟信道指一个进程通过执行与系统时钟有关的操作把不能泄露的信息传递给另一个进程的通信信道。例如,一个文件的读写属性位可以成为隐蔽存储信道,而按某种频率创建于删除一个文件可以形成一个时钟隐蔽信道。

此外,还有认证、加密、授权与保护等概念。

3. 系统模型

评估准则中采用的可信计算机系统的安全模型采用了访问监控器的概念。访问监控器映射计算机系统的可信计算基 TCB,即安全核,它的作用是负责实施系统的安全策略,在主体和客体之间对所有的访问操作实施监控,访问监控器的作用如图 13-1 所示。

图 13-1 中的主体表示系统中访问操作的发起者,可以是用户,或者代表用户意图的进程等；客体是访问操作的对象,包括文件、目录、内存区、进程等；监视器数据基主要存放用户权限和对客体的访问关系等信息；访问监控器是实现系统安全策略的机制,是系统的可信计算基。访问监控器对于主体提出的每一次访问请求,根据访问监控数据基中定义的访问关系与访问权决定是否同意这次访问的执行,并进行相应的审计记录。

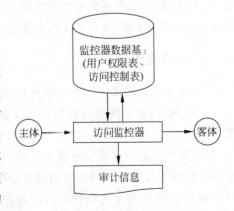

图 13-1　基于访问监控器的系统安全模型

13.1.2　计算机系统的安全等级

　　TCSEC 将可信计算机系统的评价规则划分为 4 类,即安全策略、可记账性、安全保证措施和文档。

　　安全策略包括自主存取控制、客体重用、标记、标记完整性、标记信息的扩散、主体敏感度标记、设备标记等规则、强制存取控制等规则;可记账性包括标识与认证、可信路径、审计等规则;安全保障措施包括系统体系结构、系统完整性、隐蔽信道分析、可信设施管理、可信恢复、生命周期保证、安全测试、设计规范和验证、配置管理、可信分配等规则;文档包括安全特性用户指南、可信设施手册、测试文档、设计文档等规则。

　　根据计算机系统对上述各项指标的支持情况及安全性相近的特点,TCSEC 将系统划分为 4 类(division)7 个等级,依次是 D;C(C1,C2);B(B1,B2,B3);A(A1),按系统可靠或可信程度逐渐增高,如表 13-1 所示。

表 13-1　TCSEC 安全级别划分

安全级别	定　义
A1	验证设计(verified design)
B3	安全域(security domains)
B2	结构化保护(structural protection)
B1	标记安全保护(labeled security protection)
C2	受控的存取保护(controlled access protection)
C1	自主安全保护(discretionary security protection)
D	最小保护(minimal protection)

　　在 TCSEC 中建立的安全级别之间具有一种偏序向下兼容的关系,即较高安全性级别提供的安全保护要包含较低级别的所有保护要求,同时提供更多或更完善的保护能力。

1. D 安全级

　　D 级是最低级别。保留 D 级的目的是为了将一切不符合更高标准的系统,统统归于 D级,如 DOS 就是操作系统中安全标准为 D 的典型例子。它具有操作系统的基本功能,如文件系统、进程调度等,但在安全性方面几乎没有什么专门的机制保障。

2. C1 安全级

　　C1 级系统只提供了非常初级的自主安全保护,能够实现对用户和数据的分离,进行自主访问控制(DAC),保护或限制用户权限的传播。现有的商业系统往往稍做改进即可满足要求。

　　C1 级系统称为自主安全保护系统。此类系统是针对多个协作用户在同一敏感级别上处理数据的工作环境。其主要的特点是把用户与数据隔离,提供自主访问控制功能,使用户可以对自己的资源自主地确定何时使用或不使用控制,以及允许哪些主体或组进行访问。通过用户拥有者的自主定义和控制,可以防止自己的数据被别的用户有意或无意地篡改、干涉或破坏。该安全级要求在进行任何活动之前,通过 TCB 去确认用户身份(如密码),并保护确认数据,以免未经授权对确认数据的访问和修改。这类系统在硬件上必须提供某种程度的保护机制,使之不易受到损害;用户必须在系统注册建立账户并利用通行证让系统能够识别它们。C1 级要求较严格的测试,以检测该类系统是否实现了设计文档上说明的安全要求。另外还要进行攻击性测试,以保证不存在明显的漏洞让非法用户攻破而绕过系统的安全机制进入系统。另外,C1 级系统要求完善的文档资料。

3. C2 安全级

C2 安全级称为可控安全保护级,是安全产品的最低档次,提供受控的存取保护,即将 C1 级的 DAC 进一步细化,保护粒度要达到单个用户和单个客体一级,以个人身份注册负责,并实施审计和资源隔离。它通过注册过程、与安全相关事件的审计和资源隔离,使得用户的操作具有可追踪性。C2 级增加了审计功能,审计粒度必须能够跟踪每个主体对每个客体的每一次访问,审计功能是 C2 较 C1 新增加的安全要求。在安全策略方面,除了具备 C1 级所有功能外,还提供授权服务、对访问权利扩散的控制。C2 级还提供客体再用功能,即要求在一个过程运行结束后,要消除该过程残留在内存、外存和寄存器中的信息,在另一个用户过程运行之前必须清除或覆盖这些客体的残留信息。C2 系统的 TCB 必须保存在特定区域中,以防止外部人员的篡改。

很多商业产品已得到该级别的认证。达到 C2 级的产品在其名称中往往不突出"安全"这一特色,如操作系统中 Microsoft 的 Windows NT 3.5,数字设备公司的 Open VMS VAX 6.0 和 6.1。数据库产品有 Oracle 公司的 Oracle 7,Sybase 公司的 SQL Server 11.0.6 等。

4. B1 安全级

B 类安全包含三个级别:B1 级、B2 级、B3 级,它们都采用强制保护控制机制。B1 级又称为带标记的访问控制保护级,其在 C2 级的基础上增加了或加强了标记、强制访问控制、审计、可记账性和保障等功能。

在 B1 级中标记起着重要的作用,是强制访问控制实施的依据。每个主体和存储客体有关的标记都要由 TCB 维护。B1 级对标记的内容与适用有以下要求。

(1) 主体与客体的敏感标记的完整性:当 TCB 输出敏感标记时,应准确对应内部标记,并输出相应的关联信息。

(2) 标记信息的输出:人工制定每个 I/O 信道与 I/O 设备是单(安全)级的还是多(安全)级的,TCB 应能知道这种指定,并能对这种指定活动进行审计。

(3) 多级设备输出:当 TCB 把一个客体输出到多级 I/O 设备时,敏感标记也应同时输出,并与输出信息一起留存在同一物理介质上。当 TCB 使用多级 I/O 信道通信时,协议应能支持多敏感标记信息的传输。

(4) 单级设备的输出:虽然不要求对单级 I/O 设备和单级信道所处理的信息保留敏感标志,但要求 TCB 提供一种安全机制,允许用户利用单级设备与单级 I/O 信道安全地传输单级信息。

(5) 敏感标记的输出:系统管理员应该能够指定与输出敏感标记相关联的可打印标记名,这些敏感标记可以是秘密、机密和绝密的。TCB 应能标识这些敏感标记输出的开始与结束。

B1 级能够较好地满足大型企业或一般政府部门对数据的安全需求,这一级别的产品才被认为是真正意义上的安全产品。满足此级别的产品前一般多冠以"安全"或"可信的"字样,作为区别于普通产品的安全产品出售。例如,操作系统方面,典型的有数字设备公司的 SEVMS VAX Version 6.0,惠普公司的 HP-UX BLS release 9.0.9+。数据库方面则有 Oracle 公司的 Trusted Oracle 7,Sybase 公司的 Secure SQL Server version 11.0.6, Informix 公司的 Incorporated INFORMIX-OnLine / Secure 5.0 等。

5. B2 安全级

B2 安全级称为结构化保护级。该级系统的设计中把系统内部结构化地划分成明确而大体上独立的模块,并采用最小特权原则进行管理。B2 级不仅要求对所有对象加标记,而且要求给设备(磁盘或终端)分配一个或多个安全级别(实现设备标记)。必须对所有的主体与客体(包括设备)实施强制性访问控制保护,必须要有专职人员负责实施访问控制策略,其他用户无权管理。通过建立形式化的安全策略模型并对系统内的所有主体和客体实施自主访问控制和强制访问控制。

B2 级较 B1 级有一项更强的设计要求,B2 级系统的设计与实现必须经得起更彻底的测试和审查,必须给出可验证的顶级设计(top-level design),并且通过测试确保该系统实现了这一设计。还需要对隐蔽信道进行分析,确保系统不存在各种安全漏洞。实现中必须为安全系统自身的执行维护一个保护域,必须确保该域的安全性不受外界的破坏,进而保护整个系统的目标代码和数据的完整性不受外界破坏。

目前,经过认证的 B2 级以上的安全系统非常稀少。例如,符合 B2 标准的操作系统只有 Trusted Information Systems 公司的 Trusted XENIX 一种产品,符合 B2 标准的网络产品只有 Cryptek Secure Communications 公司的 LLC VSLAN 一种产品,而数据库方面则没有符合 B2 标准的产品。

6. B3 安全级

B3 安全级又称为安全域保护级。该级的 TCB 必须满足访问监控器的要求,审计跟踪能力更强,并提供系统恢复过程。B3 安全级要求系统有主体/客体的区域,有能力实现对每个目标的访问控制,使每次访问都受到检查。用户程序或操作被限定在某个安全域内,安全域间的访问受到严格控制。这类系统通常采用硬件设施来加强安全域的安全,例如内存管理硬件用于保护安全域免受无权主体的访问或防止其他域的主体的修改。该级别要求用户的终端必须通过可信的信道连接在系统上。

为了能够确实进行广泛而可信的测试,B3 级系统的安全功能应该是短小精悍的。为了便于理解与实现,系统的高级设计(high level design)必须是简明而完善的,必须组合使用有效的分层、抽象和信息隐蔽等原则。所实现的安全功能必须是高度防突破的,系统的审计功能能够区分出何时能避免一种破坏安全的活动。为了使系统具备恢复能力,B3 级系统增加了一个安全策略。

(1) 安全策略:采用访问控制列表进行控制,允许用户指定和控制对客体的共享,也可以指定命名用户对客体的访问方式。

（2）可记账性：系统能够监视安全审计事件的发生与积累，当超出某个安全阈值时，能够立刻报警，通知安全管理人员进行处理。

（3）保障措施：只能完成与安全有关的管理功能，对其他完成非安全功能的操作要严格限制。当系统出现故障与灾难性事件后，要提供一种过程与机制，保证在不损坏保护的条件下，使系统得到恢复。

7. A1 安全级

A1 安全级又称为可验证设计保护级，即提供 B3 级保护的同时给出系统的形式化设计说明和验证以确信各安全保护真正实现。A1 级与 B3 级相似，对系统的结构和策略不做特别要求。A1 系统的显著特征是，系统的设计者必须按照一个正式的设计规范来分析系统。对系统分析后，设计者必须运用核对技术来确保系统符合设计规范。A1 系统必须满足下列要求：系统管理员必须从开发者那里接收到一个安全策略的正式模型；所有的安装操作都必须由系统管理员进行；系统管理员进行的每一步安装操作都必须有正式文档。

A1 安全级的设计要求非常严格，达到这种要求的系统很少。目前已获得承认的此类系统有 Honeywell 公司的 SCOMP 系统。A1 安全级标准是安全信息系统的最高安全级别，一般信息系统很难达到这样的安全能力。

13.2　通用评估准则

CC(Common Criteria for Information Technology Security Evaluation)标准是国际标准化组织 ISO/IEC JTC1 发布的一个标准，其标准编号为 ISO/IEC 15408，是信息技术安全性通用评估准则，用来评估信息系统或信息产品的安全性。

国际标准化组织 ISO 从 1990 年开始发起开发信息技术安全评价通用准则。1993 年 6 月，CTCPEC、FC、TCSEC 和 ITSEC 等发起组织开始联合起来，将各自独立的准则组合成一个单一的、能广泛应用的 IT 安全准则。

发起组织包括六国七方：加拿大、法国、德国、荷兰、英国、美国 NIST 及美国 NSA，各方代表建立的 CC 编辑委员会来开发 CC。1996 年 1 月完成 CC 1.0 版；1997 年 10 月完成 CC 2.0 测试版；1998 年 5 月发布 CC 2.0 版；1999 年 12 月 ISO 采纳 CC，并作为国际标准 ISO/IEC 15408 正式发布。目前，已有 20 多个国家已经或打算加入 CC 互认协议。我国与之相对应的标准为《信息系统安全性评估准则和测试规范》。

13.2.1　CC 的主要用户

CC 的主要用户包括消费者、开发者和评估者。

1. 消费者

当消费者选择 IT 安全要求表达他们的组织需求时，CC 起到重要的技术支持作用。当作为信息技术安全性需求的基础和制作依据时，CC 能确保评估满足消费者的需求。

消费者可以用评估结果来决定一个已评估的产品和系统是否满足他们的安全需求。这些需求就是风险分析和政策导向的结果。消费者也可以用评估结果来比较不同的产品和系统。

CC 为消费者提供了一个独立于实现的框架,命名为"保护轮廓"(protection profile,PP),用户在保护轮廓里表明他们对评估对象中 IT 安全措施的特殊需求。

2. 开发者

CC 为开发者在准备和参与评估产品或系统以及确定每种产品和系统要满足安全需求方面提供支持。只要有一个互相认可的评价方法和双方对评价结果的认可协议,CC 还可以在准备和参与对开发者的评估对象(target of evaluation,TOE)评价方面支持除 TOE 开发者之外的其他人。

CC 还可以通过评价特殊的安全功能和保证证明 TOE 确实实现了特定的安全需求。每一个 TOE 的需求都包含在一个名为"安全目标"(security target,ST)的概念中,广泛的消费者基础需求由一个或多个 PP 提供。

CC 描述一个包括在 TOE 内的安全功能。可以用 CC 来决定有必要支持 TOE 评估证据的可靠性和作用,它也定义证据的内容和表现形式。

3. 评估者

当要做出 TOE 及其安全需求一致性判断时,CC 为评估者提供了评估准则。CC 描述了评估者执行的系列通用功能和完成这些功能所需的安全功能。

13.2.2　CC 的组成

CC 分为三个部分,其中第一部分"简介和一般模型",正文介绍了 CC 中的有关术语、基本概念和一般模型以及与评估有关的一些框架,附录部分主要介绍保护轮廓和安全目标的基本内容。

第二部分"安全功能要求",按"类-族-组件"的方式提出安全功能要求,提供了表示评估对象 TOE 安全功能要求的标准方法。除正文以外,每一个类还有对应的提示性附录做进一步的解释。

第三部分"安全保证要求",定义了评估保证级别,建立了一系列安全保证组建作为表示 TOE 保证要求的标准方法。第三部分列出了一系列保证组件、族和类,还定义了 PP 和 ST 的评估准则,并提出了评估保证级别。

CC 的三个部分相互依存,缺一不可。其中第一部分是介绍 CC 的基本概念和基本原理,第二部分提出了技术要求,第三部分提出了非技术要求和对开发过程、工程过程的要求。这三部分的有机结合具体体现在 PP 和 ST 中,PP 和 ST 的概念和原理有第一部分介绍,PP 和 ST 中的安全功能要求和安全保证要求在第二、第三部分选取,这些安全要求的完备性和一致性,由第二、第三两个部分保证,如图 13-2 所示。

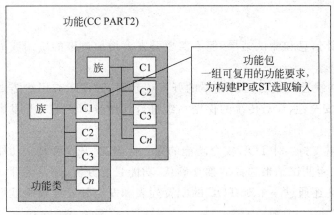

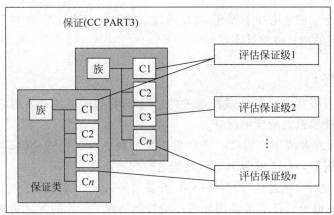

图 13-2　CC 各部分之间的关系

13.2.3　评估保证级别 EAL

评估保证级别是评估保证要求的一种特定组合(保证包),是度量保证措施的一个尺度,这种尺度的确定权衡了所获得的保证级别以及达到该保证级别所需的代价和可能性。

在 CC 中定义了 7 个递增的评估保证级,这种递增靠替换成同一保证子类中的一个更高级别的保证组件(例如添加新的要求)实现。以下是 7 个评估保证级别的介绍。

1. EAL1：功能测试

EAL1 适用于对正确运行需要一定信任的场合,但在该场合中对安全的威胁应视为并不严重;还适用于需要独立的保证支持"认为在人员获信息的保护方面已经给予足够的重视"这一情形。该级别依据一个独立性测试和对所提供指导性文档的检查为用户评估 TOE(评估对象)。

在该级别上,没有 TOE 开发者的帮助也能成功地进行评估,并且所需费用也最少。通过该级别的评估,可以确信 TOE 的功能与其文档在形式上是一致的,并且对已标识的威胁提供了有效的保护。

2．EAL2：结构测试

EAL2 要求开发者递交设计信息和测试结果,但不需要开发者增加过多的费用或时间的投入。

EAL2 适用于以下情况:在缺乏现成可用的完整的开发记录时,开发者或用户需要一种低到中等级别的独立保证的安全性,如对传统的保密系统进行评估或不便于对开发者进行现场核查时。

EAL2 通过以下的因素提供支持:对 TOE 安全功能的独立性测试,开发者基于功能规范进行测试得到的证据,对开发者测试结果选择的独立确认,功能强度分析,开发者针对明显脆弱性查找到的证据。EAL2 还通过一个对 TOE 的配置列表和安全分发过程的证据来提供保证。

EAL2 在 EAL1 的基础上有意识地增加了保证,这是通过对开发者测试的需要、脆弱性分析和基于更详细的 TOE 规范的独立性测试实现的。

3．EAL3：方法测试和校验

在不需要对现有的合理的开发规则进行实质性改进的情况下,EAL3 可使开发者在设计阶段能从正确的安全工程中获得最大限度的保证。

EAL3 适用于以下情况:开发者或用户需要一个中等级别的独立保证的安全性,并在不带来大量的再构建费用的情况下,对 TOE 及其开发过程进行彻底审查。

开展该级的评估,需要分析基于"灰盒子"的测试结果、开发者测试结果的选择性独立确认、开发者搜索已知脆弱性的证据等。还要求使用开发环境控制措施、TOE 的配置管理和安全交付程序。

EAL3 在 EAL2 的基础上有意识地增加了保证,这是通过要求更完备的安全功能、机制和/或过程的测试范围,以提供 TOE 在开发中不会被篡改的一些信任实现的。

4．EAL4：系统地设计、测试和评审

基于良好而严格的商业开发规则,在不需额外增加大量专业知识、技巧和其他资源的情况下,开发者从正确的安全工程中所获得的保证级别最高可达到 EAL4。在现有条件下,只对一个已经存在的生产线进行改进时,EAL4 是所能达到的最高级别。

EAL4 适用于以下情况:开发者或用户对传统的商品化的 TOE 需要一个中等到高等级别的独立保证的安全性,并准备负担额外的安全专用工程费用。

开展该级的评估,需要分析 TOE 模块的底层设计和实现的子集。在测试方面将侧重于对已知脆弱性进行独立的搜索。开发控制方面涉及生命周期模型、开发工具标识和自动化配置管理等方面。

EAL4 在 EAL3 基础上有意识地增加了保证,这是通过要求更多的设计描述、实现的一个子集、改进的机制和/或能提供 TOE 不会在开发和分发过程中被篡改的信任的过程来实现的。

5. EAL5：半形式化设计和测试

适当应用专业性的一些安全工程技术，并基于严格的商业开发实践，EAL5 可使开发者从安全工程中获得最大限度的保证。如果某个 TOE 要想达到 EAL5 的要求，开发者需要在设计和开发方面下一定工夫，但如果具备相关的一些专业技术，也许额外的开销不会很大。

EAL5 适用于以下情况：开发者和使用者在有计划的开发中，采用严格的开发手段，以获得一个高级别独立保证的安全性需要，但不会因采取专业性安全工程技术而增加一些不合理的开销。

开展该级别的评估，需要分析所有的实现。还需要额外分析功能规范和高层设计的形式化模型和半形式化表示，以及它们之间对应的半形式化论证。在对已知脆弱性的搜索方面，必须确保 TOE 可抵御中等攻击潜力的穿透性攻击者。还要求采取隐蔽信道分析和模块化的 TOE 设计。

EAL5 在 EAL4 的基础上有意识地增加了保证，这是通过要求半形式化的设计描述、整个实现、更结构化（且可分析）的体系、隐蔽信道分析、改进的机制和能够相信 TOE 将不会在开发中被篡改的过程实现的。

6. EAL6：半形式化验证的设计和测试

EAL6 允许开发者通过在一个严格的开发环境中使用安全工程技术来获得高度保证，以便生产一个优异的 TOE 来保护高价值的资源避免重大的风险。所以 EAL6 适用于以下情况：安全 TOE 的开发应用于高风险的地方，在这里所保护的资源值得花费额外开销。

EAL6 通过对安全功能的分析提供保证，它靠功能的完整接口的一个规范、指导性文档、TOE 的高层和低层设计和实现的结构化表示来理解安全行为。通过以下方式获得额外保证：TOE 的安全策略的形式化模型，功能规范的半形式化表示，高层设计和低层设计和它们之间的对应关系的一个半形式化阐明。此外还需要一个模块化的分层的 TOE 设计。

EAL6 通过以下的因素提供支持：TOE 安全功能的独立性测试，基于功能规范的开发者测试的证据，高层设计和低层设计，对开发者测试结果进行选择性的独立确认，功能强度分析，开发者搜索脆弱性的证据。

EAL6 也通过结构化的开发流程的使用、开发环境的控制、包括完全自动化的全面的 TOE 配置管理、安全分发过程的证据等提供保证。

EAL6 在 EAL5 的基础上有意识地增加了保证，这是通过要求更全面的分析、实现的一个结构化表示、更构造化的结构（如分层）、更全面的独立脆弱性分析、系统性隐蔽信道说明和改进了的配置管理和开发环境控制实现的。

7. EAL7：形式化验证的设计和测试

EAL7 适用于在极端高风险的形势下，并且所保护的资源价值极高，值得花费更高的开销进行安全 TOE 的开发。EAL7 实际应用于那些需要进行广泛的形式化分析安全功能的 TOE。EAL7 通过对安全功能的分析提供保证，它靠功能的和完整接口的规范、指导性文档、TOE 的高层和低层设计，实现的结构化表示来理解安全行为。也可以通过以下方式额外地获得保证：TOE 安全策略的形式化模型,功能规范的形式化表示和高层设计,低层设计的半形式化表示,以及它们之间的对应关系的适当的形式化和半形式化阐明。此外还需要一个模块化的、分层的和简单的 TOE 设计。

EAL7 通过以下的因素来提供支持：TOE 安全功能的独立性测试,基于功能规范高层设计的开发者测试的证据,低层实际和实现表示,开发者测试结果的完整的独立确认,功能强度分析,开发者搜索脆弱性的证据等。

EAL7 也通过结构化的开发流程的使用、开发环境的控制、包括完全自动化的全面的 TOE 配置管理、安全分发过程的证据等来提供保证。

EAL7 在 EAL6 的基础上有意识地增加了保证,这是通过要求使用形式化表示和形式化对应的更全面的分析和全面的测试来实现的。

13.2.4　CC 的特点

CC 比起早期的评估准则其特点体现在其结构的开放性、表达方式的通用性以及结构和表达方式的内在完备性和实用性等 4 个方面。

在结构的开放性方面,CC 提出的安全功能要求和安全保证要求都可以具体的保护轮廓和安全目标中进一步细化和扩展。如可以增加"备份和恢复"方面的功能要求或一些环境安全要求。这种开放式的结构更适应信息技术和信息安全技术的发展。

通用性的特点,即给出通用的表达方式。如果用户、开发者、评估者和认可者等目标用户都使用 CC 的语言,互相之间就更容易理解沟通。如果用户使用 CC 的语言表述自己的安全需求,开发者就可以有针对性地描述产品和系统的安全性,评估者也更容易有效客观地进行评估,并确保评估结果多用户而言更容易理解。这种特点对规范实用方案的编写和安全性测试评估都具有重要意义。这种特点也是在经济全球化发展、全球信息化发展的趋势下,进行合格评定和评估结果国际互认的需要。

CC 的这种结构和表达方式具有内在完备性和实用性的特点,具体体现在保护轮廓和安全目标的编制上。保护轮廓主要用于表达一类产品或系统的用户需求,在标准化体系中可以作为安全技术类标准对待。其内容主要包括对该类产品或系统的界定性描述,即确定需要保护的对象;确定安全环境,即指安全问题(需要保护的资产、已知的威胁、用户的组织安全策略);产品或系统的安全目的,即对安全问题的相应对策(技术性和非技术性措施);信息技术安全要求,包括功能要求、保证要求和环境要求,这些要求通过满足安全目的,进一步提出具体在技术上如何解决安全问题;基本原理,指安全要求对安全目的、安全目的对安全环境是充分且必要的;以及附加的补充说明信息。

保护轮廓编制,一方面解决了技术与实际需求之间的内在完备性;另一方面用户通过分析所需要的产品和系统面临的安全问题,明确所需的安全策略,进而确定应采取的安全措施,包括技术和管理上的措施,这样就有助于提高安全保护的针对性和有效性。

安全目标在保护轮廓的基础上,通过将安全要求进一步有针对性地具体化,解决了要求的具体实现。通过保护轮廓和安全目标这两种结构,就便于将 CC 的安全性要求具体应用到 IT 产品的开发、生产、测试、评估和信息系统的集成、运行、评估和管理中。

13.3 我国信息系统安全评价标准

为了提高我国计算机信息系统安全保护水平,以确保社会政治稳定和经济建设的顺利进行,公安部提出并组织制定了强制性国家标准 GB 17859:1999《计算机信息安全保护等级划分准则》,该准则于 1999 年 9 月 13 日经国家质量技术监督局发布,并于 2001 年 1 月 1 日起实施。该标准是建立安全等级保护制度、实施安全等级管理的重要基础性标准。它将计算机信息系统安全保护等级划分为 5 个级别,通过规范、科学和公正的评定和监督管理,一是为计算机信息系统安全等级保护管理法规的制定和执法部门的监督检查提供依据;二是为计算机信息系统安全产品的研制提供技术支持;三是为安全系统的建设和管理提供技术指导。之后,公安部于 2002 年 7 月 18 日还公布并实施了一系列计算机信息系统安全等级保护标准,包括 GA/T 390—2002《计算机信息系统安全等级保护通用技术要求》、GA/T 388—2002《计算机信息系统安全等级保护操作系统技术要求》、GA/T 389—2002《计算机信息系统安全等级保护数据库管理系统技术要求》、GA/T 387—2002《计算机信息系统安全等级保护网络技术要求》、GA/T 391—2002《计算机信息系统安全等级保护管理要求》等,进一步完善了计算机信息系统安全等级保护的标准体系。

13.3.1 所涉及的术语

在公安部制定的信息系统安全评价标准中,为了清晰地阐述标准的详细内容,定义了一系列基本术语。这些术语与 TCSEC 中的相关术语基本相似。

(1) 计算机信息系统(computer information system):计算机信息系统是由计算机及其相关的和配套的设备、设施(含网络)构成的,按照一定的应用目标和规则对信息进行采集、加工、存储、传输、检索等处理的人机系统。

(2) 计算机信息系统可信计算基(trusted computing base of computer information system):计算机系统内保护装置的总体,包括硬件、固件、软件和负责执行安全策略的组合体。它建立了一个基本的保护环境并提供一个可信计算系统所要求的附加用户服务。

(3) 客体(object):信息的载体。

(4) 主体(subject):引起信息在客体之间流动的人、进程或设备等。

(5) 敏感标记(sensitivity label):表示客体安全级别并描述客体数据敏感性的一组信息,可信计算基中把敏感标记作为强制访问控制决策的依据。

(6) 安全策略(Security Policy):有关管理、保护和发布敏感信息的法律、规定和实施细则。

(7) 信道(Channel):系统内的信息传输路径。

(8) 隐蔽信道(Covert Channel):允许进程以危害系统安全策略的方式传输信息的通信信道。

(9) 访问监控器(Reference Monitor):监控主体和客体之间授权访问关系的部件。

(10) 可信信道(Trusted Channel):为了执行关键的安全操作,在主体、客体及可信 IT 产品之间建立和维护的保护通信数据免遭修改和泄露的通信路径。

（11）客体重用：在计算机信息系统可信计算基的空闲存储客体空间中，对客体初始制定、分配或再分配一个主体之前，撤销该客体所含信息的所有授权。当主体获得对一个已被释放的客体的访问权时，当前主体不能获得原主体活动所产生的任何信息。

13.3.2　等级的划分及各等级的要求

《计算机信息系统安全保护等级划分准则》将信息系统划分为 5 个等级，分别是自主保护级、系统审计保护级、安全标记保护级、结构化保护级和访问验证保护级。主要的安全考核指标自主访问控制、强制访问控制、安全标记、身份鉴别、客体重用、审计、数据完整性、隐蔽信道分析、可信路径和可信恢复等，这些指标涵盖了不同级别的安全要求。

1．第一级　用户自主保护级

本级的计算机信息系统可信计算基通过隔离用户与数据，使用户具备自主安全保护的能力。它具有多种形式的控制能力，对用户实施访问控制，即为用户提供可行的手段，保护用户和用户组信息，避免其他用户对数据的非法读写与破坏。本级有以下考核指标的要求。

1）自主访问控制

计算机信息系统可信计算基定义和控制系统中命名用户对命名客体的访问。实施机制（如访问控制表）允许命名用户以用户和（或）用户组的身份规定并控制客体的共享；阻止非授权用户读取敏感信息。

2）身份鉴别

计算机信息系统可信计算基初始执行时，首先要求用户标识自己的身份，并使用保护机制（如密码）鉴别用户的身份，阻止非授权用户访问用户身份鉴别数据。

3）数据完整性

计算机信息系统可信计算基通过自主完整性策略，阻止非授权用户修改或破坏敏感信息。

2．第二级　系统审计保护级

与用户自主保护级相比，本级的计算机信息系统可信计算基实施了粒度更细的自主访问控制，通过登录规程、审计安全性相关事件和隔离资源，使用户对自己的行为负责。本级有以下考核指标的要求。

1）自主访问控制

计算机信息系统可信计算基定义和控制系统中命名用户对命名客体的访问。实施机制（如访问控制表）允许命名用户以用户和（或）用户组的身份规定并控制客体的共享；阻止非授权用户读取敏感信息，并控制访问权限扩散。自主访问控制机制根据用户指定方式或默认方式，阻止非授权用户访问客体，访问控制的粒度是单个用户，没有存取权的用户只允许由授权用户指定对客体的访问权。

2）身份鉴别

计算机信息系统可信计算基初始执行时，首先要求用户标识自己的身份，并使用保护机制（如密码）来鉴别用户的身份；阻止非授权用户访问用户身份鉴别数据。通过为用户提供唯一标识、计算机信息系统可信计算基能够使用户对自己的行为负责。计算机信息系统可信计算基还具备将身份标识与该用户所有可审计行为相关联的能力。

3）客体重用

在计算机信息系统可信计算基的空闲存储客体空间中，对客体初始指定、分配或再分配一个主体之前，撤销该客体所含信息的所有授权。当主体获得对一个已被释放的客体的访问权时，当前主体不能获得原主体活动所产生的任何信息。

4）审计

计算机信息系统可信计算基能创建和维护受保护客体的访问审计跟踪记录，并能阻止非授权的用户对它访问或破坏。

计算机信息系统可信计算基能记录下述事件：使用身份鉴别机制；将客体引入用户地址空间（如打开文件、程序初始化）；删除客体；由操作员、系统管理员或（和）系统安全管理员实施的动作，以及其他与系统安全有关的事件。对于每一事件，其审计记录包括事件的日期和时间、用户、事件类型、事件是否成功。对于身份鉴别事件，审计记录包含的来源（如终端标识符）；对于客体引入用户地址空间的事件及客体删除事件，审计记录包含客体名。

对不能由计算机信息系统可信计算基独立分辨的审计事件，审计机制提供审计记录接口，可由授权主体调用。这些审计记录区别于计算机信息系统可信计算基独立分辨的审计记录。

5）数据完整性

计算机信息系统可信计算基通过自主完整性策略，阻止非授权用户修改或破坏敏感信息。

3．第三级　安全标记保护级

本级的计算机信息系统可信计算基具有系统审计保护级所有功能。此外，还提供有关安全策略模型、数据标记以及主体对客体强制访问控制的非形式化描述；具有准确地标记输出信息的能力；消除通过测试发现的任何错误。本级有以下考核指标的要求。

1）自主访问控制

计算机信息系统可信计算基定义和控制系统中命名用户对命名客体的访问。实施机制（如访问控制表）允许命名用户以用户和（或）用户组的身份规定并控制客体的共享；阻止非授权用户读取敏感信息。并控制访问权限扩散。自主访问控制机制根据用户指定方式或默认方式，阻止非授权用户访问客体。访问控制的粒度是单个用户。没有存取权的用户只允许由授权用户指定对客体的访问权。阻止非授权用户读取敏感信息。

2）强制访问控制

计算机信息系统可信计算基对所有主体及其所控制的客体（例如，进程、文件、段、设备）实施强制访问控制。为这些主体及客体指定敏感标记，这些标记是等级分类和非等级类别的组合，它们是实施强制访问控制的依据。计算机信息系统可信计算基支持两种或两种以上成分组成的安全级。计算机信息系统可信计算基控制的所有主体对客体的访问应满足：仅当主体安全级中的等级分类高于或等于客体安全级中的等级分类，且主体安全级中的非等级类别包含了客体安全级中的全部非等级类别，主体才能读客体；仅当主体安全级中的等级分类低于或等于客体安全级中的等级分类,且主体安全级中的非等级类别包含了客体安全级中的非等级类别,主体才能写一个客体。计算机信息系统可信计算基使用身份和鉴别数据,鉴别用户的身份,并保证用户创建的计算机信息系统可信计算基外部主体的安全级和授权受该用户的安全级和授权的控制。

　　3) 标记

　　计算机信息系统可信计算基应维护与主体及其控制的存储客体(例如,进程、文件、段、设备)相关的敏感标记。这些标记是实施强制访问的基础。为了输入未加安全标记的数据,计算机信息系统可信计算基向授权用户要求并接受这些数据的安全级别,且可由计算机信息系统可信计算基审计。

　　4) 身份鉴别

　　计算机信息系统可信计算基初始执行时,首先要求用户标识自己的身份,而且,计算机信息系统可信计算基维护用户身份识别数据并确定用户访问权及授权数据。计算机信息系统可信计算基使用这些数据鉴别用户身份,并使用保护机制(如密码)鉴别用户的身份;阻止非授权用户访问用户身份鉴别数据。通过为用户提供唯一标识,计算机信息系统可信计算基能够使用户对自己的行为负责。计算机信息系统可信计算基还具备将身份标识与该用户所有可审计行为相关联的能力。

　　5) 客体重用

　　在计算机信息系统可信计算基的空闲存储客体空间中,对客体初始指定、分配或再分配一个主体之前,撤销客体所含信息的所有授权。当主体获得对一个已被释放的客体的访问权时,当前主体不能获得原主体活动所产生的任何信息。

　　6) 审计

　　计算机信息系统可信计算基能创建和维护受保护客体的访问审计跟踪记录,并能阻止非授权的用户对它访问或破坏。

　　计算机信息系统可信计算基能记录下述事件:使用身份鉴别机制;将客体引入用户地址空间(如打开文件、程序初始化);删除客体;由操作员、系统管理员或(和)系统安全管理员实施的动作,以及其他与系统安全有关的事件。对于每一事件,其审计记录包括:事件的日期和时间、用户、事件类型、事件是否成功。对于身份鉴别事件,审计记录包含请求的来源(如终端标识符);对于客体引入用户地址空间的事件及客体删除事件,审计记录包含客体名及客体的安全级别。此外,计算机信息系统可信计算基具有审计更改可读输出记号的能力。对不能由计算机信息系统可信计算基独立分辨的审计事件,审计机制提供审计记录接口,可由授权主体调用。这些审计记录区别于计算机信息系统可信计算基独立分辨的审计记录。

　　7) 数据完整性

　　计算机信息系统可信计算基通过自主和强制完整性策略,阻止非授权用户修改或破坏敏感信息。在网络环境中,使用完整性敏感标记来确信信息在传送中未受损。

　　4. 第四级　结构化保护级

　　本级的计算机信息系统可信计算基建立于一个明确定义的形式化安全策略模型之上,要求将第三级系统中的自主和强制访问控制扩展到所有主体与客体。此外,还要考虑隐蔽通道。本级的计算机信息系统可信计算基必须结构化为关键保护元素和非关键保护元素。计算机信息系统可信计算基的接口也必须明确定义,使其设计与实现能经受更充分的测试和更完整的复审。加强了鉴别机制;支持系统管理员和操作员的职能;提供可信设施管理;增强了配置管理控制。系统具有相当的抗渗透能力。本级有以下考核指标的要求。

1) 自主访问控制

计算机信息系统可信计算基定义和控制系统中命名用户对命名客体的访问。实施机制(如访问控制表)允许命名用户和(或)以用户组的身份规定并控制客体的共享;阻止非授权用户读取敏感信息。并控制访问权限扩散。自主访问控制机制根据用户指定方式或默认方式,阻止非授权用户访问客体。访问控制的粒度是单个用户。没有存取权的用户只允许由授权用户指定对客体的访问权。

2) 强制访问控制

计算机信息系统可信计算基对外部主体能够直接或间接访问的所有资源(例如,主体、存储客体和输入输出资源)实施强制访问控制。为这些主体及客体指定敏感标记,这些标记是等级分类和非等级类别的组合,它们是实施强制访问控制的依据。计算机信息系统可信计算基支持两种或两种以上成分组成的安全级。计算机信息系统可信计算基外部的所有主体对客体的直接或间接的访问应满足:仅当主体安全级中的等级分类高于或等于客体安全级中的等级分类,且主体安全级中的非等级类别包含了客体安全级中的全部非等级类别,主体才能读客体;仅当主体安全级中的等级分类低于或等于客体安全级中的等级分类,且主体安全级中的非等级类别包含于客体安全级中的非等级类别,主体才能写一个客体。计算机信息系统可信计算基使用身份和鉴别数据,鉴别用户的身份,保护用户创建的计算机信息系统可信计算基外部主体的安全级和授权受该用户的安全级和授权的控制。

3) 标记

计算机信息系统可信计算基维护与可被外部主体直接或间接访问到的计算机信息系统资源(如主体、存储客体、只读存储器)相关的敏感标记。这些标记是实施强制访问的基础。为了输入未加安全标记的数据,计算机信息系统可信计算基向授权用户要求并接受这些数据的安全级别,且可由计算机信息系统可信计算基审计。

4) 身份鉴别

计算机信息系统可信计算基初始执行时,首先要求用户标识自己的身份,而且,计算机信息系统可信计算基维护用户身份识别数据并确定用户访问权及授权数据。计算机信息系统可信计算基使用这些数据,鉴别用户身份,并使用保护机制(如密码)鉴别用户的身份;阻止非授权用户访问用户身份鉴别数据。通过为用户提供唯一标识,计算机信息系统可信计算基能够使用户对自己的行为负责。计算机信息系统可信计算基还具备将身份标识与该用户所有可审计行为相关联的能力。

5) 客体重用

在计算机信息系统可信计算基的空闲存储客体空间中,对客体初始指定、分配或再分配一个主体之前,撤销客体所含信息的所有授权。当主体获得对一个已被释放的客体的访问权时,当前主体不能获得原主体活动所产生的任何信息。

6) 审计

计算机信息系统可信计算基能创建和维护受保护客体的访问审计跟踪记录,并能阻止非授权的用户对它访问或破坏。

计算机信息系统可信计算基能记录下述事件：使用身份鉴别机制；将客体引入用户地址空间(如打开文件、程序初始化)；删除客体；由操作员、系统管理员或(和)系统安全管理员实施的动作，以及其他与系统安全有关的事件。对于每一事件，其审计记录包括事件的日期和时间、用户、事件类型、事件是否成功。对于身份鉴别事件，审计记录包含请求的来源(如终端标识符)；对于客体引入用户地址空间的事件及客体删除事件，审计记录包含客体及客体的安全级别。此外，计算机信息系统可信计算基具有审计更改可读输出记号的能力。

对不能由计算机信息系统可信计算基独立分辨的审计事件，审计机制提供审计记录接口，可由授权主体调用。这些审计记录区别于计算机信息系统可信计算基独立分辨的审计记录。

计算机信息系统可信计算基能够审计利用隐蔽存储信道时可能被使用的事件。

7) 数据完整性

计算机信息系统可信计算基通过自主和强制完整性策略。阻止非授权用户修改或破坏敏感信息。在网络环境中，使用完整性敏感标记来确信信息在传送中未受损。

8) 隐蔽信道分析

系统开发者应彻底搜索隐蔽存储信道，并根据实际测量或工程估算确定每一个被标识信道的最大带宽。

9) 可信路径

对用户的初始登录和鉴别，计算机信息系统可信计算基在它与用户之间提供可信通信路径。该路径上的通信只能由该用户初始化。

5. 第五级　访问验证保护级

本级的计算机信息系统可信计算基满足访问监控器需求。访问监控器仲裁主体对客体的全部访问。访问监控器本身是抗篡改的；必须足够小，能够分析和测试。为了满足访问监控器需求，计算机信息系统可信计算基在其构造时，排除那些对实施安全策略来说并非必要的代码；在设计和实现时，从系统工程角度将其复杂性降低到最小程度。支持安全管理员职能；扩充审计机制，当发生与安全相关的事件时发出信号；提供系统恢复机制。系统具有很高的抗渗透能力。本级有以下考核指标的要求。

1) 自主访问控制

计算机信息系统可信计算基定义并控制系统中命名用户对命名客体的访问。实施机制(如访问控制表)允许命名用户和(或)以用户组的身份规定并控制客体的共享；阻止非授权用户读取敏感信息。并控制访问权限扩散。

自主访问控制机制根据用户指定方式或默认方式，阻止非授权用户访问客体。访问控制的粒度是单个用户。访问控制能够为每个命名客体指定命名用户和用户组，并规定他们对客体的访问模式。没有存取权的用户只允许由授权用户指定对客体的访问权。

2) 强制访问控制

计算机信息系统可信计算基对外部主体能够直接或间接访问的所有资源(例如，主体、存储客体和输入输出资源)实施强制访问控制。为这些主体及客体指定敏感标记，这些标记是等级分类和非等级类别的组合,它们是实施强制访问控制的依据。计算机信息系统可信计算基支持两种或两种以上成分组成的安全级。计算机信息系统可信计算基外部的所有主体对客体的直接或间接的访问应满足:仅当主体安全级中的等级分类高于或等于客体安全级中的等级分类,且主体安全级中的非等级类别包含了客体安全级中的全部非等级类别,主体才能读客体;仅当主体安全级中的等级分类低于或等于客体安全级中的等级分类,且主体安全级中的非等级类别包含了客体安全级中的非等级类别,主体才能写一个客体。计算机信息系统可信计算基使用身份和鉴别数据,鉴别用户的身份,保证用户创建的计算机信息系统可信计算基外部主体的安全级和授权受该用户的安全级和授权的控制。

3）标记

计算机信息系统可信计算基维护与可被外部主体直接或间接访问到计算机信息系统资源(如主体、存储客体、只读存储器)相关的敏感标记。这些标记是实施强制访问的基础。为了输入未加安全标记的数据,计算机信息系统可信计算基向授权用户要求并接受这些数据的安全级别,且可由计算机信息系统可信计算基审计。

4）身份鉴别

计算机信息系统可信计算基初始执行时,首先要求用户标识自己的身份,而且,计算机信息系统可信计算基维护用户身份识别数据并确定用户访问权及授权数据。计算机信息系统可信计算基使用这些数据,鉴别用户身份,并使用保护机制(如密码)来鉴别用户的身份;阻止非授权用户访问用户身份鉴别数据。通过为用户提供唯一标识,计算机信息系统可信计算基能够使用户对自己的行为负责。计算机信息系统可信计算基还具备将身份标识与该用户所有可审计行为相关联的能力。

5）客体重用

在计算机信息系统可信计算基的空闲存储客体空间中,对客体初始指定、分配或再分配一个主体之前,撤销客体所含信息的所有授权。当主体获得对一个已被释放的客体的访问权时,当前主体不能获得原主体活动所产生的任何信息。

6）审计

计算机信息系统可信计算基能创建和维护受保护客体的访问审计跟踪记录,并能阻止非授权的用户对它访问或破坏。

计算机信息系统可信计算基能记录下述事件:使用身份鉴别机制;将客体引入用户地址空间(如打开文件、程序初始化);删除客体;由操作员、系统管理员或(和)系统安全管理员实施的动作,以及其他与系统安全有关的事件。对于每一事件,其审计记录包括:事件的日期和时间、用户、事件类型、事件是否成功。对于身份鉴别事件,审计记录包含请求的来源(如终端标识符);对于客体引入用户地址空间的事件及客体删除事件,审计记录包含客体名及客体的安全级别。此外,计算机信息系统可信计算基具有审计更改可读输出记号的能力。

对不能由计算机信息系统可信计算基独立分辨的审计事件,审计机制提供审计记录接口,可由授权主体调用。这些审计记录区别于计算机信息系统可信计算基独立分辨的审计记录。计算机信息系统可信计算基能够审计利用隐蔽存储信道时可能被使用的事件。

计算机信息系统可信计算基包含能够监控可审计安全事件发生与积累的机制,当超过阈值时,能够立即向安全管理员发出报警。并且,如果这些与安全相关的事件继续发生或积累,系统应以最小的代价终止它们。

7) 数据完整性

计算机信息系统可信计算基通过自主和强制完整性策略,阻止非授权用户修改或破坏敏感信息。在网络环境中,使用完整性敏感标记来确信信息在传送中未受损。

8) 隐蔽信道分析

系统开发者应彻底搜索隐蔽信道,并根据实际测量或工程估算确定每一个被标识信道的最大带宽。

9) 可信路径

当连接用户时(如注册、更改主体安全级),计算机信息系统可信计算基提供它与用户之间的可信通信路径。可信路径上的通信只能由该用户或计算机信息系统可信计算基激活,在逻辑上与其他路径上的通信相隔离,且能正确地加以区分。

10) 可信恢复

计算机信息系统可信计算基提供过程和机制,保证计算机信息系统失效或中断后,可以进行不损害任何安全保护性能的恢复。

13.3.3　对标准的分析

从等级的划分可以看出,从第三安全级开始增加了强制访问控制的要求,同时保留了自主访问控制安全要求。自主访问控制允许某客体的主体授权其他主体向其客体写数据,这样可以解决低完整性级别的主体向高完整性级别的客体写入数据的问题。对于要求达到第三级以上安全等级的系统,需要以强制访问控制为主,只能在有限的主体范围内允许自主访问控制。考虑到在网络环境中,数据在传输过程中可能受损,因此在数据完整性要求中,特意要求使用完整性敏感标记来确信信息在传输过程中没有受到损害。

和 TCSEC 比较来看,第五等级并不简单地对应 TCSEC 的 B3 等级,实际上还包含了部分 A1 安全级的要求。B3 安全级要求系统由主体/客体安全保护区域,有能力实现对每个客体的访问控制,使每次访问都受到检查,客体的访问区域限定在某个安全区域内,但这些要求并未在第五安全级内明确体现。A1 安全级要求对系统的形式模型有充分的验证,要求有顶级涉及与系统形式模型的一致性说明,并要求对隐蔽信道的分析说明,因此,第五等级更接近 TCSEC 中的 A1 级。

附录 A　信息安全实验

本附录共包含 8 个实验内容,读者可以通过这些内容,进一步加深对信息安全基础理论的理解,掌握安全理论与技术的应用方法。

实验中涉及的软件一般为开源软件或者免费软件,使用广泛,每一种软件都给了相应的官方网站,可以下载使用。

A1　三重 DES 加密软件的开发

【实验目的、环境及背景知识】

1. 实验目的

通过开发三重 DES 加密软件,进一步理解对称加密体制的基本原理;了解对称加密算法在文件保护中的应用;了解利用 Java 开发加密软件的方法和 Java 中关于加密的类。

2. 实验环境

硬件:主流配置计算机。
软件:JDK(http://www.oracle.com/technetwork/indexes/downloads/index.html 下载)。

3. 背景知识

Java 中的 javax.crypto 包定义了密码操作所需的各种类和接口,能够实现加密、密钥生成和密钥协商、消息认证码的生成等,支持对称密码、非对称密码、分组密码和流密码,也支持安全流和封装的对象。

javax.crypto 包中提供的许多类都是基于提供程序的(provider-based)。类本身定义了一个可编程的接口供许多应用程序使用,并根据需要无缝嵌入。因此,应用程序开发人员可以利用任意数量的基于提供程序的实现,而无需添加或重写代码。

软件包 javax.crypto.spec 则为密钥规范和算法参数规范提供类和接口。密钥规范是组成一个密钥的密钥内容的透明表示形式。可以用特定于算法的方式或与算法无关的编码格式(如 ASN.1)来指定一个密钥。此包包含 Diffie-Hellman 公钥和私钥的密钥规范,也包含 DES、Triple DES 以及 PBE 密钥的密钥规范。算法参数规范是随同算法使用的参数集合的透明表示形式。此包包含随同 Diffie-Hellman、DES、Triple DES、PBE、RC2 以及 RC5 算法使用的那些参数的参数规范。

【实验步骤】

利用 Java 开发一个文件加密软件,使之能够对任何文件通过三重 DES 加密,加密密钥 key1、key2、key3 由用户输入的 24 个字符构成,加密后生成的文件为"原文件名. tdes"。

程序运行后的界面如图 A-1 所示。

图 A-1　　3DES 加密程序运行界面

单击"浏览…"按钮可选择加密或解密的文件。然后输入 24 个字符的密钥,程序自动取前 8 个字符为 key1,中间 8 个字符为 key2,最后 8 个字符为 key3。之后,单击"加密"或"解密"按钮,即可进行加密或解密。注意,在对文件解密时,在文件选择文本框里的文件扩展名必须为. tdes。

参考程序 FileEncrypter. java 如下:

```java
import java.awt. * ;
import java.awt.event. * ;
import javax.swing. * ;
import java.lang. * ;
import java.io. * ;
import java.security. * ;
import javax.crypto. * ;
import javax.crypto.spec. * ;
public class FileEncrypter extends JFrame
{
    public static void main(String args[])
    {
        FileEncrypter fe = new FileEncrypter();
        fe.show();
    }

    FileEncrypter()
    {
        this.setSize(550,200);
        this.setDefaultCloseOperation(JFrame.EXIT_ON_CLOSE);
        this.setLocation(400, 300);
        this.setTitle("文件加密工具(3DES)");
```

```
Container c = this.getContentPane();
c.setLayout( new FlowLayout());
JLabel label = new JLabel("文件选择");
c.add(label);
final JTextField fileText = new JTextField(35);
c.add(fileText);
JButton chooseButton = new JButton("浏览...");
chooseButton.addActionListener(new ActionListener() //以下编写"浏览..."按钮的监听和事件
{
    public void actionPerformed(ActionEvent e)
    {
        JFileChooser chooser = new JFileChooser();
        chooser.setCurrentDirectory(new File("."));
        int result = chooser.showOpenDialog(null);
        if(result == JFileChooser.APPROVE_OPTION)//获得选择的文件绝对路径
        {
          String path = chooser.getSelectedFile().getAbsolutePath();
          fileText.setText(path);
        }
    }
});                                       //"浏览..."按钮的监听和事件编写完毕
c.add(chooseButton);
JLabel label2 = new JLabel("密钥(24 个字符): ");
c.add(label2);
final JTextField keyText = new JTextField(35);
c.add(keyText);
JButton jbE = new JButton("加密");
c.add(jbE);
jbE.addActionListener(new ActionListener() //以下编写"加密"按钮的监听和事件
{
    public void actionPerformed(ActionEvent event)
    {
        String wenjian,miyao;
        wenjian = fileText.getText();
        miyao = keyText.getText();
        if("".equals(wenjian) || wenjian == null)
          JOptionPane.showMessageDialog (null,"请选择文件!","提示",JOptionPane.
OK_OPTION);
        else
          if("".equals(miyao) || miyao == null)
              JOptionPane.showMessageDialog(null,"请输入 24 字节密钥!","提示",
JOptionPane.OK_OPTION);
              else
              {
                  if(miyao.length()! = 24)
                  {
                      JOptionPane.showMessageDialog(null,"密钥必须为 24 字节!","提示",
JOptionPane.OK_OPTION);
                  }
                  else
                  {
```

```
                              byte[] key1 = miyao.substring(0,8).getBytes();
                              byte[] key2 = miyao.substring(8,16).getBytes();
                              byte[] key3 = miyao.substring(16,24).getBytes();
                                            //将 3 个密钥分别存入字节型数组中
                              File file = new File(wenjian);
                              byte[] plain = bytefromfile(file);
                              //读取明文并存入字节型数组 plain 中,bytefromfile()方法定义在后
                              try
                              {
                                  byte[] bytOut = encryptByDES (encryptByDES(encryptByDES (plain,
key1), key2),key3);
                                     //实施加密,加密后的密文字节存储在 bytOut 中
                                     //encryptByDES()方法定义在后
                                  String fileOut = wenjian + ".tdes";
                                  FileOutputStream fos = new FileOutputStream(fileOut);
                                  for(int i = 0;i < bytOut.length;i ++ )
                                  {
                                       fos.write((int)bytOut[i]);
                                  }
                                  fos.close(); // 将 bytOut 数组的内容写入新文件
                                  JOptionPane.showMessageDialog(null,"加密成功!","提示",
JOptionPane.INFORMATION_MESSAGE);
                              }

                              catch(Exception e)
                              {
                                  JOptionPane.showMessageDialog(null,"加密失败!请检查文件或
密钥!","提示",JOptionPane.OK_OPTION);
                              }
                          }
                      }
                  }
              }); //编写"加密"按钮的监听和事件完毕
          JButton jbD = new JButton("解密");
          c.add(jbD);
          jbD.addActionListener(new ActionListener()
              //以下编写"解密"按钮的监听和事件
          {
              public void actionPerformed(ActionEvent event)
              {
                  String wenjian,wenjian1,miyao;
                  wenjian = fileText.getText();
                  miyao = keyText.getText();
                  if("".equals(wenjian) || wenjian == null)
                  {
                      JOptionPane.showMessageDialog(null,"请选择文件!","提示",
JOptionPane.OK_OPTION); return;
                  }
                  if(wenjian.substring(wenjian.length() - 5).toLowerCase().
equals(".tdes"))

                      if(miyao.length()! = 24)
```

```
                          {
                              JOptionPane. showMessageDialog ( null," 密 钥 必 须 为 24 字
节!","提示",JOptionPane.OK_OPTION);return;
                          }
                          else
                          {
                              wenjian1 = wenjian. substring(0,wenjian. length() - 5);
                              JFileChooser chooser = new JFileChooser();
                              chooser. setCurrentDirectory(new File("."));
                              chooser. setSelectedFile(new File(wenjian1));
                                          //用户指定要保存的文件
                              int ret = chooser. showSaveDialog(null);
                              if(ret == 0)
                              {
                                  byte[] key1 = miyao. substring(0,8). getBytes();
                                  byte[] key2 = miyao. substring(8,16). getBytes();
                                  byte[] key3 = miyao. substring(16,24). getBytes();
                                                      //读取解密密钥
                                  File file = new File(wenjian);
                                  byte[] miwen = bytefromfile(file);//读取密文
                                  try
                                  {
                                      byte[] bytOut =  decryptByDES ( decryptByDES
(decryptByDES (miwen, key3), key2),key1);
              //实施解密,加密后的密文字节存储在 bytOut 中,decryptByDES ()方法定义在后
                                      File fileOut = chooser. getSelectedFile();
                                      fileOut. createNewFile();
                                      FileOutputStream fos = new FileOutputStream
(fileOut);

                                      for(int i = 0;i < bytOut. length;i ++ )
                                      {
                                          fos. write((int)bytOut[i]);
                                      }
                                      fos. close();
                                      JOptionPane. showMessageDialog ( null," 解 密 成
功!","提示",JOptionPane. INFORMATION_MESSAGE);
                                  }
                                  catch(Exception e)
                                  {
                                      JOptionPane. showMessageDialog(null,"解密失败!请
检查文件或密钥!","提示",JOptionPane.OK_OPTION);
                                  }
                              }
                          }
                          else
                          {
                              JOptionPane. showMessageDialog(null,"不是合法的加密文件!","
提示",JOptionPane.OK_OPTION);
                              return;
                          }
                      }
```

```
        });//编写"解密"按钮的监听和事件完毕
    }

private byte[ ] bytefromfile(File filein)
{
    byte[ ] TextofFile = new byte[(int)filein.length()];
    try
    {
        FileInputStream fin = new FileInputStream(filein);
        for(int i = 0;i < filein.length();i++)
        {
            TextofFile[i] = (byte)fin.read();
        }
            fin.close();
    }
        catch(IOException e)
        {
            System.err.println(e);
        }
            return TextofFile;
} //此方法从输入文件中逐字节读取,存储在 TextofFile 数组中并返回此数组的值

private byte[ ] encryptByDES(byte[ ] bytP,byte[ ] bytKey) throws Exception
{
    DESKeySpec desKS = new DESKeySpec(bytKey);
    SecretKeyFactory skf = SecretKeyFactory.getInstance("DES");
    SecretKey sk = skf.generateSecret(desKS);
    Cipher cip = Cipher.getInstance("DES");
    cip.init(Cipher.ENCRYPT_MODE,sk);
    return cip.doFinal(bytP);
} //此方法根据输入的明文字节和密钥字节进行加密运算,并返回密文字节

private byte[ ] decryptByDES(byte[ ] bytE,byte[ ] bytKey) throws Exception
{
    DESKeySpec desKS = new DESKeySpec(bytKey);
    SecretKeyFactory skf = SecretKeyFactory.getInstance("DES");
    SecretKey sk = skf.generateSecret(desKS);
    Cipher cip = Cipher.getInstance("DES");
    cip.init(Cipher.DECRYPT_MODE,sk);
    return cip.doFinal(bytE);
}　//此方法根据输入的密文字节和密钥字节进行解密运算,并返回明文字节
}
```

　　将以上程序编译并运行。然后选择"明文.txt"文件,输入 24 字节的密钥后进行加密,如图 A-2 所示。

图 A-2　文件加密实例

"明文.txt"被加密后存储在同一目录下,文件名为"明文.txt.tdes"。"明文.txt"和"明文.txt.tdes"中的内容对比如图 A-3 所示。

(a) 明文.txt

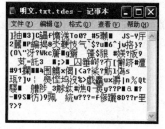
(b) 明文.txt.tdes

图 A-3 明文和密文的对比

【思考题】

(1) 理解以上程序代码,运行后尝试加密其他类型的文件。

(2) 不利用 Java 自带的加密功能类,编写 Java 程序实现文件加密、解密功能。

A2 PGP 软件的使用

【实验目的、环境及背景知识】

1. 实验目的

理解公钥加密体制的加密、解密过程以及密钥使用方式;了解密钥的管理方式和信任关系;了解数字签名的基本概念和使用方式,包括如何对文件进行签名、验证;掌握 PGP 的体系结构和应用原理。

2. 实验环境

硬件:主流配置计算机。

软件:安装 Windows 2000/2003/XP 操作系统,PGP Desktop 9.0 版。

3. 背景知识

PGP(pretty good privacy)是一个应用广泛的加密、数字签名应用软件,用来保护隐私信息。以前,PGP 是一种邮件加密软件,被用于保证邮件在传输过程中的保密性和不可否认性。目前,PGP 技术已被赛门铁克公司收购。

PGP 有面向普通用户的 Desktop 版本和面向企业用户的 Universal 版本。9.0 版大小为 23MB,适合普通用户使用。本实验采用的是 Desktop 9.0 版。

PGP 采用的加密体制为非对称加密体制,即公钥加密体制。通信时,传输内容用对方的公钥加密,对方收到后,用自己的私钥解密。在进行数字签名时,则用自己的私钥对内容进行签名,对方收到后用对应的公钥来进行验证。

　　PGP 在密钥管理方面采用了基于用户信任的模式,其密钥对由软件自动生成,私钥由用户通过密码进行保护。

　　PGP 能完成文件加密、解密、数字签名及验证、电子邮件加密以及即时通信加密(目前只支持 AIM,不支持 MSN 等即时通信软件)。

【实验步骤】

1. 安装

　　解压缩包后,计算机重启动开始安装,部分计算机可能需要重新启动两次。安装过程中基本上只需单击"下一步"按钮,如图 A-4 所示。

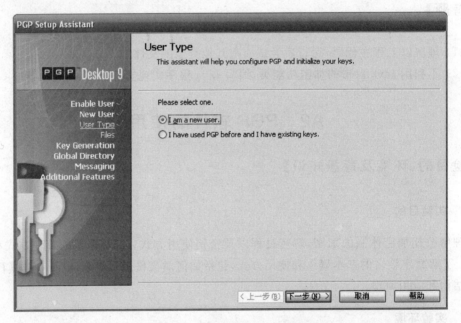

图 A-4　进入安装 PGP 的界面

　　新用户注册需要输入用户名,也就是使用者的名字和 E-mail 地址,用来标识密钥对。可以任意输入,如图 A-5 所示。

　　然后,用户输入保存私钥的密码,不少于 8 个字符,这串密码需要用户牢记。今后在使用私钥的时候就需要输入这串密码,如图 A-6 所示。

　　软件自动为用户生成密钥对。

2. 主界面介绍

　　在"开始"菜单里面会找到新安装的 PGP Desktop 软件。打开后界面如图 A-7 所示。

　　目前此界面中只有用户本人的密钥对。同时在托盘栏上会显示一把小锁 ，右击可以看到一些快捷功能。

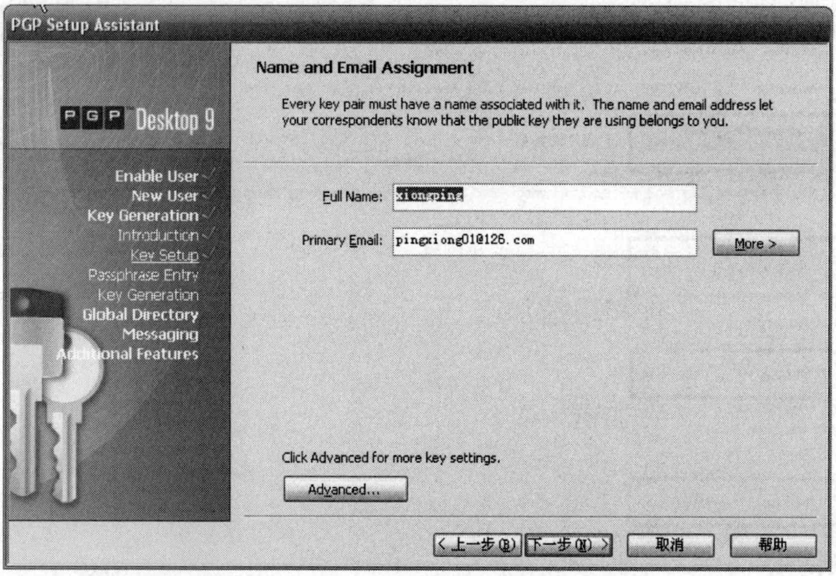

图 A-5　新用户注册

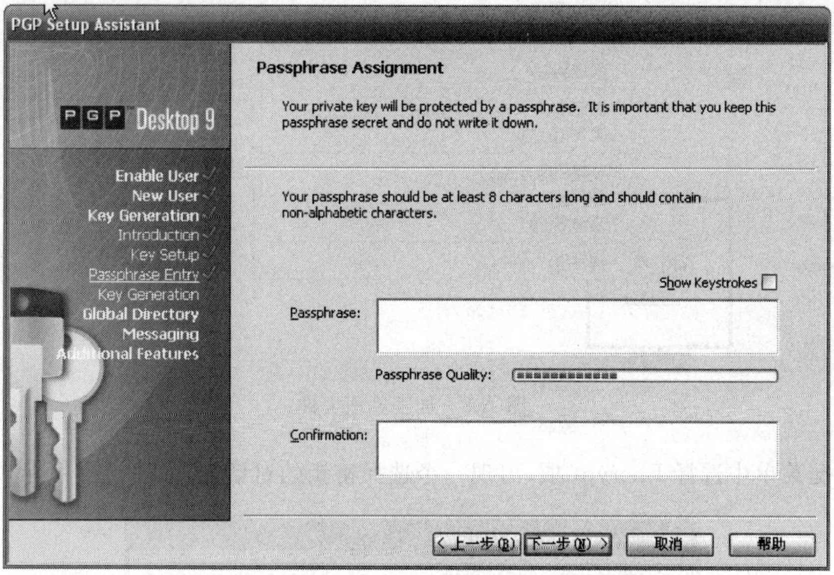

图 A-6　生成密钥

用户的私钥在开机第一次输入后,PGP 会默认将其存放在缓存中,用到时就无须再专门输入,其显示为 ,如果不希望存放在缓存中,可以右击,选择 Clear Caches 项。

3．加密/解密本地文件

在只有用户自己的密钥对时,可以加密/解密本地的文件。

（1）加密文件

加密的方式有几种,甚至可以不打开 desktop,直接在需要加密的文件上右击,如图 A-8所示。

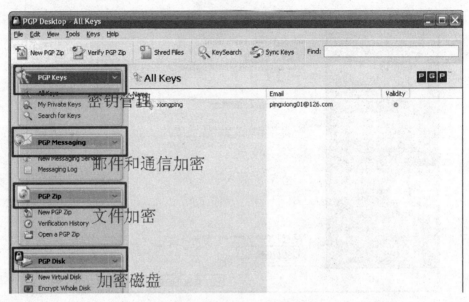

图 A-7 PGP Desktop 主界面

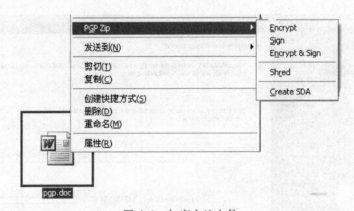

图 A-8 加密本地文件

在快捷菜单中选择 Encrypt 项,出现一个选择密钥的对话框,如图 A-9 所示。

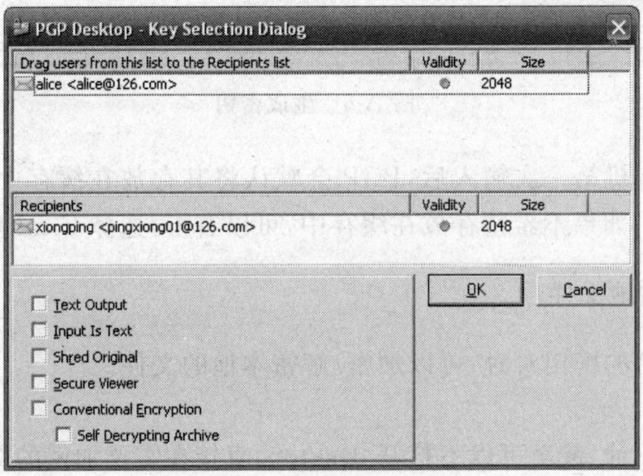

图 A-9 选择加密密钥

默认使用本人的密钥进行加密,直接单击
OK 按钮,即可完成加密,生成加密文件,加密
后的文件后缀名为.pgp。

(2)解密文件

解密时双击被加密文件的图标,会产生对
话框,如图 A-10 所示。

图中上部的文本框显示此文件由谁的密钥
进行加密,解密者在空白框中输入相应的私钥
密码(在图 A-6 中输入的密码。注意,此密码并
非私钥本身)即可解密。解密后的文件可以在
PGP Desktop 中看到,如图 A-11 所示。

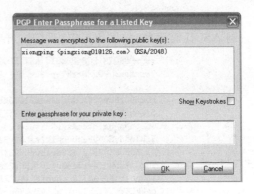

图 A-10　输入解密密码

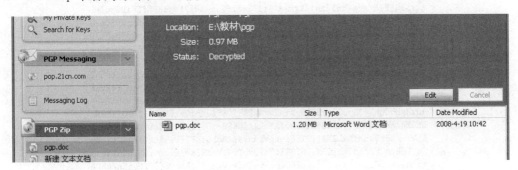

图 A-11　解密文件在主窗口显示

4.加密/解密同伴文件

这种加密文件的目的是为了通信双方的文件安全传送,也就是说,A 加密的文件,B 收
到以后可以顺利打开。这就需要双方不但要有自己的密钥对,还需要有对方的公钥,传送
前,A 用对方 B 的公钥对文件进行加密,B 收取后用自己的私钥进行解密还原出明文。

1)交换并导入公钥

首先双方互相交换自己的公钥。从 PGP 中导出自己的密钥并发送给对方,注意这里导
出的是公钥,而不是密钥对,在需要导出的密钥上右击,如图 A-12 所示。

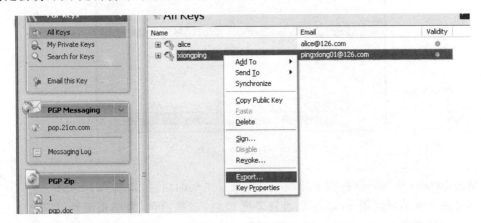

图 A-12　导出公钥

　　然后在弹出的快捷菜单中选择 Export Key 项,保存为.acs 文件,这个公钥文件使用二
进制 ASCII 码保存,如果用写字板打开,可以看到如图 A-13 所示的内容。

```
-----BEGIN PGP PUBLIC KEY BLOCK-----
Version: PGP Desktop 9.0.5 - Enterprise license

mQENBEgEov4BCADM8UoAmmM2lwCQM68wtNQErrZvt8azMu6F618GtwDdk3MDO1n7
SlZemAWsJ3IRJiFJD4r+3FQNYiXjKJOhI82Yh7IEWybwkv8K16aEgvOkjjNIkcZu
GCLooNp/bmlqdXaAkgvNdKvpSeLQ3eIOL36EGUbONAj2SLEsDAuy56ZerQd2sh6n
VrMIqbdyHOWNFzjUO5/ikZkiLNWxHZDSQvXfC6Wjuz5iWboncAObnlYYEuqEZEY8
M3cKDFUP80731k1zS8dyzbwm6398joEAUMbQbcZUP5q43TwSMwmPR5PhHyVbUwVX
YQ3ZiTwbUqC5wx5aAOwW6FT4HUt21RtN2XPBABEBAAGOH3hpb25ncGluZyA8Glu
Z3hpb25nMDFFAMTI2LmNvbT6JAWOEEAECAFcFAkgEov4wFIAAAAAAIAAHcHJlZmVy
cmVkLWVtYW1lLWVuY29kaW5nQHBncC5jb201jb21wZ3BtW11BwsJCAcDAgoCGQEFGwMA
AAADFgIBBR4BAAAABBUICQoACgkQWW1OmN1a7jKmDwf+NmPOBhwY8Pq8TJ/VEHRJ
jvOdcnH7HzHsFjnGWUSrKoVOzPkMAMuH5jAw+toQQAORSuOzw9cmCWhnJX2zornk
fwfVLkyU1b7k4DhPjkEbRXiSsOUKfDnOLO91Grr6P4CUPhqt1hxuQLu+cxQZ5mHh
A1rL14/FI8/xPeZhnTdz6jCWgcOa+5ri71wmI/93zy8H1JfWjiRPRfBWiD5jpZu9
JG3BoS5QeR4spULMgaKPbDtn7WgwjtBOWyOx906fqldGqduJjHXT5SMmiZP98hVG
lHrLq5vFC1mKpVde8hzHFamMSfXKYz9jsiBPjSNDKYTpWhFaAUecHlwO9VBiPLI9
+LkBDQRIBKMBAQgA2yZ53KVuehdNtJj8vsaBKGWiQgLf1a964mjjZAALPkoDwNta
a/70qn09fxwET+muFsMepyt31QSONUaJBXv1wnWRFgNkqIdkiw3zqtZuFQGcCXxh
9K1rtRQpORSOUOZ59/2tKMPOHLEbRnFO1TzBv9NroFHIae4t9W2VShO/r6j+95hE
2YAtK4+aaxL4I3UQwdDih02/nLH82mApcaOrmqVFLuRaMXmUKcobQ65bnlf4HWne
T4k41VtnCjA+OysSGqpdbMWQti77FiUFKQcm473nbEnBmXBn7g14/mB2oGOAfv9h
+DfWhBvUqhly8Npc02+fEZDUgktp5Qkdk2ME7QARAQABiQEiBBgBAgAMBQJIBKMB
BRsMAAAAAoJEF1pdJjdWu4yLxQIAMuLxAJ5KWU+zD8FQGIwEdToO5cobiy8NgEg
EpkJ+/3Ef94bnjKwLZYAJi2IV6ivhsVK5n98ZaMcLO4KVTZhesKu4fAha6CVIsOz
/csFnEu8CPP/mdOxBTKSNjD5TOWT1NsXDWbTyW1VmRWizWxMGcnvrInJKZs2VkzO
wH8bQJNc9Fr3bAimvA1CT1LoZEOEPCXwt7HZyQWvdySF3Rrkwn6CO2HBrEn/bFDM
iASyedftB6U/4jpjvDHCj+1LnzXoWohXJZqHzE1Bbtuqu0x/uteeuNmfnJ8wnJoY
Uqw9breS2T5dHLExW8szae7RzyN7hIXTifzBtnPgXqr3tP1Dy8k=
=IQng
-----END PGP PUBLIC KEY BLOCK-----
```

图 A-13　公钥的内容

　　加密后的文字显然没有人能够读懂,也无法根据此公钥推导出私钥。通过电子邮件或网
上邻居把此.asc 文件传送给同伴。同样,同伴也导出自己的公钥,传送过来。在接收到同伴的
公钥后,导入到 PGP 密钥环中:双击接收到的.asc 文件,然后出现对话框,如图 A-14 所示。

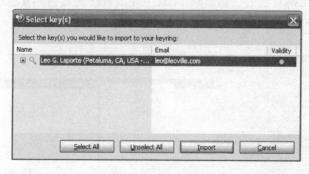

图 A-14　导入公钥

　　单击 Import 按钮,此时,在主界面中就出现了密钥的信息,如图 A-15 所示。
　　但是这个密钥后面的 validity 属性还不是绿色,而是白色,表明正确性没有被验证,也
就是主人还没有完全信任这把钥匙。可以用其加密文件,但还不能用它验证数字签名。

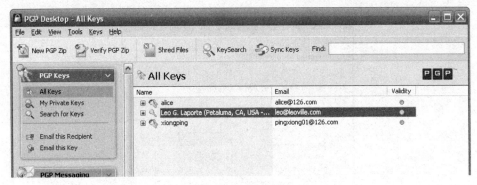

图 A-15　密钥显示窗口

解决方法是主人用自己的私钥对这把新来的钥匙进行签名,表示自己已经认可了。具体方法是在新钥匙上右击,选择 sign 项,出现 PGP Sign Key 对话框,如图 A-16 所示。

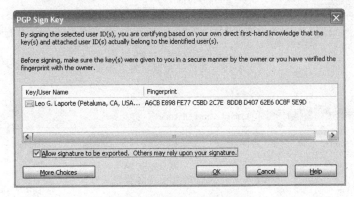

图 A-16　信任对方的公钥

单击 OK 按钮后,输入主人的那串密码,就签名成功,新钥匙后面的圆点变成绿色。

2) 加密文件

选择要加密文件,用刚导入的对方的公钥进行加密,会生成一个新的文件,这就是加密后的文件。可以通过各种方式把这个文件传送给对方。对方接收后直接双击,然后输入自己的私钥来解密,得到明文文件。

注意:此时加密后的文件本人是无法打开的。只能是拥有对应私钥的用户可以打开。以保证文件在传输过程中的机密性。

5. 数字签名及验证

PGP 也可以完成数字签名和验证的过程。用私钥对文件进行签名,验证时则用公钥。选择要签名的文件,右击,选择 PGP Zip→Sign 命令,出现如图 A-17 所示的对话框。

选择用自己的私钥加密,单击 OK 按钮,则在同一个目录下出现一个以.sig 为后缀的签名文件,此签名文件和原文件结合使用。验证时,双击 sig 文件,主窗口里会显示此文件的签名者、签名日期,以及签名是否有效。如果该文件的 Validity 属性显示为绿色圆点,如图 A-18 所示,则表示签名有效。

如果原文件被破坏,如其中内容被修改,则验证失败,如图 A-19 所示。

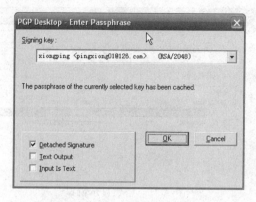

图 A-17　选择自己的私钥签名

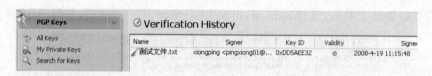

图 A-18　文件通过数字签名验证

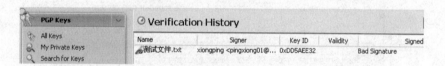

图 A-19　文件的数字签名验证失败

其中文件名前面出现红色禁止符号,并且 Validity 项也没有绿色圆点显示。表明文件已经被破坏,验证失败。

注意:验证签名时必须拥有签名者的公钥,否则无法验证。

6. 加密/签名邮件

在早期的版本中,PGP 在安装的时候会在邮件客户端 Outlook 的菜单栏中产生一个图标,当邮件需要加密时,单击图标、选择加密用密钥就可以完成加密。但是在 9. x 版本中,PGP 采用了一种新思路:把 PGP 作为一个邮件服务器来转发需要加密、解密的邮件。很多人觉得这部分变得很困难,没法正确加密邮件,在 PGP 的官网论坛中,被问到最多的问题就是邮件加密如何设置。

(1) 设置邮件账户。让 PGP 自动检测到邮件账户有两个条件,一个是要使用邮件客户端,如 Outlook,如果使用 Web 登录,PGP 就无法检测;另一个条件是必须先安装 Outlook,再安装 PGP,否则就检测不到。

当 PGP 安装成功后,PGP Server 作为一个服务常驻内存,Desktop 最小化显示在托盘栏,能自动检测邮件客户端,当确定用此账户发送和接收的邮件需要加密时,如图 A-20 所示,PGP 读取邮件账户中的 POP、SMTP 信息,自动生成一个邮件代理服务。

注意:这里很多人手工填写 Server 信息,在 PGP 的用户手册中也是这样提示的,但是有时候,手工填写 Server 后,PGP 检测不到账户。所以最好什么都不填,等待 PGP 发现账户后自动填写。

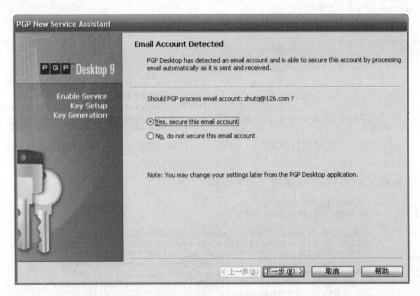

图 A-20 设定电子邮件账户

(2) 加密/签名邮件。如果要对发送的邮件进行加密,就选择加密所使用的公钥,如图 A-21 所示,这里的公钥当然是收信人的公钥。

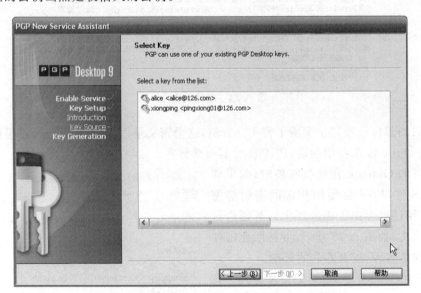

图 A-21 选择加密的公钥

如果要对发送的邮件签名则用自己的私钥(注意,所有涉及签名的地方都是用自己的私钥),在下个对话框中输入签名所需的私钥密码,如图 A-22 所示。

下面是一个用 Outlook 写信并加密和签名的例子。发送成功后,托盘栏中会出现一个提示,如图 A-23 所示,表示信件已经被加密后发送。

图 A-22　对邮件进行签名

图 A-23　邮件发送成功提示

被 PGP 加密后的邮件内容如图 A-24 所示。

```
-----BEGIN PGP MESSAGE-----
Version: PGP Desktop 9.0.5

qANQR1DBwEwDtgSrkNPuODMBB/4qMg6LbvL4ZbJ3ERmD78z2loxWvszXw+WmBSTK
9GZRceg8aVdC71sz01GYtvCr4+8fTkc89d0Lz+PounCL6BeY2LtWWJoMkrT/gfFr
5y8RZuwG2WG3I7EyScxs+jYJYfW00Q40U5TqKfB/CnK7sFZ+jWG0ZCh2kQX5+4Ax
z0BPL/rslWA3fp7arb47RJDylvxiIN5roOrLXZNcU3TZ3IUAEyzqlsi8WeUPWIdN
Vf5MyTnlcdUhHZiK6z3KSgNi/G+3rTFQabn33BdIIkqnY2HkFGjF9uIYOgrFmVQL
Wddk3nJOpU7gX2H6hDmNqZMVuH9Q+PWuWST5ojzbityytoInwcBMA/oYz7rZR/NX
AQgArBgxCyaPlwuHWJKzVktuN9yIFJxtHEKE8jKbHIm8xY1DQDXc3E/IG2kg+LXL
UYU+5cQTc7hdVwi0hxRXWqW2wVIV5cLL1p/agn0Fgi99yhLCgG1UFtOLj3DMio9e
9i6JET7j+8Ss68ZguuSBakTVbIExzLFcxFCPIxKEAfpEU8zY6F1mzua2a+olG2SY
tc/7pJjIFmpYrVHhBORfLdrH5MaW5RgRBZ8zEe6DawK56AUufV21grA306t3UfEm
8gRKJM6GUZW1d26ZoJRIvKHtrv+uxuq3y+zmZ6MRN45E6bNPvYIBQBVYcYibr7TP
iXEwvScWR2+K7Pp5xXj+ejdAfNLAtgG6osVAG6ZIcsi5osoZIpVWEYPwZE2j7nsV
ysUirn3Z48FAntZI6ml6vTfjgkJhJ6jjX2nOx+fUOMFaz9EPtV1vq8/Ka30EKQDO
tSYKHBW+ooRq+Aq+a5UuU3Kgr1pAtEKqGeBqGZW1MDL9wtJFj8cHvpxgtQmYxFdj
U3IQrw6cAs036wYqetYfY31jhBh1wqFZbN6cxqtujijTRieUsPeghuCiqMmTSQGV
mN0Xmnua5nNRBFKUMw+QuHftrkfry7tphc7hvnJERHlV9xqH7fY12My8BMrXQu8I
omL0UJBD9VvrI7a62aDqLL5Jf1LBEVbyRyUJgrffYuaXGyu8qab+cKqW/1NnoAvX
YG5/fYaoMcI6rwFQ7DMsgiODu4ZD5xZ9aJJShwAF6mcal3SfyKpbAq9NwfpAH4Y6
KbIqHKU8SvUj82q1yNXWMNpviPOWcFMCrKhZ7eYFgDbkTgXBfXxwIrP2YXEPDH6y
yc1TcM93/4rDK3Hw
=miJ2
-----END PGP MESSAGE-----
```

图 A-24　邮件的密文

可以看到邮件已经完全变成了密文。当然,这个密文是用 Web 登录到邮箱里面去看到的,如果用 Outlook 来收信的话,PGP 会为其自动解密。

接收者的 Outlook 在接收邮件时,如果遇到加密的邮件,PGP 会使用相应的密钥解密(前提是密钥已经存在于钥匙环中),解密后得到邮件的明文,如图 A-25 所示,并标明此邮件的加密者和签名者,以及签名的日期。

如果利用 Web 登录,也可以解密邮件。只需把这封信(密文)全文复制,在托盘栏的 PGP 图标上点击右键并选择 Decrypt & Verify 项,即可解密剪贴板里的内容,注意复制的时候要连同密文中 PGP 的分割线一同复制。

xiongping [xiongping01@21cn.com]
收件人:　xiongping01@21cn.com

---

*PGP Signed: 04/21/08 at 20:53:29, Decrypted

Just a test

*xiongping <xiongping01@21cn.com>
*0xDD5AEE32 (L)

图 A-25　邮件的明文

7. 创建被加密的虚拟磁盘

PGP 可以利用自己的密钥对创建一个或多个虚拟磁盘,通过私钥进行访问。那么用户就可以把自己的机密文件存放在这个虚拟磁盘下而不怕别人用自己的电脑的时候看到了。

具体方式如下：利用 PGP 的 PGP Disk 菜单下的 New Virtual Disk（新建虚拟磁盘）命令可以建立虚拟磁盘。然后，设置磁盘大小和访问密码，如图 A-26 所示。

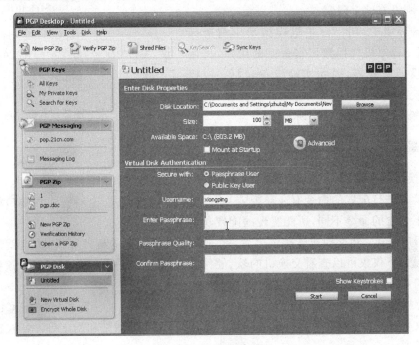

图 A-26 设置虚拟磁盘

最后生成新的虚拟磁盘。此磁盘操作和普通磁盘一样，只是访问的时候需要输入密码，这样可以保证其他人在不知道密码的情况下无法访问，保证数据的机密性。

当不需要用到它的时候则可以在磁盘上右击，选择 Unmount Disk 命令，磁盘就会消失。

【思考题】

（1）如何用 PGP 加密文档里面的一段文字？

（2）PGP 采用的何种加密体制？

A3 配置访问控制列表

【实验目的、环境及背景知识】

1．实验目的

掌握在交换机上配置访问控制列表的方法。

2．实验环境

在某学校的校园网内部，有一台三层交换机锐捷 S3550-24 连着学校的 WWW 和 FTP

服务器,另外还连着学生宿舍楼和教工宿舍楼,现在要求在该交换机上通过访问控制列表的配置,使学生只能访问 FTP 服务器,不能访问 WWW 服务器,教工则没有这个限制。

在实验环境中,用一台主机模拟学生宿舍区的用户,用一台主机模拟教工宿舍区的用户,再用一台主机模拟服务器,因此实验设备包括:锐捷 S3550-24 交换机一台,主流配置计算机三台,直连线三根。实验环境如图 A-27 所示。

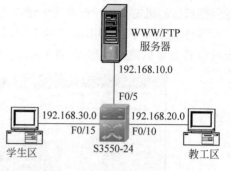

图 A-27　实验拓扑结构图

3. 背景知识

1) 交换机的配置模式

对交换机进行配置的命令有 4 层模式:用户模式、特权模式、全局模式和端口模式。每一层模式下包含的命令不同,所能实现的配置功能也不同。

(1) 用户模式:和交换机连接上之后,就进入了命令配置的最外层模式,这就是用户模式。在该模式下仅仅可以查看交换机的软、硬件版本信息,并进行简单的测试。该模式下的命令提示符是 switch>。

(2) 特权模式:由用户模式进入更内一层模式,即特权模式。特权模式下可以对交换机的配置文件进行管理,查看交换机的配置信息,进行网络的测试和调试等。特权模式下的命令提示符是 switch#。

(3) 全局配置模式:由特权模式进入更内一层模式,即全局配置模式。该模式下可以配置交换机的全局性质参数,如主机名、登录信息等。全局模式下的命令提示符是 switch(config)#。

(4) 端口模式:由全局配置模式进入更内一层模式,即端口模式。该模式下可以对交换机的端口进行参数配置,其命令提示符是 switch(config-if)#。

在以上任何一种模式下都可以通过输入"?"显示当前模式下的全部可执行的命令及其解释。

2) ACL

访问控制列表(access control list,ACL)最直接的功能就是包过滤。通过访问控制列表可以在路由器、三层交换机上进行网络安全属性的配置,实现对进入路由器、三层交换机的数据流进行过滤。

控制数据流的定义可以基于网络地址、TCP/UDP 的应用等,可以选择对于符合过滤标准的流是丢弃还是转发,因此必须知道网络是如何设计的,以及路由器接口是如何在过滤设备上使用的。

ACL 分为标准访问控制列表和扩展访问控制列表。其中,标准访问控制列表仅可以根据数据包的源 IP 地址定义规则,进行数据包的过滤。扩展访问控制列表则可以根据数据包的源 IP、目的 IP、源端口、目的端口、协议来定义规则,进行数据包过滤。

访问控制列表的标识可以是数字编号,也可以由用户命名。如果进行编号,那么标准访问控制列表的编号范围是 1~99、1300~1999,扩展访问控制列表的编号范围是 100~199、

2000~2699。

【实验步骤】

1. 连接交换机

用交换机的配置线缆将主机与交换机的 console 端口连接,然后通过"超级终端"建立主机与交换机的连接,如图 A-28 所示。

图 A-28　建立与交换机的连接

输入连接名,选择连接端口,并将端口的通信速率设置为 9600。

2. 基本配置

建立连接之后,进入超级终端命令窗口,命令提示符显示为"switch>",即处于交换机的用户模式,输入用户名和密码,进入全局配置模式,开始配置(以下黑体是命令提示符,后面是用户输入的命令)。创建三个 VLAN:VLAN10、VLAN20、VLAN30。服务器属于VLAN10,教工区的主机属于 VLAN20,学生区的主机属于 VLAN30。给每个 VLAN 创建虚拟接口,并设置虚拟接口的 IP 地址,参考实验拓扑图。

```
S3550 - 24(config) # vlan 10
S3550 - 24(config - vlan) # name server          !建立 VLAN 10,并命名为 server
S3550 - 24(config - vlan) # exit
S3550 - 24(config) # vlan 20
S3550 - 24(config - vlan) # name teacher         !建立 VLAN 20,并命名为 teacher
S3550 - 24(config - vlan) # exit
S3550 - 24(config) # vlan 30
S3550 - 24(config - vlan) # name students        !建立 VLAN 20,并命名为 students
S3550 - 24(config - vlan) # exit
S3550 - 24(config) # interface f0/5              !进入 5 号端口的配置模式
S3550 - 24(config - if) # switchport mode access
S3550 - 24(config - if) # switchport access vlan 10 !将该端口划分给 VLAN 10
S3550 - 24(config - if) # exit
S3550 - 24(config) # interface f0/10             !进入 10 号端口的配置模式
S3550 - 24(config - if) # switchport mode access
S3550 - 24(config - if) # switchport access vlan 20 !将该端口划分给 VLAN 20
S3550 - 24(config - if) # exit
S3550 - 24(config) # interface f0/15             !进入 15 号端口的配置模式
```

```
S3550 - 24(config - if)♯ switchport mode access
S3550 - 24(config - if)♯ switchport access vlan 30  !将该端口划分给 VLAN 30
S3550 - 24(config - if)♯ exit
S3550 - 24(config)♯ interface vlan 10
S3550 - 24(config - if)♯ ip add 192.168.10.1 255.255.255.0
S3550 - 24(config - if)♯ no shutdown            !配置虚拟接口 VLAN 10 的 IP 地址
S3550 - 24(config - if)♯ exit
S3550 - 24(config)♯ interface vlan 20
S3550 - 24(config - if)♯ ip add 192.168.20.1 255.255.255.0
S3550 - 24(config - if)♯ no shutdown            !配置虚拟接口 VLAN 20 的 IP 地址
S3550 - 24(config - if)♯ exit
S3550 - 24(config)♯ interface vlan 30
S3550 - 24(config - if)♯ ip add 192.168.30.1 255.255.255.0
S3550 - 24(config - if)♯ no shutdown            !配置虚拟接口 VLAN 30 的 IP 地址
S3550 - 24(config - if)♯ exit
```

3. 配置访问控制列表

```
S3550 - 24(config)♯ ip access - list extended denystudentwww
!定义扩展的访问控制列表,并取名为"denystudentwww"
S3550 - 24(config - ext - nacl)♯ deny tcp 192.168.30.0 0.0.0.255 192.168.10.0 0.0.0.255 eq www
        !禁止网络 192.168.30.0 访问网络 192.168.10.0 的 WWW 服务
S3550 - 24(config - ext - nacl)♯ permit ip any any        !允许其他服务
```

4. 把定义的访问控制列表应用到虚拟接口 vlan 30

```
S3550 - 24(config)♯ interface vlan 30
S3550 - 24(config - if)♯ ip access - group denystudentwww in
        !当有数据包进入 vlan30 时,应用访问控制列表
```

【思考题】

(1) 标准访问控制列表和扩展访问控制列表有什么区别?
(2) 为什么在 deny 某个网段后,还要 permit 其他网段?

A4　网络侦听及协议分析

【实验目的、环境和背景知识】

1. 实验目的

了解网络侦听的目的、过程以及基本手段。对协议分析有基本了解。学会使用 Ethereal 工具,为进一步学习基于网络的入侵检测系统打下基础。

2. 实验环境

硬件：主流配置计算机，接入 Internet。

软件：安装 Windows 2000/2003/XP 操作系统，安装 Outlook 及 Ethereal。

3. 背景知识

网络侦听也称为网络嗅探，是一项很重要的技术，提供给网络安全管理人员用来监视网络的状态、数据流动情况以及网络上传输的信息等。同时它也是基于网络入侵检测的基础，NIDS 的数据来源就是通过网络侦听得到的。

当信息以明文的形式在网络上传输时，使用侦听技术并不是一件难事，在共享型局域网中，只要将网络接口设置成混杂模式，便可以源源不断地将网上传输的信息截获。网络侦听可以在网上的任何一个位置实施，如局域网中的一台主机、网关或远程网的调制解调器之间等。

Ethereal 是一个在网络上侦听数据包，并且进行分析的工具，此类工具被称为嗅探器（sniffer），网络管理员使用它来协助解决网络问题，网络安全工程师用它来测试安全问题，开发人员用它可以调试协议的实现过程，还可以深入学习网络协议。

Ethereal 是目前最好的开源网络分析工具，其官方网站为 http://www.ethereal.com/，原先只有 Linux 下可用，现在已有 Windows 可用版本。

Ethereal 的安装过程比较简单，过程中会默认安装 Winpcap，按照默认设置即可，完毕后执行程序，主界面如图 A-29 所示。此时还没有开始捕获数据，所以主界面中无任何分析数据。

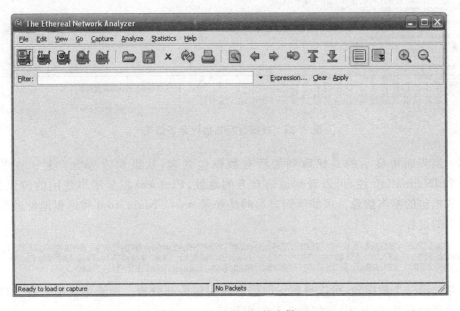

图 A-29　Ethereal 运行主界面

单击 Capture 菜单下的 Start 选项，即可开始抓取数据包。当有数据流量时，界面相应的协议栏中会显示数据包的个数和所占百分比，如图 A-30 所示。

单击 Stop 按钮可以停止抓取，在主界面会显示具体捕获的数据包内容，如图 A-31 所示。

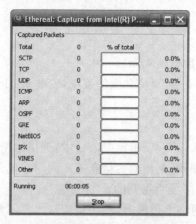

图 A-30　数据捕获窗口

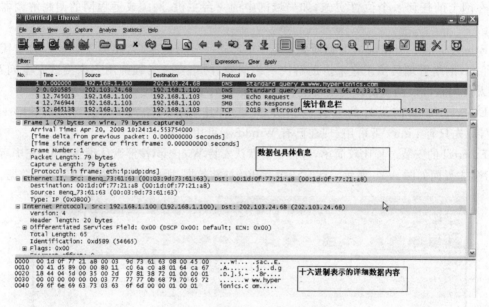

图 A-31　数据包及其协议分析结果

第一层界面中显示的是抓取到的所有数据包列表,从纵向看分为 5 栏。在其中的 Source 和 Destination 栏,可以看到通信双方的地址,Protocol 栏显示出使用的协议。Info 栏显示数据包的基本信息。例如下面显示的是登录 www.baidu.com 和远程地址进行 TCP 三次握手的过程。

```
192.168.1.100  220.181.6.6    TCP    2390 > http [SYN] Seq=0 Ack=0 win=65535 Len=0 MSS=1460
220.181.6.6    192.168.1.100  TCP    http > 2390 [SYN, ACK] Seq=0 Ack=1 win=2920 Len=0 MSS=1440
192.168.1.100  220.181.6.6    TCP    2390 > http [ACK] Seq=1 Ack=1 win=65535 Len=0
```

任意选择一个数据包,可以得到详细信息数据包头部分析。读者可以结合在计算机网络中学习到的有关 TCP/IP 数据包头的知识解读。

当数据包非常多的时候,需要查找某种特定类型的数据包,可以采用过滤的形式,在过滤栏里填入关键词,则可以非常方便地进行过滤。

另外,Ethereal 只能在总线型局域网中捕获网络中的全部信息,在交换网络下需要做端口镜像才能捕获全部信息,否则只能捕获本地计算机的网络信息。

【实验步骤】

1. Ping 数据包分析

Ping 程序使用的是 ICMP 报文格式,打开 Ethereal 的捕获按钮,然后在计算机的运行框中输入"ping 192.168.1.1"(IP 地址根据网络环境不同而自行确定),如图 A-32 所示。

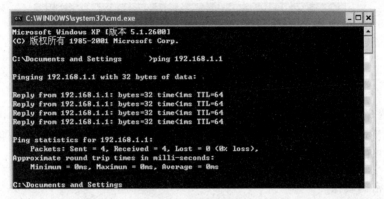

图 A-32　发送 ping 包

等获得主机回应后关闭捕获,回到主界面观察获取的数据包信息,如图 A-33 所示。

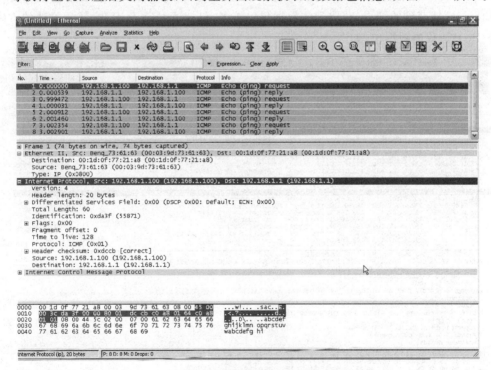

图 A-33　对数据包进行协议分析

可以看到发送了 4 个请求,对应了 4 个回应,任意选择一个数据包:

里面有三段有效内容,即 Ethernet 帧首部分析、IP 包首部分析和 ICMP 首部分析。例如，ICMP首部内容如图A-34所示。

其中，"Type：8 Code：0"表明 ICMP 报文类型，根据协议规定，类型 8 代码 0 即为 Ping 的 Echo Request 报文。Checksum 为校验和，Identifier 可理解为一个 Ping 包的 ID 号。Sequence 为序列号段。Data 为 Ping 中所发数据内容。在 Windows 中，默认的填充内容如图A-35中被选中的内容。

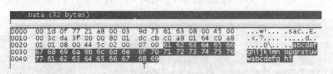

图 A-34　ICMP 首部信息

图 A-35　Ping 包中的填充内容

需要注意的是，Windows 和 Linux 操作系统所发出的 Ping 包中的 Identifier 值和填充值有所不同，Windows 的 Identifier 值一般为 0x0200，而 Linux 的 Identifier 和填充内容没有固定规律。由此可以初步判断远程机器的操作系统类型。

2．邮件密码嗅探

下面用 Ethereal 截获用户的邮箱密码。邮件接收过程采用 Outlook Express。打开 Ethereal 和 Outlook Express，输入邮箱用户名和密码，单击"确定"按钮准备接收邮件。观察 Ethereal 捕获到的结果，获取到的数据包比较多，包括了大量 TCP 包，采用过滤的方法只留下 POP 协议类数据包，如图A-36所示。

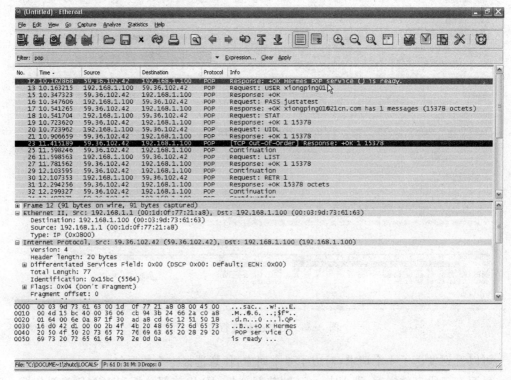

图 A-36　截获信息

在截获的所有数据包当中,发现了感兴趣的内容如下:

```
POP    Request: USER xiongping01
POP    Response: +OK
POP    Request: PASS justatest
POP    Response: +OK xiongping01@21cn.com has 1 messages (15378 octets)
```

第一个数据包的具体信息如下:

```
⊟ Post Office Protocol
  ⊟ +OK Hermes POP service () is ready.\r\n
       Response: +OK
       Response Arg: Hermes POP service () is ready.
```

表示服务器已经连接成功,准备接受用户名和密码了。

接着的两个数据包就是输入的用户名和密码:

```
⊟ Post Office Protocol              ⊟ Post Office Protocol
  ⊟ USER xiongping01\r\n              ⊟ PASS justatest\r\n
       Request: USER                      Request: PASS
       Request Arg: xiongping01           Request Arg: justatest
```

可以看到,以明文形式传送的信息是不安全的。一些敏感信息应该经过加密后传送。

【思考题】

(1) 和 POP 协议类似,Telnet 协议、FTP 协议中对用户名和密码等信息也没有加密,请读者参照 POP 协议的分析方式,对 Telnet,FTP 中的密码进行嗅探和分析。

(2) 观察 Ethereal 在什么样的网络环境下可以捕获整个网络中传输的内容,什么样的网络环境下捕获不到,或者只能捕获本机传输的内容。

(3) Ethereal 的功能非常多,本实验中只使用了其基本功能,关于其高级功能可以通过阅读用户手册了解。

A5　VRRP 协议及其配置

【实验目的、环境和背景知识】

1. 实验目的

可靠性是信息网络安全需求的一个重要指标。可靠性高就意味着信息网络在某些设备发生故障时,整个网络仍然能够保证基本服务不中断,网络性能不会有很大影响。

冗余,是提高系统可靠性的常用手段。在主设备运行时,还有一台以上的备份设备随时准备在主设备发生故障时接替工作,从而保证网络服务的连续性。

虚拟路由器冗余协议(VRRP)是运行在若干路由器上的协议。这些路由器在运行了VRRP 协议后,则可以实现冗余备份和负载均衡等功能。

通过本实验,使学生了解信息网络的可靠性安全需求。学习 VRRP 协议的基本原理,熟练掌握 VRRP 协议的冗余备份和负载均衡配置方法。

2．实验环境

计算机若干台；二层交换机两台；路由器(至少两个以太网口)两台。

3．背景知识

1）VRRP 基本原理

VRRP 协议的基本原理如图 A-37 所示。

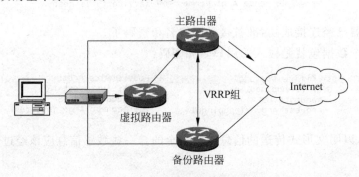

图 A-37　VRRP 协议基本原理

在图 A-37 中,有两个路由器提供内部网络与 Internet 的互联和路由数据包功能。这两个运行了 VRRP 协议的路由器就称为 VRRP 路由器,且构成一个 VRRP 组。路由器之间通过 VRRP 协议的协商,产生一个主路由器,来承担路由功能,其他路由器则成为备份路由器。当主路由器发生故障时,由备份路由器来接替主路由器的功能(当有多个备份路由器时,从中选举产生一个新的主路由器)。然而,对于内部网络的一台主机来说,它只有一个网关,即只能"看见"一台路由器,这就是由 VRRP 组虚拟出来的所谓"虚拟路由器",它是抽象出来的一台逻辑路由器。虚拟路由器的内部接口也有 IP 地址,这个地址就是内部主机的默认网关。

在一个 VRRP 组中,优先级最高的那个路由器成为主路由器,其他路由器成为备份路由器。优先级由一个 0～255 的数字表示。当一个路由器的接口地址和虚拟路由器的地址相同时,该路由器的这个接口就成为了该 VRRP 组的"IP 地址所有者",IP 地址所有者自动具有最高优先级 255,它将成为 VRRP 组中的主路由器。因此,当手工配置的优先级时,可配置的优先级范围为 1～254。对于相同优先级的候选路由器,按照 IP 地址大小顺序来选举。

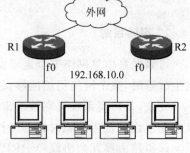

图 A-38　路由冗余

注意:可以创建多个 VRRP 组。一台路由器可以同时属于多个 VRRP 组。

2）VRRP 基本应用:路由冗余

如图 A-38 所示,可以通过在路由器 R1 和 R2 上配置 VRRP 协议,实现路由冗余。

R1 的配置命令如下:

```
R1(config)# interface fastethernet 0                        //进入端口 f0 的配置模式
R1(config-if)# ip address 192.168.10.1 255.255.255.0        //为该端口设置 IP 地址
```

```
R1(config - if)♯vrrp 1 ip 192.168.10.1
              //创建 VRRP 组 1,其虚拟路由器的 IP 地址为 192.168.10.1,并将此端口分配给 VRRP 组 1
R1(config - if)♯no shutdown           //开启此端口
R2 的配置命令如下:
R2(config)♯interface fastethernet 0    //进入端口 f0 的配置模式
R2(config - if)♯ip address 192.168.10.2 255.255.255.0   //为该端口设置 IP 地址
R2(config - if)♯vrrp 1 ip 192.168.10.1
              //创建 VRRP 组 1,其虚拟路由器的 IP 地址为 192.168.10.1,并将此端口分配给 VRRP 组 1
R2(config - if)♯no shutdown           //开启此端口
```

通过以上配置,创建了一个 VRRP 组,且 R1 的 f0 口和 R2 的 f0 口都属于此 VRRP 组。由于 R1 的 f0 口的 IP 地址和虚拟路由器的 IP 地址相同,因此 R1 成为 IP 地址所有者,即主路由器,承担路由功能,而 R2 成为备份路由器。

最后,将内部网络中所有计算机的默认网关设置为 192.168.10.1。

3) VRRP 高级应用:负载均衡

在实现路由冗余的基础上,还可以充分利用每个路由器,以实现负载均衡,如图 A-39 所示。

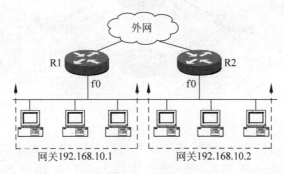

图 A-39 负载均衡

R1 的配置命令如下:

```
R1(config)♯interface fastethernet 0
R1(config - if)♯ip address 192.168.10.1 255.255.255.0
R1(config - if)♯vrrp 1 ip 192.168.10.1
R1(config - if)♯vrrp 2 ip 192.168.10.2
R1(config - if)♯no shutdown
```

R2 的配置命令如下:

```
R2(config)♯interface fastethernet 0
R2(config - if)♯ip address 192.168.10.2 255.255.255.0
R2(config - if)♯vrrp 1 ip 192.168.10.1
R2(config - if)♯vrrp 2 ip 192.168.10.2
R2(config - if)♯no shutdown
```

通过以上配置,创建了两个 VRRP 组(VRRP1 和 VRRP2),R1 的 f0 口和 R2 的 f0 口都同时属于这两个 VRRP 组。

VRRP1 的虚拟 IP 地址为 192.168.10.1,与 R1 的 f0 口 IP 地址相同,所以 R1 成为 VRRP1 的主路由器,R2 成为 VRRP1 的备份路由器。

VRRP2 的虚拟 IP 地址为 192.168.10.2,与 R2 的 f0 口 IP 地址相同,所以 R2 成为 VRRP2 的主路由器,R1 成为 VRRP2 的备份路由器。

最后,将内部网络中一部分计算机的默认网关设置为 192.168.10.1,它们将通过 VRRP1 的主路由器 R1 访问外网;将其他计算机的默认网关设置为 192.168.10.2,它们通过 VRRP2 的主路由器 R2 访问外网。

所以,这样的配置既实现了 R1 和 R2 相互备份,同时又实现了负载均衡。

【实验步骤】

1. 了解实验要求

本实验的网络拓扑结构如图 A-40 所示。

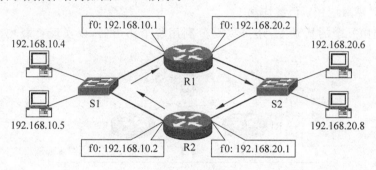

图 A-40　实验拓扑

要求路由器 R1 和 R2 相互备份,且从网络 192.168.10.0 发往 192.168.20.0 的流量通过路由器 R1 转发,从网络 192.168.20.0 发往 192.168.10.0 的流量通过路由器 R2 转发。

2. 配置 VRRP 协议

路由器 R1 的配置如下:

```
R1(config)# interface fastethernet 0
R1(config-if)# ip address 192.168.10.1 255.255.255.0
R1(config-if)# vrrp 1 ip 192.168.10.1
R1(config-if)# no shutdown
R1(config-if)# exit
R1(config)# interface fastethernet 1
R1(config-if)# ip address 192.168.20.2 255.255.255.0
R1(config-if)# vrrp 2 ip 192.168.20.1
R1(config-if)# no shutdown
```

路由器 R2 的配置如下:

```
R2(config)# interface fastethernet 0
R2(config-if)# ip address 192.168.10.2 255.255.255.0
R2(config-if)# vrrp 1 ip 192.168.10.1
R2(config-if)# no shutdown
```

```
R2(config-if)♯exit
R2(config)♯interface fastethernet 1
R2(config-if)♯ip address 192.168.20.1 255.255.255.0
R2(config-if)♯vrrp 2 ip 192.168.20.1
R2(config-if)♯no shutdown
```

3. 测试

在路由器的特权模式下,用命令 Router♯show vrrp 1 和 Router♯show vrrp 2 查看 VRRP 组的信息,查看在 VRRP 组中哪个路由器是主路由器,哪个是备份路由器。

为计算机配置 IP 地址后,关闭防火墙软件,测试各计算机之间是否能 ping 通。

在计算机 192.168.10.4 上打开命令窗口,用命令 tracert 192.168.20.6 跟踪到达计算机 192.168.20.6 的路径,得到的结果应该是:经由 192.168.10.1 到达 192.168.20.6。

在计算机 192.168.20.6 上打开命令窗口,用命令 tracert 192.168.10.4 来跟踪到达计算机 192.168.10.4 的路径,得到的结果应该是:经由 192.168.20.1 到达 192.168.10.4。

现在,将连接交换机 S1 和路由器 R1 的数据线拔掉,再来完成上述测试。首先,各计算机之间应该仍然能 Ping 通。其次,在计算机 192.168.10.4 上运行 tracert 192.168.20.6 命令,得到的结果应该是:经由 192.168.10.2 到达 192.168.20.6。

【思考题】

(1) 简要总结一下 VRRP 协议的基本原理。
(2) 请阐述一下 VRRP 协议中主路由器的选举机制。

A6 WebGoat 网络攻击实验

【实验目的、环境和背景知识】

1. 实验目的

通过一系列网络攻击实验,使学生对常用的网络攻击方法有较深入的了解,帮助学生理解网站结构和网页设计中的常见漏洞,从而在实际系统的开发中避免这些漏洞的产生,提高信息系统的安全性。

2. 实验环境

硬件:主流配置的计算机。
软件:安装 Windows XP Service Pack 2 以上版木操作系统,搭建 WebGoat 实验平台,安装相应的实验软件。

3. 背景知识

WebGoat 是由著名的开放式 Web 应用程序安全项目组(OWASP)开发的一个的 J2EE

Web 应用程序,其中包含了许多故意设计的漏洞。它由 18 个实验项目构成,分别对应于 18 种常见的网络攻击方式,包括 HTTP 拆分、访问控制缺陷、AJAX 安全、认证缺陷、缓冲区溢出、代码质量、并发攻击、跨站脚本攻击、拒绝服务攻击、错误处理不当、注入漏洞、通信安全、不安全配置、不安全的存储、参数篡改、会话管理漏洞、Web 服务、管理职能等。

WebGoat 是一个平台无关的 Web 安全漏洞实验环境,该环境需要 Apache Tomcat 和 Java 开发环境的支持。WebGoat 环境的搭建非常简单,读者可从出版社网站上下载压缩文件 WebGoat-5.2.rar,然后解压到 C 盘根目录即可。

WebGoat 平台模拟的是一个网络攻击过程,用户用一个 Web 浏览器去访问一个 Web 站点,并对其进行攻击。为了方便实验,这个站点实际上就建立在用户所在的机器上 (Apache Tomcat)。在进行实验时,请使用安装包中自带的 Firefox 浏览器,因为它已经被配置好了。当然也可以自行选择浏览器,但必须进行相应的代理设置。

可以打开 WebGoat-5.2 文件夹中的 HOW TO create the WebGoat workspace.txt 文件,了解关于 WebGoat 实验平台的相关说明。

【实验步骤】

1. 启动 WebGoat 实验服务器

进入 C 盘根目录下的 WebGoat-5.2 文件夹,双击 eclipse.bat 文件,进入 Java EE-Eclipse Platform 管理界面,如图 A-41 所示。

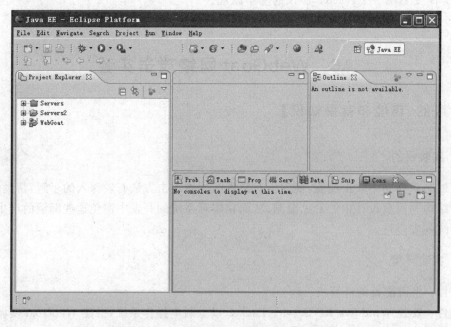

图 A-41 Java EE-Eclipse Platform 管理界面

在窗口左侧的窗口中右键单击 Server2,在弹出的快捷菜单中选择 Refresh,如图 A-42 所示。

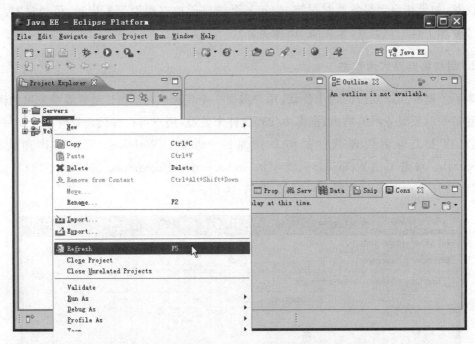

图 A-42　刷新 Server2 服务器

　　同样,在窗口左侧的窗口中右键单击 WebGoat,在弹出的快捷菜单中选择 Refresh。

　　在右下部的窗口中选择 Servers 标签,右键单击 WebGoat Tomcat v5.5 Server at localhost,然后选择 Start,即可启动服务器,如图 A-43 所示。

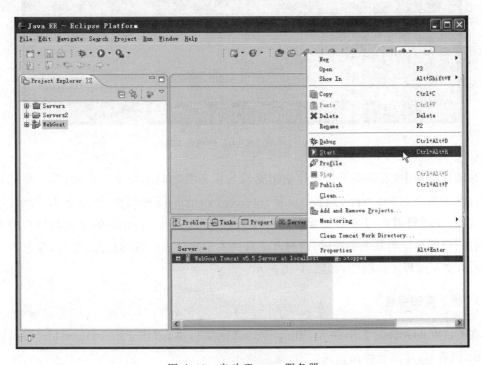

图 A-43　启动 Tomcat 服务器

注意,如果在启动服务器时报错,告知某个端口已被占用而无法启动,可通过"控制面板"—"管理工具"—"服务"来关闭 IIS 服务。

2. 启动浏览器代理软件

为了了解并实施攻击的每个步骤,用户需要一个代理软件,Web 浏览器所发出的请求、提交等指令以及服务器的响应,都将由代理软件来处理,用户可以在代理软件中看到每个细节,也可以人工告诉代理软件如何来处理每个步骤。WebGoat 采用的代理软件是 WebScarab。双击 C:\WebGoat-5.2 中的 webscarab-selfcontained-20070504-1631. jar 文件,即可打开 WebScarab 的操作界面,如图 A-44 所示。

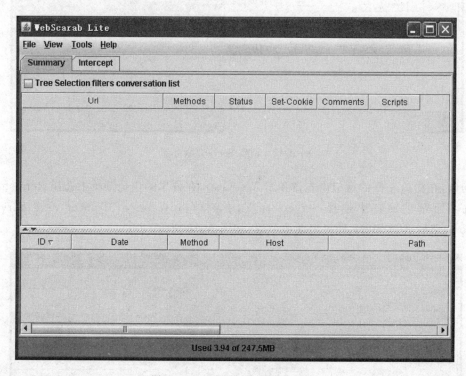

图 A-44　WebScarab 的操作界面

在实验过程中,当需要了解和控制浏览器与服务器之间的每个交互动作时,可以勾选 Intercept 标签下的 Intercept requests 和 Intercept responses 单选框,如图 A-45 所示。

这样,在浏览器和服务器交互时,WebScarab 会以 step by step 的方式与用户交互进行,例如,浏览器发起某个请求时,用户可以看到关于此请求的详细信息,之后,单击 Accept changes,交互过程才会继续,如图 A-46 所示。

3. 进入实验平台

在 C:\WebGoat-5.2 中进入 FirefoxPortable 文件夹,双击 FirefoxPortable. exe,启动 Firefox 浏览器,这时会弹出认证窗口,如图 A-47 所示。

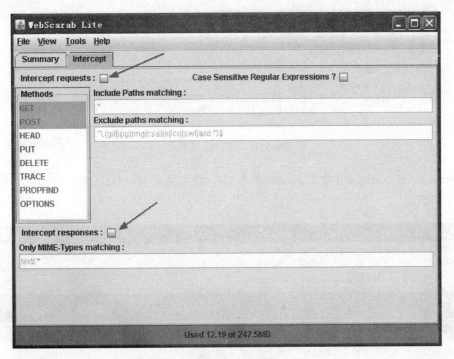

图 A-45 设置 WebScarab 的工作方式

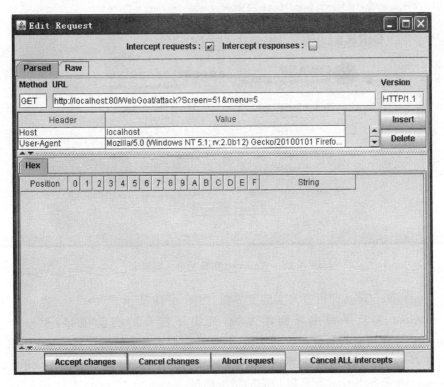

图 A-46 WebScarab 显示浏览器请求信息

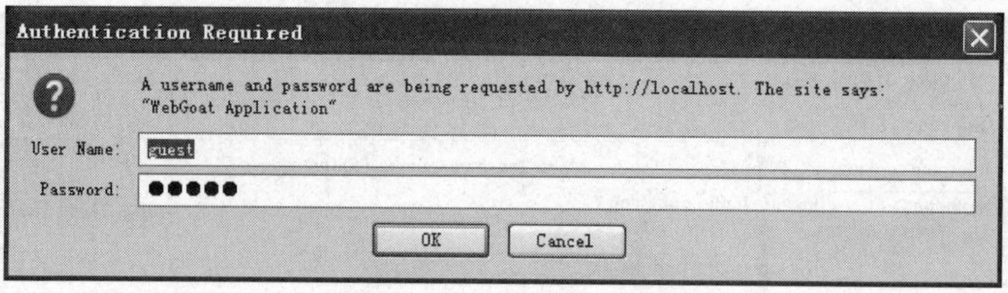

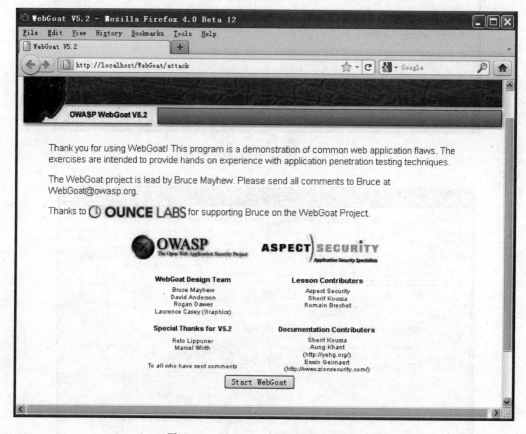

图 A-47　用户认证界面

username 和 password 均为 guest,单击 OK,即可进入 WebGoat 实验平台入口界面,如图 A-48 所示。

图 A-48　WebGoat 实验平台入口界面

单击 Start WebGoat 即可进入实验主界面,如图 A-49 所示。

在 WebGoat 实验平台主界面的左侧,列出了所有的实验项目,第一个项目为 Introduction。学生可自行选择相应的实验项目,并根据实验项目的要求实施相应的网络攻击。在实验过程中,可以通过主界面上部的 Hints、Show Params、Show Cookies、Lesson Plan、Show Java 和 Solution 等获取相应的帮助信息。

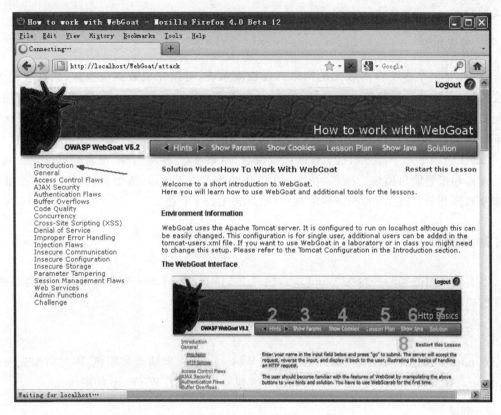

图 A-49　WebGoat 实验平台主界面

【思考题】

（1）在实验过程中为什么需要用到浏览器代理软件？

（2）请总结每个实验项目的技术原理。

A7　入侵检测系统 Snort 的使用

【实验目的、环境和背景知识】

1. 实验目的

通过实验更加透彻地了解入侵检测系统的概念、体系结构和检测技术。学会使用开源入侵检测软件 Snort。

2. 实验环境

硬件：主流配置计算机，连入局域网。

软件：安装 Windows 2000/2003/XP 操作系统，Winpcap、Snort for Windows 2.8.1 及

相关规则库。

3. 背景知识

Snort 是一个多平台的强大的网络入侵检测系统，可以完成数据包嗅探、数据包记录、入侵检测、实时发送报警信息的功能，能运行在不同的操作系统上。目前，Snort 是最流行的免费 NIDS，其官方网站为 http://www.snort.org。在官方网站上可以下载到 Snort 的 Windows 版本和 Linux 版本的安装文件和最新规则库。

Snort 由以下几个部分组成：数据包嗅探器、预处理器、检测引擎、报警输出模块。其中预处理器和报警输出模块为插件，在 Snort 下载的版本中不包含，需要自行安装。本实验中不涉及插件部分。Snort 的安装包可在 www.snort.org 下载。

【实验步骤】

本实验采用的实验平台为 Windows，相对于 Linux，Windows 平台的安装更加容易些，配置也相应简单。

1. 安装 Winpcap 和 Snort

Windows 操作系统下的 Snort 需要使用 Winpcap 从网卡捕获数据包，因此需要先安装 Winpcap。在安装 Snort 时，会遇到确认已经在机器上安装了 Winpcap 的提示。

2. 测试

安装结束之后，要先测试一下是否安装成功。需要注意的是，Snort 的使用是命令行模式，如果运行窗口不在 Snort.exe 的当前目录下时，需要设置环境变量，让它指向 Snort。

测试是否安装成功，可以在命令行模式下输入 Snort。

按 Enter 键后如果看到如图 A-50 的显示就表示安装成功。

图 A-50　测试运行

Snort 的命令行的通用形式为：

```
snort -[options]
```

3. 嗅探器模式运行

Snort 使用有多种模式，最基本的模式是嗅探器模式，在命令行中输入：

Snort -v　　可以显示 TCP/IP 等的网络数据包头信息在屏幕上。

Snort -vd　　可以显示较详细的包括应用层的数据传输信息。

Snort -vde　　可以显示更详细的包括数据链路层的数据信息。

这里输入 `C:\Snort\bin>snort -v`，Snort 开始工作，在屏幕上可以看到抓取的大量数据包。按 Ctrl+V 键停止，并可显示检测的统计结果，如图 A-51 所示。

图 A-51　Snort -v 运行结束后的结果

4．分组日志模式

上面介绍的嗅探器模式的几个命令都只把信息显示在屏幕上，如果要把这些数据信息记录到硬盘上并指定到一个目录中，那就需要使用日志模式。

Snort 使用-l 参数，就能告诉它将包记录到选定的目录中。

命令：Snort -v -l ./log

说明：把 Snort 获取的报头信息存入当前文件夹的 log 目录中，可以根据自己的需要的位置而更换。

命令：Snort -vde -l ./log -h 192.168.1.0/24

说明：记录 192.168.1.0/24 这个 C 类网络的所有进站数据包信息到 log 目录中去，其 log 目录中的目录名按计算机的 IP 地址为名以便相互区别。

命令：Snort -l ./log -b

说明：记录 Snort 抓到的数据包并以 TCPDUMP 二进制的格式存放到 log 目录中去，而 Snort 一般默认的日志形式是 ASCII 文本格式。ASCII 文本格式便于阅读，二进制的格式转化为 ASCII 文本格式无疑会加重工作量，所以在高速的网络中，由于数据流量太大，应该采用二进制的格式。

5．网络入侵检测模式（network-based intrusion detection system，NIDS）

网络入侵检测模式是用户最常用到的模式。这种模式混合了嗅探器模式和分组日志模式，并且需要载入规则库才能工作。

首先配置 snort. conf 文件。打开 C:\Snort\etc\snort. conf 文件,找到这样几行,编辑如下:

```
var RULE_PATH c:\snort\rules      //给出 rules 的位置
var HOME_NET any                  //any 改成本机器 IP 192.168.1.16/24
var HTTP_PORTS 80                 //根据自身设置修改
```

然后找到 rule 数据包,解压后复制到 C:\snort\rules 文件夹中,这个文件夹在刚安装 Snort 后是空的,需要专门下载 rule 数据包。

输入:snort -c "c:\snort\etc\snort. conf" -l "c:\snort\log" -d -e -X 即可根据配置运行 Snort 入侵检测系统,如图 A-52 所示。

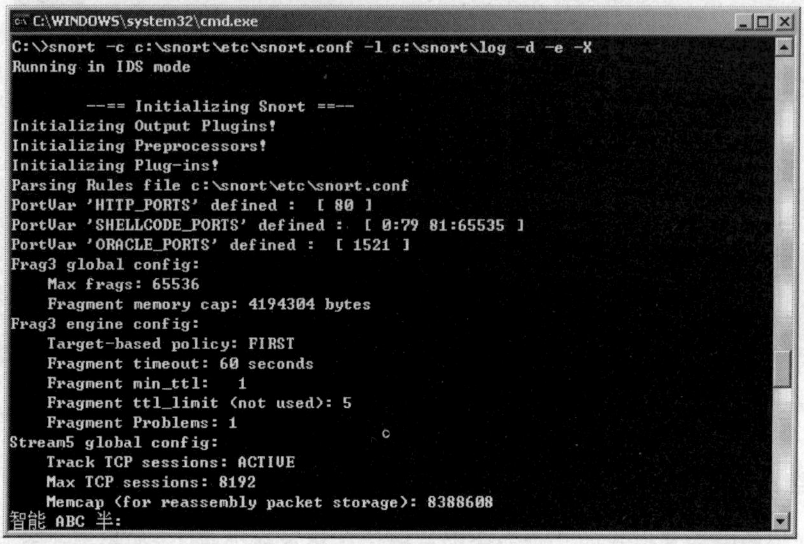

图 A-52　snort 的 IDS 模式

载入 snort. conf 配置文件后,Snort 将会应用设置在 snort. conf 中的规则去判断每一个数据包及其性质。

6. 插件

实际上,采用命令行形式使用 Snort 虽然占用资源少,运行快,但是需要记忆大量命令,所以目前有第三方组织或者个人为 Snort 编写了各种图形类插件,能够更加方便地运行和获取结果。

【思考题】

(1) 如果将 Snort 安装在交换环境中,它如何获取网络数据包?

(2) 请在 Internet 上查找有关 Snort 的插件,并叙述 Snort 常用的插件有哪些,分别有何作用?

A8 信息系统安全保护等级定级

【实验目的、环境和背景知识】

1. 实验目的

了解我国关于信息系统安全等级保护的相关国家标准,掌握根据国家标准 GB/T 22240-2008《信息系统安全等级保护定级指南》对信息系统的安全等级进行定级的基本方法。

2. 实验环境

主流计算机,连入 Internet。

3. 背景知识

2007 年 7 月,由公安部、国家保密局、国家密码管理局和国务院信息化工作办公室联合发布了《关于开展全国重要信息系统安全等级保护定级工作的通知》文件,要求对我国电信部门、重要的事业单位、市(地)级以上党政机关的信息系统以及涉及国家秘密的信息开展重要信息系统安全等级保护定级工作。2008 年,为了进一步指导我国信息系统安全等级保护工作,由公安部起草、中华人民共和国国家质量监督检验检疫总局和中国国家标准化管理委员会联合发布了国家标准 GB/T 22240-2008《信息系统安全等级保护定级指南》和 GB/T 22239-2008《信息系统安全等级保护基本要求》。

根据《信息系统安全等级保护定级指南》的要求,信息系统的安全保护等级分为五级,其中一级要求最低,五级要求最高。等级的划分依据是信息系统受到破坏后对相关客体所造成侵害的严重程度。这里的客体分为三类:公民、法人和其他组织的合法权益;社会秩序、公共利益;国家安全。对客体的侵害程度也分为三类:一般损害、严重损害和特别严重损害。

【实验步骤】

1. 下载相关文档

GB/T 22240-2008《信息系统安全等级保护定级指南》下载地址:
http://www.atmb.net.cn/web/UploadFile/2010111010420474.pdf
GB/T 22239-2008《信息系统安全等级保护基本要求》下载地址:
http://www.atmb.net.cn/web/UploadFile/20101110101017815.pdf

2. 信息系统安全等级的确定

某省政府网站系统 ZFWZ,用于发布政务公开信息、地方行政法规和管理措施、领导讲话、政府办事流程、新闻发布、政府公告、举报投诉、省内经济形势介绍、电子表单下载等信息,服务对象主要是省内企业和市民。试根据 GB/T 22240-2008《信息系统安全等级保护定级指南》确定该信息系统的安全等级。

信息系统安全包括业务信息安全和系统服务安全,与之相关的受侵害客体和对客体的侵害程度可能不同,因此,信息系统定级也应由业务信息安全和系统服务安全两方面确定。具体步骤如下:

(1) 确定业务信息安全受到破坏时所侵害的客体以及对客体的侵害程度。

(2) 根据标准中的业务信息安全保护等级矩阵表确定业务信息安全等级。

(3) 确定系统服务安全受到破坏时所侵害的客体以及对客体的侵害程度。

(4) 根据标准中的系统服务安全保护等级矩阵表确定系统服务安全等级。

(5) 根据业务信息安全保护等级和系统服务安全保护等级的较高者确定信息系统安全等级。

【思考题】

(1) 根据实验中所确定的信息系统安全等级,从 GB/T 22239-2008《信息系统安全等级保护基本要求》中了解该等级的具体要求。

(2) 对相关部门或企事业单位进行调研,了解其信息系统安全等级保护的基本状况和具体实施中的实际问题。

参 考 文 献

[1] Michael E Whitman, Herbert J Mattord. 信息安全原理. 齐立博译. 北京：清华大学出版社, 2004.

[2] Michael E Whitman, Herbert J Mattord. 信息安全管理. 向宏, 傅鹂译. 重庆：重庆大学出版社, 2005.

[3] William Stallings. 密码编码学与网络安全：原理与实践. 第 4 版. 北京：电子工业出版社, 2006.

[4] Oded Goldreich. 密码学基础. 北京：人民邮电出版社, 2003.

[5] 张焕国, 刘玉珍. 密码学引论. 武汉：武汉大学出版社, 2003.

[6] Wenbo Mao. 现代密码学理论与实践. 北京：电子工业出版社, 2004.

[7] 冯登国. 网络安全原理与技术. 北京：科学出版社, 2003.

[8] Eric Maiwald. 网络安全实用教程. 第 2 版. 北京：清华大学出版社, 2003.

[9] Failwest. 0day 安全：软件漏洞分析技术. 北京：电子工业出版社, 2008.

[10] 许治坤等. 网络渗透技术. 北京：电子工业出版社, 2005.

[11] 杨靖, 刘亮. 实用网络技术配置指南初级篇. 北京：北京希望电子出版社, 2006.

[12] 卿斯汉. 安全协议. 北京：清华大学出版社, 2005.

[13] 中国信息安全产品测评认证中心. 信息安全标准与法律法规. 北京：人民邮电出版社, 2003.

[14] 国家质量技术监督局. 信息技术安全评估准则 GB/T 18336—2001. 北京：中国标准出版社, 2001.

[15] Ed Skoudis, Lenny Zeltser. 决战恶意代码. 陈贵敏, 侯晓慧译. 北京：电子工业出版社, 2005.

教学资源支持

敬爱的教师:

感谢您一直以来对清华版计算机教材的支持和爱护。为了配合本课程的教学需要,本教材配有配套的电子教案(素材),有需求的教师请到清华大学出版社主页(http://www.tup.com.cn)上查询和下载,也可以拨打电话或发送电子邮件咨询。

如果您在使用本教材的过程中遇到了什么问题,或者有相关教材出版计划,也请您发邮件告诉我们,以便我们更好地为您服务。

我们的联系方式:

地　　址:北京海淀区双清路学研大厦 A 座 707

邮　　编:100084

电　　话:010－62770175－4604

课件下载:http://www.tup.com.cn

电子邮件:weijj@tup.tsinghua.edu.cn

教师交流 QQ 群:136490705

教师服务微信:itbook8

教师服务 QQ:883604

(申请加入时,请写明您的学校名称和姓名)

用微信扫一扫右边的二维码,即可关注计算机教材公众号。

扫一扫
课件下载、样书申请
教材推荐、技术交流